Alfons Hofer

Stoffe 1

Schriftenreihe der Textil-Wirtschaft

Alfons Hofer

Stoffe 1

Textilrohstoffe
Garne
Effekte

Deutscher Fachverlag

CIP-Kurztitelaufnahme der Deutschen Bibliothek

Hofer, Alfons:
Stoffe/Alfons Hofer. – Frankfurt am Main:
Deutscher Fachverlag
(Schriftenreihe der Textil-Wirtschaft)
1.Textilrohstoffe, Garne, Effekte. – 6. Aufl. –
1985.
ISBN 3-87150-225-1

6. Auflage
ISBN 3-87150-225-1

Satz: SDT – Satz- und Datentechnik GmbH, 6232 Bad Soden a. Taunus.
Druck und buchbinderische Verarbeitung: Druckerei Schwenk & Co. GmbH,
6000 Frankfurt am Main.

Vorwort zur 6. Auflage

In relativ kurzen Abständen von jeweils nur wenigen Jahren sind drei Neuauflagen des vorliegenden Buches notwendig geworden. Besonders im Hinblick auf die Einführung des Textilkennzeichnungsgesetzes war die Vierte Auflage von Grund auf überarbeitet worden, wobei es sich nicht vermeiden ließ, mehr Ausdrücke aus der Faserchemie und Fasertechnologie einzuführen und zu erklären. Die zweite, dritte und vierte Generation der Chemiefasern und die vielfältig gewordenen Möglichkeiten der Modifizierung der Chemiefasern führten zur völligen Überarbeitung der Fünften Auflage.

Nunmehr verläuft der technische Fortschritt wieder in ruhigeren Bahnen, Spektakuläres ist in den letzten Jahren an Neuerungen nicht mehr erschienen, die Fortschritte, vielfach hart erarbeitet, konzentrieren sich auf Details. Somit war es die Aufgabe anläßlich der Überarbeitung des Buches zur sechsten Auflage, sorgfältig zu prüfen, welche der Neuerungen wichtig genug sind, um sie in einem Lehr- und Nachschlagewerk für den Textilkaufmann zu erläutern. Die Konzentration der Hersteller auf bestimmte Faserarten zur Ausschöpfung aller Rationalisierungsmöglichkeiten und zur Ausnutzung der Kapazitäten auch in Anpassung an das Chemiefaserabkommen bringt es mit sich, daß manche Erzeugnisse nicht mehr hergestellt werden. Der Verfasser war somit bemüht, auch die vorliegende Neuauflage auf den letzten Stand zu bringen und darauf zu achten, die leichte Verständlichkeit, die Art der Darstellung und die Beschränkung der Stoffauswahl auf das Wesentliche zu erhalten.

Es ist dem Verfasser nicht nur eine Pflicht, sondern ein wirkliches Bedürfnis, den Firmen und Verbänden herzlichen Dank zu sagen für die großzügige Hilfe und Unterstützung bei der Beschaffung des Bildmaterials. Insbesondere gilt dieser Dank dem Institut der Deutschen Baumwoll-Industrie, Frankfurt, dem Internationalen Wollsekretariat, Düsseldorf, der Industrievereinigung Chemiefaser, Frankfurt, und den Firmen Farbenfabriken Bayer AG., Leverkusen, Farbwerke Hoechst AG., Frankfurt-Höchst, Vereinigte Glanzstoff-Fabriken, Wuppertal, Spinnfaser AG., Kassel, dem Deutschen Helanca-Dienst der Heberlein & Co. AG., Wattwil/Schweiz und Gütermanns Nähseidenfabriken, Gutach/Breisgau.

Der Verfasser dankt auch an dieser Stelle herzlich den vielen Lesern aus Industrie, Handel und aus dem Lehrkörper von Berufs- und Fachschulen, die durch ihre Zuschriften besonderes Interesse bekundet haben. Eine Reihe guter Anregungen vor allem aus dem schulischen Bereich fanden in der sechsten Auflage ihren Niederschlag.

Dr. Alfons Hofer

Einleitung

und Hinweise zur Benutzung des Buches

Die beiden Bände „Stoffe 1" und „Stoffe 2" sind inhaltlich selbständig und behandeln jeweils ein in sich abgeschlossenes Stoffgebiet. Sie bilden aber nach ihrer Konzeption, ihrer Darstellungsweise und ihrem Aufbau ein geschlossenes Ganzes. Für das Verständnis des zweiten Bandes ist die Kenntnis des Inhalts des ersten Bandes notwendig. Beide Bände zusammen haben sich zum Ziel gesetzt, als „Lehr- und Nachschlagewerk für den Textilkaufmann" das Grundwissen zu vermitteln, das zur sicheren Beurteilung und zum Erkennen auch neuer oder modischer Stoffschöpfungen erforderlich ist.

Die Kenntnis der Rohstofflehre und der Garnherstellung, die der vorliegende Band 1 darstellt, ist die Basis des Wissens für jeden Textilkaufmann, ob er sich nun auf Bettwäsche oder Heimtextilien, auf Herren-, Damen- oder Kinderoberbekleidung oder auf Maschenwaren aller Art einschließlich der Wirk- und Strickwaren für Oberbekleidung spezialisiert hat. So wurde bei der Auswahl und Beschreibung der Rohstoffe, der Garne und ihren Möglichkeiten der Weiterverarbeitung und Veredlung darauf geachtet, daß alle Zweige der so vielseitigen Textilbranche gebührend berücksichtigt wurden. Der Lehr- und Lernstoff des ersten Bandes geht also über die Vermittlung des Stoffes hinaus, der Voraussetzung für nutzbringende Lektüre des zweiten Bandes ist.

Beide Bücher werden vielfach auch zur Ausbildung des Nachwuchses eingesetzt, wenngleich der Stoff, der vermittelt wird, weit über die Kenntnisse hinaus geht, die man gerechterweise von den Auszubildenden verlangen kann. Deshalb findet sich am Schluß jedes größeren Abschnitts eine Zusammenfassung („Das Wichtigste kurz zusammengefaßt"), die die Verwendung des Buches für den Unterricht der Auszubildenden erleichtert. Diese Zusammenfassung in Kurzform umreißt etwa das Wissen, das auch bei Auszubildenden vorhanden sein sollte.

Besonderer Wert bei der Darstellung der Rohstoffe wurde auf die Qualitätsmerkmale und Einsatzmöglichkeiten sowie auf Behandlung und Pflege gelegt.

Dr. Alfons Hofer

Inhaltsübersicht

Rohstofflehre – Die Grundlage der Textilkunde

Einführung

Von einem Textilkaufmann wird heute ein viel umfangreicheres Wissen verlangt als noch vor 25 Jahren. Die Zahl, die Arten und die Eigenschaften der Textilrohstoffe haben insbesondere nach dem Zweiten Weltkrieg gewaltig zugenommen, und mit der größeren Vielfalt der Faserstoffe ging eine starke Vermehrung der Mischungs- und Kombinationsmöglichkeiten der verschiedensten Rohstoffe Hand in Hand. Auch die Textiltechnik hat Fortschritte zu verzeichnen, die von einem Einzelnen kaum mehr übersehen werden können. Diese neuen technischen Methoden haben nicht nur neuartige Gewebe und Maschenwaren ermöglicht, sondern können auch die Eigenschaften, die die Fertigwaren durch die verarbeiteten Rohstoffe erhalten, weitgehend verändern und ergänzen.
Findet sich schon der Fachmann kaum mehr in der schier unübersehbaren Fülle der Möglichkeiten zurecht, die die Auswahl der Faserstoffe und die neuen Methoden der Verarbeitungstechnik und der Textilchemie schufen – so kann sich der Verbraucher überhaupt kein sicheres Urteil mehr bilden. Um so wichtiger wird die sachkundige Beratung durch den Fachmann, der sich ständig auf dem laufenden halten muß.
Um Ordnung in die verwirrende Fülle der textilen Faserstoffe zu bringen, bedarf es der straffen Gruppierung. Gemeinhin teilt man die Textilrohstoffe in „künstliche" und „natürliche" ein. Diese Einteilung hat viel von ihrer Überzeugungskraft dadurch verloren, daß manche der vom Menschen geschaffenen Textilfasern, insbesondere die auf Zellulose-Basis, den „natürlichen" in ihren Gebrauchseigenschaften, ihren Verwendungsmöglichkeiten und im Preis sehr ähnlich sind.

Ein kleiner Rückblick

Zunächst wählte der Mensch unter den Stoffen, die ihm die Natur von sich aus bot, solche aus, die sich für seine Bekleidung und die Ausstattung seiner

Behausung eigneten. Dem Zeitalter der natürlichen Faserstoffe folgte das Zeitalter der künstlichen Faserstoffe, das mit dem 19. Jahrhundert einsetzte, als es gelang, Zellulose zu lösen (Schönbein 1846) und mit Hilfe der 1862 von Ozanam erfundenen künstlichen Spinndüse in Fadenform zu überführen. Das Zeitalter der vollsynthetischen Faserstoffe begann erst in diesem Jahrhundert.

Das Problem bestand von jeher darin, Fasern aus dem Pflanzen- und Tierreich zu gewinnen, zu entwirren und dann zu ordnen, damit aus dem Fasermaterial Flächengebilde entstanden. Zunächst verwendete man Rohstoffe, die man so, wie sie die Natur liefert, verflechten und verweben konnte. Natürliches Material, wie Binsen oder Roßhaar und vor allem Bastfasern, die ja von allen natürlichen Rohstoffen die größte Länge erreichen, verlängerte der Mensch zunächst durch Aneinanderknüpfen der verschiedenen Teile. Jeder weitere Fortschritt hing nunmehr davon ab, längere und nach Möglichkeit endlose, feine Fäden zu erzeugen. Das Spinnen war erfunden, als es gelungen war, das Fasermaterial mit Hilfe primitiver Geräte aus Bein und Ton zu Fäden zusammenzudrehen und aufzuspulen. In diesem Stadium wurde bereits viel Wolle verwendet. Der nächste Fortschritt war, der Spindel ihren eigenen Antrieb zu geben. Die Fertigkeit der Herstellung textiler Flächengebilde durch Spinnen und Weben war nicht auf einen bestimmten Kulturkreis beschränkt, sondern bereits in vorgeschichtlicher Zeit in allen Teilen der Welt bekannt. Die Germanen der Steinzeit nahmen Leinen, in der Bronzezeit Wolle. Sie kannten schon Fantasiebindungen mit weit flottenden Fäden. Die alten Ägypter fertigten so feine Leinengewebe, daß man ganze Gewänder durch einen Siegelring ziehen konnte, und auch in Indien vermochte man vor unserer Zeitrechnung bereits so feine Leinenbatiste herzustellen, daß unter dem Stoff auf der Haut getragener Schmuck durchschimmerte. In Persien wurde vor allem Wolle verarbeitet, in China schon 3000 Jahre vor unserer Zeitrechnung Naturseide. Die Maya und Inka in Amerika schätzten die Baumwolle besonders hoch. Die Inka verarbeiteten auch den eigenartigsten Textilrohstoff, der je versponnen wurde: Flaum von entkielten Federn.

Den Chemikern des vorigen Jahrhunderts ging es darum, das bekannte Spinnmaterial durch chemisch geschaffenes nachzuahmen. Als besonders brauchbar erwies sich dabei die Grundsubstanz der Textilfasern aus dem Pflanzenreich – die Zellulose. Diese „klassischen Chemiefasern" können sowohl mit Baumwoll- als auch mit Woll-Eigenschaften geschaffen, mit den natürlichen Fasern kombiniert und mit den gleichen Farben gefärbt werden. Erzeugnisse daraus wurden deshalb in diesem Buch zusammen mit den pflanzlichen Faserstoffen der gleichen großen Gruppe zugeordnet. Später wurden auch Chemiefasern auf Eiweißbasis entwickelt.

Die Synthetics leiteten dann eine gänzlich neue Epoche ein, die sich von den vorangegangenen nicht nur in technischer Hinsicht oder durch die Ausgangsstoffe unterschied. Nicht mehr organische Verbindungen, wie

Baumwoll-Linters oder Zellulose, bei denen die Natur bereits die Hauptlast der Umwandlung in Faserstoffe getragen hat, bildeten die Grundlage, sondern Mineralien wie Kohle und Kalk. Auch lief das Ziel der Forschung nicht nur darauf hinaus, an die Stelle der natürlichen Spinnstoffe mit ihrer Abhängigkeit von Ernteerträgen und Rohstoffräumen sowie mit ihren Marktpreisschwankungen neue zu setzen, die in absolut gleichmäßiger Qualität zu jeder Zeit in jeder gewünschten Menge überall hergestellt werden konnten. Man prüfte vielmehr die Eigenschaften der natürlichen Rohstoffe, überlegte sich, welche neuen Eigenschaften für neue Textilrohstoffe wünschenswert seien, und versuchte Fasern herzustellen, die bisher unbekannte Gebrauchswerte erhielten. Bei jeder Entwicklung einer synthetischen Faser beabsichtigt der Chemiker, eine Faser mit genau umrissenen Eigenschaften zu konstruieren, die ein anderer bislang bekannter Faserstoff nicht in sich vereinigt. Von „Ersatzstoffen" kann also keine Rede sein, und deshalb bilden die Synthetics auch eine Gruppe für sich.

„Gute" und „schlechte" Eigenschaften

Gleich am Anfang unserer Rohstofflehre wollen wir eines ganz deutlich festhalten: „Gute" und „schlechte" Eigenschaften gibt es bei textilen Rohstoffen **nicht!** Erst durch die Verwendung des Rohstoffs für einen bestimmten Zweck erweist sich ein typischer Wesenszug als günstig oder ungünstig. Es gibt falsche und richtige Verwendung von Textilfasern, es gibt günstige und ungünstige Kombinationsmöglichkeiten verschiedener Fasern. Viele Eigenschaften wirken sich je nach dem Verwendungszweck positiv oder negativ aus. Die unelastische Steifheit des Leinens ist zum Beispiel eine wesentliche Voraussetzung für Einlagestoffe, bei einem Abendkleid würde die geringe Schmiegsamkeit hingegen stören. Deshalb muß der Fachmann die Eigenschaften der Rohstoffe genau kennen, um fertige Erzeugnisse beurteilen zu können.
Eine Reihe von Eigenschaften muß aber **jeder** Faserstoff aufweisen, damit er überhaupt für Textilien verwendbar ist. Man unterscheidet dabei zwischen Substanzeigenschaften und Aufbaueigenschaften.

Die Substanzeigenschaften

Die Substanzeigenschaften sind den Rohstoffen selbst eigen. Wenn ein Baumwollfaden reißt, kann sich entweder der Faserverband gelöst haben oder die verschiedenen Einzelfasern, die zusammen das Garn an der Bruchstelle gebildet haben, sind gerissen („gebrochen", wie der Fachmann sagt). **Reißfestigkeit** (neuerdings als **„Reißkraft"** bezeichnet) als Merkmal der Substanz bezieht sich also auf den Rohstoff selbst, ohne Rücksicht

auf seine spätere Verarbeitung. Zu den Substanzeigenschaften zählt auch die **Dehnung**, sie kann „vorübergehend" sein (elastisch; nach Beendigung der Belastung nimmt die Faser ihre alte Form wieder ein) oder „bleibend". Ein Gummiband ist das klassische Beispiel für elastische Dehnung: es hat immer wieder das Bestreben, seine alte Form einzunehmen. Bei bleibender Dehnung ändert sich die Länge der Faser bei Belastung für immer. Wird die Dehnung zu groß, so reißt die Faser („Bruchdehnung"). Die Bruchdehnung wird in % der Ausgangslänge gemessen und gibt an, wie stark der Faden bis zum Augenblick des Abreißens gedehnt worden ist. Unter den Textilrohstoffen lassen sich Wolle (20 bis 40%, naß noch höher) und Naturseide (20 bis 24%, naß bis 30%) gut dehnen. Auch die Dehnfähigkeit der Synthetics liegt sehr hoch, bei Perlon zum Beispiel über 20%. Baumwolle (5 bis 8%) und Flachs (Leinen) (1,6%) sind hingegen nicht sehr dehnfähig. Die in Klammern angegebenen Zahlen geben an, um wieviel Prozent sich eine Faser gegenüber der ursprünglichen Länge dehnen läßt.
Die **Reißfestigkeit** der Textilfasern wird meist in g/den (sprich Gramm je Denier) angegeben. Dieser Meßwert schließt also den Faserquerschnitt, die Dicke der Einzelfaser („Einzeltiter") mit ein. Manchmal wird aber auch die Festigkeit in Reißkilometern gemessen. Dieser Wert sagt aus, wie lang, gemessen in km, eine Faser oder ein Faden frei aufgehängt sein muß, um durch die Last seiner eigenen Substanz zu brechen. Die Substanzfestigkeit von Stapelfasern (im Gegensatz zu den „endlosen" Fasern) wird übrigens im Gespinst nur mit 40 bis 60% ausgenutzt.

Einige Beispiele für Reißfestigkeit:

Spinnstoff	Reißfestigkeit in g/den trocken	 naß	
Perlon	3,8–8,3	85–90%	der
Polyesterfasern und -Filamente	3,6–6,2	gleich	Trocken-
Acrylfasern und -Filamente	2,8–4,4	90–98%	festigkeit
Baumwolle, gute Mittelqualität	3,0–4,9	3,3–6,4	
Naturseide	3,3–4,5	2,6–3,6	
Zellwolle	1,5–4,6	0,7–3,0	
Polyvinylchloridfasern	2,7–3,0	gleich	
Viskosefilament	1,5–2,4	0,7–1,4	
Chemie-Kupferfilament	1,7–2,3	1,0–1,4	
Acetat	1,3–1,5	0,8–1,2	
Triacetat	1,2–1,4	0,8–1,0	
Wolle	1,0–1,7	0,8–1,6	

Die Reißfestigkeit ist bei den meisten Textilfasern in trockenem Zustand höher als in nassem. Als **Trockenfestigkeit** wird die in lufttrockenem Zustand des Textilgutes gemessene Bruchfestigkeit bezeichnet; die **Naßfestigkeit** ist wichtig für die Beurteilung der Waschfähigkeit eines Textilgutes. Sie wird in % der Trockenfestigkeit angegeben. Die Verringerung der Festigkeit im nassen Zustand ist eine Folge der Quellung der Faser. Je weniger eine Faser Feuchtigkeit aufnimmt und quillt, desto naßfester ist sie.

Die Aufbaueigenschaften

Die Aufbaueigenschaften sind für die Verarbeitung eines Rohstoffes zum Gespinst von Bedeutung. Sie sind alle mehr oder weniger voneinander abhängig und müssen daher auch im Zusammenhang, nicht einzeln für sich, gesehen und beurteilt werden. Eine Faser mit kürzerem Stapel kann zum Beispiel einen sehr haltbaren Faden ergeben, wenn die Oberflächenreibung sehr hoch, die Faser also rauh ist. Dieser Faden kann sogar fester sein als ein ähnlicher aus einem Material mit längerem Stapel und glatterer Oberfläche, bei dem die Einzelfäden im Gespinst bei Belastung durch Zug leichter auseinandergleiten.

Der **Stapel,** das heißt die durchschnittliche Länge der Einzelfasern, ist ein wichtiges Merkmal zur Beurteilung verschiedener Qualitäten des gleichen (natürlichen) Rohstoffs. Es kommt weniger darauf an, ob eine bestimmte Faserqualität einzelne besonders lange Fasern enthält; ausschlaggebend ist die möglichst **gleichmäßige** Länge der **Masse** der Fasern. Die Spinnmaschine muß genau auf die durchschnittliche Stapellänge eingestellt werden. Um die besonders langen Fasern abzusondern und getrennt zu verarbeiten (beispielsweise Wolle in der Kammgarnspinnerei; „gekämmte" Baumwolle), kann man die Faserbüschel **kämmen.**

Je länger der Stapel einer Faser ist und je gleichmäßiger die Länge der Einzelfasern, desto häufiger wird die Einzelfaser beim Spinnen im Garn gewunden und verdreht. Die Zahl der Windungen im Garn ist bei kurzstapeligen Fasern geringer, das Garn ist weniger fest. Lange und kurze Fasern im gleichen Garn ergeben ein unregelmäßiges Gespinst, weil die Spinnmaschine nach den langen **oder** nach den kurzen Fasern eingerichtet werden muß. Bei Chemiefasern besteht dieses Problem nicht: Eine bestimmte Sorte hat immer gleichen Stapel, der sogar in seiner Länge dem beizumischenden natürlichen Rohstoff angepaßt werden kann.

Die **Feinheit** der Einzelfaser (gewöhnlich **Einzeltiter** genannt) ist einmal ein Qualitätsmerkmal für die Faser selbst, beeinflußt aber auch den Charakter der fertigen Ware. Man kann einen Faden mit einem bestimmten Querschnitt aus **wenigen** Fasern mit **grobem** Einzeltiter oder aus **vielen** Fasern mit **feinem** Einzeltiter herstellen. Der Griff des fertigen Gewebes, die

Schmiegsamkeit und das Bild werden maßgeblich durch den Einzeltiter bestimmt. Je feiner der Einzeltiter, desto feiner kann auch das Garn ausgesponnen werden, und desto gleichmäßiger ist das Garn zu spinnen. Davon können Reißfestigkeit und Farbausfall der Fertigerzeugnisse abhängen. Bei Garnen aus endlosen Chemiefaserfilamenten werden meist zwei Zahlen genannt, wobei die erste den Titer (die Fadenstärke) des Garnes, die zweite die (meist der Spinndüsenzahl entsprechende) Anzahl der Elementarfasern angibt (Beispiel: 120/24 dtex=ein Garn mit 120 dtex besteht aus 24 Kapillarfäden mit je 5 dtex).

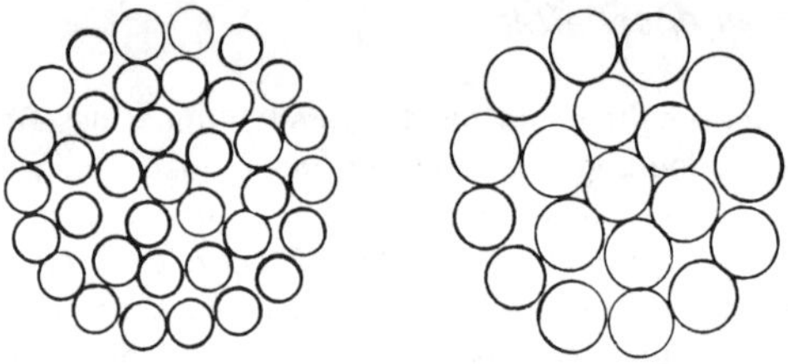

Abb. 1: Einzeltiter. Der gleiche Garnquerschnitt wird links von vielen Fasern mit feinen Einzeltiter, rechts von wenigen Fasern mit grobem Einzeltiter gebildet.

Die **Struktur** wird bestimmt durch die Faserform, die Form des Faserquerschnitts und die Faseroberfläche. Eine Faser kann völlig gleichmäßig sein wie die Zellwolle, sie kann korkenzieherartig gewunden sein wie die Baumwolle. Perlon gibt es mit fast kreisrundem und mit dreieckigem Querschnitt. Die Oberfläche kann glatt, gerillt, geschuppt oder wellig sein, sie kann unter dem Mikroskop wie poliert aussehen. Glatte Fasern schmutzen nicht so leicht an, der Schmutz läßt sich bei der glatten Faser sehr leicht und schnell wieder lösen.
Ein neuer Begriff im Bereich der Faserstruktur ist durch die Chemiefasern eingeführt worden: die **„Profilfaser“**. Bei den Chemiefasern ist es möglich, durch besondere Formung der Düsenöffnungen bestimmte Quer-

Abb. 2: Trilobal (Querschnitt).

schnitte hervorzurufen. Besondere Bedeutung hat der **„trilobale“** Querschnitt, der dreigelappte, bei den Polyamidfasern angewandt (z. B. Perlon glitzernd, Antron, Cadon), neuerdings auch abgewandelt zum **„multi-**

lobalen" Querschnitt mit mindestens fünf wulstigen Ausbuchtungen. Bei Polyesterfasern sind fünfkantige Querschnitte angewendet worden (z.B. Trevira-Profilfaser). Diese Veränderungen des Faserquerschnittes von (glatten) Synthetics haben den Sinn, die Glätte, eine der Ursachen der sogen. Pillingbildung, zu verringern, den starken Glanz zu einem seidig-matten Schimmer abzuwandeln und den Griff der Fertigerzeugnisse dem der Naturseide anzunähern. – Garne aus Fasern mit multilobalem Querschnitt nennt man auch **„Multilobé-Garn"**.

untexturiert

texturiert

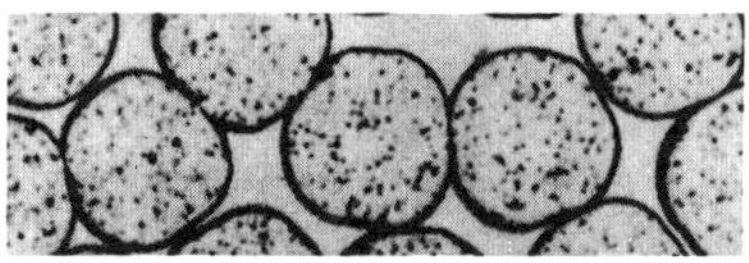

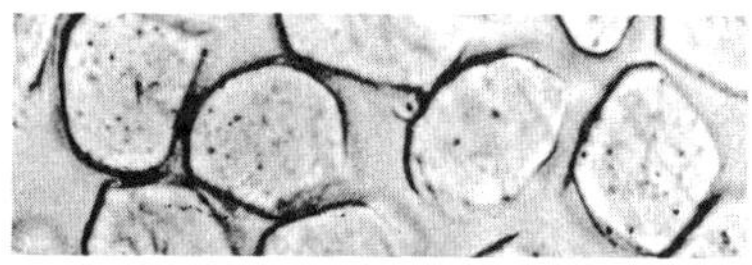

Normalpolyester

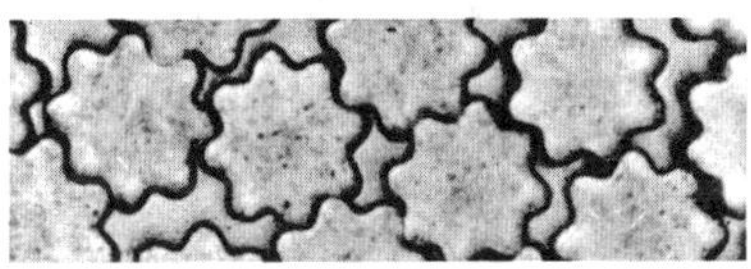

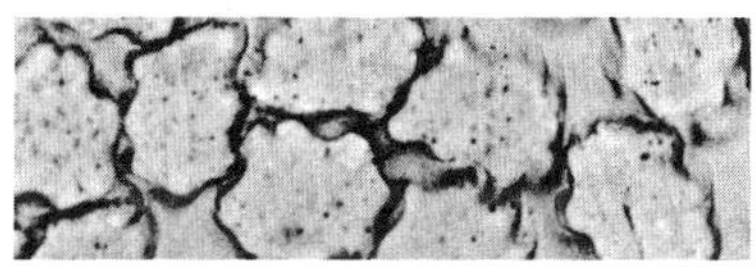

Dacron 242 mit achteckig-sternförmigem Querschnitt.

Abb. 3: Beispiel für die Veränderung des Querschnitts für Polyesterfasern.

Dacron 242 als Homopolymer und Copolymer (für verbesserte Anfärbbarkeit) besitzt einen achteckig-sternförmigen (oktolobalen) Querschnitt, der die Lichtbrechung verändert und das Material fülliger macht. – Alle Abweichungen vom runden Faserquerschnitt führen dazu, daß sich die Oberfläche der Faser gemessen an ihrem Volumen stark vergrößert, wodurch sich auch die Farbwirkung, der Griff und die hygienischen Eigenschaften verändern. Durch die chemischen und physikalischen Vorgänge bei den Naß- und Trockenspinnverfahren bilden sich gelappte, „hundeknochenähnliche", grobgezähnte, hantelförmige, eingerollte und bohnenförmige Querschnitte aus.

Auf verschiedene Weise, wie entsprechend geformte Düsen mit Kern, Einblasen von Gas oder Zusammenkleben von mehreren Elementarfasern werden **Hohlfasern** erzeugt. Hohlfasern sind weicher und fülliger, haben ein geringeres spez. Gewicht und ein besseres Wärmerückhaltvermögen. Bei Teppichfasern nutzt man die Eigenschaft von eckig profilierten Hohlfasern mit eckigen Hohlräumen, einfallendes Licht wie ein Spiegel aus dem (sauberen) Faserinneren heraus zu reflektieren – rein optisch wirken

Mikroaufnahmen verschiedener Querschnittsformen von Chemiefasern

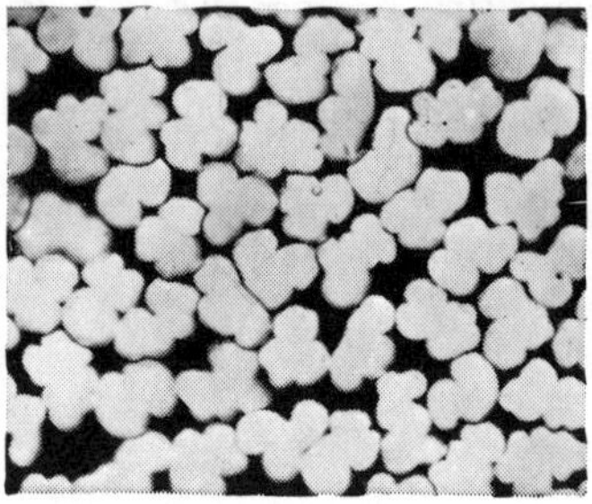

Abb. 4: Acetatfasern mit gelappten Querschnitten.

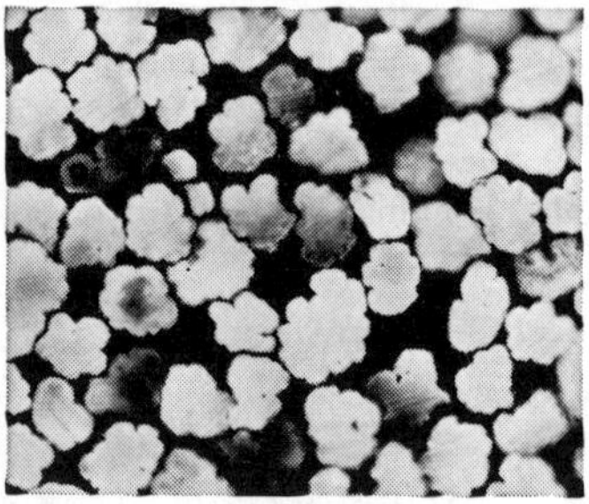

Abb. 5: Prelana (=Wolpryla) (Acryl) mit grobgezähnelten Querschnitten.

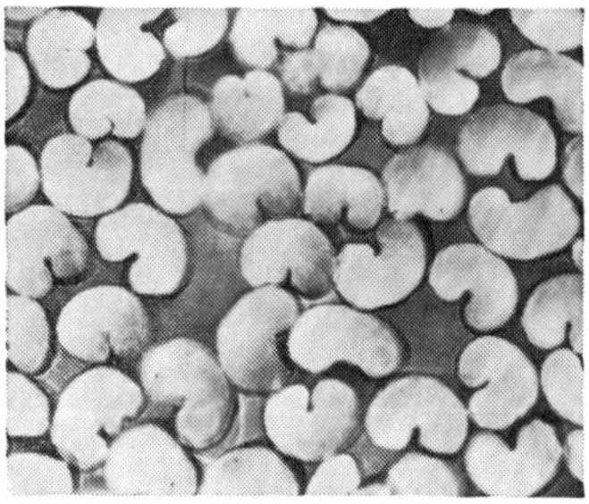

Abb. 6: tri-a-Faser (Triacetat) mit bohnenförmigen bis eingerollten Querschnitten.

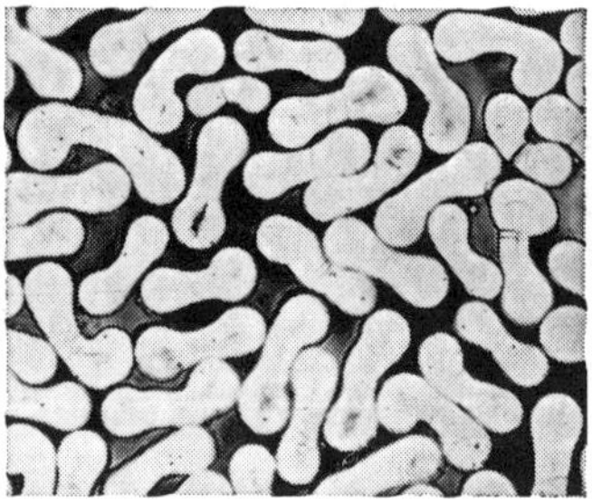

Abb. 7: Redon (Acryl). Querschnitte gestreckt hantelförmig.

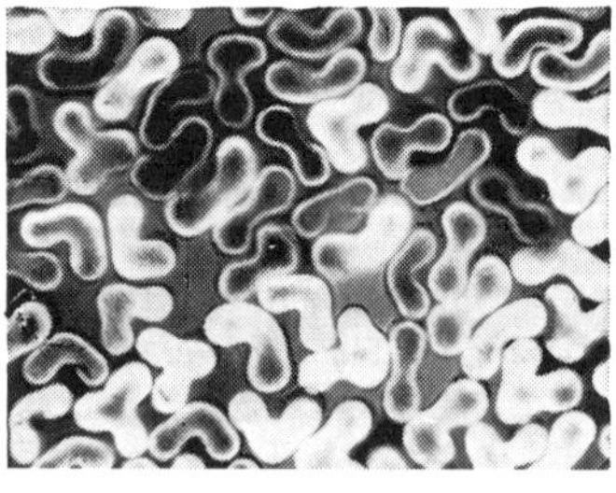

Abb. 8: Orlon 81 (Acryl). Querschnitte hantel-, V- und Y-förmig; Fasern teils transparent, teils porig.

Abb. 9: Hohlraumfaser mit rundem Querschnitt, Hohlraum vielfach mit Lufteinschlüssen.

Teppiche bei gleichartiger Verschmutzung sauberer als solche aus kompakten Fasern (Beispiele: **Antron 501, Anso**). Mit Hilfe von Hohlraumfasern können die hygienischen Eigenschaften von Synthetics denen der Naturfasern angeglichen werden. Bei der Bayer-Dralon-Faser **Dunova** sorgt eine große Zahl von Kapillar-Hohlräumen, die im Innern der Faser liegen und mit einer Vielzahl von Poren mit der Faserhaut verbunden sind, für eine mit etwa 30% besonders hohe Feuchtigkeitsaufnahme – eine Eigenschaft, die sonst nur Naturfasern besitzen.

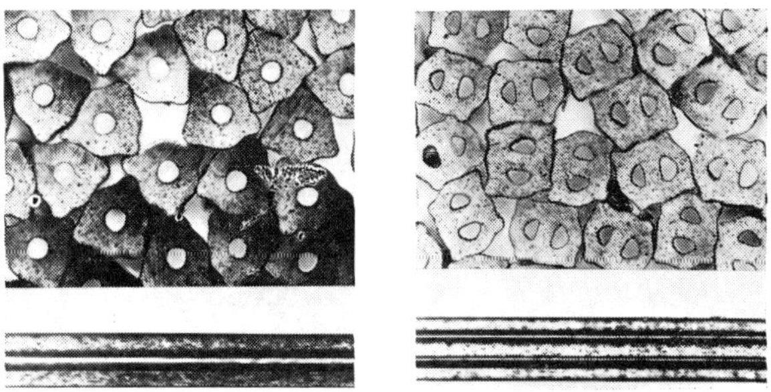

Abb. 10: Hohlfasern. Links mit dreieckigem Faserquerschnitt. Rechts, viereckiger Querschnitt mit 2 Hohlräumen.

Die **Schmiegsamkeit** der Fasern und ihr Gegensatz, die **Steifheit,** ergeben sich aus dem Widerstand, den sie der Verformung entgegensetzen. Hohe Schmiegsamkeit erleichtert nicht nur die Verarbeitung beim Spinnen, Weben und Wirken und erlaubt die Verwendung besonders feiner Maschinenteile, sondern bestimmt auch den Ausfall und Charakter des fertigen Erzeugnisses. Aber auch Steifheit ist für bestimmte Zwecke geschätzt, zum Beispiel bei Einlagenstoffen, die dem Kleidungsstück Form und Halt geben sollen. Die Schmiegsamkeit der Fasern kann kaum durch nachträgliche Maßnahmen verändert werden.

Die **Oberflächenreibung** hängt eng zusammen mit der Struktur der Faser; von ihr war bereits bei der Stapellänge die Rede. Sie entscheidet die Verspinnbarkeit, da sie für die Haftung der Fasern im Gespinst verantwortlich ist, und bestimmt die Festigkeit des Fadens unabhängig von der Substanzfestigkeit der Faser. Der Zusammenhalt im Faserverband wird durch die Drehung beim Spinnen erhöht; stärker gedrehte Garne sind stets reißfester als locker gedrehte aus gleichem Material.

Die **Feuchtigkeitsaufnahme** der Fasern wird in Prozent des Trockengewichts bei 20 Grad Celsius und einer relativen Luftfeuchtigkeit von 65% gemessen. Fasern, die viel Feuchtigkeit aufnehmen heißt man **„hydrophil"** („wasserfreundlich"); sie haben gute **„hygienische Eigenschaften"**. Die

Normaler Feuchtigkeitsgehalt der Textilrohstoffe:

Schafwolle, gewaschen	14,5%
Viskosefaser	12,5%–13,5%
Cupro-Faser	12,5%
Naturseide, entbastet	9,5%
Flachs, Flockenbast	8,5%
Baumwolle, roh	8,0%
Acetat (endlos und Faser)	6,0%–6,5%
Nylon	4,0%
Perlon	3,6%
Triacetat	3,5%
Acrylfasern	1,0%
Polyesterfasern	0,6%
Polypropylenfasern	0,0%

Fähigkeit, Feuchtigkeit aufzunehmen, ist bei allen Kleidungsstücken, die mit dem Körper in unmittelbare Berührung kommen, sehr erwünscht (Körperschweiß!). Bei Oberstoffen, vor allem für Mäntel, zieht man Gewebe vor, die die Feuchtigkeit abstoßen; man imprägniert sie sogar wasserabweisend (**hydrophob**=wasserfeindlich).
Die Festigkeit und der Widerstand, den Fasern oder Textilien dem Knittern entgegensetzen, sind nach Feuchtigkeitsaufnahme, also in nassem Zustand, oft völlig anders. Entscheidend ist auch, ob ein Rohstoff Feuchtigkeit aufnehmen kann, ohne sich naß anzufühlen (zum Beispiel Wolle). Niemals soll man einer Textilfaser den ganzen Feuchtigkeitsgehalt entziehen, was beispielsweise beim unsachgemäßen Trocknen dicht am heißen Ofen oder in der prallen Sonne geschieht. Ein gewisser Feuchtigkeitsgehalt ist besonders bei natürlichen Rohstoffen notwendig, um ihnen ihre günstigsten Eigenschaften zu geben, und er ist auch handelsüblich **(Konditionierung).** Bei Baumwolle sind 8,5% handelsüblich; enthält Baumwolle mehr Feuchtigkeit, wird das berechnete Gewicht auf diesen Gehalt umgerechnet. Bei normalem Feuchtigkeitsgehalt bleibt die Faser weich und schmiegsam und behält ihren natürlichen Glanz.
Je geringer die Fähigkeit ist Feuchtigkeit aufzunehmen, desto weniger neigt ein Textilrohstoff dazu, zu **quellen** und beim Waschen einzulaufen. So quellen Perlon und Nylon um 10 bis 15%, Acrylfasern um 12 bis 18%, aber Polyesterfasern nur um 3 bis 5%. Auch zwischen dem normalen Feuchtigkeitsgehalt und der höchstmöglichen Feuchtigkeitsaufnahme gibt es große Unterschiede: Baumwolle nimmt bis 20%, Wolle bis 40%, Naturseide bis 26% des Trockengewichts an Feuchtigkeit auf.
Das **Wärmeleitvermögen** spielt als Fasereigenschaft keine sehr große Rolle; es ist bei tierischen Faserstoffen schlecht, bei Zellulosefasern hin-

gegen recht gut, unter den Synthetics bei den Acrylfasern am niedrigsten. Viel wichtiger für die Eigenschaft, warm zu halten, also Wärme zu isolieren, ist die Fähigkeit des fertigen Kleidungsstücks, Luft einzuschließen.

Das Wichtigste aus diesem Kapitel – kurz zusammengefaßt

1. Ursprünglich wählte der Mensch aus den Rohstoffen, die ihm die Natur bot, solche aus, die er für seine Bekleidung verwenden konnte. Die „klassischen" Chemiefasern auf Zellulosebasis ahmten Eigenschaften und chemischen Aufbau den natürlichen Rohstoffen des Pflanzenreichs nach, während die Synthetics als „Textilfasern nach Maß" neue und bislang unbekannte Eigenschaften und Verwendungszwecke erhielten. Sie sind auf keinen Fall Ersatzstoffe.

2. „Gute" und „schlechte" Eigenschaften gibt es bei Textilfasern nicht. Es gibt lediglich zweckmäßige und unzweckmäßige Verwendung oder Kombination der einzelnen Fasertypen.

3. Zu den Substanzeigenschaften, die den Fasern selbst eigen sind, gehören insbesondere Reißfestigkeit, Dehnung und Elastizität. Die Aufbaueigenschaften entscheiden die Verarbeitungsmöglichkeit der Faser zum Textilgut; sie sind nicht einzeln, sondern in ihrer Gesamtheit zu werten. Hierher gehören die Stapellänge, also die durchschnittliche Länge der Einzelfasern, der Einzeltiter (Feinheit der Einzelfaser), die Struktur, die Schmiegsamkeit oder Steifheit, die Oberflächenreibung der Faser (Rauheit oder Glätte) und die Feuchtigkeitsaufnahme, die gleichzeitig die Quellfähigkeit, die hygienischen Eigenschaften und die Einlauffestigkeit der Textilien bestimmt.

4. Durch Veränderung der äußeren Struktur vor allem von Chemiefasern durch abgewandelte Querschnittsformen (z. B. „trilobal"=dreigelappt, vieleckig usw.) werden Griff und Bild der fertigen Erzeugnisse mitunter sehr stark verwandelt: Beseitigung eines „speckigen" Glanzes, Verbesserung der Farbwirkung und der hygienischen Eigenschaften. Die innere Struktur von Chemiefasern kann durch Hohlräume abgewandelt werden, die ein besseres Wärmerückhaltvermögen, eine andere Art von Lichtbrechung oder eine Verbesserung der Feuchtigkeitsaufnahme bewirken.

Einteilung der Faserstoffe nach P.-A. Koch

Abb. 11:

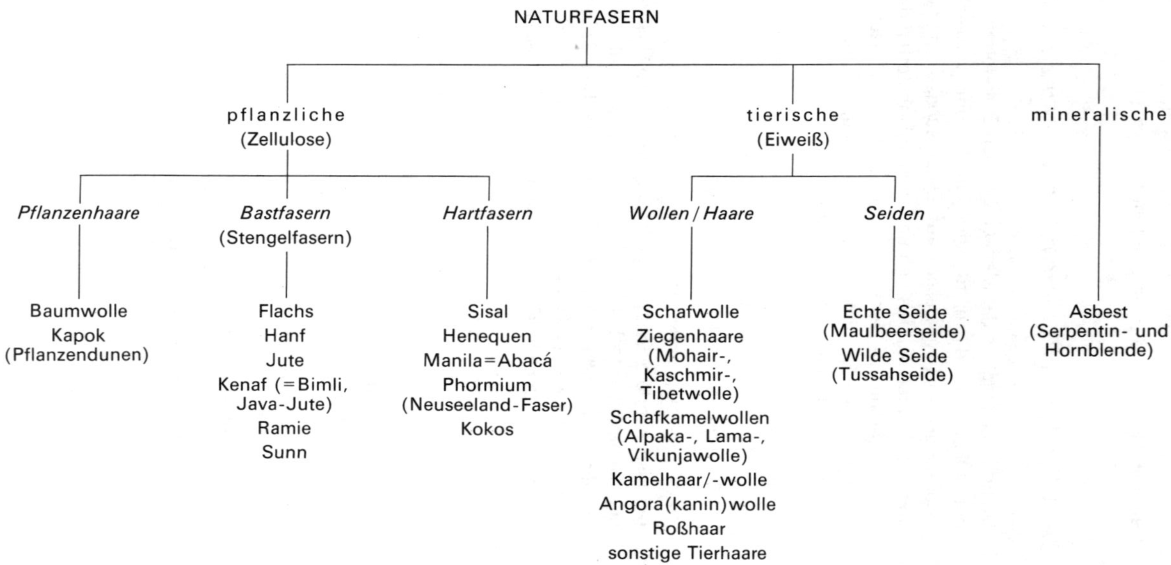

Abb. 11a:

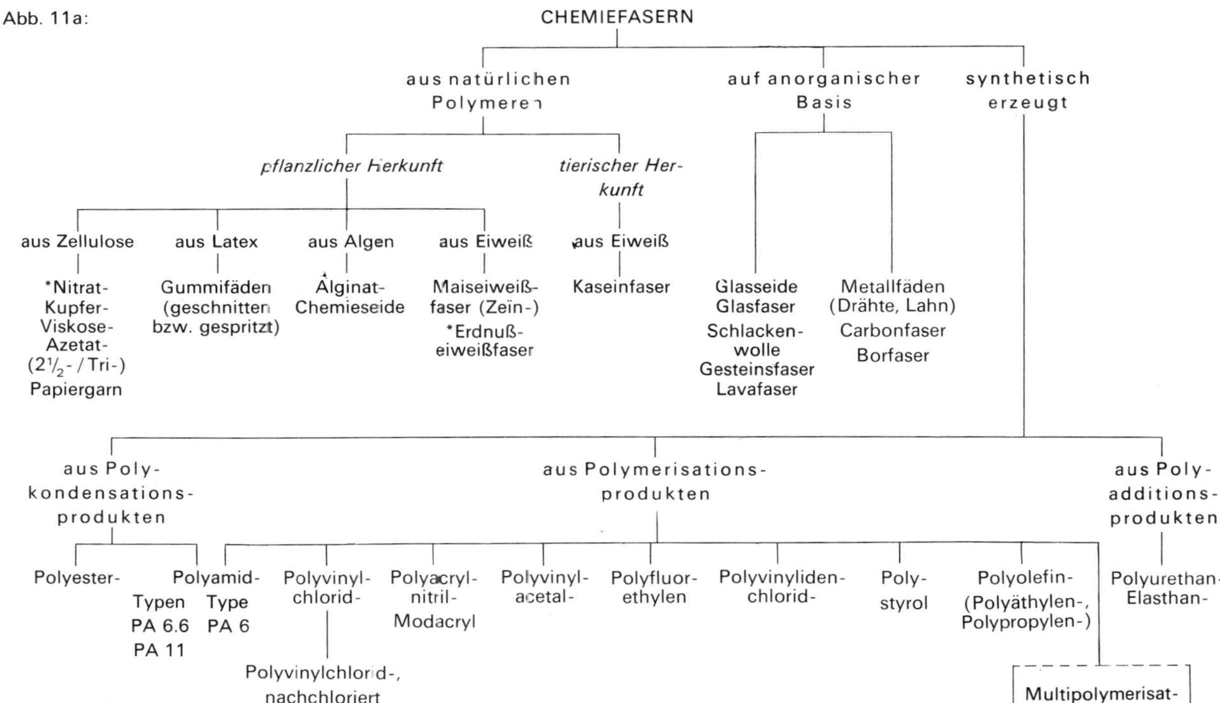

* nicht mehr im Handel

Die Zellulosefasern

Zu den Fasern, deren Hauptbestandteil die Zellulose ist, das „Knochengerüst" der Pflanzen, zählen:

1. **Pflanzliche Faserstoffe:**

   a) Haarbildungen (Samenhaare)
      Baumwolle

   b) Bastfasern
      1) Stengelfasern
         Flachs (Leinen)
         Hanf
         Jute
         Ramie (Chinagras)
      2) Blattfasern
         Manilahanf
         Sisal
         Palmfaser

   c) Fruchtfasern
      Kokos
      Kapok

2. **Chemiefasern und -Filamente** („Klassische" Chemiefasern):

   a) Nach dem Viskoseverfahren
      endlos: Viskosefilament
      Stapelfaser: Viskosespinnfaser

   b) Nach dem Kupferverfahren
      endlos: Cuprofilament
      Stapelfaser: Cuprospinnfaser

Die Bezeichnung **„Zellwolle"** wird durch das Textilkennzeichnungsgesetz (TKG) nicht gedeckt, die Bezeichnung „Seide" ist der Naturseide vorbehalten und für endlose synthetische Fäden in diesem Gesetz sogar ausdrücklich untersagt, und die Bezeichnung **„Reyon"** für endlose Vis-

kosefasern nicht mehr gestattet. Deshalb wird in diesem Buch auch wo irgend möglich vermieden, diese wenngleich im textilen Sprachgebrauch eingebürgerten Bezeichnungen zu verwenden. Das TKG spricht von **„Endlosfasern"** und **„Spinnfasern"**; korrekt wäre auch **„Stapelfaser"** und der für Endlosfasern international gebräuchliche, aus der Technik stammende Ausdruck **„Filament"**.
Eine Sonderstellung nehmen die Acetatfilamente und -Spinnfasern sowie Triacetat ein; sie gehören einesteils noch zu den Zellulosefasern, andernteils schon zu den Synthetics; sie sind Zelluloseverbindungen und stehen nach ihrem chemischen Aufbau und ihren Eigenschaften zwischen den klassischen Chemiefasern und den Synthetics. Alle diese Fasern, die wir hier übersichtlich zusammengestellt haben, haben als gleichen Hauptbestandteil **Zellulose**. Zellulose ist die Gerüstsubstanz der Pflanzen. Die Zusammensetzung der Zellulose ist schwer zu bestimmen und auch bei den einzelnen Fasern nicht gleich. Wir leben im „Atomzeitalter" und wissen, daß der kleinste Bestandteil der Materie das Atom ist und sich mehrere Atome zu Molekülen zusammenfügen. Beim Traubenzucker sind es schon über 20 Atome, die sich zu einem Molekül zusammengefunden haben, und Zellulose kann man sich als hundertfache Kette von Traubenzuckermolekülen vorstellen. Mit Kettenmolekülen werden wir in der textilen Rohstofflehre noch mehr als genug zu tun bekommen, denn alle Textilrohstoffe bestehen aus Molekülketten. Bei der Entwicklung der Synthetics bestand das Hauptproblem darin, verhältnismäßig unkomplizierte Moleküle zu Ketten aneinander zu hängen. Erst, als dies gelungen war, wurde ein spinnfähiger Rohstoff daraus.

Aufbau der Zellulosefasern

Der kleinste Baustein der Zellulosefasern ist das Glukose-Einzelmolekül $(C_6H_{12}O_5)x$, wobei allerdings im Gegensatz zum Aufbau des Stärke-Großmoleküls (Makromoleküls) mit seiner kugeligen Form jeder zweite Ring um 180 Grad gedreht vorliegt, wodurch die Ebene der Sauerstoffbrücke zum Kettenmolekül regelmäßig wechselt (Abb. 12). So entsteht die unverzweigt-gestreckte Form der Kettenmoleküle, die sich in kristallähnlich (geordneter) Struktur zu langen Elementarfibrillen aneinanderlagern. Etwa 20 solcher Elementarfibrillen bilden ihrerseits die (Mikro-)Fibrillen, die wiederum die Baueinheit der Pflanzenzellen darstellen. Einzelne dieser Elementarfibrillen ragen aus dem in Längsrichtung geordneten Bereich heraus („Fransen") und verhaken sich seitlich mit anderen Elementarfibril-

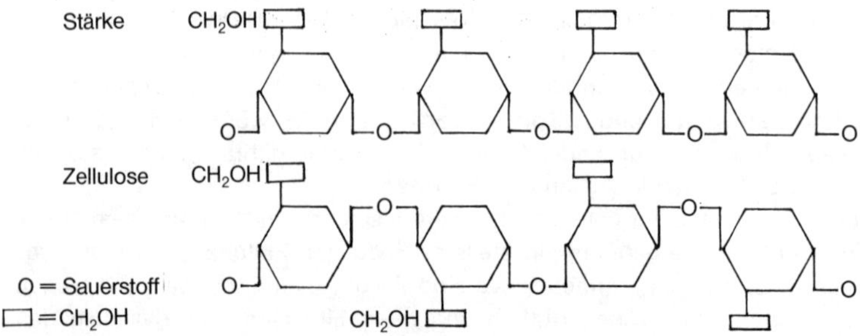

Abb. 12: Molekülketten von Stärke und Zellulose (stark vereinfacht) – Vgl. auch Abb. 96 S. 177. Bei der Stärke ist die CH_2OH-Gruppe isotaktisch, bei der Zellulose syndiotaktisch angeordnet. – Vgl. Abb. 146 S. 266.

len. Für diese Anordnung hat man den Begriff „Makromolekülgitter" gefunden.

Neben diesen bei Bastfasern besonders ausgeprägt in Längsrichtung angeordneten Fibrillen finden sich auch kurzkettige ungeordnete („amorphe") Bereiche, die zusammen mit den Fibrillen eine Netzstruktur mit Hohlräumen bilden. Bei den regenerierten Zellulosefasern sind diese regellos liegenden Zelluloseketten am stärksten ausgeprägt, wodurch sich die höhere Wasseraufnahme und Quellung sowie die verringerte Naßfestigkeit dieser Fasergruppe erklärt, während die Länge und der strengere Orientierungsgrad der Fibrillen bei Baumwolle und Bastfasern deren hohe Trockenfestigkeit und geringe Dehnfähigkeit erklären.

Feuchtigkeit und alle naß aufgebrachten Appretur- und Ausrüstungs-Chemikalien wie Bleichmittel, Farbstoffe und Kunstharzlösungen z. B. für Knitterfestausrüstungen dringen nicht in die Fibrillen, sondern in die amorphen Bereiche bzw. in die von diesen gebildeten Hohlräume innerhalb der Faser ein. Durch das Ausfüllen der Hohlräume bzw. die chemische Anbindung (Vernetzung) mittels geeigneter Chemikalien erfolgt auch eine Herabsetzung des Quellwerts, dadurch eine Verringerung der Knitteranfälligkeit, aber auch eine Verminderung der hygienischen Eigenschaften der Faser. Je quellfreudiger und saugfähiger die Faser, desto günstiger ist ihr Verhalten in der Ausrüstung. Darum sind Färbungen und die Wirkung von Knitterfestausrüstungen auf Viskosefasern viel leichter möglich als bei Baumwolle oder gar bei Leinen. Die ungeordneten, kurzkettigen (Beta-Zellulose-)Bereiche wirken auch wie eine Bindesubstanz, die die Querfestigkeit der in Längsrichtung angeordneten, langkettigen Molekülbündel (Alpha-Zellulose) erhöht und gewissermaßen wie ein Mörtel zusammenhält.

Samenhaare, Bastfasern und Hartfasern

Da Kapok nur als Polstermaterial verwendet und nicht zu Garnen versponnen wird, ist Baumwolle die einzige Haarbildung von Pflanzen, die als Spinngut von Bedeutung ist. Im Gegensatz zu den Bastfasern liegt sie in der verwendbaren Form vor. Die Bastfasern aus Stengeln oder Blättern sind aus Elementarfasern (ähnlich der Baumwolle) und Pflanzenbegleitstoffen aufgebaut, die diese Elementarfasern zu langen Faserbündeln verkitten. Bei der technischen Gewinnung der Bastfasern und ihrer spinnereitechnischen Vorbereitung müssen diese Bündel ihrer Länge nach in verspinnbare Teilbündel aufgespalten werden. Die Bastfasern zeigen alle eine uneinheitliche Länge der Faserbündel, die Fasern haben glatte Oberfläche, zugespitzte Enden und verbinden meist hohe Festigkeit mit geringer Dehnfähigkeit.
Der Begriff Hartfasern für die aus den Blättern verschiedener tropischer und subtropischer Pflanzen gewonnenen Fasern, zu denen meist auch die Fruchtfaser der Kokosnuß hinzugerechnet wird, ist insoferne irreführend, als diese Fasern zwar dicker und steifer sind als die meisten der übrigen für textile Zwecke verwendeten Fasern, aber sie sind in veredelten Zustand keineswegs „hart". Ihre Elementarfasern sind jeweils nur wenige Millimeter lang und somit ist ihre Herauslösung aus den Bündelfasern wenig sinnvoll. Blattfasern werden stets als Faserbündel verarbeitet; sie sind somit dicker und steifer als die Bastfasern aus Stengeln. Ihre Gewinnung aus den Blättern ist sehr viel einfacher als das Herauslösen der Bastfasern aus den Pflanzenstengeln.

Eigenschaften der Zellulosefasern

Dieser gemeinsame Baustoff, die Zellulose, gibt all diesen Faserstoffen gemeinsame Eigenschaften mit:

Widerstandsfähigkeit gegen äußere Einwirkungen

Aus den Zellulosefasern kann man recht strapazierfähige Textilien herstellen, denn sie sind widerstandsfähig gegen Druck, Zug, Kälte und Wärme. Die pflanzlichen Rohstoffe (nicht aber Chemiefasern) kann man bedenkenlos in „basischen" oder „alkalischen" Waschmitteln kochen. Die beiden Worte „basisch" und „alkalisch" bedeuten das gleiche; solche Lösungen bezeichnet man als „Lauge", und sie sind das chemische Gegenteil der Säuren. Säuren vertragen Zellulosefasern im Gegensatz zur Wolle schlecht.

Darum wäscht man Wollsachen und die eigenen Haare in „alkalifreien" (Fein-) Waschmitteln.

Unlöslichkeit

Wirft man ein Stück Zucker in den Kaffee, löst es sich auf. Das kann und darf bei Zellulose, dessen Kettenmoleküle chemisch dem Zucker verwandt sind, nicht passieren, denn Zellulose ist ja das Knochengerüst der Pflanzen und jeder Witterung, Regen, Sturm und Schnee, ausgesetzt. Ein solches Pflanzenskelett muß unlöslich sein, unlöslich vor allem in Wasser. Zellulose löst sich aber auch in keinem der üblichen Lösungsmittel und wird höchstens durch Säuren zersetzt. – Von allen pflanzlichen Faserstoffen am anfälligsten ist übrigens Jute; sie verfault leicht bei bestimmten Wärme- und Feuchtigkeitsbedingungen.

Schlauchartige Form

Fasern pflanzlicher Herkunft bestehen aus langgestreckten Zellen oder Zellbündeln mit schlauchartiger Form. – Die Chemiefasern sind hingegen einheitlich aufgebaut, werden zunächst endlos hergestellt und erst nachträglich der Form der natürlichen Fasern angepaßt.

Geringe Isolationsfähigkeit

Die Isolationsfähigkeit und damit die Fähigkeit, als Kleidungsstück „warm zu halten", hängt weniger von der Substanzeigenschaft der Fasern ab als von der im Gewebe oder Gewirk eingeschlossenen Luft. Luft ist bekanntlich der beste Isolator; die gute Wärme-Isolation der Zwei-Scheiben-„Isolierglasfenster" rührt ja davon her, daß sie zwischen den beiden Scheiben eine Luftschicht enthalten. Von Natur aus sind die Pflanzenfasern mit Zellsaft gefüllt; nach dem Austrocknen des Zellsaftes verzieht sich die Zellulose, und insbesondere bei der Baumwolle bekommen die zunächst schön runden Fasern eine bandartig gewundene Form. Im Innern der Fasern ist ebenso wie in den Chemiefasern keine Luft mehr eingeschlossen. Dazu kommt eine glatte Oberfläche. Daher kommt es, daß sich viele Erzeugnisse aus Zellulosefasern kühl anfassen (Leinen). Allerdings kann man die Isolationsfähigkeit bei der Verarbeitung günstig beeinflussen, zum Beispiel durch Rauhen der fertigen Gewebe oder durch Kräuseln der Fasern, vor allem bei den Chemiefasern.

Neigung zum Knittern

Zellulose ist von Natur aus nicht elastisch und knittert leicht. Die Knitterneigung ist um so größer, je dicker die Zellwände sind. Am anfälligsten gegen Knittern sind deshalb Jute und Hanf. Die Textilchemie vermag aber bei Baumwolle, mit Einschränkungen bei Leinen und besonders gut bei Zellwolle durch Hochveredlung die Knittererholung von Stoffen erheblich zu verbessern.

Das Wichtigste – kurz zusammengefaßt

1. Sowohl die von Pflanzen gewonnenen Faserstoffe als auch die „klassischen" Chemiefasern, die nach dem Viskose- oder Kupferverfahren gewonnen werden, bestehen im wesentlichen aus Zellulose, der Gerüstsubstanz der Pflanzen. Die Acetatfasern hingegen sind Zelluloseverbindungen und daher den Synthetics ähnlicher.
2. Aus diesem gemeinsamen Hauptbestandteil beziehen die Zellulosefasern eine Reihe von Eigenschaften: Widerstandsfähigkeit gegen äußere Einwirkungen, Unlöslichkeit vor allem in Wasser, Empfindlichkeit gegen Säuren, gute Waschbarkeit in Seifen und Laugen, schlauchartige Form, geringe Wärmehaltung und Neigung zum Knittern.
3. Durch Herstellungs- und Ausrüstungsmaßnahmen kann eine Reihe dieser Eigenschaften abgemildert, verstärkt oder verändert werden. Die Wärmehaltung wird durch Rauhen der Gewebe oder durch Kräuseln der Fasern, die Knittererholung durch Hochveredlung günstig beeinflußt.
4. Diese Eigenschaften treten bei den verschiedenen Faserstoffen dieser Gruppe nicht einheitlich und in gleichem Ausmaß auf, sondern je nach Faserstoff verschieden ausgeprägt.

Natürliche Fasern von Pflanzen

I. Die Baumwolle

Nicht ohne Bedacht steht die Baumwolle an der Spitze der Schilderung einzelner Textilfasern. Immer noch entfallen mengenmäßig rund 45 % aller verarbeiteten Textilrohstoffe auf die Baumwolle–und dabei konnte mangels geeigneter Statistiken der riesenhafte Bedarf der Ostblockstaaten noch nicht einmal berücksichtigt werden. In der Bundesrepublik werden jährlich rund 1,5 Millionen Ballen Baumwolle (etwa 31 % der Spinnstoffe) ver-

arbeitet. Diese Angabe sagt nicht viel, darum wollen wir sie einmal etwas umrechnen.
Das Gewicht der Baumwollballen aus den verschiedenen Erzeugungsländern differiert; z.B. wiegen Ballen aus Ägypten etwa 330 kg (Abb. 13). Ein solcher Ballen kostet ungefähr 2200,— DM. Amerikanische Baumwolle wird in Ballen mit einem Durchschnittsgewicht von etwa 230 kg, ostindische Baumwolle in Ballen mit weniger als 200 kg Gewicht verpackt. Nehmen wir ein Durchschnittsgewicht von 250 kg je Ballen an, so benötigt man 18000 Eisenbahnwaggons mit je 20 Tonnen Tragfähigkeit oder 600 Güterzüge mit 30 Waggons, um eine Menge von 1,5 Millionen Ballen zu transportieren. Stapelt man diese Ballen aufeinander, entstünden etwa 3500 Türme von der Höhe des Eiffelturms, und das daraus gesponnene Garn reichte rund siebenmal von der Erde bis zur Sonne.
Einer der wichtigsten Gründe für die Beliebtheit der Baumwolle ist ihre Preiswürdigkeit. Das war nicht immer so; vor 2500 Jahren besaß ein chinesischer Kaiser ein Gewand, das, da aus dem fernen Indien importiert, als große Kostbarkeit galt. In Indien war die Baumwolle schon 1500 Jahre vor unserer Zeitrechnung bekannt, sie kam aber erst im 13. Jahrhundert durch handeltreibende Araber nach Spanien und Sizilien. Bald darauf wurde Venedig zum Handelszentrum für Baumwolle und im 14. Jahrhundert wurde sie schon in Augsburg, der alten Leinenweberstadt, verarbeitet. Während Leinen handwerklich verarbeitet wurde und daher den Bindungen der Zünfte unterlag, nahmen Kaufleute, die kein Interesse an zunftartigen Zusammenschlüssen hatten, die Produktion von Baumwollgeweben in die Hand und lösten sie aus dem mehr oder weniger hausindustriellen Charakter

Abb. 13: Für den Export stark gepreßter ägyptischer Baumwoll-Ballen.

der übrigen Zweige des Textilgewerbes. Schon früh gab es in der Baumwollverarbeitung industrielle Massenfabrikation. Jahrhundertelang führte Augsburg, bis im 17. Jahrhundert, durch den 30jährigen Krieg begünstigt, die flandrische und englische Baumwollindustrie die Führung übernahmen. Einen großen Fortschritt brachten die Erfindung der Spinnmaschine (1764) und des mechanischen Webstuhls (1784).
Während etwa ab dem Jahr 1974 die Polyesterfasern erstmals und im Gegensatz zu dem Jahrzehnt zwischen 1960 und 1970 billiger wurden als die Baumwolle, rechnen die Experten damit, daß sich die Relationen im Preiswettbewerb zwischen der Baumwolle und den Synthetics vor allem aufgrund der Ölpreissteigerungen deutlich zu Gunsten der Baumwolle verschieben werden. Die Gewinnung der Baumwolle ist weit weniger von Energiepreisen abhängig, als die der Chemiefasern. Zudem sind die Produktionskosten durch veränderte Anbaupraktiken immer noch günstig zu beeinflussen: Verlagerung der Anbaugebiete mit einem bis zu drei Viertel geringeren Aufwand an Chemischen Mitteln zur Bekämpfung von Unkraut, Insektenbefall und Pflanzenkrankheiten, Einsatz weniger etragreicher, aber sehr billiger Böden. Hingegen rechnet man bei den Produktionskosten von Polyesterfasern zwischen 1980 und 1985 mit einem Anstieg um fast 40%.

Die Baumwollpflanze

Die Baumwollfaser ist das Samenhaar einer malvenähnlichen Staudenpflanze („Gossypium"). Dieses Samenhaar ist an das etwa erbsengroße Samenkorn der Baumwollfrucht angewachsen. Die etwa walnußgroße Frucht besteht aus einer Kapsel mit etwa drei bis fünf Fächern, die noch vor der endgültigen Reife aufplatzen und die Samenhaare hervorquellen lassen (Abb. 14). Die von Hand oder mit Hilfe von großen Pflückmaschinen (Abb. 15) geernteten Kapseln werden getrocknet, die Faserbüschel aus der Kapsel gelöst (Abb. 16) und die Fasern maschinell (Egreniermaschine) von den Samenkörnern getrennt (Abb. 17). Der an den Samenhaaren verbleibende, unverspinnbare, kurzfaserige Flaum wird durch einen zweiten Durchlauf durch die Egreniermaschine gewonnen und dient unter der Bezeichnung Baumwoll-**Linters** als Rohstoff für die Chemiefaserherstellung.
Ursprünglich gewann man die Baumwolle von einem nur in den Tropen gedeihenden Baum, der bis zu sechs Meter hoch wurde und von dem der Name Baumwolle abgeleitet ist. Dieser Baum mußte nicht jährlich neu gepflanzt werden und ergab Fasern von sehr ungleichmäßiger Länge zwischen 20 und 40 mm. Die Lebensbedingungen in den Tropen waren für den weißen Kolonisator nur sehr schwer zu ertragen. Systematischer Baumwollanbau in großem Stile war nur zu erreichen, wenn es gelang, die Baumwollpflanze in dem für Weiße erträglichen subtropischen Klima anzubauen;

Abb. 14: Blüte und Frucht (Kapsel) der Baumwollpflanze.

Abb. 15: Baumwoll-Pflückmaschine. Ein geübter Arbeiter erntet mit der Hand je Tag etwa 100 kg, eine Pflückmaschine in der gleichen Zeit bis zu 1 400 kg.

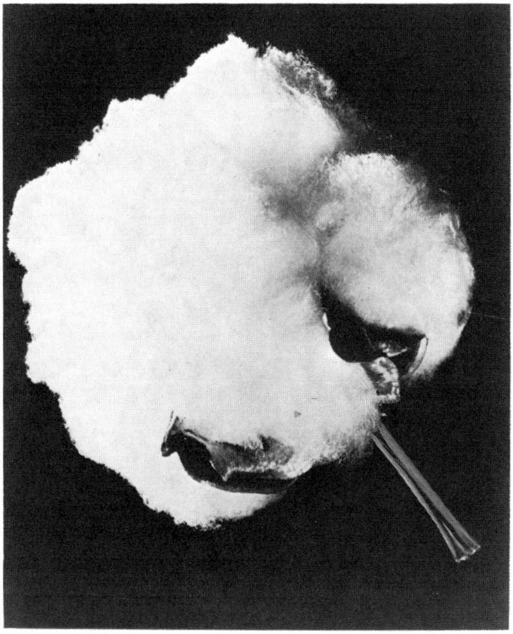

Abb. 16: Aufgesprungene Baumwollkapsel mit den herausquellenden Faserbüscheln.

Staudenpflanzen, die nur bis zu zwei Meter hoch werden und jährlich neu gepflanzt werden müssen, ermöglichten dies.
Soll die Baumwollpflanze gedeihen, müssen eine Reihe von klimatischen Ansprüchen erfüllt sein. Die wichtigste Voraussetzung ist unbedingte Frostfreiheit während der Entwicklung der Pflanze, die von der Saat bis zur Ernte etwa vier bis sechs Monate dauert. Weitere Voraussetzungen sind reichliche Niederschläge während des Wachstums und absolute Trockenheit während der Reife und Ernte. Gegenden mit einem solchen Idealklima gibt es leider nicht. Daher weicht man in Gebiete mit völliger Trockenheit aus und bewässert sie künstlich. Wenn die Baumwollhaare aus den Kapseln herausgequollen sind, kann ein einziger Regenguß die ganze Ernte in Frage stellen. Nasse Baumwollfasern verderben leicht, verfärben sich und werden braun- oder graustichig, worunter die Qualität der Faser leidet.
Sehr gefürchtet sind in der Spinnerei die **Nissen.** Das sind kleine Faserknötchen, die aus sehr kurzen, ineinander verfilzten Fasern bestehen, und die durch die üblichen Reinigungs- und Auflösungseinrichtungen in der Spinnerei nicht beseitigt werden können. Nissen sind häufig eine Folge von Regen während der Ernte.
Wenn auch die großen Anbaugebiete in **Vorderindien, Ägypten** und im **Sudan,** in **Turkestan** (UdSSR) und **Brasilien** (**Peru** erzeugt wenig

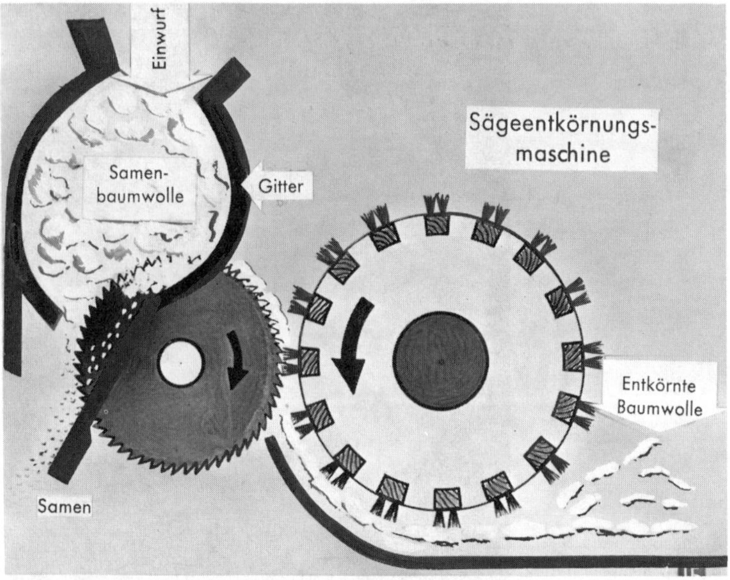

Abb. 17: Sägeentkörnungsmaschine. Die Sägeblätter reißen die Fasern vom Samenkorn ab, eine Bürstenwalze nimmt die entkörnte Baumwolle von den Sägezahnscheiben ab, die zwischen einem aus Stäben gebildeten Gitter angeordnet sind.

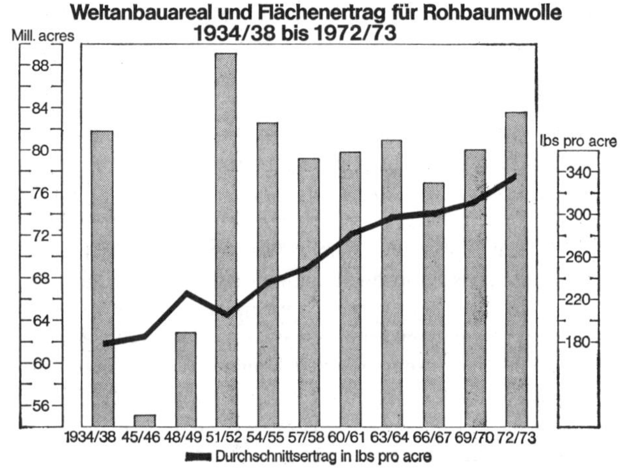

Abb. 18

Baumwolle, aber nur gute Sorten) heute alle künstlich bewässert werden, so sind im weitaus größten Anbaugebiet der Welt, in den **USA,** diese klimatischen Voraussetzungen bei natürlicher Bewässerung nicht gegeben. Das hat zur Folge, daß die Ernten qualitativ und mengenmäßig sehr verschieden ausfallen. Deshalb schwankt der Baumwollpreis, der sich nach Angebot und Nachfrage richtet – ein schwunghafter und oft auch spekulativer Börsenhandel wird dadurch begünstigt.
Für die Saison 1976/77 haben die afrikanischen Länder (6–40%) sowie Brasilien (12%), Kolumbien (15%), Argentinien (16%) und Venezuela (36%) ihre Baumwollanbauflächen beträchtlich erhöht. Länder wie **Nicaragua** und **Guatemala** werden an europäischen Baumwollbörsen bereits eigens notiert.
China und die **UdSSR** erzeugen sehr große Mengen (je etwa die Hälfte wie die USA), verbrauchen jedoch ihre Baumwolle selbst. **Mexiko, Pakistan, Argentinien** und die **Türkei** gewannen in den letzten Jahren als Baumwollexporteure an Bedeutung. – Der Durchschnittsertrag an Baumwolle je acre (=4000 qm) auf der ganzen Welt hat sich von 1934/35 (180 lbs; 1 lbs=453 g) um 89% auf 340 lbs im Jahr 1972/73 durch verbesserte Anbaumethoden gesteigert. In den einzelnen Anbaugebieten sind diese Durchschnittserträge allerdings sehr verschieden.

Soviel lbs Baumwolle wurden 1972/73 je acre geerntet:

Über 1100 lbs	Israel.
Über 800 lbs	Salvador, Guatemala.
Gerade 800 lbs	Sowjetunion.
Über 500 lbs	USA, Mexiko, Nicaragua, Griechenland, Australien, Iran, Syrien, Türkei, Ägypten.
340 lbs	**Weltdurchschnitt.**
Unter 250 lbs	Brasilien, Argentinien, Paraguay, Burma, Indien, Irak, Thailand und 13 von 21 Baumwolle anbauenden afrikanischen Ländern, davon nur 6 über Weltdurchschnitt. Selbst China erreicht noch nicht den Weltdurchschnitt.

1 acre=4000 qm
1 lb=453 Gramm

Die Einfuhren von **Baumwollgarnen** haben in dem Jahrzehnt zwischen 1970 und 1980 zu Lasten der Einfuhr von Rohbaumwolle stark zugenommen. Ebenso wie bei Geweben und einfacher Konfektion verlagert sich die industrielle Spinnerei immer mehr in die sogen. Niedriglohn-Länder, wie

Abb. 19. Deutsche Einfuhr von Baumwollgarn.

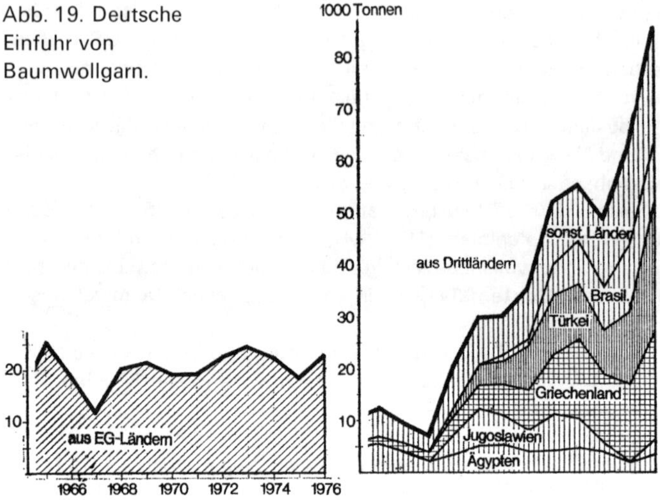

Brasilien, Türkei und Griechenland. Die Zuwachsraten des Garnimports sind allerdings wie die anderer textiler Fertigerzeugnisse durch das „Welt-Textilabkommen" (WTA) reglementiert. – Vgl. Abb. 19.

Der Aufbau der Faser

Die Baumwollfaser ist ein einzelliges, bandartig flaches Gebilde mit meist kräftiger, manchmal auch aufgewulsteter Zellwand. Sie besteht zu 90% aus reiner Zellulose. Unter dem Mikroskop sieht die Faser wie ein flaches Band mit korkenzieherartigen Drehungen aus (Abb. 20); diese Verwindungen wechseln häufig die Drehungsrichtung. Beim Verspinnen greifen diese Verwindungen scharnierartig ineinander, und dadurch haften die Fasern im Garn gut aneinander. Die einzelne Faser hat eine Feinheit von 0,01 bis 0,04 mm; dies bedeutet, daß etwa 2000 bis 2500 Einzelfasern auf den Querschnitt eines Quadratmillimeters passen. Jede einzelne Baumwollfaser besteht aus unzähligen, winzigen Fäserchen **(Fibrillen)**, die spiralförmig in Schichten übereinander liegen, und von einer hauchfeinen Außenhaut (Cuticula) umgeben sind. Diese Außenhaut wird durch eine schwer netzbare, wachsartige Umhüllung geschützt, die auch das gegenüber Viskose-Spinnfasern erheblich geringere Quellvermögen bewirkt. Wird durch Beuchen, Bleichen oder Mercerisieren diese Außenhaut verletzt oder zerstört, quillt die Faser gleichmäßig auf, ohne Blasen zu bilden,

erhält eine glatte Oberfläche und verliert ganz oder teilweise ihre Verwindung.
Der Querschnitt der Fasern ist bohnen- oder nierenförmig; durch das Mercerisieren nimmt er eine ovale bis nahezu kreisrunde Form an.

Die Qualität der Faser

Die Feinheit des spinnbaren Garns und die Haltbarkeit der Gewebe werden stark beeinflußt durch die durchschnittliche **Stapellänge** der jeweiligen Baumwollsorte. Man bezeichnet einen Stapel von

35 und mehr mm als extra langstapelig
29 bis 34 mm als langstapelig
25 bis 28 mm als mittelstapelig
unter 25 mm als kurzstapelig

Die Güte der Baumwolle ist auch abhängig von dem Grad der **Verunreinigung** (oft finden sich noch bei den Rohgeweben Schalenreste!); von der **Einheitlichkeit des Stapels** und von dem Anteil an **unreifen** Fasern oder **„toter"** Baumwolle. Den unreifen Fasern fehlen die Korkenzieherartigen Windungen. Tote, d. h. vor der Reifezeit abgestorbene Fasern haben eine dünne, vollkommen durchsichtige Zellwand, sind sehr schwer anfärbbar und neigen besonders zur Bildung von Nissen. Beide stören beim Spinnprozeß. Sie reagieren auf Farbstoffe anders als normale Baumwolle und beeinträchtigen daher auch die Färbbarkeit. Je **länger** die Baumwollfaser ist, desto **feiner** ist sie meistens auch. Verschiedene Sorten haben eine verschiedene **Festigkeit;** das heißt: sie setzen dem Zerreißen einen verschiedenen Widerstand entgegen.
Weitere Qualitätsmerkmale sind **Glanz, Seidigkeit** und **Weichheit,** und schließlich die natürliche Farbe, die von hellem Creme- und Beigeton bis zum dunkleren Braun reichen kann. Graue Farbe zeigt an, daß die Faser weniger gut ist oder nach der Ernte gelitten hat. Die Stärke der natürlichen Farbe bestimmt das Ausmaß, in dem sie gebleicht werden muß.

Die Eigenschaften der Baumwolle

1. Ausgezeichnete spinntechnische Eigenschaften

Die in der Hauptsache aus reiner Zellulose bestehende Baumwolle ist ein ursprünglich mit Protoplasma gefüllter Zellfortsatz. Nach dem Eintrocknen des Protoplasmas entsteht ein Hohlraum und dadurch Spannungsunterschiede, die Zellwände bilden Verdrehungen. Trotz der **Glätte** der Faseroberfläche haften die Fasern beim Verspinnen gut aneinander. Die Baum-

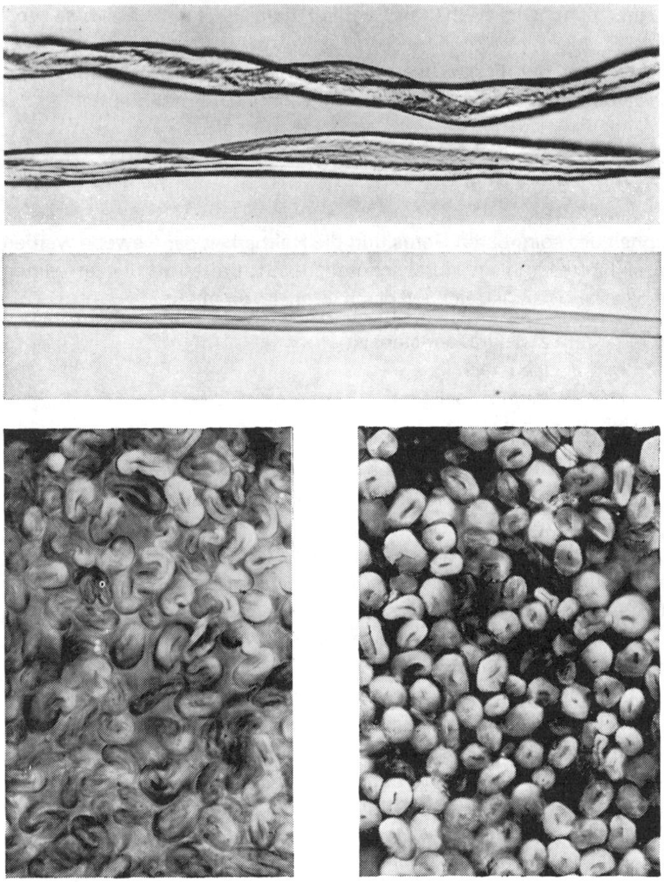

Abb. 20: Rohe und mercerisierte Baumwolle. Oben: Rohbaumwolle mit Windungen, darunter mercerisierte Baumwolle im Längsschnitt. Unten links: Rohbaumwolle im Querschnitt; unten rechts: mercerisierte Baumwolle.

wolle wirkt durch diese Struktur **matt.** Den ursprünglichen, waschfesten **Glanz** kann man der Baumwolle durch **Mercerisieren** wieder zurückgeben.

2. Hohe Widerstandsfähigkeit

gegen mechanische oder chemische Einflüsse. Gewebe aus Baumwolle sind sehr reißfest; die **Reißfestigkeit** ist in nassem Zustand noch höher als in trockenem und liegt über dem Wert der Viskosespinnfaser und der Wolle. Auch die Scheuerfestigkeit der Baumwollgewebe liegt sehr hoch und übertrifft mit etwa 18000 Scheuerungen die Widerstandsfähigkeit der Wolle (10000) und der Viskosespinnfaser (3000). Die Scheuerfestigkeit der Synthetics liegt allerdings weit höher (Polyamidfasern 10–15mal, Polyesterfasern 5–8mal so hoch). Baumwolle ist widerstandsfähig gegen **Hitze,** vergilbt bei etwa 160 Grad Celsius und wird bei etwa 250 Grad braun. Durch kalte, schwache Säuren erleidet die Baumwolle keine Schädigung, wird aber in heißen, verdünnten oder in kalten, konzentrierten Säuren zerstört. Da Baumwolle durch nicht zu stark konzentrierte Laugen nicht angegriffen wird, ist sie sehr **leicht zu reinigen** und leidet auch bei vernünftiger Kochwäsche nicht. Auch stärkeres Reiben schadet wegen der hohen Naßfestigkeit bei der Wäsche nicht.

3. Hervorragende färberische Eigenschaften

Der leichte Gelb- oder Braunton, der Baumwollgeweben von Natur aus anhaftet, ist durch **Bleichen** faserschonend zu entfernen. Außerdem können Gewebe aus Baumwolle (wie jede Zellulosefaser) sehr **echt gefärbt** und **bedruckt** werden (Indanthren). Beim Kochen in der Färberei **filzen** die Baumwollgewebe wegen ihrer glatten Oberfläche **nicht.**

4. Hohe Preiswürdigkeit

Der im Verhältnis zu den Eigenschaften der Baumwolle niedrige (aber oft starken Schwankungen ausgesetzte) Preis der Baumwolle wird möglich

a) durch die einfache Gewinnungsart,
b) durch die günstige Verteilung der Anbaugebiete (Frachtkosten!),
c) durch den ausgiebigen Ertrag und die Möglichkeit der Anwendung technischer Hilfsmittel bei der Gewinnung.

Die Preiswürdigkeit baumwollener Fertigwaren ist eine Folge der unkomplizierten Verarbeitungsvorgänge.

5. Nicht elastisch und anfällig gegen Knittern

Der bei Geweben aus anderen Rohstoffen so beliebte weiche Fluß und Fall kann bei Geweben aus Baumwolle durch Veredlungsmaßnahmen zwar angestrebt aber nicht voll erreicht werden.

6. Hervorragende hygienische Eigenschaften

Die Baumwolle nimmt gut Feuchtigkeit auf und wirkt mit ihrer Fähigkeit, Schweiß aufzusaugen, hautsympathisch.

7. Wird leicht flusig – läßt sich gut rauhen

Vor allem kurzstapelige Baumwollsorten in weichgedrehten Garnen lassen sich wegen der glatten Struktur der Einzelfasern leicht aus dem Gewebeverband ziehen. Die abstehenden Faserenden geben den Geweben immer einen stumpfen, leicht moosigen Griff, es sei denn, sie wurden durch **Sengen** (Gasieren) abgebrannt und entfernt. Baumwollgewebe lassen sich aber aus dem gleichen Grund gut rauhen.

8. Das Wärmehaltungsvermögen der Fertigwaren ist gering

Infolge des festen Faserverbandes und der glatten Oberflächenstruktur ist in baumwollenen Fertigwaren nur wenig Luft eingeschlossen. Durch Einsatz weich gedrehter Garne (die aber weniger haltbar sind), durch eine besondere Verflechtungsart der Garne (beispielsweise Interlock) oder durch Rauhen kann die Wärmehaltung baumwollener Fertigwaren leicht erhöht werden.

Einsatzgebiete der Baumwolle

Die Verwendungsmöglichkeiten der Baumwolle sind sehr zahlreich und vielseitig; Baumwolle wird zwar in der größten Menge rein, also nicht in Mischung mit anderen Fasern, verarbeitet, hat aber auch große Bedeutung als Unter- und Trägermaterial für Gewebe, deren Hauptbestandteil ein anderer Rohstoff mit geringerer Haltbarkeit ist. Die mit Abstand wichtigste **Mischung** ist die mit **Polyester-Fasern** (Diolen, Trevira) im Verhältnis 50/50% bis 67% Polyester und 33% Baumwolle. Aus preislichen Gründen kommt die gemeinsame Verarbeitung mit **Triacetat** (z. B. Arnel, Tricel) zu Futterstoffen und anderen Geweben für Wash-and-wear-Artikel vor.
Baumwolle wird auch gerne mit polynosischen Fasern gemischt, wodurch ohne Mercerisieren der Glanz erhöht und auch bei Verwendung kurzstapeliger Sorten ein gleichmäßiges Garnbild erzielt wird. Die neuerdings vor allem in Japan vielfach angewandte Mischung mit Viskose-Stapelfaser führt nicht zu einer Qualitätsverbesserung des Garns; Fertigwaren daraus erhalten insbesonderre nach mehrmaliger Wäsche häufig einen recht lappigen Griff.
Man verwendet die Baumwolle überall dort, wo gute Waschbarkeit, hohe Festigkeit und Preiswürdigkeit von ausschlaggebender Bedeutung sind, aber die Anfälligkeit gegen Knittern, die Neigung zu flusen und das mangelnde Wärmehaltungsvermögen nicht als Nachteil empfunden werden. Wegen der hervorragenden hygienischen Eigenschaften ist Baumwolle besonders beliebt bei allen Arten von Leibwäsche, sodann für Haus-, Tisch- und Bettwäsche, für Arbeitskleidung, für sommerliche Damen- und Herrenbekleidung sowie für Wetterschutzkleidung.

Baumwollabfälle als Rohstoff

1. Baumwoll-Linters

Die nicht verspinnbaren Faserreste, die beim zweiten Egrenieren (Entkörnen) anfallen, werden als Rohstoff für die Erzeugung von Cupro-Filamenten, Cupro-Spinnfaser und Acetat verwendet.

2. Spinnerei-Abfälle

Die Spinnereiabfälle (Deckelputz von der Karde, einer Maschine, die zur Aufbereitung der Baumwolle vor dem Spinnen dient; Rostabfälle) haben einen nur sehr geringen Anteil an Langfasern, sind stark mit Nissen oder mit Schalenresten durchsetzt.

3. Reißbaumwolle (Effiloché)

Die aus gerissenen Baumwollabfällen gewonnene Reißbaumwolle ist in der Regel buntfarbig und mit nicht aufgelösten Fadenresten durchsetzt. Die sehr kurzstapelige Reißbaumwolle enthält weder Nissen noch Schalenreste.

Die Baumwollabfälle aus der Spinnerei und die Reißbaumwolle werden in der Regel mit einer Trägerfaser zusammen versponnen. Man gibt den Abfällen einen kleinen Teil langfaserigen Materials (meist Viskosespinnfaser) zu, damit für das kurzstapelige Material im Garn ein Gerüst entsteht. Um bereits im Spinnprozeß einen Verlust an Abfallmaterial zu vermeiden, und um einen festeren Garnverband zu erzielen, werden ölige, tranige **„Schmälzmittel"** (von Schmalz) zugesetzt. Garne aus Abfällen erkennt man außer an der weichen Drehung und der relativ dicken Nummer stets an dem eigenartig tranigen Geruch der Schmälze, der auch bei der weiteren Verarbeitung nicht mehr entfernt werden kann.

Zweizylinder- und Dreizylinder-Garn

Aus dem verschiedenen Aufbau der einzelnen Textilrohstoffe und vor allem der Stapelfasern ergeben sich verschiedene mechanische Behandlungsverfahren, die schließlich zu einem **Garn** führen. Die Umwandlung der Faserstoffe in Garne verläuft in drei Abschnitten (Abb. 21):

a) Die **Vorbereitung** des Rohstoffs, z. B. das Öffnen der Ballen (Abb. 22), das Lockern und Reinigen des Fasergutes, das Mischen verschiedenartiger oder verschiedenfarbiger Fasern (Melangen).

b) Das **Ordnen** (Parallel-Legen) der Fasern und die Bildung eines möglichst gleichmäßigen Faserbandes. (Vgl. Abb. 23 und 24).

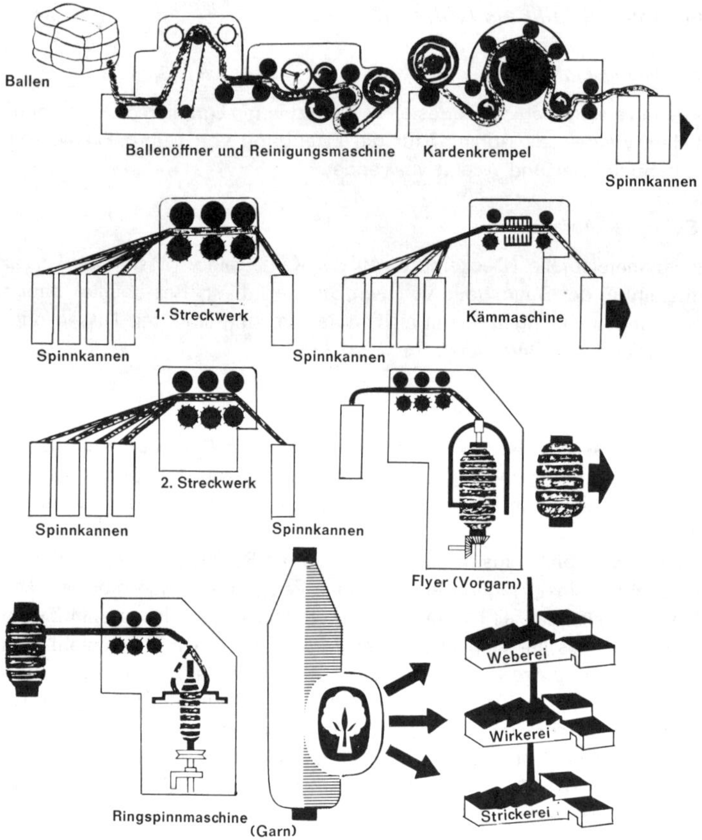

Abb. 21: Verarbeitung der Baumwolle vom Ballen zum Garn.

c) Das eigentliche **Spinnen,** bei dem das Garn gebildet wird. Dem auf den vorangegangenen Maschinen gebildeten Faserband wird die erwünschte Feinheit und Drehung gegeben. Unter „Spinnen" versteht man also die Bildung eines fortlaufenden, theoretisch endlosen, gleichmäßigen Gespinstes aus einer Stapelfaser mit verhältnismäßig geringem Querschnitt im Vergleich zu seiner Länge.
Die Baumwolle wird entweder im Dreizylinder- oder im Zweizylinderverfahren versponnen. Für beide Spinnverfahren geschieht die Vorbereitungsarbeit auf gleiche Weise mit verschiedenen Maschinen, die den Baumwollballen **aufbrechen** (Ballenöffner), in kleine Stücke zerkleinern und dabei Verunreinigungen absaugen, die Fasern aus verschiedenen Sorten im

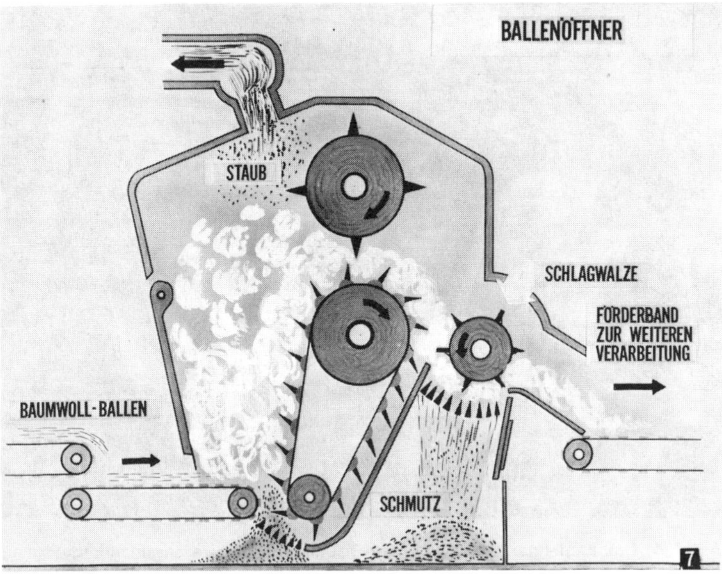

Abb. 22: Schemazeichnung eines Ballenöffners (Baumwollspinnerei).

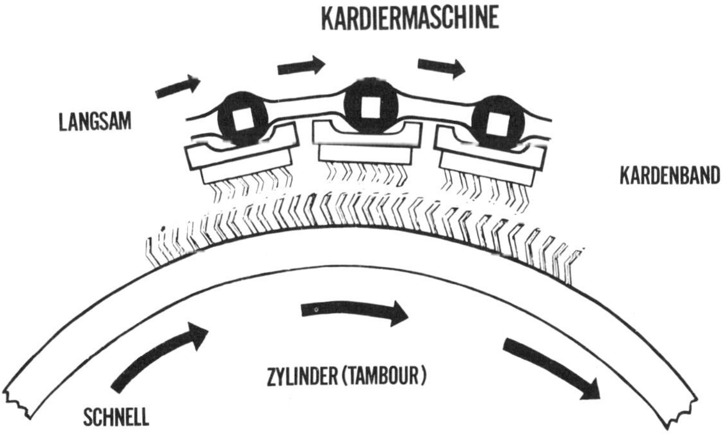

Abb. 23: Krempeln (Kardieren) der Baumwolle. Der mit Haken besetzte Tambour (Zylinder) dreht sich schnell, die Kardenkette langsam in gleicher Richtung. Dadurch werden die Baumwollfasern parallel gelegt und zu kurze Fasern ausgeschieden.

Abb. 24: Das Kardenband. Die zu einem hauchdünnen Vlies auseinandergezogene Rohbaumwolle wird zu einem Band zusammengefaßt. Durch mehrfaches Verziehen und durch Drehen dieses Bandes erhält man später das Garn.

Mischraum zur Spinnpartie mischen, die immer noch wirr zusammenhängenden Faserbüschel **öffnen** und eine lockere und gleichmäßige Watte bilden. Auch die **Schlagmaschine,** die nun anschließt, verfolgt keinen anderen Zweck als fortschreitende Auflockerung und Reinigung. Sodann beginnt auf der **Kratze** oder dem **Krempel** das Gleichrichten der Fasern; (Abb. 23 und Abb. 24, 25); das Fasergut verläßt die Maschine als schmales Florband, das in Kannen aufbewahrt wird (Abb. 26). Nun teilen sich die Wege: In der **Dreizylinderspinnerei** laufen mehrere Krempelbänder zusammen, werden „doubliert" oder „gedoppelt" und dann anschließend verstreckt, um das Fasergefüge überall gleichmäßig dick werden zu lassen und alle Fasern ganz genau parallel zu legen. Ein Streckwerk besteht aus drei oder vier Walzenpaaren, die in einem dem Stapel entsprechenden Abstand voneinander angeordnet sind und von denen sich das erste Paar langsam, das zweite etwas schneller und das dritte schließlich noch schneller dreht (Abb. 27 u. 28). Die einzelnen zusammen dem Streckwerk vorgelegten Kardenbänder werden nun in sich verzogen und verlängert. Nach mehrmaliger Wiederholung dieses Vorgangs ergibt sich in dem Spinngut, das nach vollzogenem Doppeln und Strecken als „Lunte" bezeichnet wird, eine gleichmäßige Dicke und eine gute Ordnung der Einzelfasern.

Abb. 25: Die Entstehung des Kardenbandes. Das feine Florband mit den gleichgerichteten Fasern wird zu einem dochtartigen Band zusammengefaßt (Ausschnitt aus Abb. 24).

Nun muß das Spinngut durch die „Flügelspinnmaschine", den „Flyer", und erhält bei nochmaligem Doppeln und Verstrecken eine leichtere, nach Wiederholung eine deutlichere Drehung. Das auf diese Weise entstandene grobe Vorgarn wird auf einer Feinspinnmaschine zum gewünschten Garn mit hoher Feinheit und starker Drehung ausgesponnen. Durch das mehrmalige Verstrecken und Doppeln entstehen glatte, feine und haltbare

Abb. 26: Spinnkannen. Die Kardenbänder werden in Spinnkannen abgelegt und zur weiteren Verarbeitung transportiert.

Garne, die als fest gedrehte Kettgarne „Watergarn", als weich gedrehte Schußgarne „Mulegarne" bezeichnet werden. Water- und Mulegarne sind immer Dreizylindergarne. Dreizylindergarne werden oft auch als „kardierte" Garne bezeichnet.
Als Tendenz zur weiteren Rationalisierung zeichnet sich die Schaffung automatisch gesteuerter Öffnungsanlagen ab, von denen aus Hochleistungs-Karden oder Krempeln direkt gespeist werden.

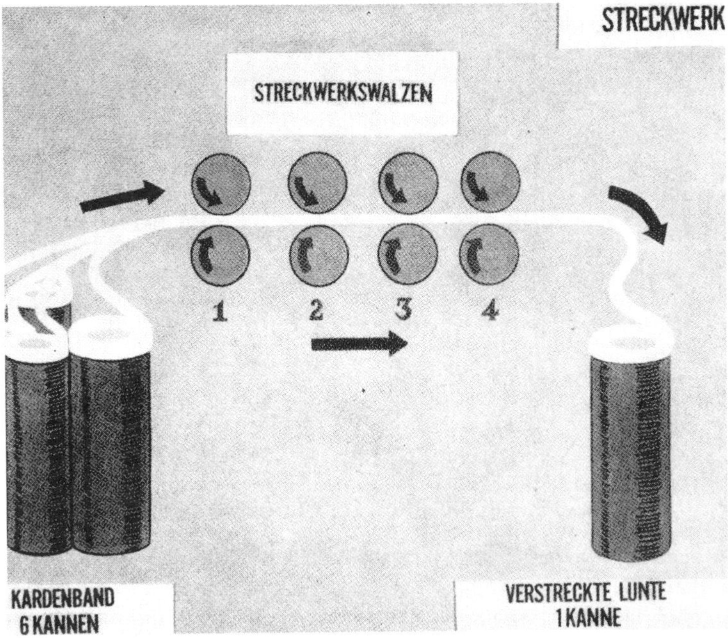

Abb. 27: Streckwerk. Mehrere Kardenbänder laufen gemeinsam in ein Streckwerk. Die Walzenpaare 2, 3 und 4 drehen sich jeweils etwas schneller als 1, 2 und 3. Dadurch werden die Bänder in sich verzogen und die Fasern parallel gelegt. Es entsteht die gleichmäßige Lunte.

Bei der **Zweizylinderspinnerei** entfallen die verschiedenen Vorgänge, die das Fasergut parallel legen und glätten. Es ist das geeignete Verfahren für kurzfaseriges Material, Spinnereiabfälle und Reißbaumwolle. Der aus dem Krempel kommende feine Faserflor wird in schmale Streifen geteilt, die im „Nitschelwerk" zu einem losen Vorgarn rundlich gewulstet werden. Die Festigkeit der Zweizylindergarne, die weich und moosig aussehen und in denen die Einzelfasern ungeordnet durcheinanderliegen, ist gegenüber dem Dreizylindergarn erheblich geringer. Melierte Zweizylindergarne werden auch als **„Imitatgarn"** bezeichnet, Baumwollgarne mit leichter Wollbeimischung als **Vigogne**garn (sprich: Wigonje).

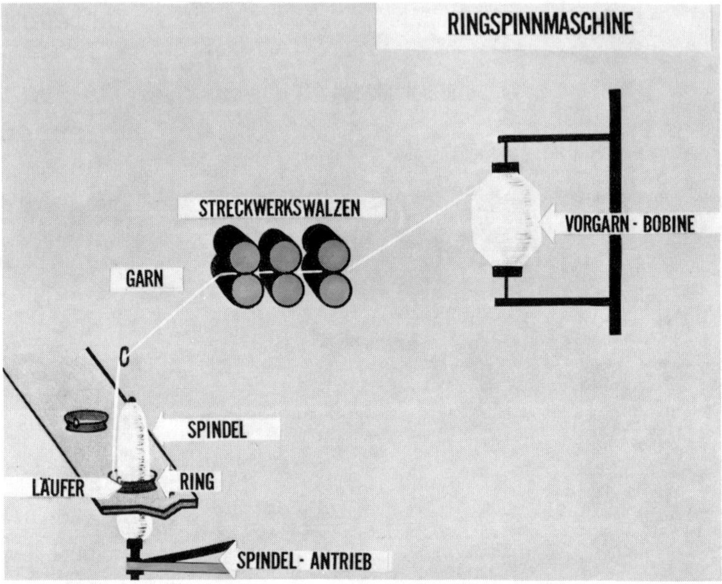

Abb. 28: Ringspinnmaschine. Das Vorgarn wird durch das Streckwerk geführt und verzogen. Durch einen Führungsring gelangt das Garn zum Läufer, der lose gleitend auf dem Ring „reitet". Die Spindel wird in schnellste Umdrehung versetzt, wodurch im aufzuwickelnden Faden ein Zug entsteht. Hierdurch und durch den Widerstand, den der Läufer auf dem Ring findet, reitet er langsamer als sich die Spindel dreht um den Ring und bewirkt dadurch die scharfe Drehung des Fadens.
Vgl. hierzu auch das Kapitel „Von der Faser zum Garn" (S. 286ff.), insbesondere Selfaktor (S. 290f.), Ringspinnmaschine (S. 291f.) und OE-Spinnen (S. 294ff.).

Gekämmte Baumwolle

Zwischen dem Krempel und der Vorspinnmaschine kann als besonderer Arbeitsgang das Kämmen eingeschoben werden. In der Kämm-Maschine, die mit Nadeln bespickte Walzen enthält, werden die kurzen Fasern aus dem Spinnband ausgemerzt, eine absolute Gleichrichtung der Fasern im Garn erzielt und alle Schwankungen in der Stärke des Spinnbandes ausgeglichen. Das Kämmen erlaubt die Herstellung feinster Garne, die völlig gleichmäßig sind und keine Verdickungen durch kurze Fasern oder leicht reißbare Stellen durch verminderte Dicke aufweisen. Die im gekämmten Baumwollgarn (**peignierten** Garn) ausschließlich enthaltenen langen Fasern lassen eine hohe Drehzahl für das Garn zu, das sehr fest wird, weil die Einzelfasern oft von den einzelnen Windungen erfaßt sind.

Der Ausdruck **„Kardiertes Garn"** wird häufig als Qualitätshinweis gebraucht. Kardiertes Garn darf aber nicht mit gekämmtem Garn verwechselt oder gleichgestellt werden. Es handelt sich um ein zwar hochwertiges Dreizylindergarn, das aber durchaus kürzere Fasern enthalten kann.

Das Wichtigste – kurz zusammengefaßt

1. Die Baumwolle ist noch heute der auf der Welt am meisten gebrauchte Textilrohstoff. Es ist gleichzeitig der Rohstoff, der in der Geschichte der Textilerzeugung als erster in großindustrieller Form (also nicht in der handwerklich orientierten Hausindustrie) verarbeitet wurde.

2. Als Samenhaar einer Staudenpflanze ist Baumwolle sehr leicht zu ernten. Da im größten Baumwollanbaugebiet der Welt, in den USA, die Ernte von Witterungsverhältnissen abhängt und stark schwankt, ist auch der auf den Baumwollbörsen gebildete Preis oft starken Schwankungen unterworfen.

3. Die Qualität der Baumwolle, die zu 90% aus reiner Zellulose besteht, wird beeinflußt durch die Stapellänge und die Gleichmäßigkeit des Stapels, durch die Feinheit und Festigkeit der verschiedenen Sorten, durch den Gehalt an „toten" oder unreifen Fasern sowie an Nissen.

4. Die Baumwolle ist besonders gut zu verspinnen. Trotz der glatten Oberfläche hat die Baumwolle wegen der korkenzieherartigen Verwindungen der Faser eine matte Struktur, die durch Mercerisieren in dauerhaften und waschfesten Glanz verwandelt werden kann.

5. Bei hoher Reiß- und Scheuerfestigkeit ist Baumwolle leicht zu waschen und zu kochen, gut zu bleichen und zu färben. Sie filzt nicht.

6. Baumwolle ist nicht elastisch, gegen Knittern anfällig und wird leicht flusig, läßt sich aber gut rauhen und hat hervorragende hygienische Eigenschaften. Durch das Rauhen wird die Wärmehaltung, durch entsprechende Ausrüstungsmaßnahmen die Knitteranfälligkeit verringert.

7. Der beim Entkörnen anfallende Abfall, Baumwoll-Linters, dient als wertvoller Rohstoff der Chemiefasererzeugung. Reißbaumwolle und Spinnereiabfälle können zu fülligem, weniger haltbarem Garn versponnen werden.

8. Die Dreizylindergarne sind feine, hochwertige Garne, bei denen in vielen aufeinander folgenden Vorgängen die Einzelfasern parallel gelegt

werden und ein möglichst gleichmäßiger Garnquerschnitt erzielt wird. Zweizylindergarne, technisch wesentlich einfacher herzustellen, bestehen in der Regel aus kurzfaserigem Material, haben eine moosige Oberfläche, die Einzelfasern liegen im Garn ungeordnet durcheinander. Ihre Festigkeit ist gegenüber den Dreizylindergarnen geringer. Die hochwertigsten und feinsten Garne, die nur lange Fasern enthalten, sind gekämmt und werden als peigniertes oder gekämmtes Baumwollgarn bezeichnet. Kardierte Garne erreichen nicht die Feinheit und Gleichmäßigkeit der gekämmten Garne, zählen aber ebenfalls zu den hochwertigen Erzeugnissen.

II. Das Leinen (Flachs)

Das makellose weiße Leinen war im alten Ägypten das Symbol göttlicher Reinheit – deshalb auch die Kleidung der Priester. Pfahlbautenfunde der jüngeren Steinzeit beweisen, daß die Flachskultur bis in die Vorgeschichte der Menschheit zurückreicht. Im klassischen Altertum diente Wolle für die in weichen Faltenwurf gelegte Oberbekleidung, Leinen hingegen wurde für Wäsche und „technische Gewebe" (Schiffssegel) bevorzugt. Später ging der Flachsanbau in den südlichen Ländern in dem Maße zurück, wie er sich in den nördlichen stärker ausbreitete. Im 12. und 13. Jahrhundert war Deutschland führend im Flachsanbau; die Lausitz und Schlesien haben als Hauptanbaugebiete auch heute ihre Bedeutung nicht eingebüßt. Der Leinenweberei verdankten Städte wie Augsburg, Ulm, Nürnberg und Köln ihren Reichtum und ihre Handelshäuser, wie die der Fugger und der Welser, ihre Bedeutung. Das Leinen verlor jedoch seit Mitte des vorigen Jahrhunderts seine dominierende Stellung, als die Baumwolle ihren beispiellosen Siegeszug als Rohstoff für billige Massenware antrat.
Hohe Bedeutung kommt dem Leinen auch im christlichen Kulturkreis zu: Christi Leichnam war in Leinen gehüllt. Heute noch müssen daher in der katholischen Liturgie sämtliche Altartücher, die mit dem Kelch in Berührung kommen können, aus reinem Leinen sein.

Die Pflanze

Die Flachspflanze (Linum usitatissimum) liefert den nach der Baumwolle immer noch nächstwichtigen Textilrohstoff pflanzlicher Herkunft. Die Faser wird aus dem Stengel der Flachspflanze gewonnen und ist daher eine **Bastfaser.** Die Flachspflanze wird nicht nur wegen der Faser, sondern auch wegen des in ihren Samenkörnern enthaltenen **Leinöls** angebaut. Die Flachspflanze muß jährlich neu aus dem Samen gezogen werden.

Öllein, bei dem es in erster Linie auf den Ertrag möglichst guten Leinöls ankommt, wird etwa 60 bis 70 cm hoch und ergibt nur wenige und nicht besonders lange Spinnfasern von mäßiger Qualität, während der Faserlein bis zu 1,2 m hoch wird, sich durch die feinen Stengel und die wenigen Blüten vom Öllein unterscheidet und eine gute Ausbeute vor allem in Langspinnfasern von guter Lagerfestigkeit ergibt. Flachs verlangt einen warmen, feuchten, jedoch gegen Nässe gesicherten Boden; Sand und Kies sind ungeeignet. In den Anbaugebieten müssen ausreichende Regenfälle und genügend hohe Luftfeuchtigkeit gewährleistet sein. Die Hauptanbaugebiete liegen deshalb auch in der gemäßigten Zone.
Dünnere Stengel enthalten mehr Bast als grobe Stengel. Bei dichtem Stand der Pflanzen auf dem Feld ist die Ausbeute an Bast größer als bei weniger dichtem.

Gewinnung der Faser

Bei der Ernte wird die Flachspflanze nicht gemäht, sondern mit der Wurzel ausgerauft. Während aber bei der Baumwolle die Faser offen zutage liegt und nur der Kapsel entnommen zu werden braucht, müssen die Bastfasern aus dem Innern der Stengel gewonnen und von den den Bast umgebenden Stengelteilen getrennt werden. Unter der Rinde liegt der Bast um einen Holzkern herum, mit dem er durch den sogenannten Splint verbunden ist. Zunächst muß der Bast auf chemischem Weg vom Holz gelöst und sodann auf mechanischem Weg das Holz entfernt werden; erst dann kann der Bast selbst für den Spinnprozeß aufbereitet werden.

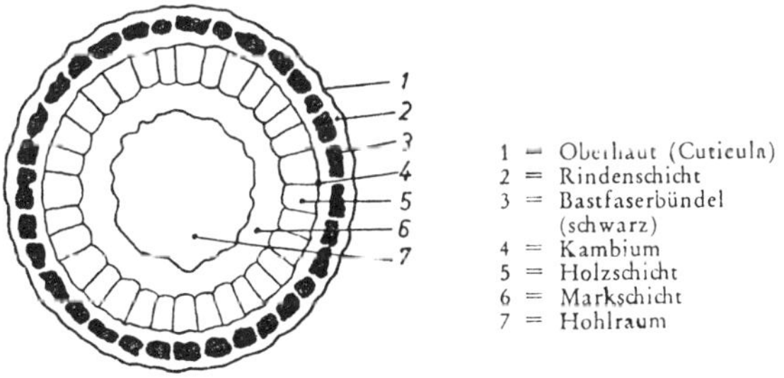

Abb. 29: Querschnitt durch einen Flachsstengel.

Die den Bast mit dem Holz verkittenden Bindestoffe werden an der Stelle, an der das Kambium (die Verjüngungsschicht) liegt, durch die **Röste** zerstört; die Röste ist ein biologischer Vorgang, der durch kleine Lebewesen (Pilze, Bakterien) bewirkt wird. Man versucht, mit Hilfe von Wasser und Wärme eine Gärung im Splint herbeizuführen, die aber so gesteuert werden muß, daß die Bastfaser nicht darunter leidet. Man legt

die gebündelten Stengel in stehendes oder langsam fließendes Wasser und hält sie durch Beschweren unter Wasser **(Kaltwasserrotte)** oder breitet sie einfach auf dem Feld aus **(Taurotte)**; der Röstvorgang entsteht dann als Folge des Wechsels von Sonne, Regen und Tau. Industriell wendet man die **Warmwasserrotte** an, wobei die Stengel in Kufen mit angewärmtem Wasser für 50 bis 100 Stunden eingelegt werden. Bei Temperaturen zwischen 26 und 35 Grad Celsius wird die benötigte Zeit um so kürzer, je wärmer das Wasser ist; je kühler, desto schonender für den Bast.
Von den **mechanischen** Arbeiten der Flachsgewinnung werden das Brechen und das Schwingen noch von der Flachsröste vorgenommen, während das Hecheln als Vorbereitungsarbeit für das Spinnen in der Spinnerei stattfindet.
Durch das **Brechen** wird der Stengel vielfach geknickt und der Holzkern dadurch in viele kleine Stücke zerkleinert. Vor dem Brechen muß der geröstete Flachs im Freien oder in geheizten Trockenmaschinen getrocknet werden. Um die Holzteilchen (Schäben) möglichst auszuscheiden, folgt das

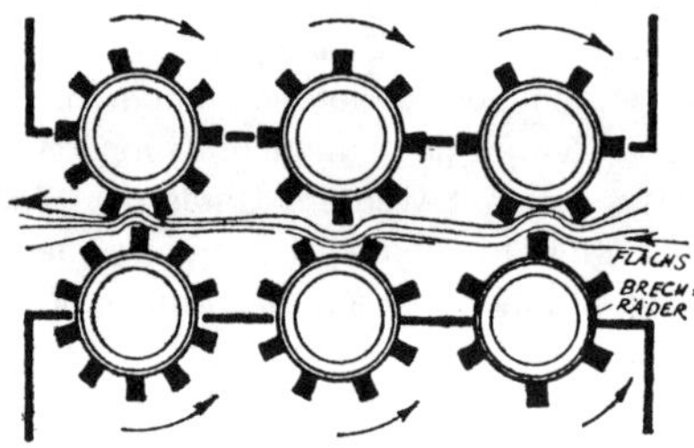

Abb. 30: Flachsbrechmaschine.

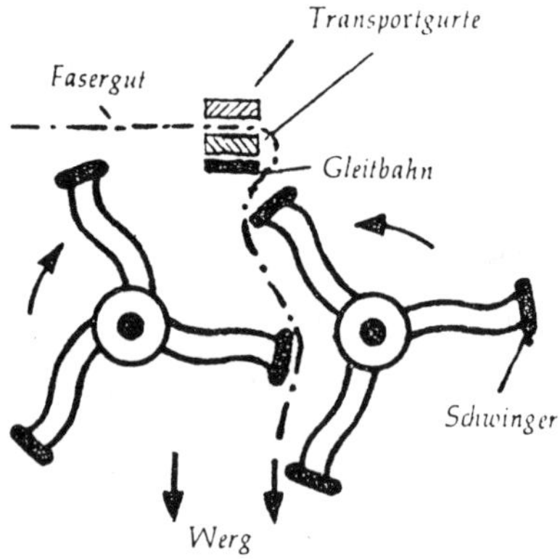

Abb. 31: Schwingturbine.

Schwingen. Neben der weiteren Aussonderung der Schäben hat das Schwingen die Aufgabe, den Bast im Groben zu spalten und kurze, verwirrte Bast- und Faserbündel zu entfernen. Der Schwingflachs ist handelsfertig und wird in der Spinnerei durch Hecheln und Sortieren verfeinert und spinnfähig gemacht.

Ursprünglich zog man beim **Hecheln** die Flachsbündel vorsichtig durch schräg liegende Kammfelder, wobei die Nadeln der Kämme versetzt hintereinander standen, um die im Schwingflachs noch enthaltenen Schäben und kurzen Faserteile vollends zu entfernen und den Bast vollkommen zu spalten. Maschinell spannt man die Büschel in eine Klemme, die sich hebt und senkt. Bei der langsamen Aufwärtsbewegung der Klemme werden die Büschel zuerst an den Spitzen, sodann immer mehr der Mitte zu von den vorbeigleitenden, an einer Kette befestigten Kämmen erfaßt. Nach ausreichendem Hecheln der ersten Hälfte des Büschels wird (zum Teil automatisch) umgeklemmt und die zweite Hälfte des Büschels in gleicher Weise behandelt.

Nach all diesen Arbeiten liegt ein parallel geordneter Langfaserbast vor, der ohne weitere spinntechnische Vorbereitung gesponnen werden kann.

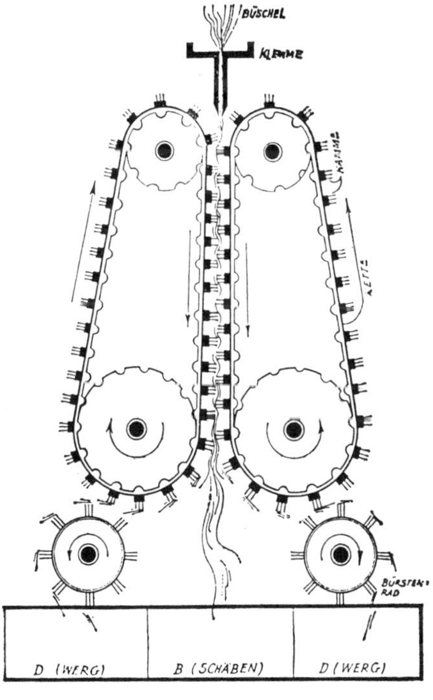

Abb. 32: Hechelmaschine.

Bündelfaser und Elementarfaser

Der gehechelte, bis zu 60 cm lange Flachs (und auch der etwa 1–2 m lange Hanf) besteht nur scheinbar aus Einzelfasern. Im Mikroskop ist zu erkennen, daß die fein zerteilten, gehechelten Baste tatsächlich aber **Faserbündel** sind, deren Einzelfasern durch Pflanzenleime zusammengehalten werden. Im Gegensatz zur Baumwolle ist Flachs also keine einzellige Faser, sondern besteht aus Zellenbündeln, das heißt, die Einzelzellen (Elementarfasern) sind durch eine leimartige Interzellularsubstanz fest aneinander geschlossen. – Alle Bastfasern ergeben einen sehr wertvollen textilen Rohstoff, da sie Festigkeit mit hoher Widerstandsfähigkeit gegen atmosphärische Einflüsse in sich vereinigen.

Aus der Bündelfaser des Leinens können durch **Kottonisierung** die Einzelfasern gewonnen werden, die man als **Flockenbast** bezeichnet. Flockenbast ist ein Fasermaterial, das in bezug auf die Stapellänge und Verspinnbarkeit der Baumwolle ähnelt und mit Baumwolle zusammen versponnen werden kann. Der Pflanzenleim, der die Einzelfasern zur Bündelfaser zusammenfaßt, kann durch Abkochen in Laugen und Säuren auf chemischem Wege oder mechanisch entfernt werden. Die chemische Behandlung führt oft zu einer empfindlichen Schwächung der Faser. Nach einem neuen Verfahren kann Leinen auch nur unter Verwendung von warmem Wasser kottonisiert werden, wodurch das Verfahren verbilligt und das Fasermaterial geschont wird. Gewebe aus Flockenbast mit Baumwolle dürfen auch dann nicht als Halbleinen bezeichnet werden, wenn ihr hoher Gehalt an Flockenbast eine solche Bezeichnung rechtfertigt. – Flockenbast wird in der Bundesrepublik Deutschland wegen der schwer zu lösenden Probleme der Umweltverschmutzung nicht mehr hergestellt.

Anbaugebiete

Europa stellt praktisch die Welternte. Rußland steht mit 75 % Anteil weit an der Spitze, und da der Eigenverbrauch Rußlands nur ein Fünftel der erzeugten Menge ausmacht, steht Rußland einschließlich der baltischen Länder mit Abstand an erster Stelle unter den Exporteuren. Es folgen mit weit geringeren Anbauflächen Polen mit Schlesien und der Lausitz (15 %), Frankreich, Nord-Irland, die Tschechoslowakei, Belgien und Holland (10 %). Die russische Produktion wird vor allem von Deutschland und Österreich abgenommen, die den größten Verbrauch an Leinen haben. Holland und Belgien liefern die hochwertigsten Flachse, während die mittleren, gängigen Sorten aus Rußland und den östlichen Randstaaten kommen. In allen Ländern sät man den Flachs möglichst dicht, um schlanken und nur wenig verzweigten Wuchs zu erzielen. Frühe Ernte (grüner Flachs) ist unergiebig, bringt aber das feinste Bastmaterial. In der

Gelbreife wird eine Ernte noch vor dem Roggen möglich und die Ausbeute ist für Samen und Faser gleich gut. Vollreifer Flachs is bereits weitgehend verholzt und gibt wenig verspinnbares Bastmaterial, dafür aber viel Werg und Abfall.–In der Volksrepublik China wird zwar viel Flachs angebaut, der Weltmarkt jedoch nicht beliefert.

Eigenschaften des Flachses

1. Hohe Festigkeit im nassen und trockenen Zustand

Gute Flachsfasern haben eine Reißlänge von 40 bis 60 km und übertreffen damit die Baumwolle ganz erheblich. Die Naßfestigkeit beträgt bis zu 140% der Trockenfestigkeit.

2. Gut teilbar und verspinnbar

Im Gegensatz zu den anderen Bastfasern ist Flachs sehr fein teilbar und zu feinen Garnen ausspinnbar. Im warmen Wasser kann auch der Pflanzenleim, der die Elementarfasern zu Bündelfasern vereinigt, erweicht werden und man kann beim Spinnprozeß die Bündelfaser verziehen, wobei die Elementarfasern aneinander vorbeigleiten, ohne daß das Faserbündel zerreißt. Das Faserbündel wird gleichzeitig feiner und länger. – Flachs ist erheblich geschmeidiger und weicher als Hanf oder gar Jute.

3. Unempfindlichkeit gegen Laugen

Die Leinenerzeugnisse sind wegen der Unempfindlichkeit des Flachses gegen Laugen, die die Baumwolle erheblich übertrifft, gegenüber allen gebräuchlichen Waschmitteln so gut wie unangreifbar. Leinen ist in der Wäsche ungewöhnlich dankbar, sollte aber nicht gerieben werden.

4. Glatte Fasern

Die Glätte der Fasern sorgt dafür, daß Leinen nur wenig Schmutz aufnimmt. Die Glätte ist auch der Grund für den

5. Kühler Griff und seidenartiger Glanz,

der besonders bei Bett- und Tischwäsche geschätzt wird. Die Oberfläche des Leinens gilt als **bakterienhemmend** (vorteilhaft bei Ärztekitteln und Taschentüchern). Die langen Einzelfasern **verhindern** überdies das **Flusen** (Gläsertücher!).

6. Hohe Steifheit

Da die Zellen und die Faserbündel dicker sind als die der Baumwolle, ist Leinen steifer und weniger elastisch und darum noch anfälliger gegen Knittern als die Baumwolle. Die Knitterneigung kann jedoch durch Kunstharzausrüstungen reduziert werden. Die geringe Dehnbarkeit ist zur Herstellung von Gurten und Kordeln ein Vorzug. Mit nur 1,5 bis 3 % Bruchdehnung weist Leinen von allen Textilrohstoffen die geringste Dehnfähigkeit und Elastizität auf; sie beträgt nur ein Drittel der Baumwolle und ist im nassen Zustand kaum größer. Flachs ist jedoch viel geschmeidiger als Hanf oder Jute.

7. Hoher Gewichtsverlust bei der Vollbleiche

Der Bleichprozeß, der für feine Leinengewebe unvermeidlich ist, bringt durch den Ausfall von Fremdsubstanzen einen empfindlichen Festigkeitsrückgang und einen erheblichen Gewichtsverlust mit sich. Je intensiver man Leinen bleicht, desto höher wird der Gewichtsverlust. Deswegen bleicht man die Garne bereits vor dem Weben, um zu vermeiden, daß das Gewebe nach der Stückbleiche „hungrig" ausfällt. Bei der Viertelbleiche beträgt der Gewichtsverlust erfahrungsgemäß 10 bis 12%, bei der Halbbleiche 15%, bei der Dreiviertelbleiche 18% und bei der Vollbleiche 20%. Die Leinengarn-Nummer ist immer auf das ungebleichte Garn bezogen. Ein Leinengarn Ne 20 ist bei Vollbleiche also 20% feiner und tatsächlich ein Garn Ne 24.

8. Unbefriedigende färberische Eigenschaften

Ein großer Teil der früheren färberischen Schwierigkeiten dürfte heute überwunden sein. Die Bevorzugung der Farbe Blau bei Berufskleidung rührt heute noch davon her, daß man die aus qualitativen Gründen häufig aus Leinen hergestellten Berufskleiderstoffe nur blau relativ echt färben konnte.

9. Noppenbildung beim Spinnprozeß

Leinen ist wirtschaftlich nicht völlig gleichmäßig verspinnbar. Es ist geradezu ein Echtheitszeichen des Leinens, noppige, flammige Gewebe zu ergeben. Für die Kette, die den scheuernden Einflüssen des Webstuhls unterliegt, ist ein ganz hervorragendes, noppenarm ausgesponnenes Leinengarn nötig, das recht viel Geld kostet. Jede Noppe in der Kette bringt aber die Gefahr eines Fadenbruches und damit eines Maschinenstillstandes. Reinleinengewebe sind daher stets gegenüber Halbleinengeweben unverhältnismäßig teurer. Bei Halbleinen ist fast immer die Baumwolle (meist Baumwollzwirn=Zwirnhalbleinen) in der Kette. Die Bezeichnung „Kettgarn-Halbleinen" besagt nicht, daß das Leinen in der Kette liegt, sondern, daß ein besonders hochwertiges Leinengarn verwendet wurde.

10. Schnelle Feuchtigkeitsabgabe

Leinen saugt etwas weniger Wasser auf als Baumwolle, es schließt nur ganz wenig Luft im Gewebe ein und hat deswegen eine ganz geringe Wärmehaltung. – Leinen gibt aber seine Feuchtigkeit auch schnell wieder ab. Damit das Gewebe geschmeidig bleibt, muß der natürliche Feuchtigkeitsgehalt von etwa 20% stets vorhanden sein. Lange Zeit trocken gelagerte Leinenwäschen sollte daher von Zeit zu Zeit ausgehängt werden. Beim Bügeln von Leinen ist darauf zu achten, daß das Gewebe nicht völlig trocken gebügelt wird. Andererseits soll Leinenwäsche auch nicht feucht in den Schrank gelegt werden, da sie sonst leicht Stockflecken bekommt.

11. Leinen ist ein hervorragender Wärmeleiter

Da Leinengewebe die Körpertemperatur schnell weiterleiten, empfindet man Leinen-Bett- und -Tischwäsche im Sommer als kühl; das Gefühl von Frische und Sauberkeit wird erhöht.

Verwendung des Leinens

Die besondere Festigkeit, Haltbarkeit sowie die Kochwaschbeständigkeit des Leinens bestimmen zusammen mit dem hohen Preis, der nicht zuletzt von der schwierigen Gewinnung der Faser herrührt, die Einsatzgebiete: Tisch-, Haus- und Bettwäsche, Gläsertücher, Handarbeitsstoffe, Taschentücher. Leinen ist darüber hinaus als Zelt- und Rucksackstoff begehrt.

Allerdings ist der Einsatz von Leinen für Bettwäsche und insbesondere für Bettücher stark rückläufig. Die lange Haltbarkeit läßt als Argument im Hinblick auf den modischen Wandel auch bei Bettwäsche immer mehr an Resonanz verlieren. Leinenbettücher gelten beim Publikum vielfach auch als hart und schwer. Hingegen wird „leicht" und „weich" vom Verbraucher bevorzugt.

Die zukünftigen Steigerungsmöglichkeiten der Verwendung von Leinen liegen mithin sicherlich nicht bei der Bettwäsche und wohl auch kaum bei den immer noch beliebten, weil „flusenfreien" Geschirr- und Gläsertüchern. Deswegen fördern das Düsseldorfer Leinen-Studio und die „International Linnen Promotion" in London werblich neuere Einsatzgebiete: Tapeten, Sport- und Reisetaschen, Schuhe und Möbelbezugstoffe. 1980 entfielen in Europa von den aus Leinen gewonnenen Produkten 16% auf Kleidung,

Abb. 33: Gütezeichen für Reinleinen und Halbleinen

32% auf Heimtextilien, 41% auf Haushaltwäsche und 11% auf Schwergewebe. In Italien spielt hingegen wohl auch aus klimatischen Gründen Bekleidung mit einem Anteil von 34% eine beachtliche Rolle.
Die Schaffung des neuen Leinenzeichens mit dem stilisierten „L" in Ablösung der seit vielen Jahrzehnten gut eingeführten und sehr bekannten „Schwurhand", der zu sehr das Qualitäts-Image strapazierfähiger Haus-Haustextilien anhaftet, hat wohl auch das Ziel, Leinen als moderne, durchaus für die Mode geeignete Faser zu profilieren.

Bezeichnungsgrundsätze

Nach den verbindlichen Bezeichnungsvorschriften (RAL 394 A, vom Januar 1959) darf der durch das „Schwurhand"-Zeichen geschützte Name Reinleinen nur für Gewebe gebraucht werden, die in Kette und Schuß reine Flachsgarne enthalten. Effektfäden, Webkanten und Einwebungen aus anderen Gespinsten dürfen 15% des Gewichtes des ganzen Gewebes nicht überschreiten. Da die gleichen Bezeichnungsgrundsätze von allen der Internationalen Leinen- und Hanfvereinigung angeschlossenen nationalen Verbänden verbindlich übernommen wurden, fallen auch gleichlautende fremdsprachliche Bezeichnungen unter die Bezeichnungsvorschrift. Der Name „Halbleinen" oder eine gleichlautende fremdsprachliche Bezeichnung darf nur für solche Textilien gebraucht werden, deren Kette aus Baumwollgarn und deren Schuß aus Leinengarn (oder umgekehrt) bestehen, wenn der Anteil des Leinengarns mindestens 38% des Gewichtes des ganzen Gewebes beträgt. Durch Webkanten, Effektfäden und Einwebungen, die 15% ausmachen dürfen, darf die Gewichtsgrenze von 38% für das Leinengarn nicht unterschritten werden.
Diesen Bezeichnungsgrundsätzen weitgehend folgend gestattet auch das TKG die Bezeichnung „Halbleinen" (vgl. § 5 Ziff. 5), wenn bei einer Kette aus reiner Baumwolle und einem Schuß aus reinem Leinen der Anteil des Leinens 40% des Gesamtgewichts nicht unterschreitet. Allerdings muß die Angabe: „Kette reine Baumwolle – Schuß reines Leinen" hinzugefügt werden.
Für andere Textilien, die Leinengarne enthalten, darf nach den Bezeichnungsgrundsätzen das Wort Leinen nur in Verbindung mit der Bezeichnung des anderen im Gewebe enthaltenen Rohstoffes oder Garnes benutzt werden. Der Anteil des Leinengarnes ist in Prozenten anzugeben. Die Bestimmungen des TKG gelten entsprechend.

Leinenspinnerei

Der gut gehechelte und nach Feinheit sortierte Bast wird zunächst durch Übereinanderlegen der Bündelspitzen zu einem Band geformt und durch

ein Nadelfeld gezogen. Nach mehrmaligem Doppeln und Verstrecken erhält man ein gleichmäßiges Faserband, das auf der Vorspinnmaschine zu einem groben Vorgarn gedreht wird. Das Feinspinnen erfolgt trocken oder naß. Beim Naßspinnen wird das Vorgarn, bevor es das Streckwerk der Spinnmaschine passiert, durch ein Warmwasserbad geführt. Die die Einzelfasern verklebenden Pektine (Pflanzenleim) werden erweicht, und es werden nicht nur die langen Bündelfasern gegeneinander verzogen, sondern auch die Einzelfasern innerhalb der Bündelfasern. Die abstehenden Faserenden legen sich dabei an den Faserverband an, der Faden wird glatter und schöner. Trocken gesponnene Leinenfäden sind rauher.
Auch das beim Schwingen und Hecheln anfallende, ausgekämmte Wergmaterial enthält noch längere Fasergruppen und kann teilweise versponnen werden. Es entstehen verhältnismäßig preiswerte, gröbere Garne **(Werggarn).** Hochwertigeres Hechelgarn wird als **Flachsgarn,** noppenarm versponnenes, besonders feinfädiges Leinengarn als **Kettgarn** bezeichnet.

Das Wichtigste – kurz zusammengefaßt

1. Leinen, das aus dem Stengel der Flachspflanze gewonnen wird und deshalb eine Bastfaser ist, gehört zu den ältesten Textilrohstoffen und wird auch heute noch, vor allem in Europa, als hochwertiges Material für Bett-, Tisch- und Hauswäsche, für Taschentücher und für Nähzwirne, Gläsertücher, Einlagestoffe und Handarbeitsstoffe sehr geschätzt. Moderne Verwendungszwecke sind Textiltapeten, Sport- und Reisetaschen, Möbelbezugstoffe, Schuhe und Modegewebe.

2. Zur Gewinnung der Faser sind eine Reihe von chemischen (oder biologischen) und mechanischen Vorgängen notwendig: Röste, Brechen (Knicken), Schwingen, Hecheln.

3. Beim Leinen sind einmal die Langfasern (Bündelfasern), zum andern die Einzelfasern (Elementarfasern) zu unterscheiden. Die mit Pflanzenleim (Pektin) miteinander verklebten Elementarfasern bilden die bis zu 60 cm langen Langfasern. Durch das Kottonisieren werden der Pflanzenleim entfernt und die Elementarfasern gewonnen. Die Elementarfasern, die durch Entfernung des Pflanzenleims gewonnen werden können, heißen Flockenbast. Als Flockenbast werden die Elementarfasern meist zusammen mit Baumwolle verarbeitet. Flockenbast wird in der Bundesrepublik Deutschland nicht mehr hergestellt.

4. Der hohe Preis des Leinens wird gerechtfertigt durch seine hohe Festigkeit, die naß noch beträchtlich höher ist als trocken, durch die Glätte, den kühlen Griff und den angenehmen Glanz der Erzeugnisse aus Leinen. Die hervorragende Waschbarkeit leitet sich aus der Unempfindlichkeit

gegen nicht zu stark konzentrierte Laugen und gegen hohe Koch- und Bügeltemperaturen her. Leinen ist empfindlich gegen Kalkablagerungen beim Waschen, die die an sich wenig biegsame Faser spröde machen. Bei der Vollbleiche erleidet Leinen einen relativ hohen Gewichtsverlust. – Flachs ist geschmeidiger und weicher als andere Bastfasern.

5. Ein Echtheitskennzeichen des Leinens ist der ungleichmäßige, leicht geflammte Garnausfall des gegenüber den anderen Bastfasern allerdings gut teilbaren und verspinnbaren Flachses. Leinen ist nicht so gut zu färben wie Baumwolle und hat auch nicht deren gute hygienische Eigenschaften.

6. Nach verbindlichen und im In- und Ausland gültigen Bezeichnungsgrundsätzen darf der durch das Schwurhand-Zeichen oder das neue „L" geschützte Name Reinleinen nur für Gewebe verwendet werden, die bei einer Toleranz von 15% in Kette und Schuß aus Leinen bestehen. Als Halbleinen dürfen nur Gewebe mit mindestens 38% Gewichtsanteil Leinen bezeichnet werden, deren Restgewicht aus Baumwolle besteht. Flockenbastgewebe dürfen auch bei ausreichendem Gewichtsanteil nicht als Halbleinen bezeichnet werden. – Die Kennzeichnung „Halbleinen" ist mit 40% Leinenanteil auch im TKG geregelt.

7. Leinen wird trocken oder naß versponnen. Das hochwertigste, gleichförmigste und feinste Garn heißt Kettgarn, normales aus gehecheltem Leinen gewonnenes Garn Flachsgarn, aus dem Hechelabfall gesponnenes, dickeres Garn Werg- (oder Tow-) garn.

III. Weitere Rohstoffe pflanzlicher Herkunft

Textile Grobfasern und ihre Einsatzgebiete

Hanf und Manilahanf, Kokos und Sisal sowie die Jute sind die klassischen textilen Grobfasern. Wie die der Grobfasern anderer Art – z. B. die noch vor hundert Jahren vorherrschenden groben Wollsorten – hat sich die Bedeutung pflanzlicher und synthetischer Grobfasern in den Jahren zwischen 1950 und 1980 laufend verringert. Der Anteil zellulosischer Fasern ging im gleichen Zeitraum noch stärker zurück. Eine der Ursachen hierfür ist der Verlust an Reißfestigkeit, den diese Fasern bei Temperaturen ab 50° C bis etwa 90° C bei einer rel. Luftfeuchtigkeit von etwa 30–60% erleiden. Dazu kamen zeitweise Versorgungschwierigkeiten aus politischen Gründen oder durch Mißernten (Jute aus Ostpakistan und Bangladesh), sodaß qualitativ gute und preisstabile Chemiefasern sich relativ schnell durchsetzen konnten.

– Rein mengenmäßig haben mit etwa 15–18000 t je Jahr Jute, Sisal und Kokos in der Bundesrepublik Deutschland die größte Bedeutung; Manila und Hanf mit unter 1000 Jahrestonnen treten dagegen stark zurück. So haben Polypropylenfasern einen unbestrittenen Erfolg als Trägermaterial bei Tufting-Teppichen; sie übertreffen die früher verwendete Jute durch hohe Dimensionsstabilität, Verrottungsbeständigkeit und Gleichmäßigkeit des Spinnguts bei diesem Massenerzeugnis, für das große Mengen an Fasern gebraucht werden. Verbesserung und Neuentwicklung von Fasermisch- und Aufbereitungsanlagen für Grobfasern auf synthetischer Basis erleichterten die Anwendung neuer Technologien, die vom jahrhundertealten System klassischer Spinn- und Webverfahren abwichen: Non woven, Nadelfilz, Polvlies, Nadelflor-Tufting, Vlies-Raschel und manche andere mehr[+]). Somit haben synthetische Grobfasern die natürlichen nicht nur aus den angestammten Bereichen der Seilerei, des Verpackungsmaterials und der Fußbodenbeläge verdrängt, sondern den Grobfasern selbst neue Anwendungsbereiche geschaffen, nicht zuletzt im technischen und Agrarbereich: Autoauslegware und verformbare Autoauskleidung, Wasserbaumatten und Kunst- oder Sportrasen, Füll- und Polstermatten, kurzgeschnittene Armierungsfasern für Gebäudeputz und Effektmaterial in der Papierindustrie, um nur einige der neuen Verwendungszwecke zu nennen. Die hochwertigen synthetischen Grobfasern auch aus Polyamiden (z.B. Dorix) werden also nicht nur als ergänzendes Material in der klassischen Haargarn-, Bastfaser- und Hartfaserindustrie verwendet, sondern sie dienen auch als Basis für neuartige Textiltechnologien und deren Erzeugnisse.

Hanf und Manilahanf

Vor der Entwicklung der Synthetics war Hanf – (lt. TKG: „Bastfaser aus den Stengeln des Hanfes (Cannabis sativa)") – das beherrschende Material in der Seilerei. In der Weberei wird Hanf zu Zelttüchern, Planen und für technische Zwecke (Gurten, Feuerwehrschläuche) sowie für Untergewebe von Teppichen verwendet. Die besseren zum Verspinnen geeigneten Sorten kommen aus Algier, Spanien und Italien. Der beste Hanf wächst in der Gegend von Bologna in Italien; dieser Hanf ist besonders fein, weich und glänzend. Wichtigstes Exportland für die Bundesrepublik Deutschland ist Rumänien. Hanf kann auch in bestimmten Moorgebieten, die sonst brach liegen würden, angebaut werden.
Hanf wird wie Flachs durch Rösten, Brechen und Schwingen gewonnen. Die Langfasern sind wie beim Flachs Zellbündel von 1 bis 2 m Länge, die

---

[+]) Vgl. Buurmann, Handbuch der Heimtextilien, und Hofer, Stoffe II, beide Deutscher Fachverlag.

Einzelfasern 15 bis 28 mm lang und laufen im Gegensatz zum Flachs nicht spitz zu, sondern klumpenförmig. Auch aus Hanf kann Flockenbast gewonnen werden.
Hanf ist noch reißfester als Flachs (etwa um 20%), die Naßfestigkeit ist höher als die Trockenfestigkeit. Er ist ziemlich widerstandsfähig gegen Feuchtigkeit und fault auch unter Wasser nur sehr langsam. Hanf saugt in hohem Maß Wasser auf, ohne sich feucht anzufühlen (bis 30%; normal 12%), wird aber bei starker Wasseraufnahme brettig und steif. Die Dehnfähigkeit des Hanfes ist gering und beträgt auch naß nur 5%. Für Textilien kommt Hanf wegen seiner Grobheit und Härte kaum in Betracht.
Manilahanf (lt. TKG: „Manila", Fasern aus den Blattscheiden der Musa textilis) stammt von einer Bananenart, die vor allem auf den Philippinen wächst, und ist wegen seiner hohen Festigkeit und seiner Unempfindlichkeit gegen Feuchtigkeit eine sehr wertvolle, für Schiffstaue ideale Faser. Durch Behandlung mit Tran kann die Festigkeit und Widerstandsfähigkeit noch erhöht werden, so daß die Faser auch bei dauernder Berührung mit Seewasser nicht zerstört wird.
Sunn, eine nachträglich in das TKG aufgenommene Faserbezeichnung, gilt für die hanfähnliche Stengelfaser der Crotalaria juncea, einer einjährigen bis drei Meter hohen Pflanze aus der Familie der Schmetterlingsblütler, die in Indien, Pakistan und im südlichen Asien angebaut wird. Sie wird manchmal auch als **Bombay-Hanf** bezeichnet und ist weicher, aber weniger fest als Hanf; Sunn wird in der Seilerei, für Schnüre, Netze und Säcke verwendet.

Kokos und Sisal

Seilerwaren aus **Sisal** (lt. TKG: Fasern aus den Blättern der Agave sisalana) wurden vor allem von der Landwirtschaft (Erntebindegarn) verbraucht. Daneben ist Sisal ein wichtiger Rohstoff für die Teppichindustrie. Hervorstechend sind die guten färberischen Eigenschaften der aus einer subtropischen Agavenart gewonnenen Faser, die auch feinste Abtönungen erlauben. Die feste und glanzreiche, sehr haltbare Faser ergibt Teppiche mit lichtbeständiger und gegen Feuchtigkeit unempfindlicher Färbung von bemerkenswerter Preiswürdigkeit, die doppelseitig verwendbar und so gut wie mottensicher sind. Sisalteppiche sind leicht zu reinigen. Stark verschmutzte Stellen reinigt man mit Perchloräthylen. – Wichtigstes Exportland für die Bundesrepublik Deutschland ist Tansania.
Auch die nachträglich in das TKG aufgenommenen Fasern Henequen und Maguey sind Blattfasern von Agaven; **Henequen** von der Agave fourcroydes, die in Mexiko heimisch ist, **Maguey** oder **Kantala** von der Agave cantala, die auf den Philippinen, in Indonesien und in Vorderindien angebaut wird. Die Fasern der verschiedenen Agavenarten, zu denen auch noch

die sehr harte **Tula-Faser** und die Tampicofaser zählen, die beide im TKG nicht erwähnt sind, unterscheiden sich untereinander nur sehr wenig. Vielleicht ist die Aufnahme der Bezeichnungen Henequen und Maguey in das TKG auch deswegen erfolgt, weil in der Vergangenheit die Bezeichnungen nicht immer einheitlich und auch für Fasern verschiedener Arten angewandt worden sind.
Die **Kokosfaser** (lt. TKG: „Kokos", Fasern aus der Frucht der Cocos nucifera) ist die an der harten Schale der Kokosnuß angewachsene Fruchtfaser und wird wie Sisal vor allem für Vorleger und Läufer verarbeitet. Wenngleich nicht so fein ausspinnbar wie Sisal, ist Kokos genau so widerstandsfähig gegen Feuchtigkeit und Fäulnis und nimmt wegen ihres hohen Fettgehaltes nur wenig Schmutz an. Kokosfasern werden von der Bundesrepublik Deutschland hauptsächlich aus Srilanka (Ceylon) importiert.

Jute

Jute ist lt. TKG die Bezeichnung für „Bastfasern aus den Stengeln des Corchorus olitorius und Corchorus capsularis". Gerade ihrer Geringwertigkeit und Billigkeit verdankt die Jute ihre Beliebtheit in der Weltwirtschaft als Verpackungsmaterial. 95% der Welterzeugung kommen aus Bangla-Desch, dem Jute-Anbaugebiet. In Indien liegen jedoch fast sämtliche Jute-Fabriken. Im Gegensatz zu den übrigen Bastfasern besteht der Bast der Jute nicht zum wesentlichen Teil aus Zellulose, sondern er ist stark verholzt und enthält 30% und mehr Holzsubstanz (Lignin). Dies ist der Grund für die geringe Festigkeit, die Neigung zum Faulen. Die Elementarfaser wird nur 1 bis 5 mm lang, und daher ist die Festigkeit der Faser in hohem Maße abhängig von der Festigkeit des Pflanzenleims. Bei Einwirkung von Feuchtigkeit und Wärme führt der Befall durch Pilze und Bakterien zu einer Art Nachröste, wobei die Jute bis zum völligen Zerfall stark an Güte und Festigkeit verliert. Hingegen ist Jute leuchtkräftig und schön zu färben (deswegen wurden Rohstoffe aus Jute trotz ihres tranigen Geruches schon von der Pariser Couture verarbeitet), verträgt aber auch ganz schwache Säurelösungen schlecht. Jute kann nicht gekocht werden und leidet auch unter Dampf.
Die als „Rupfen", „Hessian" oder „Bagging" bezeichneten, porosen Jutegewebe finden außer für Verpackungszwecke in der Polsterei und als Stützgewebe für Linoleum Verwendung, sodann als Wandbespannung. Jutegarne werden auch für Untergewebe von Teppichen eingesetzt.

Ramie

Lt. TKG ist Ramie die Bezeichnung für Fasern aus dem Bast der Boehmeria nivea und der Boehmeria tenacissima. Die hochwertigste Bastfaser Ramie

Flachs

Hanf

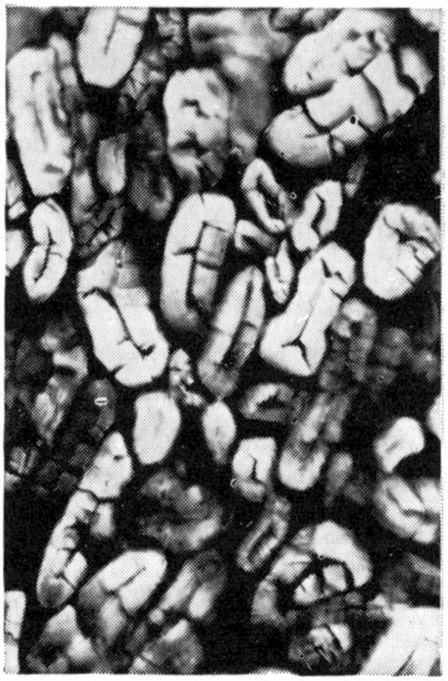

Ramie

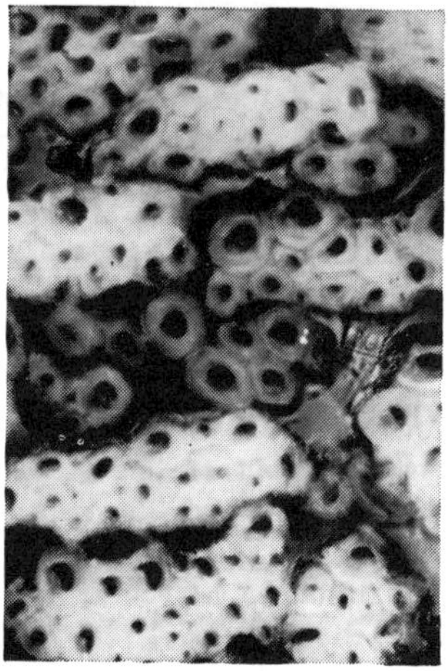

Jute

Abb. 34: Querschnitte durch Flachs, Hanf, Ramie und Jute.

(oder Chinagras) spielt mengenmäßig kaum eine Rolle. Der Bast ist sehr schwer aus dem ungefähr 2 m hohen Stengel herauszulösen; der Pflanzenleim widersteht einem monatelangen Röstprozeß. Die von Hand enthäuteten Stengel werden in Europa chemisch aufgeschlossen und liefern eine schneeweiße Elementarfaser von 6 bis 20 cm Länge, die sich trotz der glatten

Oberfläche zu einem feinen Garn verspinnen läßt. Wegen des hohen Preises wird Ramie für Spezialzwecke verwendet; zum Beispiel für bestimmte Handarbeitsgarne und Schuhmacherzwirne, Tennisschuhe, für Sprungtücher der Feuerwehr. Ramie dient aber auch zur Herstellung von Hand- und Geschirrtüchern sowie von Tischdecken. Für alle diese Verwendungszwecke ist die hohe Festigkeit des Materials (mit dem beachtlichen Höchstwert bei 60 bis 70 Reißkilometern) ausschlaggebend. – Spinnereiabfälle von Ramie dienen zur Herstellung hochwertiger Banknotenpapiere.

Kapok, Alfa, Ginster und Kenaf

Wegen ihrer geringen Bedeutung werden diese Fasern nur deshalb erwähnt, weil sie unter diesen Bezeichnungen in das Textilkennzeichnungsgesetz aufgenommen worden sind.
Während die **Alfa**-Faser (eine Blattfaser aus den Blättern der Stipa tenacissima) wie die meisten Blattfasern zu den Hartfasern zählt und für Bekleidungs- und Haushaltstextilien kaum Verwendung findet, ist **Kenaf,** eine Bastfaser aus den Stengeln des Hibiscus cannabinus, dabei, sich Einsatzgebiete der Jute zu erschließen; die bis zu 300 cm langen Faserbündel sind weniger verholzt als die Jute und weisen auch eine höhere Reißfestigkeit auf. **Ginster,** die Blattfaser aus den Stengeln des Cytisus scoparius oder des Spartium junceum, wird im Mittelmeerraum angebaut und nimmt mit magerem Boden vorlieb. In Deutschland hatte sie nur in Notzeiten als Ersatz Bedeutung, weil die schwer zu beseitigenden Verunreinigungen zu einem unregelmäßigen Ausfall der Gespinste führen.
Kapok hingegen, die Faser aus dem Fruchtinneren der Ceiba pentandra, ist zwar wegen zu geringer Festigkeit nicht verspinnbar. Die einzelligen, seidig glänzenden, 15–40 mm langen Haare der inneren Fruchthaut der Schoten verschiedener tropischer „Wollbäume" sind wegen des ungewöhnlichen Luftgehalts von 80% von hoher Füllkraft, Weichheit und Wärmeisolation; sie sind wasserabstoßend, geruchlos und werden nicht vom Ungeziefer befallen. Noch vor zwanzig Jahren war Kapok ein beliebtes Polstermaterial für hochwertige Vollpolstermatratzen, die nicht geklopft werden durften und möglichst oft an die Sonne gebracht werden sollten.

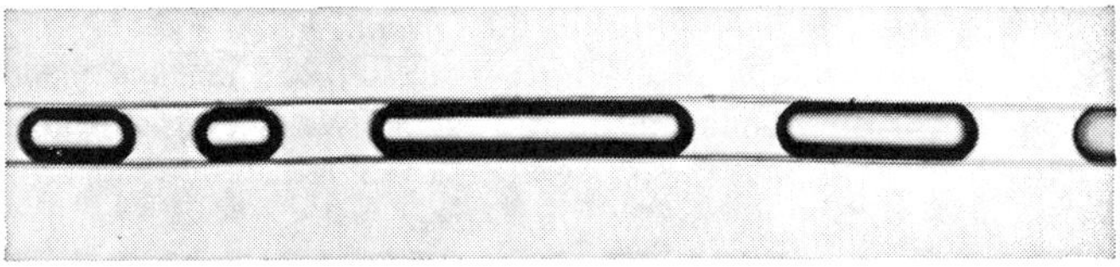

Abb. 35: Kapokfaser mit Lufteinschlüssen (Längsschnitt).

Klassische Chemiefasern auf Zellulosebasis

Bisher haben wir Textilrohstoffe kennengelernt, die uns die Natur bereits in einer Form schenkt, daß sie nach mehr oder weniger umfangreichen Aufbereitungsarbeiten für textile Verwendungszwecke geeignet sind. Auch bei den „klassischen" Chemiefasern auf Zellulosebasis hat die Natur dem Menschen bereits einen großen Teil des chemischen Aufbaus abgenommen, der **Charakter der Textilfaser** muß aber erst durch menschliche Technik geformt werden. Zu der modernsten Gruppe der Chemiefasern, zu den **Synthetics,** werden nur solche Fasern gerechnet, die aus ganz einfachen Rohstoffen wie Erdöl, Kalk, Kohle oder Wasser in recht schwierig zu beschreibenden Vorgängen aufgebaut werden. Zur Herstellung der **klassischen** Chemiefasern auf Zellulosebasis dienen hingegen **organische** Substanzen als Ausgangsmaterial.
Im vorigen Jahrhundert, von 1820 bis 1920, vermehrte sich die Bevölkerung Europas um das Doppelte, in einer Zeit, da die wachsende Industrialisierung des Kontinents höhere Lebensansprüche schuf und auch ermöglichte. Nicht den Grund, sondern wohl nur den Anlaß, sich mit der Erzeugung künstlicher Fäden ähnlich dem des „Seidenwurms" zu beschäftigen, boten die hohen Preise der Naturseide. Besonders aber drängte der Wunsch zur Erfindung künstlich herstellbarer Textilfasern, sich von den meist überseeischen Rohstoffländern der Naturfasern unabhängig zu machen. Heute ist die Herstellung synthetischer Fäden und Fasern längst aus dem Stadium der Autarkiebestrebungen rohstoffarmer Länder herausgerückt, mit anderen Worten: Nicht nur diejenigen Länder, die über keinerlei natürliche Rohstoffe verfügen, beschäftigen sich mit der Herstellung neuer Textilfasern, sondern in besonders hohem Maße auch Länder wie die USA, die über bedeutende Erzeugungsgebiete natürlicher Fasern verfügen.

Rückblick und Bedeutung

Der Weg der Chemiefaserindustrie von ihren Anfängen bis heute verlief steil aufwärts, wenn auch wegen der großen Kriege und anderer äußerer Einflüsse nicht immer geradlinig. Von 1900 bis 1925 konnte die Produktion fast verhundertfacht werden. 1900 wurden pro Person der Weltbevölkerung 0,60 g Chemiefasern, 1958 bereits über 1 000 g produziert.
Die Idee, künstliche Fäden zu schaffen, ist schon sehr alt, und die ersten Ansätze zu ihrer Verwirklichung entsprangen nicht etwa einer zwingenden Notwendigkeit, sondern reinem Forschertrieb. 1665 sprach der englische Forscher Robert **Hooke** in einem Buch zum ersten Mal den Gedanken aus, aus einer gelatineähnlichen Masse künstliche Fäden ähnlich der Seide zu erzeugen. Der Erfinder des Thermometers, der französische Physiker

Réaumur, dachte 1734 daran, aus Lacken seidige Fäden herzustellen. Aber erst in der zweiten Hälfte des vorigen Jahrhunderts schuf Graf Hilaire **de Chardonnet** auf Grund von Vorarbeiten des deutschen Chemikers Christian Friedrich **Schönbein** mit der **Nitratkunstseide** die erste Chemiefaser. Das Geburtsjahr der Kunstseide wird aber erst in das Jahr 1884 gelegt, als der Engländer Joseph Wilson **Swan** den textilen Charakter seiner Glühfäden aus Nitrozellulose erkannt hatte und es ihm gelungen war, dem Material die Neigung zum Explodieren zu nehmen.

Den englischen Chemikern **Cross** und **Bevan** gelang 1892 die Erfindung des **Viskoseverfahrens,** 1897 wurde der Rheinischen Glühlampenfabrik Oberbruch ein Patent für **Chemie-Kupferseide** erteilt, deren geistige Väter der Kölner Chemiker Max **Fremmery** und der österreichische Ingenieur Johann **Urban** waren. Das Verfahren wurde 1902 durch E. **Thiele** mit der Erfindung des Streckspinnverfahrens weiterentwickelt: die Faser wird in noch plastischem (also noch nicht ganz erhärtetem) Zustand auf etwa ein Hundertstel des ursprünglichen Durchmessers verstreckt. 1919 schließlich begannen die Basler Brüder **Dreyfus** mit der Produktion von **Acetat** endlos; bereits 1865 hatte der deutsche Chemiker **Schützenberger** die Grundlage des Verfahrens, die Gewinnung von Zellulose-Acetat aus Zellulose und Essigsäure-Anhydrid, gefunden.

Während Naturseide knapp und teuer war und die für ähnliche Verwendungszwecke geeigneten **endlosen** Chemieseiden einen verhältnismäßig leicht zu erobernden Markt vorfanden, hatten es die in Stapel geschnittenen **Zellwollen** schwerer. Wolle und Baumwolle gab es genug, die Preise waren niedrig. In der Rohstoffarmut des Ersten Weltkriegs hatte man in Deutschland die Entwicklung zu schnell vorangetrieben – es kam ja weniger auf die Qualität als auf die erzeugte Menge an! – und bei dem Gedanken an die Zellwolle verblieb bei den Spinnern und Webern und besonders bei der Bevölkerung die Erinnerung an ein unvollkommenes Ersatzprodukt. Im Dritten Reich wurde die Zellwolle ebenfalls als ein noch nicht völlig marktreifes Massenprodukt auf Grund staatlicher Zwangsmaßnahmen erzeugt und dem Publikum durch eine sehr laute und oft auch unsachliche Propaganda empfohlen, die den Verbraucher noch mißtrauischer machte. Auch verwendete man Zellwolle für Erzeugnisse, wofür sie sich einfach nicht eignete – kein Mensch denkt zum Beispiel daran, Betttücher aus Naturseide oder Küchenhandtücher aus Schurwolle anzufertigen. Erst nach dem Zweiten Weltkrieg ist die Zellwolle durch intensive Foschungs- und Entwicklungsarbeiten eine Qualitätsfaser geworden, die vielseitig verwendbar ist und mit Eigenschaften versehen werden kann, die dem jeweiligen Verwendungszweck angepaßt sind. Während noch im Jahre 1913 über 90% der Chemiefasern aus europäischen Ländern kamen, erzeugten 1956 die USA etwa 26%, Japan 16% und Europa nur mehr 50%. Der Anteil Westdeutschlands liegt bei etwa 10%. Der absolut beherrschende Anteil der hochindustrialisierten Länder an der Chemiefaserproduktion erklärt sich daraus, daß die Fasern heute nur mehr in einem industriellen **Großbetrieb** wirtschaftlich und mit hohem Qualitätsniveau bei absolut gleichmäßigem Ausfall produziert werden können. Die Anlagen erfordern hohen Kapitaleinsatz, das rasche chemische und technische Entwicklungstempo intensive Forschungsarbeiten und regen internationalen Erfahrungsaustausch.

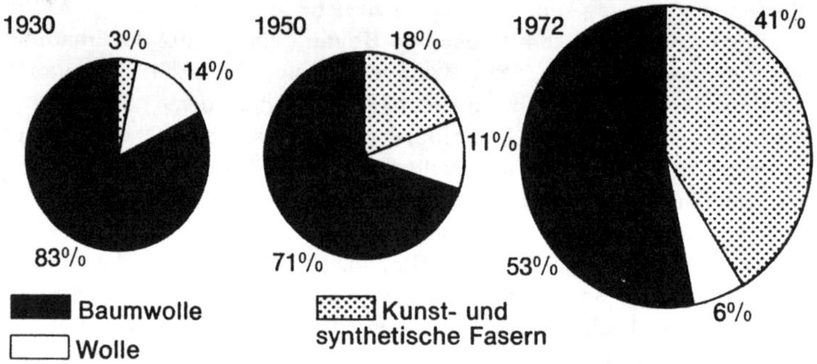

Abb. 36: Anteil der drei wichtigsten Faserstoffarten an der Weltproduktion 1930–1972. Die Größe der Kreise entspricht der Gesamtmenge und verdeutlicht den steigenden Mengenverbrauch.

Falsch wäre es, aus dem **relativen Absinken** der Anteile von **Wolle** oder **Baumwolle** am Weltverbrauch textiler Rohstoffe darauf zu schließen, daß diese Rohstoffe durch die Chemiefasern **verdrängt** worden seien. Auch bei den natürlichen Rohstoffen konnte die Produktion in den letzten 15 Jahren erhöht werden, jedoch wurde der größte Teil des Mehrbedarfs an Textilrohstoffen, hervorgerufen durch den allseits gestiegenen Lebensstandard und das starke Bevölkerungswachstum durch die Chemiefasern gedeckt.

Während 1920 „Reyon" etwa 50% des Preises der Naturseide kostete, liegt heute der Preis unter 15%. Eine ähnliche Entwicklung war auch bei den anderen Chemiefasern festzustellen; nach Abdeckung der hohen Entwicklungskosten waren in verhältnismäßig kurzen Zeitabständen Preissenkungen möglich, oft auch als Folge größerer Mengenproduktion und besserer Ausnutzung der Produktionskapazitäten. Das Hauptproblem der Chemiefaserindustrie ist die sogenannte „Substitutionswirkung", die den Chemiefasern anhaftet. Rückten die Chemiefasern zunächst an Plätze, die vordem von den Naturfasern eingenommen worden waren, ersetzen und verdrängen sich die Chemiefasern nunmehr auch schon gegenseitig. Ziel der Entwicklung neuer Chemiefasern ist es ja, Fasern mit völlig neuen Eigenschaften zu schaffen oder eine Reihe von Eigenschaften in einer Faser zu vereinigen, die es in dieser Zusammenstellung vorher nicht gab.

Somit schaffen neue Fasern neue Verwendungszwecke oder sind auf einen ganz bestimmten Verwendungszweck abgestellt. War der Damenstrumpf vor dem Jahre 1939 die Domäne der Chemie-Kupferseide (Bemberg!), herrschen nunmehr unangefochten Perlon und Nylon auf diesem Gebiet. Diese „Substitution", der Austausch der Fasertypen untereinander, stellt die Chemiefaserindustrie immer wieder vor neue Aufgaben.

Fachleute schätzen, daß insbesondere die Synthetics immer stärker steigende Bedeutung erlangen werden, und zwar auf Kosten der Chemiefasern auf Zellulosebasis, bei denen insbesondere die Produktionskosten in den Jahren 1969–1971 stärker stiegen als die am Weltmarkt erzielbaren Preise. So fiel der Weltanteil der zellulosischen Fasern zwischen 1960 und 1970 zwar nur um 1 % von 17 % auf 16 %, betrug aber im Jahre 1980 nur noch 11 % und soll bis zum Jahre 2000 gar auf 7 % abgesunken sein. Bei den Synthetics war bereits zwischen 1960 und 1970 eine starke Steigerung des prozentualen Anteils von 5 % auf 23 % zu verzeichnen. Belief sich ihr Anteil 1980 bereits auf 32 %, soll dieser bis 1990 auf 55 % steigen und bis zum Jahre 2000 die unangefochtene Spitzenposition mit Zweidrittel des Weltverbrauchs erreichen. In der zweiten Hälfte der siebziger Jahre war aber beim europäischen Verbraucher bereits eine gewisse „Chemiefasermüdigkeit" festzustellen. Natürliche Fasern und insbesondere Wolle und Baumwolle stiegen in der Verbrauchergunst wieder an.

Bei den zellulosischen Chemiefasern, die in der ersten Hälfte dieses Jahrhunderts das Ausmaß des Anstiegs des Weltverbrauchs an synthetischen Fasern weitestgehend bestimmt haben, ist also für die Zukunft kein dem Mehrverbrauch entsprechendes weiteres Wachstum in der Mengenproduktion mehr zu erwarten. Ihr Anteil wird relativ sogar zurückgehen. Bei ihrer Produktion sind die Umweltschutzprobleme schwer zu lösen, und ihr Preisvorteil gegenüber den Synthetics wird mit ständig sich verteuernden Preisen für das Ausgangsmaterial Zellstoff geringer. Auch hat sich die Vermutung nicht bewahrheitet, daß man synthetische Stapelfasern immer mit Viskosespinnfasern wegen deren guter Saugfähigkeit würde mischen müssen – die verschiedenen Texturier-Verfahren haben auch bei Synthetics eine genügende Saugfähigkeit bewirkt. Entscheidend aber ist, daß die Synthetics wegen ihrer besseren Produkteigenschaften und ihres größeren Wandlungsreichtums die zellulosischen Fasern mehr und mehr aus dem Markt verdrängen werden. Da die gesamte chemische Industrie am Weltrohölverbrauch nur mit 6% (1978) partizipiert, kann das weitere Anwachsen der Produktion von Synthetics auch kaum durch knapper und teurer werdendes Rohöl in einer überblickbaren Zukunft nachhaltig gestört werden.

Der Weltfaserverbrauch wird auch im kommenden Jahrzehnt generell steigen; jedoch nicht bei allen Fasern gleichmäßig. Bei Baumwolle, Wolle und zellulosischen Chemiefasern steigt die verbrauchte Menge nur noch geringfügig an, während die Synthetics wesentlich stärkere Zuwachsraten haben.

Diese Zuwachsraten werden aber zu einem erheblichen Teil in industriellen Einsatzbereichen Verwendung finden und nicht im Bekleidungssektor.

Welt-Textilfaserverbrauch in 1 000 Tonnen

	1963/5	1975/7	1990	Jährlicher Zuwachs in % bis 1977	bis 1990
Bevölkerung in Mio	3242	4048	5191	1,9	1,8
Faserverbrauch in kg per Verbraucher	5,5	6,8	9,0	1,8	2,0
Gesamt-Faserverbrauch	17898	27694	46537	3,7	3,8
– davon:					
Synthetiks	4925	12318	26827	7,9	5,7
Naturfasern	12973	15376	19710	1,4	1,8
Nordamerika	3592	5009	7540	2,8	3,0
Lateinamerika	916	1737	3970	5,5	6,1
EG-Länder	2980	3449	4780	1,2	2,4
Westeuropa (ohne EG)	630	1135	1950	5,0	3,9
Osteuropa	3799	5859	8787	3,7	2,9
Afrika + Naher Osten	739	1618	3650	6,7	6,0
Asien/Ozeanien	5242	8887	15860	4,5	4,2

Quelle: Predicasts, Inc.

Weltproduktion von Fasern

	Mill. to	Diff. z. Vorjahr
1973/74	26,4	
1974/75	26,5	+0,1
1975/76	23,6	./.2,9
1976/77	25,7	+2,1
1977/78	26,4	+1,9
1978/79	27,9	+1,5
1979/80	29,8	+1,9

Das Weltfaser-Jahr beginnt stets am 1. August. – In den fünf Jahren zwischen 1973/74 und 1978/79 erhöhte sich die Faserproduktion vor allem wegen des starken Rückgangs im Rezessionsjahr 1975/76 nur um 1,4 Mio to oder 5,5%, während die Steigerung von 78/79 auf 79/80 mit 1,9 Mio to oder knapp 7% überdurchschnittlich hoch war.

Einen guten Überblick über die unterschiedliche Zunahme der einzelnen Faserarten im Weltverbrauch in stärkerer Aufschlüsselung gibt die nachstehende Tabelle:

Verteilung der Weltfaser-Produktion auf die wichtigsten Rohstoff-Arten

	1973/74 Mill. to	Anteil %	1978/79 Anteil %	1979/80 Mill. to	Anteil %
Wolle	1,4	5,4	5,4	1,5	5,2
Baumwolle	13,7	51,9	46,9	14,3	47.8
Synthetics	7,6	28,7	35,8	10,6	35,6
dv.: Fäden	3,8	14,4		4,9	16,4
Fasern	3,8	14,3		5,7	19,2
Viskose	3,7	14,0	11,9	3,4	11,4
dv.: Fäden	1,4	5,3		1,2	4,0
Fasern	2,3	8,7		2,2	7,4
Gesamt	26,4	100,0	100,0	29,8	100,0

Wie die Tabellen zeigen, wird die stürmische Entwicklung des Jahrzehnts von 1965 bis 1975, in dem sich die Weltproduktion von Synthetics fast vervierfachte, nicht wiederkehren. In den Jahren 1979 und 1980 sind sogar 12–15% der westeuropäischen Kapazitaten zur Herstellung von Synthetics abgebaut worden, wenngleich die Produktion um 5% angehoben wurde: Die vorhandenen Kapazitäten mußten besser ausgenutzt werden, damit bei den nach dem Auslaufen verschiedener Patente nach 1960 stark gesunkenen Synthetics-Preisen Verluste bei der Faserproduktion vermieden werden konnten.

Das Ausmaß, in dem textile Fertigerzeugnisse durch steigende Preise von Synthetics verteuert werden, wird oft überschätzt. So verteuert sich der Stoffpreis eines Kleides und damit das Kleid selbst bei Erhöhung des Preises von 1 kg texturierter Synthetics um DM 1,50 nur um 30 Pfennige. Bei der Herstellung der Synthetics machen hingegen die Rohstoffkosten etwa 40% der gesamten Produktionskosten aus.

Grundlagen der Herstellung

Drei verschiedene Verfahren werden angewandt, um einen Rohstoff in Fadenform zu überführen, ihn zu „spinnen“:

Abb. 37: Tausende feiner Zellulosefäden treten aus der Spinndüse und vereinigen sich zum Spinnkabel. Die Kabel der einzelnen Spinnstellen werden zu einem großen Kabel zusammengeführt, verstreckt, in verschiedenen Faserlängen geschnitten, gewaschen und getrocknet. Der Produktionsvorgang der Viskose-Spinnfaser ist abgeschlossen.

1. Das Naßspinnverfahren

Der Rohstoff wird beim Naßspinnverfahren mit bestimmten chemischen Hilfsmitteln in Lösung und sodann durch die Löcher von Spinndüsen in ein Bad gebracht. In diesem „Fällbad" entsteht der Faden durch einen chemischen Prozeß, der den festen Rohstoff aus der Spinnlösung zurückbildet und in Fadenform erstarren läßt (Abb. 37). Um sich diesen Vorgang besser vorstellen zu können, kann man daran denken, wie das Eiweiß sofort

Abb. 38: Teilansicht einer Spinnmaschine für Viskosespinnfasern.

zu einer weißen, festen Masse erstarrt, gießt man es in kochend heißes Wasser (Koagulation).

Naß gesponnen wird beim Viskose- und beim Kupferverfahren, sodann bei den Proteinfasern und bei Triacetatfasern. Das Naßspinnverfahren gewinnt erneute Bedeutung durch die Entwicklung spezieller Fasertypen mit hoher Temperaturbeständigkeit (z. B. **Nomex**), da die Grenze beim Schmelzspinnverfahren bei etwa 300 °C liegt. Ist, wie beim Viskosespinnverfahren, der Koagulationsprozeß von chemischen Reaktionen begleitet, gebraucht man auch die Bezeichnung **„Reaktionsspinnen"**.

2. Das Trockenspinnverfahren

Der Rohstoff wird in einer Flüssigkeit gelöst, die sich, wie Kölnisch Wasser, leicht verflüchtigt. In ununterbrochenem Fluß wird die Lösung durch die Spinndüsen in beheizte Spinnschächte gedrückt. Dort verdampft das Lösungsmittel und die Masse wird zum festen, feinen Faden. Angewandt bei Acetat-, Polyvinylchlorid- und Polyacrylnitrilfasern.

3. Das Schmelzspinnverfahren

Ausschließlich bei Synthetics wird die Grundmasse bei hohen Temperaturen und unter Abschluß von der Außenluft geschmolzen, durch Spinndüsen gepreßt und erstarrt sodann an der Luft zum gewünschten Faden. Durch Schmelzen werden die Polyamid- und Polyesterfasern gesponnen. Das Schmelzspinnverfahren eignet sich somit nicht für Synthetics, die erst bei Temperaturen erweichen, die oberhalb ihrer Zersetzungstemperatur liegen.
Sowohl das Naßspinnverfahren als auch das Trockenspinnverfahren setzen einen spinnfähigen, d. h. in einer Flüssigkeit gelösten Rohstoff voraus. Mit dem Trockenspinnverfahren haben wir erst bei den Acetatfasern zu tun; die Acetatfaser gehört aber nicht ohne weiteres zu den Chemiefasern auf Zellulosebasis, da sie als Zellulose**verbindung** ihren Eigenschaften nach sozusagen schon mit einem Fuß im Lager der Synthetics steht. Die Zellulosefasern nach dem Viskose- und nach dem Kupferverfahren werden naß gesponnen.

„Regenerierte" Zellulose

Das Problem der Herstellung von Chemiefasern auf Zellulosebasis besteht darin, die **Zellulose in Lösung** zu bringen, die **Lösung** in eine **fadenähnliche Form** zu überführen und dann (im Naßspinnverfahren) wieder **zu Zellulose erstarren** zu lassen. Nun ist die Zellulose ja die Gerüstsubstanz der Pflanzen und in keinem der bekannten Lösungsmittel zu lösen, schon gar nicht in Wasser. Es gibt nunmehr drei wirtschaftliche Möglichkeiten, Zellulose zu lösen:

1. Behandlung von Zellulose mit Natronlauge und Schwefelkohlenstoff nach dem Viskoseverfahren; Ergebnis: Viskosefilament (Reyon) und Viskosespinnfaser (Zellwolle).

2. Behandlung der Zellulose mit Kupferoxyd und Ammoniak nach dem Kupferverfahren; Ergebnis: Cuprofilament und Cuprospinnfaser.

3. Behandlung der Zellulose mit Essigsäureanhydrid; Ergebnis: Acetat endlos und Acetat-Spinnfaser.

Die nach dem Kupfer- und nach dem Viskoseverfahren hergestellten Filamente und Stapelfasern bestehen wie die Baumwolle aus reiner Zellulose. Deswegen bezeichnet man diese Fasern (im Gegensatz zu Acetat als Zelluloseverbindung) als „regenerierte" (wiedergeborene) Zellulose. Über 80% aller in der Welt auf Zellulosebasis hergestellten Chemiefaserfilamente (Deutschland: über 90%) und über 95% aller Stapelfasern auf Zellulosebasis werden nach dem Viskoseverfahren hergestellt.

Die Unterschiede zu den Naturfasern

In vielen, vor allem durch den chemischen Aufbau bestimmten Eigenschaften ähneln die klassischen Chemiefasern sehr den natürlichen Rohstoffen aus der Pflanzenwelt. In anderen Punkten unterscheiden sie sich aber erheblich: die Festigkeit zum Beispiel liegt erheblich unter den Werten der Naturfasern, in nassem Zustand gar sind die Zellulose-Chemiefasern in ihrer Festigkeit den natürlichen hoffnungslos unterlegen. Dagegen sind die Chemiefasern schmiegsamer und weicher, sie nehmen willig Feuchtigkeit in sich auf. Beide bestehen aus der gleichen Substanz, und wenn wir den Ursachen der unterschiedlichen Eigenschaften nachgehen, treffen wir auf eine Erscheinung, die uns besonders bei den Synthetics beschäftigen wird, nämlich die molekulare Struktur, die Kettenmoleküle.
Die Zellulose ist nämlich gar keine so komplizierte chemische Verbindung ($C_6H_{10}O_5$), ein Zellulosemolekül besteht also nur aus 21 Atomen. In der Zellulose sind aber sehr viele solcher Moleküle zu einer Molekülkette zusammengehängt, je mehr, desto besser für die Verwendung als Textilfaser. Es leuchtet ein, daß eine Faser um so haltbarer ist, je schöner diese langen Kettenmoleküle in der Substanz parallel zur Fadenlänge angeordnet sind und daß die Haltbarkeit weniger groß ist, wenn diese Kettenmoleküle innerhalb der Faser wirr durcheinanderliegen. Die für Textilrohstoffe allein geeignete sogenannte „Alphazellulose" hat einen „Polymerisationsgrad" von 600 bis 1 300, das heißt, 600 bis 1 300 Moleküle hängen zur Bildung der Molekülkette aneinander. Die „Betazellulose" mit einem Polymerisationsgrad von nur 200, also aus viel kürzeren Molekülketten gebildet, ist für die Fasererzeugung unbrauchbar. Fasern daraus wären nicht waschbeständig. Durch die Chemikalien, die auf die Zellulose einwirken, um sie in Lösung zu bringen, erfolgt unvermeidlich ein Abbau und damit eine Verkürzung der Großmoleküle („Makromoleküle"), die kaum mehr rückgängig gemacht werden kann. In den Chemiefasern sind auch die verkürzten Moleküle nicht mehr so schön parallelgelegt, wie sie es z. B. bei der Baumwolle waren. Das ganze Zellgefüge ist lockerer als das der gewachsenen Faser – und deswegen sind die Chemiefasern auch schmiegsamer. Feuchtig-

keit (Wasser) kann viel leichter in das Innere der Faser eindringen, die Faser quillt und die Zellen lockern sich dabei abermals. Daraus erklärt sich die geringere Naßfestigkeit der Chemiefasern auf Zellulosebasis gegenüber ihren natürlichen Schwestern. Die Faserfestigkeit wächst zwischen Polymerisationsgraden von 200–500 sehr rasch, von 700–3000 bleibt sie fast gleich. Bei Baumwolle besteht eine Molekülkette aus etwa 3000 Molekülen, bei Holz aus etwa 6000 bis 7000, bei Flachs aus etwa 2500. Bei Zellstoff aus Baumwoll-Linters oder Holz hängen noch 600 bis 2000 Moleküle aneinander, bei Viskosefasern nur noch 320 bis 500; hingegen reicht der Polymerisationsgrad bei polynosischen Fasern bis 700. Bei Cuprofasern werden Werte von 400–600, bei Acetat nur von 200–300 erreicht.

Woher kommt die Zellulose

Die Zellulose ist eine weiße in Wasser unlösliche Substanz, die in Baumwolle und in Baumwoll-Linters, den unverspinnbaren Faserresten der Baumwollgewinnung, fast rein vorkommt. Für die hochwertigeren Cuprofilamente und die Kupferspinnfaser sowie für die Acetat- und Triacetatfasern und -Filamente dient fast ausschließlich Baumwoll-Linters als Rohstoff. Im Holz ist die Zellulose mit Lignin verkrustet, einer Substanz, die das Verholzen der Pflanzenzellen bewirkt und dem Holz Standfestigkeit und Härte verleiht. Buchen- oder Fichtenholz haben deshalb nur einen Anteil an reiner Zellulose von weniger als 6%. Etwa 3% des Holzeinschlags in Deutschland werden zur Herstellung des Chemiefaserzellstoffs verwendet. Um Zellulose aus Holz für Chemiefasern nach dem Viskoseverfahren zu gewinnen, werden Holzschnitzel in geeigneten Säuren oder Laugen gekocht, die die Begleitstoffe lösen, die Zellulose jedoch nicht angreifen. Da die Zellulose bei diesem Vorgang nicht ganz rein anfällt, nennt man das Ergebnis des Aufschließungsprozesses **Zellstoff.**

Bis zu 60000 Löcher: Die Düse

Ob naß oder trocken gesponnen, jede Chemiefaser erhält ihre Fadenform durch eine Düse, durch die die Lösung unter hohem Druck gepreßt wird. Eine Spinnmaschine hat bis zu 200 Spinnstellen, jede Spinnstelle eine Düse. Diese brauseartigen Düsen haben je nach Erfordernis einen Durchmesser von 1 bis 8 cm. Der Düsenboden zeigt eine große Anzahl allerfeinster Bohrlöcher, deren Anzahl je nach der Art und dem Einsatzgebiet der Chemiefaser bis zu 60000 bei Viskosespinnfasern mit einem Durchmesser von 0,06 bis 0,22 mm betragen kann. Düsen für endlose Chemieseiden haben oft nur wenige Bohrungen, solche für Heterofasern und Monofile sogar nur eine.

Eigenschaften aller Chemiefasern

Allein der Umstand, daß alle Chemiefasern vom Menschen entwickelt und fabrikatorisch erzeugt werden, vermittelt ihnen eine Reihe gemeinsamer Eigenschaften.

1. Kontinuierliche Entwicklung der Preise und der Produktion

Die produzierten Mengen an Chemiefasern können, da unabhängig von der Witterung, in größeren, ja mehrjährigen Zeiträumen im voraus überblickt werden. Auch die Preise sind stabil und ändern sich nur von Fall zu Fall in längeren Zeiträumen, während die natürlichen Rohstoffe bei wechselnder Produktionshöhe oft großen Marktpreisschwankungen ausgesetzt sind. Allerdings treten seit einigen Jahren aufgrund der mittlerweile sehr stark angewachsenen Herstellungskapazitäten bei sinkender Nachfrage Preisschwankungen auch bei Chemiefasern auf – jedoch ist es immer noch leichter möglich, Produktionskapazitäten zeitweise und teilweise stillzulegen, als bei plötzlich eintretendem Mehrbedarf kurzfristig neue zu schaffen.

2. Völlige Gleichmäßigkeit des Produkts

Die technische Herstellung der Chemiefasern kann genau überwacht werden. Selbst ein Zehntausende von Metern langer Faden aus Chemiefaserfilamenten ist in seiner ganzen Länge völlig gleichmäßig.

3. Anpassungsfähigkeit an bestimmte Verwendungszwecke

Die Chemiefasern können seidig glänzend oder matt, glatt oder gekräuselt, in beliebiger Stapellänge oder endlos und sogar nach der Art verschiedener Naturseidenarten mit Titerschwankungen (das heißt, mit wechselnder Fadendicke) gesponnen werden.

4. Ultraecht- oder Düsenfärbung

Die Chemiefasern können auch farbig hergestellt werden, indem man die Farbpigmente bereits der Spinnmasse zusetzt (Spinnfärbung). Diese Spinnfärbungen sind hervorragend licht- und waschecht.

5. Qualitätsgarantie bis zum Endverbraucher

Die Hersteller von Chemiefasern können über ihren Markenschutz eine Qualitätsgarantie durch Verarbeitungsvorschriften bis zum Endprodukt auch dem Verbraucher gegenüber geben.

Das Wichtigste – kurz zusammengefaßt

1. Die Chemiefasern bilden zwei große Gruppen. Die erste Gruppe umfaßt die klassischen Chemiefasern, die aus organischen Rohstoffen hergestellt werden (hierher zählen neben den Fasern auf Zellulosebasis auch die Proteinfasern, die der Wolle nahestehen und als Ausgangsmaterial Eiweiß verwenden). Bei diesen Fasern hat die Natur schon vorgearbeitet. Zur zweiten Gruppe gehören die Synthetics, die aus ganz einfachen anorganischen Rohstoffen zusammengefügt werden. Beiden Gruppen gemeinsam ist der den natürlichen Fasern nachgebildete Aufbau der Molekularstruktur: Viele Einzelmoleküle werden zu Molekülketten zusammengehängt. Die Kettenmoleküle sind die Voraussetzung für die Eignung eines Rohstoffs für Textilfasern.
2. Jedem Verarbeiter ist es heute völlig freigestellt, welche Fasern er verwenden will. Der Charakter des „Ersatzstoffes", der insbesondere den klassischen Chemiefasern in den Kriegs- und Notzeiten anhaftete, ist heute verschwunden. Alle natürlichen Rohstoffe und die vom Menschen geschaffenen Fasern konkurrieren miteinander am Markt und müssen ihre Daseinsberechtigung täglich neu durch ihre Eigenschaften, ihre Verwendungsmöglichkeiten und ihre Preiswürdigkeit beweisen.
3. Der Anteil der Chemiefasern am Weltverbrauch aller textilen Rohstoffe ist zwar ständig gestiegen; sie haben aber die natürlichen Rohstoffe nicht verdrängt, sondern nur ergänzt und erheblich dazu beigetragen, das textile Angebot zu bereichern. Ihre zum Teil neuen Eigenschaften haben gänzlich neue Verwendungszwecke geschaffen.
4. Die Chemiefasern werden bei der Herstellung in flüssige Form gebracht, durch Düsen gepreßt und in Faserform erhärtet. Dies geschieht im Naßspinnverfahren mit Hilfe eines Fällbades, im Trockenspinnverfahren mit Hilfe heißer Luft und im Schmelzspinnverfahren durch Erkalten.
5. Bei den klassischen Chemiefasern auf Zellulosebasis muß die Zellulose gelöst, in Fadenform überführt und dann wieder zurückgebildet werden. Das Viskose- und das Kupferverfahren ergeben „regenerierte", reine Zellulose, nach dem Acetatverfahren hingegen entsteht eine den Synthetics bereits ähnlichere Zelluloseverbindung. Für das Viskoseverfahren kann aus Holz oder anderen Pflanzen gewonnener Zellstoff verwendet werden, für das Kupfer- und Acetatverfahren nur Edelzellstoff oder Baumwoll-Linters.
6. Alle Chemiefasern haben eine stabile und überschaubare Entwicklung der Preise und Produktionsmengen, sind in völlig gleichmäßiger Qualität herzustellen, an bestimmte Verwendungszwecke anzupassen und bereits in der Spinnmasse besonders echt zu färben. Die Qualität der Erzeugnisse kann bis zum Verbraucher gesichert werden.

I. Chemiefasern nach dem Viskoseverfahren

Durch mechanische (Zerfasern) und chemische (Sulfidieren mit Schwefelkohlenstoff und Auflösung in schwacher Natronlauge) Behandlung gewinnt man aus dem Zellstoff eine zähflüssige Masse, die **Viskose,** die 50–80 Stunden lagern (reifen) muß, um die genau richtige Viskosität (Zähflüssigkeit) zu erhalten. Mit Hilfe von Pumpen wird die Spinnflüssigkeit durch die Düsen in ein Fällbad gedrückt. Im Fällbad erstarrt (koaguliert) die Spinnlösung zum festen Faden. Die aus dem Fällbad abgezogenen Einzelfäden können zu einem Gesamtfaden zusammengenommen (der dann so viele Einzelfäden aufweist, wie die benutzte Düse Löcher) und auf Spulen aufgewickelt werden. Dieses bei Endlosfäden anwendbare Verfahren hat den Nachteil, daß die Einzelfäden lose nebeneinander liegen und leicht beschädigt werden können (Spulenverfahren). Diesen Nachteil vermeidet das Zentrifugen- oder Topfspinnverfahren, bei dem der Gesamtfaden eine gewisse Drehung erhält und zu einem ringförmigen Fadenkranz („Spinnkuchen") geordnet wird. Der Topf nimmt auch eine größere Menge

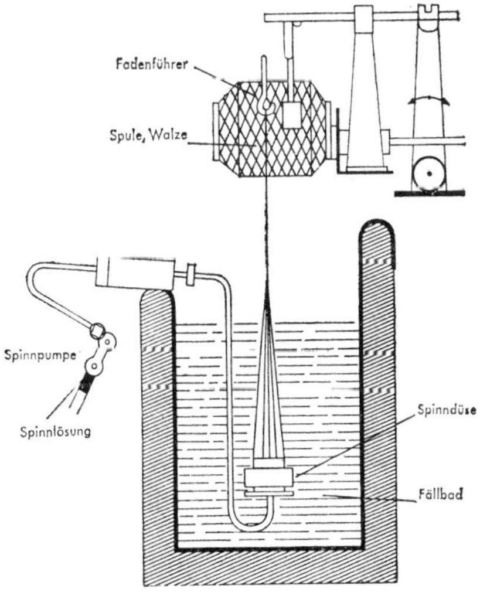

Abb. 39a: Schematische Darstellung des Spinnverfahrens für Viskosefilamentfasern („Spulenverfahren").

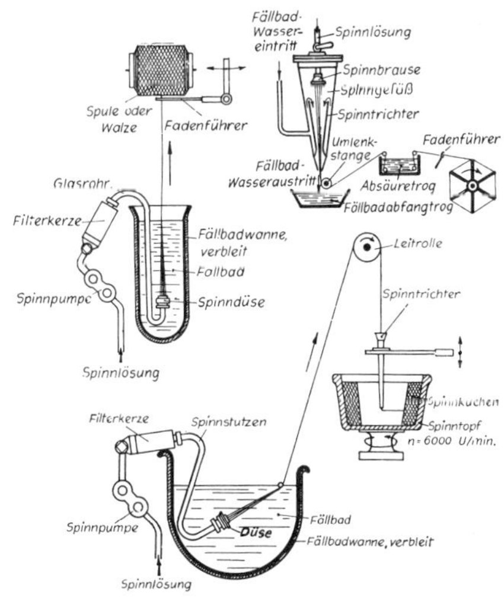

Abb. 39b: Schematische Darstellung des Zentrifugen- oder Topfspinn-Verfahrens für Viskosefilamentfasern.

auf; der „endlose" Faden muß nicht so oft zerteilt werden. Sofort nach dem Abziehen aus dem Fällbad müssen die Rückstände gründlich abgespült werden, da Zellulose empfindlich gegen Säure ist und zurückbleibende Säurereste das Gespinst schwach und mürbe werden ließe. Dabei kann der fertig gebildete Faden etwas verstreckt (bleibend gedehnt) werden. Man erreicht dadurch eine besonders in der Randzone der Faser wirksame Ordnung und Parallelorientierung der Kettenmoleküle und damit eine gewisse Steigerung der Festigkeit (Mantel). Im Faserkern sind die Moleküle verhältnismäßig ungeordnet.

Endlosfasern

Der Querschnitt der Einzelfäden und damit die Feinheit des „Einzeltiters" (Fadenstärke der Einzelfäden) beeinflußt die Weichheit, Geschmeidigkeit, Füllkraft und den Glanz des Endlosfadens, der so viele Einzelfäden enthält als die Düse Öffnungen hatte. Je feiner der Einzeltiter, desto geschmeidiger und fülliger ist der Gesamtfaden und desto milder ist die Glanzwirkung; allerdings sind Fäden mit besonders feinem Einzeltiter auch empfindlicher gegenüber mechanischen Beanspruchungen. Endlosviskose gehört mit einem Einzeltiter von 2,5–5,0 den zu den mittel- bis grobfädigen Chemiefaserfilamenten im Gegensatz zu Cuprofilamenten, die mit 1,25–2,6 den zu den feinfädigen zählen (Acetat: 3,0–4,0).
Bei einer Düsenbohrung von 0,05 mm würde sich natürlich ein viel groberer Einzelfaden ergeben, wenn nicht die Spinnlösung zum größten Teil aus Wasser bestünde. Nur ein kleiner Teil (bei einer 5prozentigen Spinnlösung nur der zwanzigste Teil!) bleibt als feste Substanz übrig. Dadurch, daß das Lösungsmittel ausgeschieden wird, ergeben sich für die verschiedenen Chemiefaserarten auch verschieden geformte Faserquerschnitte, die eine mikroskopische Unterscheidung der Faserarten möglich machen. Die Zellulose-Restsubstanz ergibt bei Endlos-Viskose eine bizarr gezackte Querschnittform, deren zackige Vertiefungen in der Draufsicht auf den ganzen Faden als streifige Längsrillen erscheinen. Cuprofilamente hingegen, die in noch plastischem Zustand verzogen (bleibend gedehnt) werden und dadurch einen feineren Einzeltiter erhalten, haben einen fast kreisrunden Querschnitt und sehen in der Draufsicht glasglatt aus. Die Spinnlösung von Acetatfasern hingegen ist höher konzentriert und ergibt einen grob gelappten Querschnitt. (Vgl. auch die Abb. 40–54 S. 90–94.)

Spinnmattierung

Der starke glasige oder metallische Glanz, der den Chemiefasern und insbesondere der Endlos-Viskose anhaftet, wird für verschiedene Verwendungs-

zwecke als störend empfunden. Ein Zusatz von Mattierungsmitteln, die Einlagerung feinverteilter Fremdstoffe (Titandioxyd, Bariumsulfat) in die Spinnmasse sorgt dafür, daß die nunmehr in ihrer Masse nicht mehr einheitliche Chemiefaser das darauffallende Licht zerstreut zurückwirft; sie erscheint dadurch matt. Unter dem Mikroskop sind die Mattierungsmittel als wahllos verteilte Pünktchen im Faserquerschnitt sichtbar. Die eingelagerten Fremdkörper allerdings stören den einheitlichen Aufbau des Zellengefüges. Mit der Spinnmattierung ist stets eine Minderung der Festigkeit der Faser verbunden.
Außerdem fördert das Mattierungsmittel Titandioxyd den Abbau der Zellulose bei andauernder Lichteinwirkung; deswegen darf titanmattierte Viskosefaser nicht für Gardinen verwendet werden.

Eigenschaften von Viskosefilamenten

1. Sehr anpassungsfähig und gut zu verarbeiten

Endlos-Viskose ist ohne Zwischenverarbeitung verwendbar, da Titer, Dehnung und Schrumpfung dem Verarbeitungsgebiet angepaßt werden können. Allerdings muß bei der Verarbeitung ein Überstrecken oder eine ungleiche Beanspruchung vermieden werden, weil ein Überdehnen zwar zu höherer Festigkeit und geringerer Dehnfähigkeit, aber auch zu einem unterschiedlichen Farbaufnahmevermögen und damit zu streifigem Warenausfall (Kettstreifen!) führt. Die überdehnten Garne werden dünner und glänzender, wodurch manchmal „Glanzschüsse" und „Kettspanner" entstehen. Ein Hinweis, wie genau und sorgfältig in der Chemiefaserindustrie gearbeitet werden muß!

2. Endlos-Viskose läßt sich gut kreppen und zwirnen

Im Gegensatz zu den Stapelfasern, die erst zum Garn gesponnen werden müssen, kommt der Drehung bei den endlosen Textilfäden keine garnbildende Aufgabe zu. Die Höhe der Drehung hat daher so gut wie keinen Einfluß auf die Garnstärke, sondern richtet sich ausschließlich nach dem Verwendungszweck. Kaum gedrehte Viskose-Endlosfäden sind sehr weich und geschmeidig und füllen gut, sind aber empfindlich in der Verarbeitung und im Gebrauch. Vor allem bei der Verwendung als **Kettmaterial** ist eine höhere Drehung (200–600 Drehungen je Meter) nötig. Überdrehte Garne erhalten als **Voilegarne** (600–1 200 Drehungen je Meter) einen harten, kernigen Griff und eine geschlossene Fadenstruktur, als **Kreppgarne** (1 300–2 500) sind sie zur Erzielung des Kreppeffekts im Gewebe genügend schrumpffähig und elastisch. Allerdings erleiden Filamente sowohl aus Viskose als auch aus Cupro bei hoher Kreppzwirnung durch die

Beanspruchung bei der Zwirnung einen Reißfestigkeitsverlust von etwa 30%. Viskose-Kreppgarne werden kaum noch verwendet; sie wurden weitgehend durch texturierte Polyesterfilamente ersetzt.

3. Viskosefilament ist die preiswerteste endlose Textilfaser

Da die Seidenweberei auf endlose und dabei sehr feine Kettfäden angewiesen ist, die oft an der Gewebeoberfläche gar nicht zu sehen sind, sichert allein der günstige Preis der Endlos-Viskose breite Verwendungsmöglichkeit. Der niedrige Preis ist auch maßgebend für ihre Verwendung in allen seidigen Geweben, bei denen es auf besondere Strapazierfähigkeit nicht so sehr ankommt, und für viele Konsumartikel wie Futterstoffe, Blusen-, Hemden-, Wäsche- und Kleiderstoffe sowie in der Wirkerei und Strickerei.

4. Weicher Fluß und geringe Knitterneigung

Gewebe und Gewirke aus Endlos-Viskose greifen sich weicher an und neigen weniger zum Knittern als pflanzliche Rohstoffe. Die geringere Knitterneigung kann durch Ausrüstungsmaßnahmen noch erhöht werden.

5. Endlos-Viskose hat eine geringe Naßfestigkeit und eine hohe Quellung

Die Neigung von Viskosefasern, im nassen Zustand stark zu quellen, führt zu geringer Naßfestigkeit, zu hoher plastischer Dehnung, aber auch zu guter Feuchtigkeits- und Farbaufnahme. Die Naßfestigkeit beträgt nur 55–65 % der Trockenfestigkeit. Da Endlos-Viskose eine die Faser umhüllende dichtere „Mantelzone" um den weniger dichten Faserkern aufweist, die runde, glatte Cuprofaser aber fast keinen Mantel, ist der Quellgrad bei Cuprofilamenten höher als bei Viskose. Dafür läßt sich Cupro mit bestimmten Farbstoffen besser anfärben. Manche Gewebe aus Endlos-Viskose (Moiré!) wegen der Quellneigung nur chemisch reinigen!

Mindestreißlängen guter Chemiefaserfilament-Qualitäten in Reißkilometern

	Endlos-Viskose	Cuprofilamente	Acetat
trocken	11,7	14,4	9,9–10,8
naß	4,5	7,2	5,4– 6,3

6. Glätte-, Glanz-, Wasch- und Bügeleigenschaften

Bei vielen Kleiderstoffen, besonders bei Futterstoffen, werden die Glätte und der Glanz von Viskosefilamenten als Vorzug empfunden. Es genügt, diese Erzeugnisse in Feinwaschmitteln handwarm bis heiß (höchstens bis

60 Grad Celsius) zu waschen; nicht reiben, wringen oder bürsten. Der Schmutz löst sich sehr leicht aus dem glatten Faserverband. Gewebe und Gewirke können mit ziemlich heißem Eisen (bis 140 °C) gebügelt werden.

Spinnfasern

Der Produktionsweg der Viskosespinnfaser ist der gleiche wie von Endlos-Viskose; erst bei der Spinndüse gabeln sich die Herstellungsmethoden. Düsen für Spinnfasern haben viel mehr Bohrungen als für Filamente, meist 1000–3000. Die aus dem Fällbad abgezogenen Fadenbündel können unmittelbar nach Verlassen des Fällbades in Stapel geschnitten und in der Flocke nachbehandelt werden, oder aber noch als endloses Fadenkabel nachbehandelt und erst vor dem Trocknen geschnitten werden. Das zweite Verfahren gewährleistet einen besseren Arbeitsfluß. Nach diesem Herstellungsgang könnte man annehmen, Viskosespinnfaser sei nichts anderes als in Stapel geschnittenes Filament. Das ist aber nicht so: Viskosespinnfaser ist vielmehr eine eigene selbständige Faserart, deren Eigenschaften nur insoweit den Eigenschaften von Endlos-Viskose ähnlich sind, als sie durch die gleiche chemische Substanz veranlaßt werden. Es ist unmöglich, eine für die verschiedenen Verwendungszwecke gleich gut geeignete Faser zu schaffen, die dann universal einsatzfähig wäre. Auch Baumwolle und Wolle haben ja spezifische Eigenschaften. Darum wurden B-Typen für ähnliche Verwendung wie Baumwolle und W-Typen, die der Wolle in vielen Punkten ähneln, geschaffen.

Ähnliches ist nicht dasselbe

Bei der **Stapellänge** beginnen die Unterschiede, und auch die **Feinheit** (der Einzeltiter) der Viskosespinnfaser muß der Verwendung nach Art der Wolle oder der Baumwolle angepaßt sein. B-Typen entsprechen mit ihrem feinen Einzeltiter (1,3–1,7 dtex) ägyptischen oder guten amerikanischen Baumwollsorten und werden mit Stapellängen von 28/32 mm oder 38/42 mm den verschiedenen Baumwollsorten angepaßt. Je grober der Einzeltiter, desto länger der Stapel der Viskosespinnfaser. Kernigen Griff geben den Erzeugnissen die **Grobtiter**-Sorten, die mit 2,4–3,1 dtex noch zu den B-Typen zählen. B-Typen können glänzend oder matt, rohweiß oder spinngefärbt sein.
Um die W-Typen in der Feinheit den gebräuchlichen Wollsorten anzugleichen, muß man sie von etwa 4,2–13 dtex herstellen. Gröbere Sorten geben einen rauheren, kernigeren und härteren Griff. Die Schnittlängen richten sich danach, ob die Faser im Streichgarn- oder im Kammgarnverfahren versponnen werden soll; für das Kammgarnverfahren wird ein

Stapel von 100–150 mm gewählt, für die Streichgarnspinnerei ein Stapel von 60–80 mm. Werden W-Typen rein, also nicht mit Wolle zusammen versponnen, mischt man verschiedene Stapellängen zusammen, um ein gleichmäßigeres Garn zu erzielen. Auch bei den W-Typen gibt es **Grobtiter-Sorten** mit einem Einzeltiter bis zu 50 den. Die Trockenfestigkeit der W-Typen liegt etwas unter der der B-Typen, ist aber immer noch höher als die der Schafwolle. Die Naßfestigkeit entspricht etwa der der Schafwolle. Der wollähnliche Griff der Textilien aus W-Typen wird durch eine **waschbeständige Kräuselung**, vor allem der Mantel/Kern-Typen, hervorgerufen. Eine hochgekräuselte, besonders wollähnliche Viskosespinnfaser ist z. B. **Sarille**.

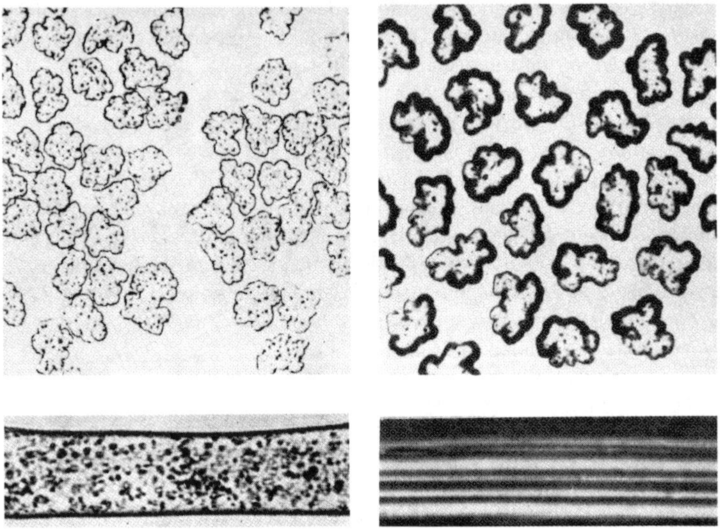

Abb. 40–43: Hochgekräuselte Viskose-Spinnfaser mattiert. Von links nach rechts: Oben: Querschnitt, Mantel/Kern-Aufnahme; darunter: Längsbild, Oberflächenabdruck. Die Faser hat einen ungleichmäßig starken Mantel.

Außer der Faserfeinheit und der durchschnittlichen Faserlänge lassen sich bei der Viskosespinnfaser der **Mattgrad** von glänzend bis tiefmatt, die **Oberflächenbeschaffenheit** und die Form des **Faserquerschnittes** verändern. Es gibt Spinnfasersorten mit Längsriefen ähnlich Endlos-Viskose, aber auch solche mit genarbter Oberfläche. Sogar die **Naßfestigkeit** läßt sich günstig beeinflussen.

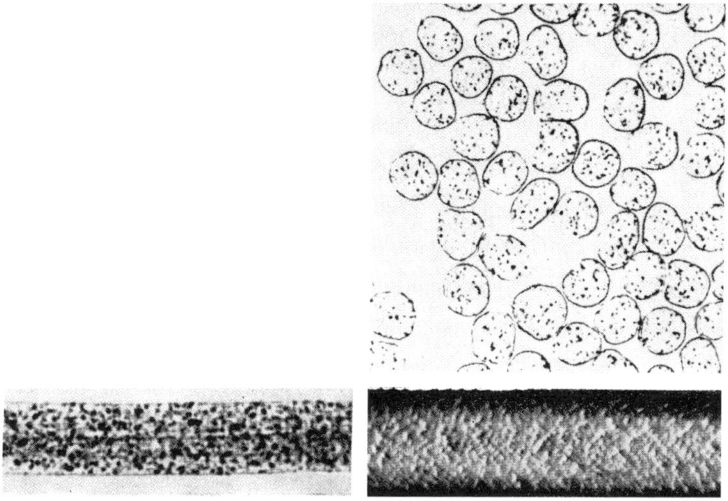

Abb. 44–46: Viskose-Spinnfaser, mantellose Rundfaser mattiert (Floxan). Oben: Querschnitt; unten links: Längsbild, rechts: Oberflächenabdruck. Bei den mattierten Fasern ist der eingelagerte Mattierungskörper als feinverteilte Pünktchen sichtbar. Der Oberflächenabdruck zeigt eine fein genarbte Oberfläche.

Teppich-Spezialfasern

Für die **Teppichindustrie** gibt es **Grobfasern** (Danuflor, Evlan und Darelle (flammfest) und das supergekräuselte Tapiflor), die auch für Möbelstoffe Verwendung finden und ihre besondere Bedeutung seit der Erfindung des Tufting-Teppichs (Nadelflor-Teppich) bekommen haben. Es sind mantellose Fasern (Vollmantelfasern) mit einer Schnittlänge von 80–200 mm mit rundem bis ovalem Querschnitt und meist unregelmäßiger Kräuselung, bei deren Herstellung auf eine langsamere, mildere Verfestigung der Faser geachtet wird. In der Regel handelt es sich bei Teppichgarnen um **Titermischungen**, die in bestimmtem Verhältnis grobe, mittelfeine und feine Sorten enthalten, wobei die feineren Fasern die Fülligkeit und die groben Fasern die Standfestigkeit der Flordecke erhöhen. Diese Titermischungen geben dem Teppichflor guten Stand und hohen Abnutzungswiderstand und helfen, eine gleichmäßige, geschlossene und füllige Flordecke zu erzielen.

Hochnaßfeste Typen

Durch grundlegende Änderung der Herstellungsbedingungen ist es geglückt, Viskosespinnfasertypen mit der doppelten Naßfestigkeit normaler

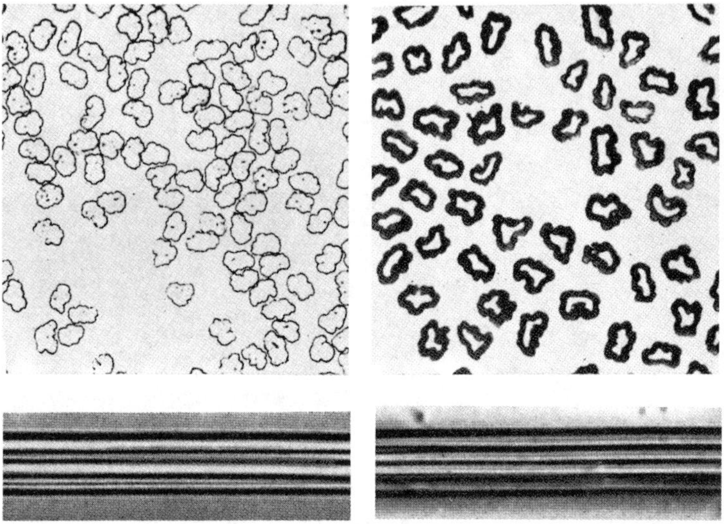

Abb. 47–50: Normale Viskose-Spinnfaser, glänzend. Von links nach rechts: Oben: Querschnitt, Mantel/Kern-Aufnahme; darunter: Längsbild, Oberflächenabdruck. Die Einkerbungen des Querschnitts erscheinen beim Längsbild als Linien, beim Oberflächenabdruck als Rillen.

Sorten zu entwickeln. Während die „Mantelfasern" eine dichte Außenhaut und nach innen zu ein lockeres Zellengefüge aufweisen, haben die hochnaßfesten Typen durch und durch die Struktur der „Haut". Zu dieser Gruppe zählen Duraflox und Danudur. Bei diesen Sorten wurde die verbesserte Naßfestigkeit ohne Nachteile, wie Verminderung der Biegeelastizität oder der Scheuerfestigkeit, zuwege gebracht.
Diese auch als **HT-Typen** („High tenacy fibres") bezeichneten verbesserten Viskosespinnfasern, die auch lt. TKG unter „Viskose" und nicht unter „Modal" einzugruppieren sind, wurden jedoch Mitte der Siebziger Jahre wegen ungenügender Schrumpffestigkeit und Formbeständigkeit durch die Modalfasern (HWM-Fasern und Polynosics) weitgehend abgelöst.

Flammenbeständige Viskosefasern

Schwer entflammbare Viskosefasern entstehen durch Einlagerung bestimmter Chemikalien, wobei es schwierig ist, hohe Widerstandsfähigkeit gegen Flammen mit der Verhinderung von Schmelztropfenbildung (wie auch bei den Polychloriden zu beobachten) und guter Waschbeständigkeit zu verbinden. Die schwer entflammbare Viskosefaser von Lenzing ist von

ihren physiologischen Eigenschaften her unbedenklich; die Feuchtigkeitsaufnahme ist gut. Die Faser kann mit anderen Chemiefasern, z. B. auf Acrylbasis, gemischt und zu Schutzbekleidung und im Dekorationssektor eingesetzt werden.
Die Herstellung der Faser erfolgt nach dem Prinzip der **Inkorporations-Technik**. Feinstgemahlene Flammschutzpigment-Partikel werden als wäßrige Suspension der Viskose unmittelbar vor dem Spinnprozeß zugeführt. Der Preis der Gewebe aus dieser Faser liegt etwa um 50% höher als der herkömmlicher Berufsbekleidungsstoffe, beträgt aber nur 75% des Preises der Baumwollstoffe, die mit permanent flammfest machenden Chemikalien nachträglich ausgerüstet werden.

Spezialspinnfasern für Glanzeffekte

Unter den Effektspinnfasern mit besonders hohem Glanz ist besonders die französische Faser **Moussbryl** zu nennen. Zur gleichen Gruppe gehören auch Jaryl und Velbryl, letztere im Kammgarnspinnverfahren versponnen und von milderem Griff. Der Querschnitt dieser glanzreichen Viskosespinnfasern ist flach, bändchenartig. Sie werden mit matten Fasern zusammen versponnen oder als Glanz-Stichelmaterial bei modischen Kleiderstoffen verwendet.

Eigenschaften der Viskosespinnfasern

1. Reinheit und Gleichmäßigkeit

Im Gegensatz zu den natürlichen Fasern ist die Viskosespinnfaser mit keinerlei störenden Beimengungen (Schalenreste usw.) bchaftot. Sie braucht vor dem Verspinnen keinem Reinigungsprozeß mehr unterworfen zu werden. Bleichen ist nicht notwendig, da Viskosespinnfaser in der Regel reinweiß anfällt. Mit ihrer Gleichmäßigkeit übertrifft sie sämtliche natürliche Stapelfasern; sie wird aus diesem Grunde in niedrigem Mischungsverhältnis manchem Baumwollgewebe beigemischt (bis zu einem Drittel Anteil), um einen gleichmäßigeren, feinen Warenausfall zu ermöglichen.

2. Anpassungsfähigkeit an den Verwendungszweck

Die verschiedenen Viskosespinnfasertypen wurden bereits ausführlich geschildert. Viskosespinnfaser kann auch als Trägerfaser minderwertigen Fasermischungen beigefügt werden. Je nach Wunsch erzeugt man matte oder glanzreiche Typen.

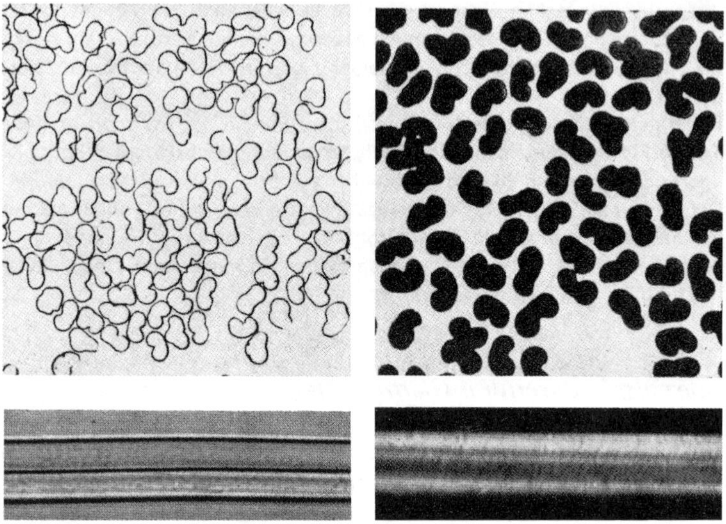

Abb. 51–54: Hochnaßfeste Viskose-Spinnfaser (Duraflox) glänzend. Vollmantelfaser. Von links nach rechts: Oben: Querschnitt, Mantel/Kern-Aufnahme; darunter: Längsbild, Oberflächenabdruck. Bei der Vollmantelfaser hat der gesamte Querschnitt die gleiche Struktur, so daß kein Kern in der Mantel/Kern-Aufnahme sichtbar wird.

3. Weichheit und Schmiegsamkeit

In ihrer Knitterarmut, die durch Hochveredlung noch verbessert werden kann, und in der Weichheit und Schmiegsamkeit übertrifft die Viskosespinnfaser die Baumwolle erheblich. Ihr gutes Saugvermögen erleichtert die Aufnahme von Kunstharzlösungen zur Verbesserung der Knitterfestigkeit von Kleiderstoffen.

4. Hervorragende färberische Eigenschaften

Viskosespinnfaser kann wie Baumwolle indanthren gefärbt werden. Daneben ist wie bei Endlos-Viskose Düsenfärbung möglich. Viskosespinnfaser nimmt wegen ihres hohen Quellvermögens und der damit verbundenen Saugfähigkeit viele Farbstoffe besonders willig auf. Kleiderstoffe daraus können nunmehr auch gut uni ausgefärbt werden.

5. Hohes Quellvermögen:

Geringe Naßfestigkeit, aber hervorragende hygienische Eigenschaften

Das hohe Quellvermögen der Viskosespinnfaser ist ein bemerkenswertes Beispiel dafür, daß es „gute" und „schlechte" Eigenschaften bei Textilrohstoffen nicht gibt, wohl aber verschiedene Auswirkung der gleichen Eigenschaft. So führt die Neigung der Zellwolle, in nassem Zustand stark zu quellen, zu guten färberischen Eigenschaften, aber sie bringt auch eine sehr niedrige Naßfestigkeit mit sich. Deswegen dürfen Artikel aus Viskosespinnfaser nicht mit rauher Hand gewaschen werden und für Textilien, deren Hauptbeanspruchung in der Wäsche liegt (z. B. Gläsertücher) sollte sie nicht verwendet werden. Andererseits ist die gute Saugfähigkeit der Grund für die günstigen hygienischen Eigenschaften der Viskosespinnfaser, die deswegen manchmal Geweben aus Synthetics beigemischt wird, um deren Feuchtigkeitsaufnahme und Schweißtransport zu verbessern.

II. Modalfasern

Laut TKG handelt es sich bei den Modalfasern um „regenerierte Zellulosefasern, hergestellt durch Verfahren, die eine hohe Festigkeit und einen hohen Elastizitätsmodul in nassem Zustand verleihen. Diese Fasern müssen in feuchtem Zustand eine Zugfestigkeit von 22,5 g/dtex aufweisen, wobei unter dieser Belastung die Dehnung nicht höher als 15 v. H. sein darf." – Diese Definition trifft auf die **Polynosischen Fasern** und auf die **HWM-Fasern** zu. Modalfasern sind somit nach dem Prinzip des Viskoseverfahrens hergestellte zellulosische Spinnfasern, die gegen Dehnung sowohl im nassen als auch im trockenen Zustand außerordentlich widerstandsfähig sind. Fertigerzeugnisse erhalten eine besonders gute Formbeständigkeit auch bei stärkerer Beanspruchung.
Vorläufer der beiden den Modalfasern zuzuordnenden Gruppen der **Polynosics** einerseits und der **HWM-Fasern** andererseits waren die hochnaßfesten Typen, die bereits über eine hohe Festigkeit in nassem Zustand verfügten und mit hohen Fadenlaufgeschwindigkeiten ohne das Risiko häufiger Fadenbrüche verarbeitbar waren. Fachleute behaupten, Modalfasern hätten den Weg frei gemacht für ein neues Zeitalter der klassischen Zellulosefasern. Denkt man nur an die spinntechnische Verarbeitung und an Bekleidungstextilien, ist an dieser Behauptung sicherlich viel Wahres. Ihren hohen Anteil bei der Fertigung von Textilverbundstoffen („non woven fabrics") werden aber die Viskose-Spinnfasern herkömmlicher Natur auch künftig noch Jahrzehnte behaupten können – und wäre es nur wegen ihres immer noch wesentlich günstigeren Preises. Ganz ohne Zweifel sind die Modalfasern bei dem in den Jahren 1969–71 eingetretenen Preisverfall im Vergleich zu den gestiegenen Herstellungskosten bei Normalviskosespinnfasern, der zur Aufgabe oder Einschränkung der Produktion bei einer ganzen Reihe ursprünglich marktwichtiger Hersteller geführt hat, kaum betroffen gewesen.

Die Modalfasern unterscheiden sich von den Zellulosefasern der 1. Generation durch eine feststellbar geänderte und in der Fertigware sich günstig auswirkende Struktur der Faser. Durch niedrige Konzentration der ungereiften Viskose, Zusatz von Modifizierungschemikalien, getrennte Bäder für Koagulation und Regenerieren, schließlich durch geringe Spinngeschwindigkeiten und stufenweises, starkes Verstrecken erreicht man, daß die hochnaßfesten, homogenen (also in sich gleichmäßig strukturierten) Fasern mit der dichten Struktur der „Haut" der Mantel-Kernfasern üblicher Art ihren hohen Polymerisationsgrad und ihre der Baumwolle sehr ähnlichen Eigenschaften erhalten.
Als Untergrenze für die Berechtigung der Eingliederung einer Viskosefaser in den Bereich der Modalfasern wird ein Polymerisationsgrad von 450 angesehen (normal 320–420); gute Sorten erreichen 650–700. Dies bedeutet eine Heranführung an die besten Eigenschaften der Baumwolle. Alle Modalfasern haben gegenüber der Baumwolle den Vorzug der Gleichmäßigkeit des Fasergutes, das einen eigenen Reinigungsprozeß vor dem eigentlichen Verspinnen nicht nötig hat, und somit eine leichte Verarbeitbarkeit.
Beiden Modalfasertypen gemeinsam ist der nicht gekerbte, sondern rundliche bis bohnen- oder nierenförmige Querschnitt. Der wesentliche Unterschied zwischen den Polynosischen Fasern und den HWM-Fasern liegt darin, daß die Polynosics wegen ihrer geringeren Dehnfähigkeit in naßem Zustand (=höherer Naßmodul) besser mercerisierfähig sind und einen kernigen Griff aufweisen, während den HWM-Fasern eine höhere Schlingen- und Biegefestigkeit eigen ist.

Polynose-Fasern

Die Polynosefasern haben als Vorbild die **Lilienfeldseide** (1926). Schon damals wurde zum ersten Mal bewiesen, daß starkes Verstrecken des Spinnkabels im Schwefelsäurebad zu hoher Naßfestigkeit führt. Woher der Name „Polynosics" stammt, ist umstritten; er könnte ebenso eine Abkürzung für „Polymères non synthétiques" („nichtsynthetische Textilfasern mit langen Kettenmolekülen") als auch für „polymer d'une glucose" sein. Denn der hohe Polymerisationsgrad kennzeichnet, wie oben dargelegt, die Modalfasern. Zum ersten Mal wohl in der Geschichte der Chemiefasern

Abb. 55: Internationales Kennzeichen für Polynosic-Fasern.

haben die Hersteller einer Faserklasse eine internationale Vereinigung gebildet, die eine gemeinsame Marke „Polynosic" mit dem Zeichen des fünffachen „P" geschaffen hat, das nur qualitätsüberprüften Fasern verliehen wird.
Alle Polynosefasern sind besonders zur Mischung mit Baumwolle geeignet. Es lassen sich Garne von hoher Gleichmäßigkeit spinnen; die Polynosefasern halten auch einer Mercerisier-Behandlung ohne bemerkbare Veränderung ihrer Eigenschaften stand und können Kunstharzausrüstungen erhalten. Sie sind beständig gegen alkalische Behandlung und sehr gut zu färben; Vergilbungsgefahr bei Wäsche mit optischen Aufhellern besteht nur in geringem Maße.

HWM-Fasern

Der Name HWM-Fasern ist abgeleitet aus „high-wet-modulus"-Fasern, was etwa bedeutet: Fasern mit hohem Elastizitätsmodul in nassem Zustand. Bei ihrer Herstellung stand der Reifencord-Spinnprozeß Pate. Sie unterscheiden sich von den Polynosefasern dadurch, daß ihre Alkalibeständigkeit niedriger, ihre Quellfestigkeit aber höher liegt. Dieser Umstand fördert ihre gemeinsame Verarbeitung mit Polyesterfasern, denn Mischungen mit diesen werden praktisch nie mercerisiert; andererseits ist die gegenüber den Polynosics höhere Bruchdehnung ebenso vorteilhaft für die gemeinsame Verarbeitung mit Polyester wie die gute Querfestigkeit, denn Polyesterfasern sind erstaunlich „harte" Fasern, und die Zumischfaser muß dieser Härte gewachsen sein, soll sie nicht bei Strapaziervorgängen Schaden leiden oder gar zerrieben werden. – Selbstverständlich sind beide Faserarten, sowohl Polynosics als auch HWM-Fasern, für sich allein und unvermischt einsatzfähig.

Eigenschaften der Modalfasern

1. Hohe Naßfestigkeit

Die hohe Naßfestigkeit ist verantwortlich für die hohe Formbeständigkeit der Erzeugnisse im nassen Zustand. Die Werte der Reißfestigkeit, der Schlingenfestigkeit (Elastizität) und der elastischen Erholung übertreffen diejenigen klassischer Zellulosefasern erheblich.

2. Gute färberische Eigenschaften

Die Fasern verlieren nach Behandlung mit härtbaren Harzen zur Verbesserung der Pflegeleichtigkeit nicht an Zähigkeit und Festigkeit; Kunstharzausrüstungen verlieren daher viel von ihrem Risiko, wobei obendrein der

Harzverbrauch bei gleichem Nutzeffekt relativ niedrig liegt. Die gute Feuchtigkeitsaufnahme macht Modalfasern frei von statischer Elektrizität.

3. Ähnlichkeit mit Baumwolle

Gute hygienische Eigenschaften, leichte Verarbeitbarkeit; bei reiner Verarbeitung sind Fertigerzeugnisse im Griff und Aussehen von Baumwollgeweben nicht ohne weiteres zu unterscheiden.

Bekannte **Erzeugnisse** sind:
Polynosics: Polynosic als Marke; **Zantrel** von Glanzstoff, **Vincel** von Courtaulds, **Polyflox** aus den USA, **Koplon** von Snia, **Airon PL.**
HMW-Fasern: Airon TK von Châtillon, **Hochmodul 333** von Lenzing, **Avril** (USA), **Prima** (Snia Viskosa), **Colvera Modal** (Glanzstoff).
Eine Sonderstellung nimmt **Medifil** (früher: Méryl) ein. Bei dieser Faser muß der ungewöhnlich feine Einzeltiter besonders hervorgehoben werden, der sogar die Werte der Naturseide unterbieten kann. Ein Multipolymerisat aus 50 % Acryl und 50 % Polynosics ist unter der Marke **Gwendacryl** bekannt geworden. Gwendacryl zählt nach TKG zu „Modacryl".

Das Wichtigste – kurz zusammengefaßt

1. Das Viskoseverfahren ermöglicht die Verwendung von Holz- und Pflanzenarten als Ausgangsmaterial, die in beliebiger Menge zu günstigem Preis zu erhalten sind und auch nach technisch ausgereifter Herstellungsmethode die preisgünstigste Chemiefaser liefern. Viskosefasern gibt es endlos (Filament) und als Spinnfaser. Die früher üblichen Bezeichnungen „Reyon" und „Zellwolle" sind nach TKG nicht mehr anwendbar.
2. Weichheit, Geschmeidigkeit, Füllkraft und Glanz der Endlos-Viskose werden durch die Feinheit des Einzelfadens beeinflußt. Je feiner der Einzelfaden (Einzeltiter), desto geschmeidiger und fülliger und desto milder im Glanz ist der aus allen Einzelfäden einer Spinndüse gebildete Gesamtfaden.
3. Durch geringere oder höhere Einlagerung von Fremdstoffen (Mattierungsmittel) in die Spinnlösung kann der Glanzcharakter von Viskosefilamenten von tiefmatt bis leicht glänzend abgewandelt werden, allerdings nicht ohne Verminderung der Festigkeit. Spinnmattierte Viskosefasern werden nach intensiver Sonnenbestrahlung leicht brüchig.
4. Endlos-Viskose ist ohne Zwischenverarbeitung verwendbar, darf aber bei der Verarbeitung nicht überstreckt werden, da sich sonst Glanz- oder Farbstreifen im Gewebe ergeben. Sie läßt sich gut (aber nicht ohne Festigkeitsverlust) kreppen und zwirnen, gibt dem Gewebe weichen Fluß

und ist weniger gegen Knittern anfällig als natürliche Pflanzenfasern. Bei geringer Naßfestigkeit und hoher Quellung läßt sich Endlos-Viskose gut färben, darf aber höchstens mit 60 Grad Celsius schonend gewaschen werden und erträgt Bügeltemperaturen bis 140 Grad Celsius. Auch Gewebe aus Viskosespinnfasern wäscht man höchstens 60 Grad Celsius warm und bügelt sie mit Regulierbügeleisen, Einstellung „Baumwolle", von der linken Seite.

5. Viskosespinnfasern können verschiedenartig hergestellt werden. Grundsätzlich zu unterscheiden sind die B- und W-Typen, die in ihren Eigenschaften und in ihrer Verspinnbarkeit der Baumwolle beziehungsweise der Wolle ähneln. Den W-Typen wird eine waschbeständige Kräuselung verliehen. Bei B- und W-Typen – beide sogenannte „Mantelfasern" – lassen sich der Mattgrad von tiefmatt bis glänzend, die Form des Faserquerschnitts und die Oberflächenbeschaffenheit sowie die Naßfestigkeit verändern und bestimmten Einsatzgebieten anpassen.
6. Zu den vielen Spezialsorten der Viskosespinnfasern gehören die mantellosen Grobfasern für Teppiche, die in Titermischungen versponnen werden und bei guter Scheuerfestigkeit einen standfesten und dichten Flor ergeben, und die hochnaßfesten Sorten. Die hochnaßfesten Viskosespinnfasern haben eine kompaktere Struktur, ohne die Biegeelastizität oder Scheuerfestigkeit zu verlieren. Glanzeffektfasern, wie Moussbryl, haben einen bändchenartigen Querschnitt und können auch für glänzende Sticheleffekte verwendet werden.
7. Viskosespinnfaser ist den natürlichen Rohstoffen in der Reinheit und Gleichmäßigkeit überlegen, ist an die verschiedensten Verwendungszwecke schon während der Faserherstellung anzupassen und kann minderwertigen Fasermischungen als Trägerfaser beigemischt werden.
8. Die Weichheit, Schmiegsamkeit und geringe Knitterneigung können durch die Hochveredlung verbessert werden. Bei guten färberischen Eigenschaften (Möglichkeit der Düsenfärbung) auf Grund des hohen Quellvermögens sind auch die durch die hohe Saugfähigkeit hervorgerufenen guten hygienischen Eigenschaften zu erwähnen, allerdings auf Kosten geringer Naßfestigkeit.
9. Modal-Fasern sind hochnaßfeste Viskosespezialfasern mit hohem Polymerisationsgrad, also besonders langen Kettenmolekülen, deren Eigenschaften denen der Baumwolle eng verwandt sind: gute Biegeelastizität, Schlingen- und Scheuerfestigkeit, geringeres Quellvermögen, gute Formbeständigkeit, teilweise feiner Einzeltiter. Sie sind gut zu färben, mit wenig Mühe zu bügeln, mit Natur- und Chemiefasern mischbar und pflegeleicht auszurüsten. Die baumwollähnlichen Modalfasern unterteilt man in Polynosics mit besonders hoher Laugenbeständigkeit, die das Mercerisieren erlaubt, und HWM-Fasern mit hoher Bruchdehnung und Querfestigkeit. Polynosics werden gerne mit Baumwolle, HWM-Fasern mit Polyester zusammen verarbeitet.

III. Chemiefasern nach dem Kupferverfahren

Cupro ist unter den klassischen Chemiefaserfilamenten die edelste und vor allem die feinste. Ihre Herstellung ist gegenüber dem Viskoseverfahren chemisch ausgesprochen simpel. Jeder Textilschüler weiß, daß er durch Übergießen von Kupferspänen mit Ammoniak (Salmiakgeist) eine sogenannte „Cuoxamlösung" selbst herstellen kann, in der sich die Baumwollfaser schnell löst. Damit haben wir bereits das Prinzip des Kupferverfahrens: Man vermengt Baumwoll-Linters (oder Edelzellstoff) innig mit Kupferhydroxyd und löst die dadurch entstandene **Blaumasse** mit Ammoniak auf. Es entsteht eine tiefblaue, zähflüssige Lösung, die nur gefiltert wird und sogleich der Spinnmaschine zugeführt werden kann. Als Spinnbad benutzt man Wasser, das der Spinnflüssigkeit das Lösungsmittel Kupferoxydammoniak entzieht. Man trachtet danach, daß das durchfließende Wasser der Spinnlösung nur ganz langsam das Lösungsmittel entzieht und sich die werdende Faser nur ganz allmählich verfestigt. Der Faden bleibt zunächst gelatineartig plastisch, so daß im Streckspinnverfahren die noch verformbare Masse wie ein Gummiband gedehnt werden kann und dadurch erheblich feiner wird. Das Verstrecken sorgt nicht nur für feineren

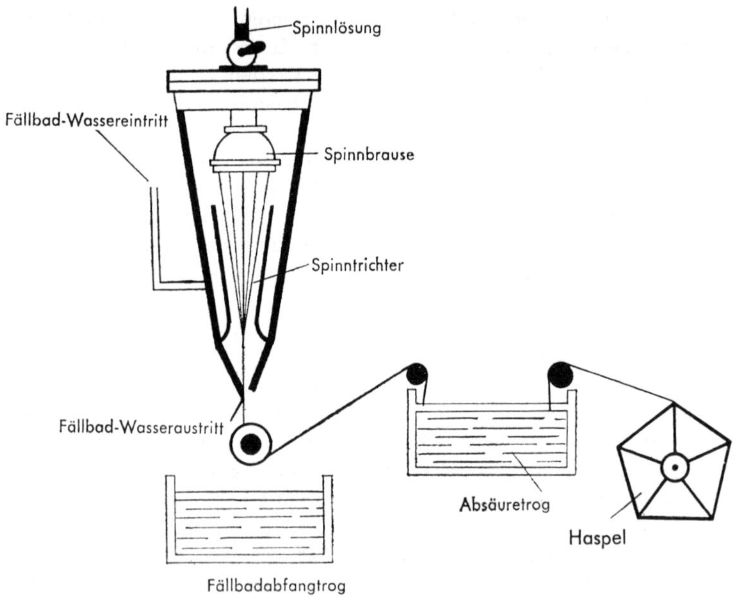

Abb. 56: Kupferverfahren: Schematische Darstellung des „Naßstreckspinnens". – Anstelle der Haspel werden heute mehr „Spinntöpfe" (Zentrifugenspinnverfahren) verwendet.

Einzeltiter (bis zu einem Hundertstel des Düsenquerschnitts), sondern legt auch die Kettenmoleküle schön parallel in die Faser, was der Festigkeit der Faser zugute kommt. – Mengenmäßig spielen diese Fasern nur mehr eine sehr untergeordnete Rolle; sie werden in der Bundesrepublik Deutschland nicht mehr hergestellt. Auch das Kupferverfahren erlaubt den Zusatz von Farbstoffen in die Spinnlösung und damit die Düsenfärbung. Nach dem das Spinngut nach dem Streckspinnverfahren noch einige Reinigungsprozesse durchgemacht hat, trennen sich die Wege zur Herstellung von Cuprofilamenten und Cuprospinnfaser.
Mit einem Einzeltiter von 1,25–1,6 den, für Kreppgarne und Spezialzwecke sogar mit einem Einzeltiter von nur 0,8 bildet das Kupferverfahren die feinste Chemiefaser überhaupt, mit einer Reißfestigkeit von trocken 15, naß etwa 7 Reißkilometern auch die festeste unter den klassischen Chemiefasern.
Die mantellosen Cuprofilamente und -Spinnfasern haben im Vergleich zur Viskosefaser einen noch höheren Quellwert und noch bessere Aufnahmefähigkeit für bestimmte Farben.

Cupro endlos

Cupro endlos ist der Naturseide im Aussehen ähnlicher als Viskose endlos und kann sogar feiner als Naturseide hergestellt werden. Ihr hervorstechendster Vorzug ist die gute Waschbarkeit; Erzeugnisse aus Cupro endlos können bis 40 Grad Celsius mit Feinwaschmitteln gewaschen werden; in nassem Zustand nicht zerren, reiben, bürsten oder wringen! Die Gewebe und Gewirke müssen vor dem Bügeln leicht angefeuchtet werden; mäßig warmes Eisen verwenden.
Wie Viskose endlos kann Cupro endlos spinnmattiert und mit normalen Baumwollfarben indanthren gefärbt werden. Cupro endlos hat zwei ihrer wesentlichsten Einsatzgebiete verloren, als man daran ging, Damenfeinstrümpfe nicht mehr aus Cupro-Filamenten, sondern aus Perlon oder Nylon und Gardinenstoffe aus den Polyesterfasern Diolen und Trevira herzustellen.

Eigenschaften der Cupro-Filamente

1. Hohe Feinheit

Die Cupro-Filamente können von allen endlosen Chemiefasern am feinsten ausgesponnen werden. Sie ist die Chemiefaser mit dem feinsten Einzeltiter, der sogar den Einzeltiter der Naturseide unterbietet. Daher stellt man besonders feine Gewebe (Chiffon) gern aus Cupro endlos her.

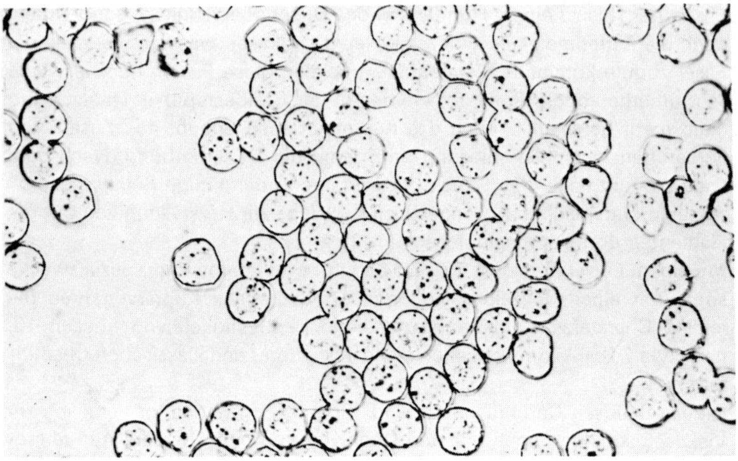

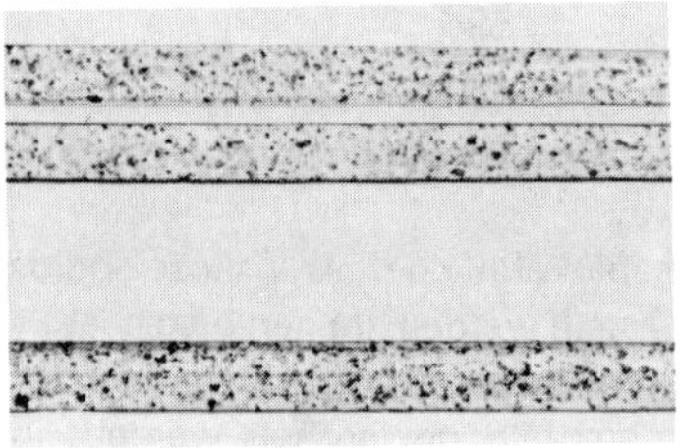

Abb. 57 und 58: Querschnitt und Längsbild von Cupro endlos (Cupresa). Vergrößerung 500fach.

2. Besonders naßfest und gut zu waschen

Cupro endlos ist die naßfesteste aller klassischen Chemiefaserfilamente. Für seidige Wäschestoffe (Toile, Lavabel) und Kettenwirkwaren für Wäsche (Charmeuse) wurde früher häufig als Material Cupro-Filamente gewählt. Auch bei Krawattenstoffen und Schirmstoffen wird Cupro endlos wegen seiner Naßfestigkeit und Feinheit gern verwendet.

3. Seidenähnlich glänzend

Der gedämpfte Glanz der Cupro-Filamente kommt der Naturseidenwirkung am nächsten. Cupro endlos läßt sich aber nicht so gut kreppen wie Endlos-Viskose.

Kupferspinnfaser

Die Kupferspinnfaser gehört zu den wolligen Chemiespinnfasern; der wollige Charakter wird durch eine merinoartige Kräuselung unterstrichen. Der Glanz der Kupferspinnfaser kann feinen Merinosorten angepaßt werden, es gibt aber auch Typen mit der starken Glanzwirkung des Mohair. Gewebe und Gewirke aus Kupferspinnfasern haben einen angenehmen, fülligen und wolligen Griff.
Für Unterwäsche, Feintrikotagen, Strümpfe und Teppiche kann die Haltbarkeit von Cupro-Spinnfaser durch gemeinsames Verspinnen mit Polyamid erhöht werden. Spezialtypen von Cupro-Spinnfasern für die Teppichherstellung können auch Haargarncharakter erhalten.
Für Kleiderstoffe kann Cupro-Spinnfaser nicht nur mit Wolle, sondern mit gutem Erfolg auch mit Acryl gemischt werden.

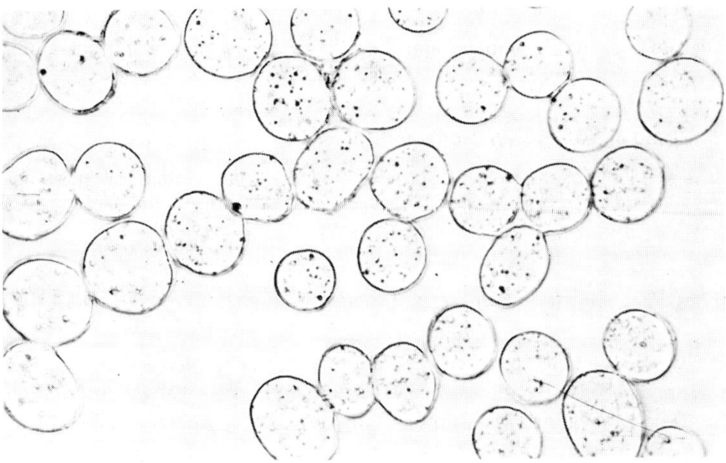

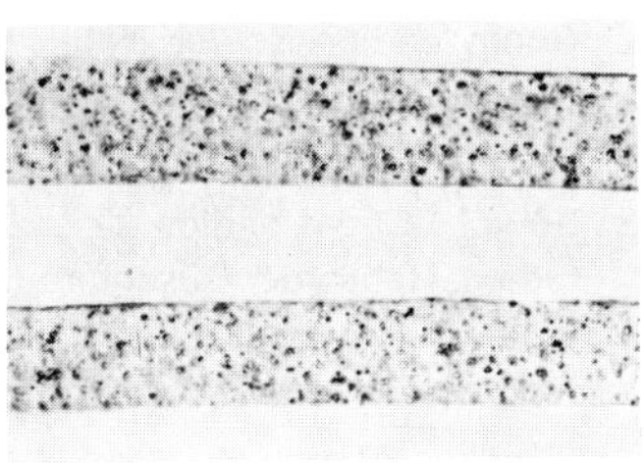

Abb. 59 und 60: Querschnitt und Längsaufnahme von Kupferspinnfasern (Cuprama), spinnmattiert. Der größere Einzeltiter gegenüber Cupro endlos ist deutlich zu sehen, da die gleiche Vergrößerung (500fach) gewählt wurde.

Eigenschaften der Kupferspinnfaser

1. Hohe Wollähnlichkeit

Die Kupferspinnfaser ist mit ihrem weichen, wolligen Griff die wollähnlichste Chemiefasertype. Die waschfeste, merinoartige Kräuselung gibt den Bekleidungsstücken und Schlafdecken aus Cupro-Spinnfaser ein gutes Wärmerückhaltevermögen.

2. Naßfest und gut zu waschen

Die Kupferspinnfaser ist die naßfesteste Chemiespinnfaser auf Zellulosebasis. Man wählt gegenüber Cupro endlos wesentlich grobere Einzeltiter.

3. Gut zu verarbeiten

Mit ihrer narbigen Oberflächenstruktur ist Cupro-Spinnfaser gut zu verspinnen.

4. Geringe Knitterneigung

Die geringe Knitterneigung kann durch Hochveredlung günstig beeinflußt werden.

5. Wenig anfällig gegen Mottenfraß

Wie alle Zellulosefasern ist Cupro-Spinnfaser gegen Mottenfraß kaum anfällig.

Das Wichtigste – kurz zusammengefaßt

1. Für die Herstellung von Chemiefasern nach dem Kupferverfahren müssen hochwertiger Edelzellstoff oder Baumwoll-Linters verwendet werden. Der höhere Preis der Cupro-Filamente und der Kupferspinnfaser wird gerechtfertigt durch die Möglichkeit der Erzielung feinster Einzeltiter und durch die hohe Naßfestigkeit.
2. Cupro endlos ist der Naturseide durch ihren matten Glanz und ihre Geschmeidigkeit ähnlicher als Viskose endlos. Sie läßt sich allerdings nicht so gut kreppen wie Viskosefilamente.
3. Sowohl Cupro endlos als auch Kupferspinnfaser lassen sich sehr gut färben. Neben der Düsenfärbung ist auch Indanthrenfärbung mit Baumwollfarben möglich. Beide haben allerdings nur mehr geringe Bedeutung und werden in der Bundesrepublik Deutschland nicht mehr hergestellt.

4. Die Kupferspinnfaser ist mit ihrem wollähnlichen Glanz, ihrer merinoartigen, waschfesten Kräuselung und ihrer narbigen Oberflächenstruktur besonders wollähnlich. Die Haltbarkeit kann durch Polyamidbeimischung entscheidend erhöht werden. In Grobtitern gibt es Spezialtypen für Teppiche.
5. Bei Kleiderstoffen und Schlafdecken werden das gute Wärmerückhaltevermögen und die geringe Anfälligkeit gegen Mottenfraß als Vorteil empfunden, ebenso die Unempfindlichkeit gegen Knittern, die durch Hochveredlung noch erhöht werden kann.

Zu den klassischen Chemiefasern zählen auch die Proteinfasern, die wegen ihrer wollähnlichen Struktur und der Möglichkeit der Herstellung aus tierischem Eiweiß zusammen mit den tierischen Rohstoffen behandelt werden, und die Acetat- und Triacetatfasern, die wegen ihrer Ähnlichkeit mit den Synthetics eine eigene Gruppe bilden.

Die tierischen Faserstoffe

Zu den Fasern tierischer Herkunft zählen:

1. Spinnfasern mit kurzem Stapel, die versponnen werden müssen

   a) Schafwolle,

   b) Tierhaare von anderen Tieren als dem Schaf,

   c) Regenerate (Reißwollen),

   d) Chemiefasern (Eiweißfasern, Proteinfasern).

2. Endlose Fasern (nur die Naturseide) und ihre Abfallprodukte.

Sowohl die Wolle als auch die Naturseide haben, wie die Zellulosefasern, wieder einen gemeinsamen Baustoff, eine unseren Fingernägeln oder den Pferdehufen nicht unähnliche Hornsubstanz. Auch Naturseide und tierische Stapelfasern zählen, chemisch gesehen, zu den Proteinfasern, wenn man sie auch gemeinhin nicht so zu bezeichnen pflegt. Denn die tierischen Fasern stellen eine Verbindung oder ein Gemenge verschiedener Eiweißarten dar. Der Baustoff der Wolle ist das **Keratin,** der der Naturseide das **Fibroin.** Die chemisch geschaffenen Proteinfasern, deren Bedeutung nicht groß ist, passen zwar nicht recht in unsere Systematik, aber ihr Baustoff Eiweiß wurde zunächst aus der Milch und damit aus einer tierischen Substanz gewonnen, und die Eigenschaften der chemisch geschaffenen Proteinfasern liegen nahe bei denen der Wolle.

Während die Wollen und Tierhaare aus mehreren verschiedenen Schichten aufgebaut sind, also keine in sich gleichmäßige chemische Substanz darstellen, ist die Naturseide gleichförmig („homogen") und äußerlich glatt. Eine aus verschiedenen Schichten aufgebaute, also uneinheitliche, Faser nennt man auch „organisierte" Faser.

Sowohl die tierischen Stapelfasern, also das Haarkleid der Tiere, als auch die Naturseide waren die Hauptvorbilder für die Schaffung chemischer Fasern, und darum müssen wir uns mit ihren Eigenschaften und ihren Besonderheiten eingehend befassen, um später prüfen zu können, inwieweit die Gebrauchsvorzüge dieser natürlichen Fasern tierischer Herkunft von Synthesefasern erreicht oder gar übertroffen worden sind.

Tierische Stapelfasern

Die tierischen Stapelfasern weisen hinsichtlich ihrer Verspinnbarkeit große Unterschiede auf, die zu folgender Einteilung führen:

1. **Wollen.** Sie stellen den größten Anteil der textil verwendbaren Tierhaare und sind relativ stark gekräuselt, fein, schmiegsam und besonders lang. – Nur die „Fasern" vom Fell des Schafes (Ovis aries) dürfen laut TKG ohne Zusatz als „Wolle" bezeichnet werden.

2. **Tierhaare.** So bezeichnet man die wenig oder gar nicht gewellten und und relativ dicken Fasern, die meist stark glänzen. Sie zu verspinnen ist nicht ganz einfach, sie ergeben ein dickes Garn und werden vor allem für Teppiche und für Einlagestoffe (Roßhaar!) verwendet.

Nach dem TKG dürfen die Haare von Alpaka, Lama, Kamel, Kaschmirziege, Mohair, Angorakanin, Vikunja, Yak und Guanako mit oder ohne den Zusatz „Wolle" oder „Haar" mit diesen (Tier-)Namen gekennzeichnet werden. Diese sehr feinen, hochwertigen und auch recht teuren Tierhaare werden neuerdings unter dem Begriff **„Edelhaare"** zusammengefaßt. Haare von anderen als den genannten Tiere und des Schafes müssen als „Haar" mit oder ohne Angabe der Tiergattung (z. B. „Rinderhaar", „Hausziegenhaar") gekennzeichnet werden.

3. **Borsten.** Die zumeist von Schweinen und Wildschweinen stammenden kurzen, steifen und stark glänzenden Borsten sind überhaupt nicht verspinnbar und werden für Bürsten, Besen und als Nähmaterial in der Sattlerei verwendet.

I. Die Schafwolle

Da das Schaf der Hauptlieferant der tierischen Wolle ist, wird hier wie auch im TKG unter „Wolle" stets die Schafwolle verstanden. In kälteren Gebieten hat der Mensch wohl schon in vorgeschichtlicher Zeit versucht, seinen Korper durch Tierfelle vor Kälte zu schützen. Die Felle wurden später durch Zuschneiden und Zusammennähen der menschlichen Gestalt besser angepaßt. Bevor man wohl daran ging, aus den losen Tierhaaren durch Verspinnen eine der menschlichen Figur noch genauer angepaßte Kleidung zu schaffen, wurden die Wollhaare durch Verfilzen zu einer zusammenhängenden Masse geformt. Die Verwendung der Wolle für menschliche Bekleidung lag auf der Hand, da ja die Wolle von Natur aus dem tierischen Körper als „Bekleidung" diente und für menschliche Zwecke geradezu vorbestimmt schien. Jedenfalls wurde bereits nach der Bronzezeit Wolle versponnen und verwebt; die zum Rauhen der Wolle 1000 Jahre vor unserer

Zeitrechnung gebrauchte Kardendistel konnte erst in diesem Jahrhundert durch neue technische Hilfsmittel ersetzt werden. Zur Verdichtung der Wollgewebe wurde damals schon gewalkt, so daß die Stoffe auf die Hälfte der ursprünglichen Ausdehnung zusammenschrumpften und sehr dicht wurden. Die Behauptung römischer Schriftsteller, bei den alten Germanen seien die Felle die bevorzugte oder gar ausschließliche Bekleidung gewesen, ist unrichtig. Darüber hinaus werden wir noch manche andere, weit verbreitete, aber dennoch falsche Vorstellungen über die Wolle zu berichtigen haben.
Die „Barbaren" waren durchaus nicht so unzivilisiert. In Germanien war die Technik der Wollweberei bereits vor der Eroberung durch die Römer hoch entwickelt, und man kannte sogar Gewebe mit teils rechts-, teils links gedrehten Garnen, die eine besondere Elastizität aufwiesen. Im Mittelalter war die Wollweberei der ausgedehnteste Zweig der textilen Manufaktur, streng zunftgemäß organisiert und arbeitsteilig. Während des 16. Jahrhunderts geriet das Wollgewerbe wegen unredlicher Verarbeitungskniffe in Mißkredit und verfiel; der von der englischen Tuchindustrie erreichte Vorsprung konnte erst nach dem 17. Jahrhundert von Deutschland wieder aufgeholt werden. Noch in unserem 20. Jahrhundert war es teilweise notwendig, in Aachen hergestellte Tuche nach England zu exportieren, wo sie mit einem Plättstempel versehen wurden und als „Original englische Ware" wieder nach Deutschland zurückkamen.
Der durch die Dampfschiffahrt verbilligte und sicherer gewordene Verkehr schloß die außereuropäischen Rohstoffländer an die großen europäischen Märkte an und gestattete den überseeischen Schafzuchtländern eine systematische Schafzucht. Noch heute wird auf der nördlichen Halbkugel weit mehr Wolle verbraucht und weit weniger Wolle erzeugt als auf der Südhalbkugel.

Wollarten und Schafrassen

Die verschiedenen Wollarten unterscheiden sich in Bezug auf Länge, Dicke, Glanz und Kräuselung. Diese Eigentümlichkeiten stehen untereinander in straffem Zusammenhang: Matte, stark gekräuselte Wollen sind gleichzeitig fein und relativ kurz, während glanzreiche Wollen glatt, wenig gekräuselt und länger sind. Dabei ist die Rasse der Schafe, von der die einzelnen Wollarten stammen, für die Ausbildung dieser Eigenschaften nicht allein entscheidend; das Klima, in dem das Schaf lebt, bestimmt die Eigenschaften der Wolle in hohem Umfang mit, und die Wolle kann sich stark verändern, wenn man das Schaf einem Klima aussetzt, das vom heimatlichen abweicht. Darum hat es auch nicht viel Sinn, die Wolltypen nach Schafrassen zu klassifizieren. Gerade die Schafrassen der überseeischen Länder wurden zum Teil auf erhöhte „Wollproduktion", dann auf höheren Fleischertrag

(Lincolnschaf) und dann wieder zurück zur besseren Wollerzeugung (Comebackschaf) gekreuzt und gezüchtet. Jedoch haben sich die Ausdrücke „Merinowolle" und „Cheviotwolle", die von entsprechenden Schafrassen stammen, für bestimmte Wollsorten im textilen Sprachgebrauch eingebürgert. Der Name „Crossbredwolle" (Kreuzzuchtwolle) stammt von Schafrassen, die durch Kreuzung von Lincolnböcken mit Merinoschafen gezüchtet wurden. Die Eigenschaften der ursprünglich vom Crossbredschaf gewonnenen Wollen standen zwischen denen von Merino- und Cheviotwolle. Der Name wurde für diese Zwischensorten beibehalten, obwohl heute die wohl größere Menge der Crossbredwollen von reinrassigen Schafen stammt. Es ist also zu unterscheiden zwischen Crossbred**schafen** und Crossbred**wollen.** In Südamerika entsprechen die **Corriedale**-Kreuzzuchtrassen den australischen Crossbredschafen.

Hatte die Kreuzung zum Crossbredschaf dem Mehrverbrauch mittelkräftiger Wollen folgend zum Ziel, solche Sorten auf größeren Tieren, die bei einer Schur mehr Wolle lieferten, zu züchten, strebte man fortan bei neuen Kreuzungsversuchen bei Erhaltung hoher „Wollproduktion" je Schaf wiederum feinere, stark gekräuselte und dem Merinotyp ähnliche Wollsorten an. Ergebnis: **Comeback-Schaf.** Es liefert Wollen in B- und C-Feinheiten, während die Wollen der Crossbredschafe D-Feinheiten und Cheviotschafe die noch gröberen Sorten liefern. A-Wollen kommen vom Merinoschaf. Durch Rückkreuzung von crossbredartigen, russischen Schafrassen in Richtung Merinoschaf wurden neue Rassen gewonnen, die Wollen im Charakter mittlerer Merinoqualitäten liefern, die als **Metis-Wolle** bezeichnet werden.

Die Bezeichnung der Wollen, wie wir anschließend bei der Klassifizierung noch sehen werden, stimmt nicht oder nur ungefähr mit den Namen der Schafe, von denen sie stammen, überein.

Die im Wollhandel vorkommenden Wollsorten werden eingeteilt in Merinowollen, grobe Teppichwollen und eine Zwischenkategorie, die unter der Bezeichnung „Crossbredwollen" alle Wollen umfaßt, die zwischen diesen beiden Klassen liegen.

1. **Merinowollen,** kürzere (36–150 mm lange), stark gekräuselte, weiche, feine und relativ glanzarme Wollen von hervorragender Gleichmäßigkeit und Elastizität (Feinwollen).
2. **Cheviotwollen,** von Langwollschafen mit langer (170–350 mm) Wolle, die nur mäßig gekräuselt, sehr glanzreich und wenig geschuppt ist. Diese Wollen eignen sich für die Streichgarnspinnerei und für glatte, harte und kräftige Kammgarnartikel („Schlicht"- oder „Glanzwolle").
3. **Crossbredwollen** liegen in den Eigenschaften zwischen den beiden Extremen Cheviot und Merino und stellen den weitaus größten Teil der verarbeiteten Wollen. Sie können in ihren Eigenschaften der Merino- oder der Cheviotwolle nahestehen.

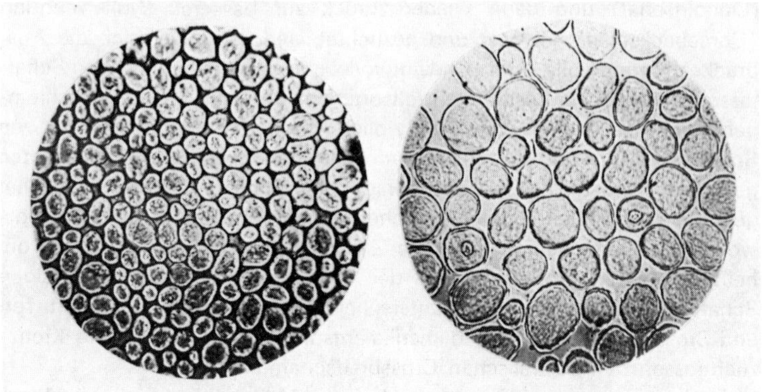

Abb. 61: Merinowolle (links) und Kreuzzuchtwolle (rechts) im Querschnitt unter dem Mikroskop. In zwei Kreuzzuchtfasern kann man den Markkanal sehen.

In den großen Schafzuchtgebieten ist man heute bestrebt, nicht eine Vielzahl von verschiedenen Rassen zu züchten, sondern möglichst große Herden mit gleichartigen, bewährten Rassen.

Wollklassifizierung

Wenn es im Wollhandel um die Bestimmung des Handelswertes bestimmter Wollsorten geht, genügt die bisher angegebene recht grobe Einteilung nicht mehr. Der Textilkaufmann, der die allgemeine Tendenz auf den Rohstoffmärkten in der Presse verfolgen will, muß die im Wollhandel üblichen wichtigen Bezeichnungen kennen. Übrigens bietet die Verfolgung der monatlichen Durchschnittspreise für die Dominionwollen den besten Anhaltspunkt, um die Preisentwicklung auf dem Wollmarkt zu erkennen. Diese Notierungen nennen Durchschnittspreise für repräsentative Wollprovenienzen und Wolltypen. Als „**Provenienz**" bezeichnet man die geographische Herkunft einer Wolle, die dem Fachmann eine Summe verschiedener Eigenheiten offenbart. Unter einer bestimmten **Wolltype** werden Wollen zusammengefaßt, die in Feinheit, Länge, Kräuselung und im Glanz gleich sind. Dabei ist die Feinheit das wichtigste Unterscheidungsmerkmal, das über den Handelswert der Wolle entscheidet. Allen Naturprodukten haftet eine gewisse Ungleichmäßigkeit an. Stärkere Unterschiede im Rohmaterial würden sich auch auf das fertige Gewebe auswirken, und darum muß das Netz der Typen recht fein gesponnen sein. Zur einwandfreien Bestimmung der Wolltypen nimmt man Geräte zu Hilfe, die entweder auf dem Zusammenhang von Haarfeinheit und Kräuselung (auf 26 mm Länge) beruhen oder

auf mikroskopischem Wege nach dem Prinzip optischer Entfernungsmesser (wie z. B. bei Fotoapparaten) die Haardicke ermitteln.
Der Verkauf von Wolle erfolgt in Deutschland nach Typenbezeichnungen, für die sich die großen Buchstaben A bis F eingebürgert haben. Diese Buchstaben werden im Stoffhandel oft zur Kennzeichnung der Güte von Geweben herangezogen, und deswegen sollte sie jeder Textilkaufmann kennen. Leider treten diese Buchstaben bei internationalen Wollmarktberichten kaum in Erscheinung. Die feinsten, stark gekräuselten und sehr hochwertigen Merinowollen werden dabei mit AAA (sprich: Drei-A), die gröbsten Cheviotwollen mit F bezeichnet.
Die englische Methode der Klassifizierung geht von Garnnummern aus, die besagen sollen, bis zu welcher Garnfeinheit eine bestimmte Wolle im Kammgarnspinnverfahren ausgesponnen werden kann; sie basiert auf einer Stranglänge von 560 Yards=507,84 m. Die englischen Klassen werden durch Ziffern und durch ein mit einem Apostroph (') abgetrenntes kleines „s" gekennzeichnet, wobei dieses „s" die Abkürzung für das englische Wort „skein" (zu deutsch: Strang) ist. Die Bezeichnung gibt an, wieviel Stränge mit einer Länge von 560 Yards aus einem Pfund („lb") Wolle gesponnen werden konnten. Die Zahl der Stränge (z. B. „60's") ist identisch mit der „englischen Kammgarnnummer" (z. B. 60 Ne_K). Allerdings hat die Beziehung zwischen Wollfeinheit und ausspinnbarer Garnfeinheit nur historische Bedeutung und stimmt heute nicht mehr. Die Feinheitsbezeichnungen sind daher nur als eine willkürliche Tabelle anzusehen, die es dem

Die verschiedenen Möglichkeiten der Wollklassifizierung in Gegenüberstellung

Qualität	Feinheit (Mikron)	Länge cm	Englische Klassifizierung	Australien	Deutschland
Merinowolle extrafein	16–18	5– 8	80's	80's	AAA
	19–20	3– 5	70/80's	70's	AA
Merinowolle	21–22	2– 3	64's	64's	A
	23–24	6– 8	60/64's	—	A/AB
	25–26	8–10	60's	60's	AB/B
Feine Crossbreds	27–28	10–12	58's	58's	B
	29–30	10–12	56's	56's	C 1
Mittlere Crossbreds	31–33	12–15	48/50's	50's	C 2/D
	34–36	15–18	44/46's	46's	D 1
Grobe Crossbreds bzw. Teppichwollen	37–39	16–18	44's	—	D 2
	40–41	18–20	40's	—	E
	42–44	20–22	36's	36's	EE

Käufer erlaubt, Wollen mit den gleichen Eigenschaften mit einem Symbol zu kennzeichnen.

– Seit Mitte der Siebziger Jahre setzt sich der Rohwollhandel vor allem auf Versteigerungen „nach Muster und Zertifikat", also aufgrund einer objektiven Klassifizierung, gegenüber der der früheren Methode „anhand des geöffneten Ballens" immer stärker durch, nicht zuletzt wegen der niedrigen Kosten dieses Vermarktungs-Verfahrens.

Die Gewinnung der Wolle

Die Schafwolle ist das Haar des Schafes und besteht wie das menschliche Haar aus einer Haarwurzel, die in der Haut des Tieres steckt und von Fettdrüsen umgeben ist, und einem Haarschaft, der das spinnfähige Material abgibt. Diesen Haarschaft gilt es nun von der Haarwurzel zu trennen. Die Schafe werden meist zweimal im Jahr mit Hilfe von Schermaschinen geschoren. Beim Scheren achtet man darauf, daß das ganze Vlies zusammenbleibt. Innerhalb des Vlieses bestehen nämlich Unterschiede in der Feinheit der Wolle, die Wolle von den verschiedenen Körperpartien ist also von verschiedener Qualität. Die beste Wolle gewinnt man von der Schulterpartie und den Flanken, dann folgen Rücken, Hals und Keule. Die Bauchwolle ist durch das Liegen oft stark verfilzt, die geringste Wollqualität wächst an der Stirn und an den Füßen des Schafes. Die Vliese werden erst nach der Schur zerteilt und die Wollen entsprechend sortiert.

Ein als Ganzes geschorenes Vlies sieht aus als habe man dem Tier die Haut abgezogen. Die Haare haften nämlich sehr gut aneinander, da das Wollfett an den Haaren nach dem Abtrennen vom warmen Tierkörper sofort erkaltet. Der Fettgehalt des Wollhaares kann sogar ein Qualitätszeichen sein, denn von der Stärke der Fettbildung in den Hautdrüsen, die die Haarwurzel umgeben, hängt die Güte und Gleichmäßigkeit der Wolle ab. Das Gesamtgewicht der Verunreinigungen im Vlies, wie Fett („Schweiß"), Kot, Kletten usw., kann 20 bis 80% des Vliesgewichtes ausmachen und liegt bei vergleichbarer Wollfeinheit in Australien bei 32–47%, in Südafrika bei 35–45% und in Deutschland bei 55–66%, im Durchschnitt der Erzeugerländer bei etwa 42%. Das Ausmaß der Verunreinigungen, vom Schweiß abgesehen, wird in besonderem Maße bedingt durch die Bodenbeschaffenheit des Weidelandes. Zur Verminderung des Transportgewichtes will man daher einen Teil dieser Verunreinigungen vor dem Versand entfernen. Deshalb trieb man früher zur **Rückenwäsche** die Tiere ins Wasser oder übergoß sie mit einer reinigenden Flüssigkeit, jedoch wird das Tier durch die Rückenwäsche gegen Krankheiten anfällig. Der Verminderung des Transportgewichts dient in Überseeländern heute die **Vlieswäsche,** die unmittelbar nach der Schur durchgeführt wird. Da der Wollschweiß der beste Schutz gegen die Einwirkung des Seewassers beim Transport ist und Schweißwolle praktisch unbegrenzt lagerfähig bleibt, verschifft man einen großen Teil überseeischer Wolle als Schweißwolle. Die Ausbeute an fertiggewaschener Wolle bezeichnet man als „Rendement". Haben die Verschmutzungen einen Anteil von 70%, beträgt das Rendement also 30%. – Die **Fabrikwäsche** arbeitet gründlicher, schonender und zuverlässiger als die Rückenwäsche; die Kosten der Fabrikwäsche werden in der Regel allein durch die Verwertung des Wollfettes für kosmetische Artikel gedeckt (Lanolin!).

Neben den Verunreinigungen durch Schweiß und Fett, die vom Tier selbst abgesondert werden, ist das Vlies mit pflanzlichen Bestandteilen wie Kletten, Dornen und Holzstückchen durchsetzt. Da pflanzliche Substanzen von Säuren sehr stark angegriffen werden, Wolle aber gegen Säuren verhältnismäßig unempfindlich ist, wird die Wolle nach Entfernung von Schweiß, Fett und Salzen **karbonisiert.** Man setzt sie einer Behandlung mit verdünnter Schwefelsäure aus, wobei die Pflanzenzellulose teilweise verkohlt (daher der Name) und zum anderen Teil bei der anschließenden Hitzebehandlung in eine mürbe Substanz (Hydrozellulose) zerfällt und durch Ventilation (Ausblasen) leicht entfernt werden kann. Auch Reißwollen, die Beimischungen an pflanzlichen Faserstoffen enthalten, können durch Karbonisieren von den Zellulosefasern befreit werden.

Die Wolle der ersten Schur eines Lammes heißt dann, wenn sie etwa 6 Monate nach der Geburt erfolgt, **Lammwolle** oder **Lambswool** (lt. TKG: Wolle). Ihr typisches Kennzeichen sind die noch nicht abgerundeten Haarenden („Lammspitzen"). Lambswool ist kurz, wenig fest, aber besonders weich und sehr fein. Im Streichgarnspinnverfahren versponnen, werden fertige Strickwaren aus Lambswoolgarnen ähnlich „Shetland" leicht verfilzt. – Erfolgt die erste Schur eines Schafes erst nach etwa einem Jahr, heißt die Wolle ebenso wie die der zweiten Schur nach vorangegangener Lammwollschur zum gleichen Zeitpunkt **Jährlingswolle** oder **Erstlingswolle** (englische Bezeichnung: **Hogget).** Jährlingswolle ist länger als Lambswool, weich, nicht gleichmäßig dick; wegen ihrer Unausgeglichenheit ist sie schwer verspinnbar und vor allem für Steppdeckenfüllungen geeignet.

Wolle kann **nicht** wie die Pflanzenfasern mit Oxydationsmitteln **gebleicht** werden. Bei einer solchen Behandlung würde die Wolle gelblich werden und (bei Behandlung mit Chlor) ihre Filzkraft verlieren. Um eine weiße Farbe zu erhalten, zerstört man den Farbstoff entweder auf elektrischem Wege oder überdeckt ihn mit schwefeliger Säure. Bei der Säurebehandlung muß mit Nachgilben gerechnet werden. Wollgewebe sind also selten reinweiß zu haben. Hingegen sind Überfärbungen über die Naturfarbe der Wolle möglich.

Wollerzeugungsländer

Je Kopf der Bevölkerung verbrauchen die Bundesbürger jährlich etwa 2,4 kg Wolle und werden im Pro-Kopf-Verbrauch nur noch von der Schweiz übertroffen. Der größte Wollverbraucher überhaupt allerdings ist Japan, gefolgt von der Bundesrepublik Deutschland und den USA, Großbritannien liegt auf Platz vier, wobei der Pro-Kopf-Verbrauch in den USA nur etwa ein Viertel des deutschen beträgt, weil in Amerika die Wolle in weit stärkerem Maß von den Chemiefasern verdrängt wurde. Ähnlich den anderen Industrienationen ist die Bundesrepublik fast ganz auf Importe von Rohwollen angewiesen; aus eigener Schafhaltung kommen weniger als 2%. Zweidrittel der Importe kommen aus Australien, Südafrika und Neuseeland.

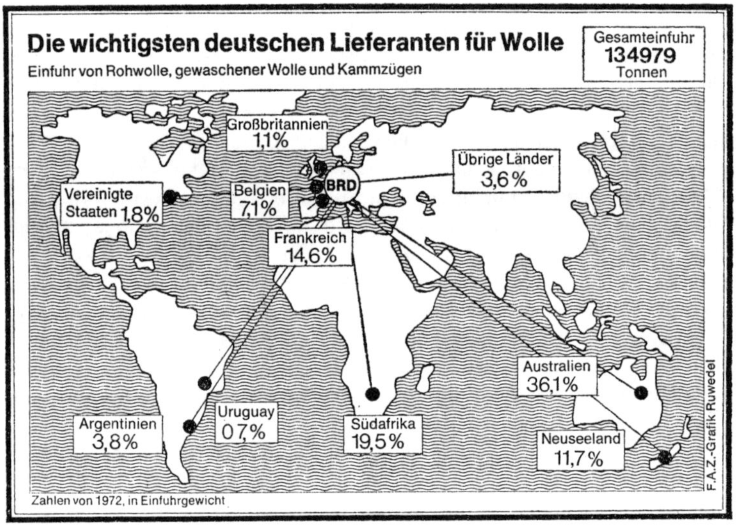

Abb. 62: Karte der Wollerzeugungsländer.

In den dicht besiedelten Gebieten muß der Boden vornehmlich dem Ackerbau für die menschliche Ernährung dienen. Deshalb finden sich die Zentren der Schafhaltung in dünn besiedelten und aus klimatischen Gründen für die intensive Bodenbearbeitung ungeeigneten Gebieten. Systematische Schafzucht verlangt nach großen Herden, die riesige, zusammenhängende Weidegebiete brauchen. Australien (27% des Weltbedarfes), Neuseeland (etwa 12%), Südafrika (etwa 4,5%) und Südamerika (11%, davon Argen-

tinien allein etwa 7%) bringen mehr als die Hälfte der auf der Welt erzeugten Wolle hervor und sind zudem die einzigen Erzeugungsgebiete, die in nennenswertem Umfang einen Überschuß über den Eigenverbrauch an den Weltmarkt abgeben können. Mit 18% der Welterzeugung gehört die UdSSR neben China (3%) zu den größten Wollproduzenten, ohne aber am Weltmarkt als Lieferant in Erscheinung zu treten.
Die großen Erzeugerländer exportieren allerdings verschiedene Wollsorten. So liefert Australien zu etwa 75% feine Merinowollen und zu etwa 25% feine und mittelfeine Crossbreds (auch vom Comeback-Schaf). Aus Neuseeland kommen zu Dreiviertel grobe und zu einem Viertel feinere Kreuzzuchtwollen, aus Südafrika („Kapwolle") etwa 85% feinste Merinowollen, die von Farmern erzeugt werden, und zu 15% mittelfeine Landwollen aus der Zucht der einheimischen Bevölkerung („Natives"). Argentinien („La Plata-Wolle") und Uruguay („Montevideo-Wolle") liefern die den feineren und groberen Crossbreds ähnlichen Corriedale-Wollen, daneben einen geringeren Anteil von etwa einem Fünftel Merinowollen.

Wollhandel

Trotz vieler Bemühungen, objektive Meßdaten für die verschiedenen Wollsorten zu entwickeln, ist immer noch der visuelle Eindruck der Wollprobe aus dem Ballen für den Aufkäufer oder den industriellen Verarbeiter nicht ganz zu ersetzen. Durch jahrelange Erfahrung erkennt der Fachmann an Hand der Probe Bauschigkeit und Ausmaß der Kräuselung, Reißfestigkeit oder Brüchigkeit. In den Haupterzeugerländern für den Weltmarkt, in Australien, Neuseeland und Südafrika, wird der Großteil der Wollen auf Auktionen gehandelt, wobei dem Farmer ein Mindestpreis garantiert wird. Die früher übliche Besichtigung der Ballen allerdings wurde abgelöst durch maschinell aus dem Ballen gezogene Proben. In Australien werden die einzelnen Versteigerungspartien („Lose") zusätzlich durch ein Zertifikat charakterisiert, das den Reinwollgehalt (das „Rendement"), die Feinheit und andere Qualitätsmerkmale enthält und das nach einem Labortest mit chemisch/physikalischen Untersuchungen von Staats wegen ausgefertigt wurde und auch im Versteigerungskatalog nachgelesen werden kann. In Südamerika allerdings muß der Woll-Aufkäufer nach wie vor seine Ballen entweder beim Farmer selbst oder bei Exporteuren nach Besichtigung in freier Preisvereinbarung erwerben.

Die Struktur der Wollfaser

Das Wollhaar ist eine sogenannte „organisierte" Faser, sie besteht nicht aus einer einheitlichen Masse, sondern aus verschiedenen Schichten. Zu innerst finden wir – allerdings nur bei sehr groben Wollen zusammenhängend – einen **Markstrang**, der bei feinen Merinowollen ganz fehlen kann und bei anderen Wollen nur in kurzen Stücken („rudimentär") auf-

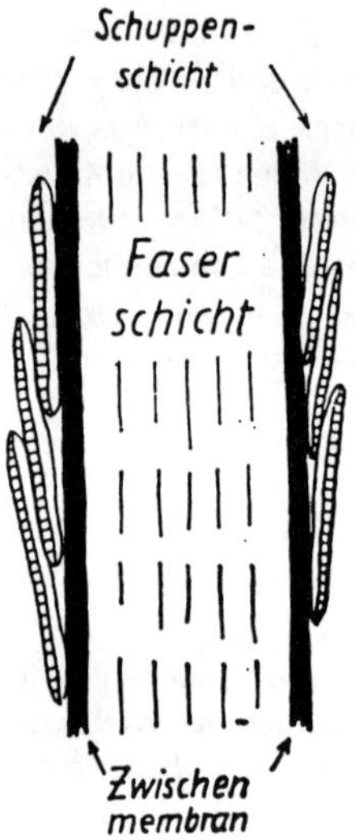

Abb. 63: Schematischer Längsschnitt einer Wollfaser ohne Epicuticula. Diese schmiegt sich als hauchdünne Haut dicht an die Schuppenzellen an.

tritt. Dieser Markstrang ist von der **Faserschicht** umgeben, die aus spindelförmigen Hornzellen besteht und den eigentlichen Haarkörper bildet. Häufig wird behauptet, die Faserschicht der Wolle sei locker aufgebaut und enthalte luftgefüllte Hohlräume. Diese Angabe ist unrichtig, denn die Zellen, aus denen sich die Wollfaser zusammensetzt, sind nicht leer, sondern mit Keratin ausgefüllt. Die Wolle enthält also **keine Luftzellen.** Die Faserschicht (auch Rindenschicht genannt) verleiht der Wolle Festigkeit und Elastizität. Über der Faserschicht liegt die ebenfalls aus spindelförmigen Hornzellen bestehende **Zwischenmembran,** eine feine Schlauchhülle mit netzartiger Struktur. Es folgt die **Schuppenschicht,** die das Wollhaar vor äußeren Einwirkungen schützt. Diese Schuppen sind sehr fein und überdecken sich gegenseitig, können aber wohl wegen dieser Feinheit kaum mit „Dachziegeln" verglichen werden. Trotz dieser Schuppenschicht ist die Wollfaser nicht etwa rauh, sondern vielmehr recht glatt. Je feiner die Wolle ist, desto vollkommener ist sie von der Schuppenschicht umgeben. Durch den weniger dichten Schuppenbestand entsteht der höhere Glanz der kräftigeren Wollsorten. Über der Schuppenschicht liegt nochmals eine ganz

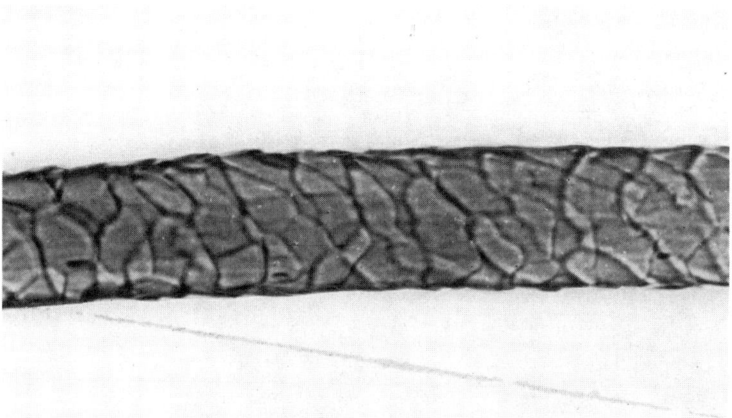

Abb. 64: Mikroaufnahme der Schuppenstruktur der Crossbredwolle.

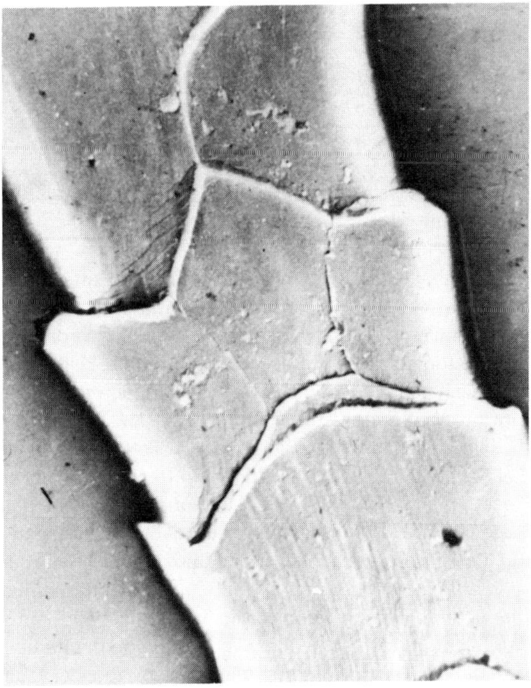

Abb. 65: Elektronenmikroskopische Aufnahme der Oberfläche einer Wollfaser.

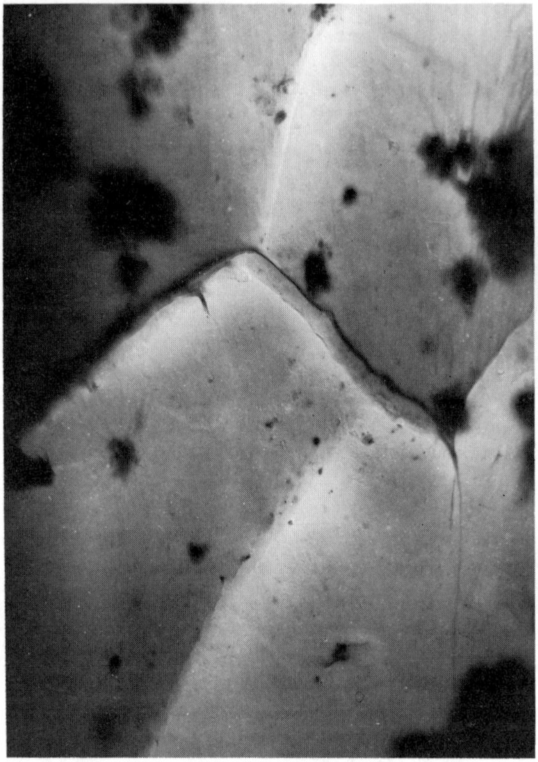

Abb. 66: 17000fache Vergrößerung der Wolloberfläche durch das Elektronenmikroskop. Die Wolle ist angeschmutzt; daher die schwarzen Flecken.

dünne Haut, die „Epicuticula", die für das unterschiedliche Verhalten der Wolle gegenüber Wasser und Wasserdampf verantwortlich ist. Wolle vermag nämlich beträchtliche Mengen von Wasserdampf in sich aufzusaugen und im Innern der Faser zu verwahren, ohne daß die Faser feucht aussieht oder sich feucht anfühlt. Wird die Umgebung der Faser wieder trocken, gibt die Wolle die Feuchtigkeit wieder ab. Diese Eigenheit ist wichtig für die hygienischen Eigenschaften der Wolle (Wollsocken bei Schweißfüßen!). Bei Feuchtigkeitsaufnahme in Dampfform entwickelt sich durch chemische Reaktion sogar eine gewisse Absorptions- und Kondensationswärme. Hingegen verhindert diese Außenhaut, daß ein auffallender Regentropfen sich auf der Faseroberfläche verteilt und von der Faser aufgesogen wird. Es wird also verhindert, daß ein an einer Stelle naß gewordenes Wollgewebe diese Nässe wie ein Docht völlig aufsaugt. Wolloberfläche und Wollinneres sind also grundverschieden. Wenn die Oberfläche frei von Fett und unbeschädigt ist, wird Wasser sogar wirksam von der Oberfläche abgewiesen.

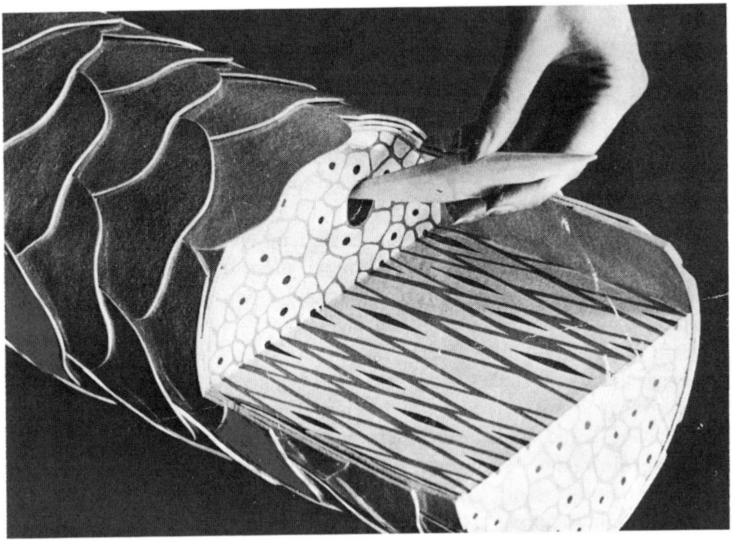

Abb. 67: Schematische Darstellung des Aufbaues einer Wollfaser. Die spindelförmigen Zellen und Schuppen sind gut sichtbar.

Erst wenn es auf der Faser verdunstet, kann es vom Innern der Faser aufgenommen werden. Bei Synthetics ist das Gegenteil der Fall: Die Oberfläche ist sofort netzbar, die Faser selbst nimmt so gut wie keine Feuchtigkeit auf. Die Schmiegsamkeit und die wasserabweisende Wirkung hängen mit der Oberfläche der Faser zusammen, nicht aber mit dem Fettgehalt der Wolle.

Durch intensives Waschen mit der Folge der völligen Entfettung wird die Wolle deshalb auch nicht spröde.

Neueste Forschungen haben die für die Dauerhaftigkeit der lockenförmigen Kräuselung verantwortliche **bilaterale Struktur** der Wollfaser aufgedeckt. Die spindelförmigen Zellen des Wollinneren sind nicht über den gesamten Querschnitt des Haares gleichförmig angeordnet; vielmehr bilden sie zwei verschieden reagierende Halbzylinder, die sich gleichlaufend mit der Kräuselung winden. Man kann sich diese schwer darstellbare, aber durch Färbung und Prüfung der chemischen Reaktion auf Feuchtigkeit nachweisbare, eigenartige strukturelle Asymmetrie vorstellen wie ein zweiadriges Kabel, dessen beide Adern leicht miteinander verdreht sind. Die eine dieser beiden Hälften quillt bei Feuchtigkeitsaufnahme immer etwas mehr als die andere („Orthocortex" bzw. „Paracortex").

Durch Behandlung der Orthocortex von gewaschener Wolle mit wasserfreiem, unterkühltem Ammoniak wird eine Zusammenziehung, eine

Schrumpfung dieser Schicht erreicht, die eine Umkehrung der Kräuselrichtung bewirkt, die Kräuselschlingen vergrößert und die Farbaffinität verbessert. Die Scheuerfestigkeit soll durch diese Behandlung um über 20% verbessert werden können. Unter der für eine französische Firma geschützten Bezeichnung **Sitralaine** werden Wollgarne für Schurwollteppiche mit dem Ziel, vergrößertes Volumen und verstärkte Elastizität zu erzielen, auf diese Weise behandelt, wobei sich die Wirkungen auf Bausch und Kräuselung erst nach der Stückfärbung der Teppiche im Dämpfer zeigen.
Die spindelartigen Zellen der Wolle bestehen, wie alle Textilfasern, aus Molekülketten. Diese Kettenmoleküle liegen nicht einfach nebeneinander, sondern sie sind durch besondere Molekülgruppen sprossenartig **untereinander** verknüpft. Die Kettenmoleküle ihrerseits liegen nicht gestreckt, sondern gefaltet nebeneinander. Unter einem mechanischen Zug, der auf die Faser ausgeübt wird, werden die Ketten geradegerichtet, beim Nachlassen dieses Zuges ziehen sie sich wieder in die Faltenform zusammen. Aus diesem Grund besitzt die Wollfaser einen sehr ausgedehnten **Elastizitätsbereich,** der dafür sorgt, daß die von Natur aus nicht sehr feste Wollfaser dennoch nicht gleich bricht, wenn sie belastet wird, sondern sich zunächst einmal dehnt. Wegen dieses Aufbaues kann Wolle schier unbegrenzt oft geknickt werden, ohne daß ihre Festigkeit leidet, eine Eigenschaft,

Abb. 68: Schematische Darstellung der bilateralen Struktur der Wollfaser (Orthocortex und Paracortex). Die eine Hälfte der gleichlaufend mit der Kräuselung verwundenen Spindelzellenstränge quillt bei Feuchtigkeitsaufnahme etwas stärker als die andere.

die außer Wolle in dieser Form nur Nylon oder Perlon und die Polyesterfasern besitzen. In Richtung zur Haarwurzel ist nicht nur die Schafwolle, sondern auch die vieler anderer Tiere rauher als in Richtung zur Haarspitze. Wenn ein Wollgewebe oder ein Wollgewirk zusammengedrückt wird, werden die Fasern im Garn zu Schlingen gebogen. Lose Fasern wandern mit dem Wurzelende voran und nach und nach in diese Schlingen hinein, bis sich Knoten und Verschlingungen ergeben und das Garn nicht mehr in seine ursprüngliche Länge zurückkehren kann. Damit haben wir den Grund für das **Filzvermögen** der Wolle gefunden.

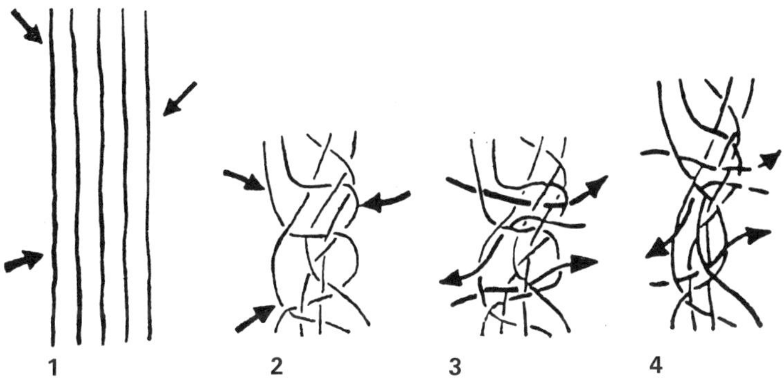

1. Wollhaare im ursprünglichen Zustand
2. Zusammengepreßte, verschlungene Haare
3. Haare in Richtung ihrer Wurzelenden wandernd
4. Verschlungene Haare, fest miteinander verknotet.

Abb. 69: Theorie des Filzvorganges nach Martin. Werden viele Wollfasern zusammengedrückt, so werden die Fasern im Garn zu Schlingen gebogen. Lose Fasern (Pfeile) wandern mit dem Wurzelende voran und dringen bei wiederholtem Zusammendrücken allmählich in diese Schlingen ein. Schließlich bilden sich Knoten oder Verschlingungen, und das Garn kann nicht mehr zu seiner ursprünglichen Länge zurückkehren.

Die **Oberflächenstruktur** und die **Kräuselung** der Wolle tragen entscheidend zum weichen, eben „wolligen" Griff bei. Der Umstand, daß die Schuppen der Wolle nochmals durch ein feines Häutchen überdeckt sind (die Epicuticula), führt dazu, daß die Wolle keine rauhe, sondern vielmehr eine glattere Faser ist als manche andere, die glatter aussieht.
Die Kräuselung der Wolle verläuft nicht flächig, sondern wie eine Spirale in drei Ebenen. Deshalb können im Garn niemals zwei Fasern dicht nebeneinanderliegen, sie berühren sich stets nur an wenigen Punkten. Daher sind Garne und Gewebe aus Wolle stets sehr locker; selbst das dichteste, stark gezwirnte Kammgarn enthält in dem Raum, den es ausfüllt, nur 40%

Reibungskoeffizienten verschiedener Fasern

Naturseide	trocken	0,50–0,60
Nylon	trocken	0,40–0,45
Reyon	trocken	0,30–0,40
Merinowolle	trocken	0,09–0,12 (In Schuppenrichtung)
		0,13–0,19 (Gegen die Schuppenrichtung)
Merinowolle	naß	0,15–0,25 (In Schuppenrichtung)
		0,30–0,45 (Gegen die Schuppenrichtung)

Abb. 70: Verschiedene Kräuselungsformen der Wolle

Wolle und 60% Luft. Bei einem vergleichbaren Baumwollgewebe wäre das Verhältnis 20% Luft und 80% Baumwolle. Bei einem gegebenen Gewicht sind Wolltextilien deshalb ungewöhnlich füllig. Beim Versuch, durch künstliche Kräuselung von Chemiefasern ähnliche voluminöse Garne zu bilden, steht die Entwicklung vor dem Problem, den Garnen und Textilien das Volumen auf die Dauer zu **erhalten,** d.h. dafür zu sorgen, daß dem gekräuselten Material durch den Druck, der beim Tragen der Bekleidungsstücke wirksam wird, nicht die anfängliche lockere Struktur wieder genommen wird. Einen gewaltigen Fortschritt haben hier die texturierten Chemiefasern gebracht.

Die dauerhafte Kräuselung der Wolle ist auch der Grund dafür, daß auf der Haut getragene feuchte Wolle (Socken!) sich kaum naß anfühlt: Die Haut hat nur Berührung mit einer verhältnismäßig geringen Zahl vorspringender Faserwindungen, nicht unmittelbar mit der Masse der Fasern. Deswegen stellt sich beim Tragen eines nassen Badeanzugs aus Wolle viel weniger leicht ein Kältegefühl auf der Haut ein, als bei Bekleidung aus anderen Rohstoffen.

Das hohe **Wärmerückhaltvermögen** der Wolltextilien beruht **weder** darauf, daß die Wollfaser etwa selbst ein schlechter Wärmeleiter sei, **noch,** daß in der Wollfaser selbst Luft eingeschlossen ist. Das Wärmerückhaltevermögen ist einzig und allein eine Folge der **Kräuselung** und der im **Garn** enthaltenen Luftmenge. Wird die Wolle feucht, verstärkt sich aufgrund der geschilderten bilateralen Struktur der Wolle die Kräuselung und die wärmende Wirkung bleibt erhalten. Kommt trockene Wollbekleidung in feuchte Luft, ereignet sich das Gegenteil des Vorgangs, den wir als Verdunstungskälte kennen: Auf der Haut verdunstendes Wasser kühlt die Haut ab. Trockene Wolle in feuchter Umgebung versucht sofort, Feuchtigkeit anzuziehen und bildet Absorptionswärme.

Knittern, Bügeln und dauerhafte Falten

Die Kettenmoleküle in den spindelförmigen Faserzellen, die bis zu 90% der Gesamtmasse eines Wollhaares ausmachen, liegen nicht einfach Seite an Seite nebeneinander. Sie sind durch Brücken aus bestimmten Aminosäuren (Cystin-Brücken) dreidimensional, spiralig verdreht und gitterförmig miteinander verknüpft. Die Knittererholung der Wolle ist eine Folge dieses eigenartigen Molekülaufbaus mit seinen sprossenartigen Querverbindungen, die sich bemühen, die Faser nach einem Knick immer wieder in ihre alte Form zurückzuziehen. Nun kann man unter Einfluß von Wärme und Feuchtigkeit diese Molekülsprossen lösen, die sich nach dem Erkalten sofort wieder neu bilden. Damit haben wir den Grund dafür gefunden, daß Wolle sich durch **Wärme, Feuchtigkeit** und **Druck** dauerhaft **verformen** läßt, was beim Bügeln oder Dekatieren (nadelfertig machen) geschieht. Der Druck des Bügeleisens sorgt dafür, daß die Fasern die gewünschte

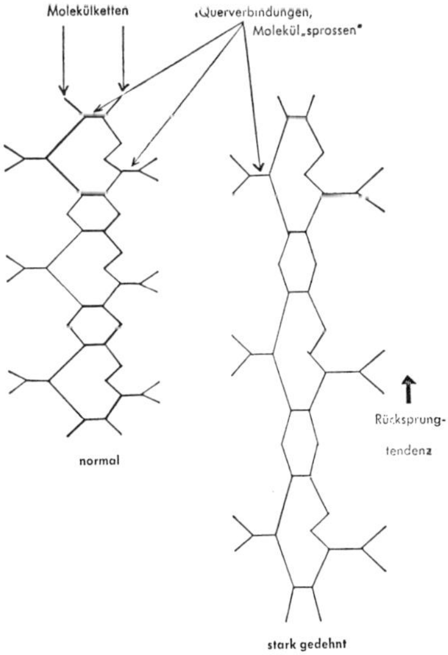

Abb. 71: Stark vereinfachte, schematische Darstellung der gefaltet nebeneinanderliegenden Molekülketten der Wolle und ihrer Querverbindungen, die beim Bügeln neu geordnet werden können.

neue Form beibehalten, bis durch das Erkalten und Trocknen die molekularen Querverbindungen wieder entstanden, wieder neu gebildet sind. Die dauerhafteste Bügelfalte entsteht demnach dann, wenn es gelingt, den Druck so lange aufrechtzuerhalten, bis der Stoff kalt und trocken geworden ist. Dies ist einmal beim Dekatieren der Fall, zum andern bei modernen Bügelpressen der Konfektionsindustrie, die zuerst Dampf, dann Kaltluft durch das in der Presse befindliche Kleidungsstück blasen.
Nun geschieht aber beim normalen Erwärmen durch Sitzen auf dem Kleidungsstück im Grunde dasselbe wie beim Bügeln: Wärme, Feuchtigkeit und Druck versuchen die Faser zu verformen. Solche Falten sind zwar meist nicht sehr dauerhaft, und sie hängen sich in feuchter Nachtluft in der Regel leicht wieder aus. Jedoch wird beim Bügelprozeß nur ein Teil der molekularen Querverbindungen gelöst, nicht aber alle, und darum halten auch die Bügelfalten nicht ewig.
Um nun erwünschte Falten wie die Bügelfalte dauerhaft zu machen und zu verhindern, daß sie sich in feuchter Atmosphäre wieder verlieren, wurde mit Erfolg nach Chemikalien gesucht, die die innere Spannung derjenigen Wollfasern lösen, die im Bereich der Bügelfalte oder der Plissees liegen. Denn die **Hochtemperatur-Dekatur** erzielte zwar bereits eine gewisse Dimensionsstabilität, verhütete also in gewissem Umfang nachträgliche Veränderungen von Länge und Breite eines Gewebes, sorgte für eine glatte Oberfläche und erreichte eine gewisse Fixierung des Glanzes gegenüber der Einwirkung von Nässe: Unter Einwirkung von Hitze und Feuchtigkeit wurde ein Teil der Cystinbrücken vorübergehend gelöst. Die Haltbarkeit einer Fixierung hängt aber von der *Zahl* der gelösten und in der neuen Lage wieder gebildeten Brücken ab; gegen Naßwäsche beständige Effekte bedürfen der Unterstützung durch bestimmte Chemikalien.
Als Chemikalien, die für kurze Zeit die Molekülbrücken lösen und nach entsprechender Behandlung wieder neue stabilisierende Brücken einbauen, werden Monoäthanolaminsulfit (**Siroset** NS, Thioset M), Monoäthanolamino-Bisulfit (**Measac**) und Monoäthanolamincarbamat (Siroset NC), schließlich Natriumbisulfit und Harnstoff (**Immacula**) verwendet. Diese Chemikalien sind im Gegensatz zu den früher verwendeten völlig geruchlos und bilden auch bei Berührung mit Schwermetallen keine farbigen Lösungen mehr. Bei der **Formfest-Behandlung** mit Hilfe dieser Chemikalien handelt es sich nicht um einen Appretureffekt, sondern die Moleküle werden umgebildet.
Die wirksame Chemikalie würde aber versagen, wenn nicht gleichzeitig Wasser im Spiel ist: Daher die Vorschriften zur Verdünnung mit Wasser, daher die Notwendigkeit, spätestens $\frac{1}{2}$ Stunde nach dem Besprühen mit dem Bügeln oder Pressen zu beginnen, damit dann noch die notwendige Wassermenge im Gewebe enthalten ist. Beim Bügeln, das die dauerhafte Form herbeiführt, muß der Stoff mindestens 40 Sekunden lang einer Temperatur von 130–140 Grad Celsius ausgesetzt sein. Dies ist sehr wichtig

zu wissen, denn Dauerfalten nach dem Siroset-Verfahren lassen sich nur dadurch entfernen, daß man die entsprechenden Stellen abermals siroset-behandelt. – Getragene Kleidungsstücke können auch nach der Chemisch-Reinigung nicht siroset-behandelt werden.
Die geringste Schwierigkeit in der Handhabung der benötigten Chemikalien soll übrigens das Measac-Verfahren bieten, dessen Chemikalie bei gleichem Nutzeffekt wirtschaftlicher, leichter anwendbar und lagerungsbeständig sein soll.

„Vorsensibilisierung" und „Flächenfixierung"

Alle diese Chemikalien geben auch die Möglichkeit, die Gewebe bereits in der Ausrüstung der Weberei vorzubehandeln. Durch eine besondere Anwendung des Mittels sind die Gewebe dann bereits vorbereitet für die Einbügelung einer dauerhaften Falte ins fertige Bekleidungsstück. Es bedarf dazu keiner erneuten Behandlung mit einer Chemikalie, sondern das Bügeln geschieht lediglich unter erhöhter Feuchtigkeit, mit Heißdampf und durch den Druck der Bügelpresse. Die Gefahr einer Änderung im Farbton beim Abbügeln in der Kleiderfabrik ist damit praktisch ausgeschlossen. Während bisher nur die Bügelfalten behandelt waren, sind bei **„Vorsensibilisierung"** die Vorteile des Verfahrens auf das ganze Bekleidungsstück angewandt. Nicht nur die Bügelfalte wird dauerhaft, sondern auch die Seitenteile der Hose zeigen nicht mehr das nach anhaltender Einwirkung der Feuchtigkeit übliche Runzeln. Vorsensibilisierte Stoffe eignen sich auch für dauerhafte Plissees zum Beispiel in Damenröcken.
Auch die **Flächenfixierung** wendet die gleiche Chemikalie an, allerdings mit einem etwas anderen Arbeitsgang. Sie eignet sich für Wollstoffe, die mit besonders naßechten Farben gefärbt sind, und vermittelt einen besseren Warengriff, erleichtert die Verarbeitung in der Schneiderei (Dressieren), gibt dem Stoff den erwünschten Mattglanz und verbessert die Unempfindlichkeit gegen Knittern in nassem Zustand. Der wesentliche Unterschied zur Vorsensibilisierung liegt darin, daß die Ware bereits bei der Ausrüstung ihre endgültige Form erhält, während die sensibilisierte Ware erst beim Abbügeln in der Schneiderei endgültig in ihrer Form fixiert wird.
Der Zweck der Flächenfixierung (IWS Finish MS) wird manchmal mißverstanden. Durch das Verfahren wird die Fläche des Gewebes permanent fixiert. Diese Fixierung des glatten, ebenen Zustands der Ware bewirkt, daß die Knitterneigung bei **Einwirkung** von **Feuchtigkeit** stark verringert wird. Das Gewebe wird auch bei völliger Durchnässung nicht runzeln. Primär sollen die Naßknitterechtheit und das Knittererholungsvermögen durch das Verfahren weitgehend verbessert werden, nicht etwa eine vorhandene Anfälligkeit eines Gewebes gegen Knittern in völlig trockenem

Zustand. Darüber hinaus werden Formstabilität und die Dauerhaftigkeit der Glätte der Warenoberfläche und des Oberflächenfinish verbessert.
Die partienweise Formfestbehandlung zum Zweck der Fixierung von Bügelfalten oder Plissees unterscheidet sich also von der Flächenfixierung, die dem Stoff dauerhafte Dimensionsstabilität verleiht, und von der Vorsensibilisierung, die eine nachträgliche stabile dreidimensionale Formgebung des ganzen Kleidungsstücks ermöglicht, nur in der *Art, wie* die Chemikalien aufgebracht und *wann* die Fixierung vorgenommen wird: Bei der partienweisen Formfestbehandlung wird das konfektionierte Teil mit der Chemikalie an den gewünschten Stellen bestrichen, und dann die Ware in Form gepreßt. Bei der Flächenfixierung wird das ganze Gewebe mit der Chemikalie imprägniert und in feuchtem Zustand gedämpft, wonach die Fixierung erfolgt ist. Bei der Vorsensibilisierung werden die Stoffe mit der Chemikalie imprägniert und sodann getrocknet. Erst nach der Konfektionierung wird das Gewebe *an den zu fixierenden Stellen befeuchtet* und durch Hitzeeinwirkung unter Preßdruck die gewünschte dauerhafte Form hergestellt.

Antifilzausrüstung und waschmaschinenfeste Wolle

Die Chemiefasern und insbesondere die Synthetics haben im Bewußtsein des Verbrauchers neue Maßstäbe für Eigenschaften textiler Erzeugnisse insbesondere hinsichtlich deren Pflegeleichtigkeit gesetzt, die auch von den Naturfasern erfüllt werden müssen. Sollen Naturfasern zusätzliche Eigenschaften erhalten, die sie den Synthetics ähnlicher machen, muß dies geschehen ohne die unzweifelhaften Vorzüge der Naturfasern zu gefährden. Eines der wichtigsten Probleme dabei ist es, die Wollerzeugnisse waschmaschinenfest zu machen, d.h. zu ermöglichen, diese Artikel in einer Waschmaschine mit Schongang zu waschen.
Alle Antifilz-Ausrüstungen (Antifilzkrumpfausrüstungen), also die Verfahren, die das Einlaufen von Wollartikeln (besonders von Strickwaren) beim Waschen in Trommelwaschmaschinen verhindern sollen, beruhen auf der Beeinflussung der Schuppenstruktur der Wolle, die, wie wir bereits wissen, für den Filzvorgang verantwortlich ist. Ihre Anwendung wird durch Patent- und Lizenzgebühren verteuert; die Behandlung von 1 kg Wolle kostet etwa 2–3 DM.

Die Veränderung der Schuppenstruktur ist möglich

1. *durch chemische Veränderung der Schuppen bis zu deren Entfernung.*

Im wesentlichen handelt es sich hierbei um Ätzvorgänge durch Oxydation mit Hilfe von Kaliumpermanganat in gesättigter Kochsalzlösung **(Dylan)** oder durch Behandlung mit schwachen Chlorlösungen und anschließender

Neutralisierung **(Melafix, Basolan)**. Da die vorstehenden Schuppenenden, die sich beim Filzen miteinander verhaken, durch die Behandlung entfernt werden, kann die Wolle nicht mehr filzen. Es darf nur Wolle behandelt werden, die so gut wie keine Verunreinigungen aufweist; die Behandlung muß sehr schonend vorgenommen werden. Bei Erreichen des besten Effekts kann bereits eine Faserschädigung eingetreten sein.

2. *durch Maskierung der Schuppen durch Umhüllung mit einem Film oder durch punktförmige Verschweißung.*

Um die Zwischenräume zwischen den Schuppen aufzufüllen, bringt man (monomere) Kunstharzlösungen auf die Wolle auf und polymerisiert sie auf der Wolle zu einem Film, der sich wie ein Netz um die einzelne Faser herumlegt und das Aufspreizen der Schuppen beim Filzvorgang verhindern soll, wie ein Haarnetz die Frisur schützt. Dieser Vorgang kann auf Geweben und Maschenwaren vor oder nach dem Färben vorgenommen werden. Nach diesem Prinzip der „Zwischenflächenpolymerisation" unter Anwendung von Hexamethylendiamin in Wasser und Nylon 6.10 arbeiten die **Bancora-**, **Wurlan**- und **Lanaset**-Verfahren.
Die Verfahren der punktförmigen Verschweißung, die nur bei fertig konfektionierten Textilien in Betracht kommen, arbeiten mit Polyurethan-, Acryl- oder Polyäthylenpolymeren in Lösung oder in Emulsion; die Fabrikatnamen sind nicht allgemein bekannt geworden.
Durch die Chemikalien für die Zwischenflächenpolymerisation, deren Molekülgruppen sich mit der Wolle chemisch verbinden können und die mit normalen Mitteln nicht mehr lösbar sind, wird die Wasseraufnahmefähigkeit der Wolle nicht behindert, die Reißfestigkeit und damit die störungsfreie Verarbeitbarkeit um 20–35% erhöht, die Scheuerfestigkeit verbessert und die Neigung zur Pillingbildung verringert. Die Anfärbbarkeit kann verbessert werden; auch Mischgewebe mit Kamelhaar sind mit gutem Nutzeffekt zu behandeln. Kammzüge mit dieser Antifilz-Ausrüstung können mit kunstharzbehandelter Baumwolle gemischt werden; in Abwandlung der speziell für Mischungen mit kunstharzbehandelter Baumwolle entwickelten Wurlan-Behandlung gestattet das **Wool-Press**-Verfahren die Behandlung von Stoffen aus Wolle mit Polyester- oder Acrylfaser mit dem Effekt vollkommener Dimensionsstabilität.
Der beste Effekt wird mit **kombinierten Verfahren** erzielt, die die chemische Veränderung der Schuppenschicht mit der Maskierung verbinden. Kammzüge oder Kardenbänder werden zunächst faserschonend oberflächlich vorchloriert und anschließend mit einem Polyamid-Epichlorhydrinharz in einem Bad überzogen **(Superwash, Sironized, Hercosett)**. Auch die Kombinationsbehandlung hat eine verbesserte Anfärbbarkeit mit Reaktivfarbstoffen zur Folge, der Warengriff wird kaum nachteilig beeinflußt und es zeigen sich auch keine Vergilbungserscheinungen.

War es zunächst nur möglich, Strickwaren erfolgreich „Superwash"-auszurüsten, ist es seit Ende 1977 gelungen, auch gewebte Ware mit dieser Ausrüstung zu versehen. Dieser technische Fortschritt wird die Einsatzmöglichkeiten von Stoffen aus Wolle – denen ja bei allen anerkannten Vorzügen derjenige der Pflegeleichtigkeit fehlte – beträchtlich erweitern. Wichtig dabei ist die leichte Vorchlorierung, denn nur dann, wenn die Kammzüge leicht vorchloriert sind, gelingt es, einen feinen, gleichmäßigen und hauchdünnen Film mit wasserunlöslichen Kunstharzen aufzubringen, denn diese Vorbehandlung erhöht die kritische Oberflächenspannung der Faser. Dadurch wird eine wesentlich geringere Dosierung der Chemikalie gegenüber allen anderen additiven Filzfrei-Verfahren möglich. Die **Vorteile des Superwash-Verfahrens** sind folgende:

- unbedenkliche Maschinenwaschbarkeit bis 40° C im Schongang;
- Möglichkeit des Schleuderns
- Trocknen auf dem Bügel hängend
- Alle übrigen Vorteile der Schurwolle bleiben voll erhalten.

Die Kombinationsverfahren sind auch mit der Flächenfixierung kombinierbar, wodurch die Stoffe naßknitterecht werden und in der Waschmaschine gewaschen werden können. Die Verarbeitung und vor allem das Dressieren wird erleichtert. Falten hängen sich beim Trocknen aus, Bügeln entfällt. Allerdings führt die Kombination mit der Flächenfixierung durch die Verbindung eines Oxydationsprozesses mit einem Reduktionsprozeß zur Verminderung der Festigkeit.

Die verschiedenen Ausrüstungsvorgänge der Wollwaren waren Veranlassung, die Etikettierung von Wollsiegelqualitäten neu zu ordnen. Waren, die ein Schurwoll-Etikett mit dem Zusatz „mit Dauerbügelfalte" erhalten haben, sind nach dem Siroset-Verfahren behandelt. Waren, und insbesondere Strickwaren mit einem Etikettenzusatz „mit Spezialausrüstung – filzt nicht", können in der Waschmaschine im Schongang handwarm gewaschen werden. Die neueste Ausrüstung **„Superwash"** erhält das Wollsiegeletikett mit dem Zusatz „waschmaschinenfest bis 30 °C". Die Strickwaren mit diesem Etikett können in der Waschmaschine – und nicht nur im Schongang – in allen Waschgängen bis zum Buntwaschgang und bis zu einer Wasser-

Abb. 72: Wollsiegelkennzeichnung für partienweise Formfestbehandlung (links) und filzfreie Wollwaren (rechts).

temperatur von 60 °C gewaschen werden. Die Ware schrumpft nicht, verfilzt nicht, verfärbt sich nicht und es tritt auch keine störende Pillingbildung auf. Sie behält ihr einwandfreies neuwertiges Aussehen auch über viele Wäschen hinweg. Da die Farben nicht ausbluten, sind zahlreiche Farbkombinationen in kaum eingeschränkter Farbechtheit möglich.
Die ursprüngliche Absicht, „Superwash"-ausgerüstete Maschenwaren aus Wolle bis 60 °C maschinenwaschbar zu kennzeichnen, wurde wieder aufgegeben. Es fehlen geeignete Wollwaschmittel für diese Temperatur, die keinen zusätzlichen Reinigungseffekt bietet, und dazu verleitet, Maschenwaren aus Wolle mit Baumwollbuntwäsche zusammen zu waschen, was zu mechanischen Schäden bei den Wollwaren führen kann.

Eigenschaften der Wolle

1. Dehnbarkeit und Elastizität („Sprungkraft")

Die hervorstechendste Eigenschaft der Wolle ist die Tendenz, nach jeder Lageveränderung ihre alte Gestalt wieder einzunehmen. Wolle ist damit so gut wie **knitterfrei.** Die Dehnbarkeit und Elastizität der Wolle sind gleichzeitig der Grund dafür, daß die **geringe Festigkeit** der Wolle gegenüber anderen Textilfasern nicht so sehr ins Gewicht fällt; in der Festigkeit steht die Wolle so ziemlich am Ende der Tabelle für alle Textilfasern. Bei Beanspruchung kann die Wolle sich zunächst dehnen ohne zu reißen.

2. Hohe Schmiegsamkeit

Als Folge der Dehnbarkeit und Elastizität ist die Wolle sehr schmiegsam und weich und läßt einen eleganten Faltenwurf der Kleidungsstücke zu. Sie wird in dieser Eigenschaft nur durch die Naturseide übertroffen.

3. Verformbarkeit unter Wärme, Feuchtigkeit und Druck

Wärme, Feuchtigkeit und Druck schalten die Tendenz der Wollfaser, nach Verformung ihre alte Lage wieder einzunehmen, vorübergehend aus und erlauben die Fixierung der Wolle in einer neuen Form. Diese Eigenschaft wird beim Bügeln und beim Dekatieren ausgenutzt. Das **Dekatieren,** das Nadelfertigmachen, ist nichts anderes als eine maschinelle Fixierung unter Einfluß von Wärme, Feuchtigkeit und Druck, die das spätere Einlaufen bei Nässeeinwirkung verhüten soll. Nachträgliches Dekatieren von Wollstoffen ist heute nicht mehr nötig – es wird schon in der Fabrik besorgt.

4. Wolle vermag Feuchtigkeit aufzunehmen, ohne sich naß anzufühlen

Die Fähigkeit der Wolle, Feuchtigkeit aufnehmen zu können ohne sich naß anzufühlen, übertrifft alle übrigen Textilfasern. Allerdings perlt Nässe

von der Faser ab, nur Wasserdampf wird willig aufgesogen und in der Faser festgehalten, bis die Umgebung der Faser wieder trocken geworden ist. Sodann gibt die Wolle die Feuchtigkeit wieder ab. Da die Kräuselung der Wolle dafür sorgt, daß die Haut nur mit wenigen Härchen in Berührung kommt, nicht mit der Masse der Faser, wird die aufgenommene Feuchtigkeit nicht fühlbar.
Die Fähigkeit der Wolle Feuchtigkeit zu speichern ist andererseits auch verantwortlich dafür, daß Wolle wenig schmutzanfällig ist. Ebensowenig wie es gelingt, einen nassen Bernstein zu reiben, um durch Elektrizität Papierschnitzel anzuziehen, kann sich Wolle, die im Faserinnern Feuchtigkeit stapelt, elektrostatisch aufladen und Schmutzteilchen anziehen.

5. Hohes Wärmerückhaltvermögen auch in nassem Zustand

Vermöge der dauerhaften, dreidimensionalen Kräuselung der Wollfaser, die sich unter dem Einfluß von Feuchtigkeit noch verstärkt, ist im Wollgarn sehr viel Luft eingeschlossen. Wolltextilien sind im Verhältnis zu ihrem Gewicht sehr voluminös. Bei Nässe spreizen sich die Fäserchen noch stärker: Man versuche nur, einen Wollfaden beim Einfädeln durch Naßmachen anzuspitzen. Es gelingt nie.

6. Die Filzkraft der Wolle

Man nützt die Filzkraft der Wolle beim Walken und bei der Wollfilzherstellung aus. Die Filzkraft der Wolle kommt daher, daß die Fasern zur Haarwurzel zu rauher sind als zur Haarspitze zu. Das Filzvermögen wird unterstützt durch bestimmte Bedingungen (Wärme, Feuchtigkeit, Bewegung der Fasern gegeneinander und Laugen). Gegen Filzen besonders anfällig sind die stark geschuppten Merinowollen. Man kann die bei verschiedenen Textilien unerwünschte Filzkraft beseitigen: Durch Beimischung von Perlon oder durch Antifilz-Ausrüstung.

7. Dauerhafte Kräuselung

Die dauerhafte Kräuselung der Wolle gehört zwar zu den typischen Merkmalen, ist aber gleichzeitig ein Unterscheidungskennzeichnen der verschiedenen Wollsorten. Wollfasern können „schlicht", „flachbogig", „normalbogig", „hochbogig" und „maschenförmig" sein. Schlichte Wollen ergeben ein zwar glattes, aber auch verhältnismäßig wenig fülliges Garn mit geringem Filzvermögen, Wollen mit starker Kräuselung hingegen ein fülliges, moosiges und gut filzendes Garn mit offener Struktur und besonders ausgeprägter Wärmeisolation.

8. Geringe Reißfestigkeit in feuchtem Zustand

Sowohl die Wolle als Einzelfaser als auch die Kammgarne und die Streichgarne aus Wolle haben eine geringe Reißfestigkeit, die in feuchtem Zustand nochmals um 10–20% nachläßt. Durch Beimischung von Chemiefasern der Wolltypen läßt sich die Reißfestigkeit ebenso erhöhen wie durch das Walken.

9. Unempfindlichkeit gegen Säuren – Empfindlichkeit gegen Laugen

Zum Unterschied gegen die pflanzlichen Rohstoffe ist Wolle gegen Laugen recht empfindlich. Das eigene Haar waschen wir ja auch mit „alkalifreien" Waschmitteln. Die geringe Widerstandsfähigkeit gegen Laugen wird bei höheren Temperaturen noch verschlechtert. Gegen Säuren ist Wolle recht unempfindlich, und es ist möglich, pflanzliche Bestandteile durch Säurebehandlung aus der Wolle zu entfernen (Karbonisieren). Bei höheren Temperaturen schaden aber auch die Säuren. Bei Einwirkung feuchter Wärme unter Luftabschluß ergeben sich leicht sogenannte „Stockflecken".

10. Wolle ist besonders anfällig gegen Mottenfraß

Tierhaare sind die natürliche Nahrung der Mottenraupe, und dieser Schädling zieht die Wolle jeder anderen Nahrung vor. Durch eine entsprechende Ausrüstung, z. B. Eulan (im Ausland bekannt unter dem Namen Mitin), wird die Wollfaser für die Motte ungenießbar, und die Textilien werden dauerhaft mottenecht. Eulan kann aber nur fabrikatorisch, nicht im Haushalt aufgebracht werden. Weitere Möglichkeiten, die Wolle vor Zerstörung durch Motten und Käferlarven zu schützen, sind durch Kontaktgifte (DDT, Sprühmittel) gegeben, die bei Berührung durch das Tier wirken, und durch Atemgifte wie Naphthalin oder Kampfer.

11. Wolle ist schwer entflammbar

Die Flamme an Wolle erlischt bald; somit ist Wolle relativ feuersicher. Durch neue Ausrüstungsverfahren mit Titan oder Zirkon (vgl. Stoffe, Band II) erhält Wolle auch eine Flammschutzausrüstung.

12. Der Farbechtheit sind bei Wolle Grenzen gesetzt

Zwar nimmt Wolle viele Farbstoffe sehr willig auf, jedoch sind Wollfärbungen nicht so echt möglich wie Färbungen auf Zellulosefasern. Viele Synthetics sind allerdings noch schwieriger als Wolle zu färben. Wegen des chemisch uneinheitlichen Aufbaus der Wollfaser schwankt die Farbstoffaufnahmefähigkeit; bei Handstrickgarnen achtet man streng auf partiengleiche Sortierung. Helle Färbungen auf Wolle haben nicht die gleiche Lichtechtheit wie dunklere. Besondere Lebhaftigkeit der Farben und höchste Echtheit sind zwei Dinge, die sich bei der Wolle nicht gleichzeitig verwirklichen lassen. Klare Farben genügen oft nicht den höchsten Ansprüchen an Wasch- und Walkechtheit. Da bei längerer Belichtung der Wolle eine Veränderung in der Wollsubstanz eintritt, die eine unterschiedliche Farbaufnahme zur Folge hat, fallen Färbungen getragener und damit belichteter Kleidungsstücke aus Wolle oft recht ungleichmäßig aus. Im Gegensatz zu den Zellulosefasern läßt sich Wolle aber mit sauren und mit basischen Farbstoffen färben.

Einsatzgebiete der Wolle

Schier unerschöpflich sind die Verwendungsmöglichkeiten der Wolle, die für Kleider-, Mantel-, Kostüm- und Anzugstoffe nach wie vor unentbehrlich sind. Wirk- und Strickwaren, Socken und Strümpfe, Wäsche, Wolldecken und Friesgewebe, Teppiche und Läufer aus Wolle gelten als hochwertig. Hut- und Kragenfilze sowie Einlagestoffe (Wollelastik) und viele technische Gewebe bestehen ebenfalls aus Wolle. Unversponnene Wolle wird als Füllmaterial für Steppdecken verwendet.
Allerdings wird in der Zukunft die Aufnahmefähigkeit des Weltmarktes an wolligen Textilien viel stärker steigen als das Angebot an Wolle. Dies bedeutet vermutlich steigende Wollpreise und damit verstärkten Anreiz zur Wollerzeugung. Der Preis, den die Wollfarmer zur rentablen Wollproduktion benötigen, liegt aber beträchtlich über dem Preis der im Wollbereich verwendbaren Synthetics, vor allem von Polyester und Acryl. Rein tendenziell wird die Wolle immer mehr zur „Luxusfaser" werden, das heißt, ihre Erzeugnisse werden preislich im oberen Endbereich des Marktes vergleich-

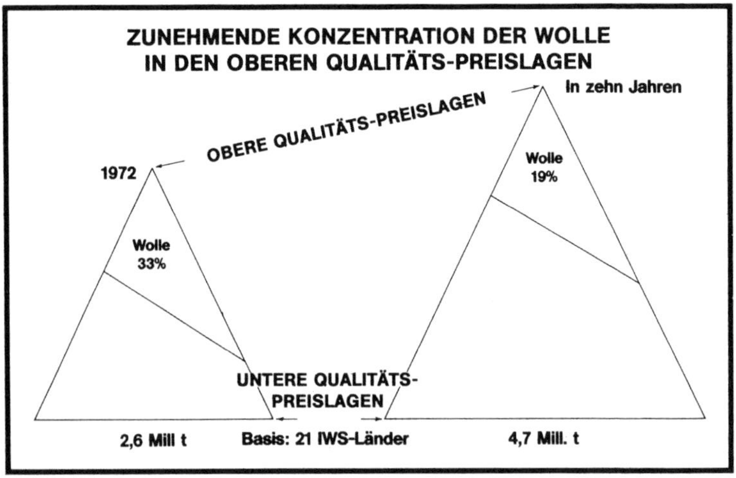

Abb. 73: Anteile der Wolle bei Wolltextilien nach Wertstufen der Fertig-Erzeugnisse

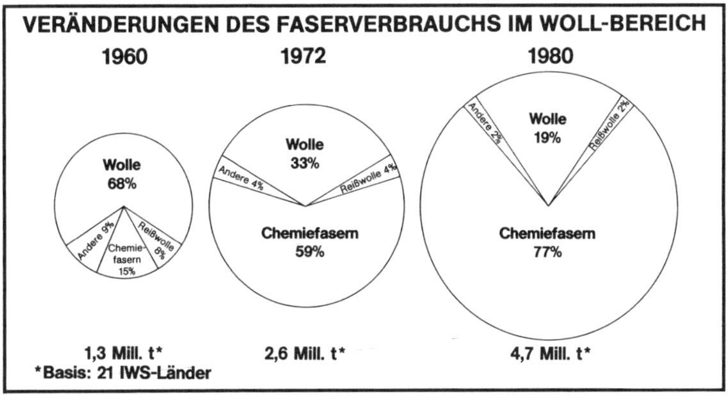

Abb. 74: Mengenmäßige Zunahme des Faserverbrauchs für Wolltextilien.

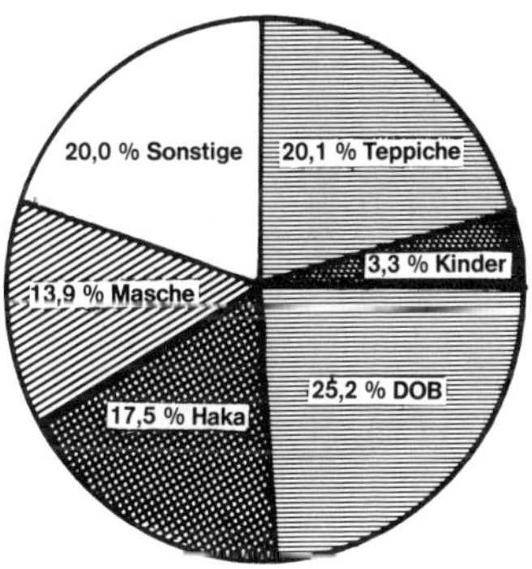

Abb. 75: Anteile der Produktgruppen am Wollverbrauch der Bundesrepublik Deutschland 1977.

Anteil der Schurwolle an der bundesrepublikanischen Gesamtproduktion in ausgewählten Produktgruppen 1977 (ohne Importe):

Herrenkonfektion	53%
Wirk- und Strickwaren	47%
Damenkonfektion	40%
Handstrickgarne	38%
Kinderbekleidung	17%
Teppiche	4%
dagegen:	
Teppich-Import	35%

barer Erzeugnisse liegen. Der Markt der oberen Preislagen ist aber ein sehr kritischer Markt, auf dem der Preis der steten Rechtfertigung durch Qualität und Leistung bedarf.
Mit Recht haben die Wollzüchter Mitte der Siebziger Jahre darauf gehofft, daß die steigenden Energiepreise bewirken würden, daß auch die Preise konkurrierender Synthetics steigen würden. Anschließend setzten die Hersteller der synthetischen Fasern ihre Hoffnung auf steigende Wollpreise. In diesem Hin- und Her wird jeder Verarbeiter textiler Fassern in der Zukunft noch mehr als bisher auf die zu dem jeweiligen Verwendungszweck am besten passenden Eigenschaften und Produktvorteile der Fasern achten müssen, und dem Verbraucher bleibt nur die Hoffnung, daß der Markt angemessene und stabile Presie erzwingt.

Das Wollsiegel

Das Wollsiegel für reine Schurwolle war schon im Jahre 1964 eingeführt worden. Die sorgfältig überwachten Gütebestimmungen, deren Einhaltung Voraussetzung für die Anwendung des Gütesiegels waren, haben nicht nur das Ansehen der Wolle als Qualitätsfaser beträchtlich gehoben, sondern das Wollsiegel zum wohl bedeutendsten internationalen Textil-Gütezeichen werden lassen. Nachdem das Wollsiegel als Garantiezeichen für reine Schurwolle im Markt fest verankert war, konnte auch für Schurwolle mit Beimischungen ein Gütezeichen geschaffen werden, das sich zwar an das Schurwollzeichen anlehnt, sich von diesem aber auch für den Verbraucher erkennbar deutlich abhebt. Die Beimischung von regenerierter Wolle (Reißwolle) ist auch von der Benutzung des sog. **Combi-Wollsiegels** ausgeschlossen. Mischungen von Wolle mit Synthetics genossen keinerlei werbliche Unterstützung durch ein Marken- oder Gütezeichen, wenn der Wollanteil 50% übertraf.

Abb. 76–78: Wollsiegel und Combi-Wollsiegel.

Das Ziel des neuen Kombisiegels ist es somit unter anderem, den Verbraucher vor der Alternative zu bewahren, entweder (meist recht teuer) Waren aus reiner Schurwolle oder solche mit grundsätzlich anderem Warencharakter wählen zu müssen, falls er mangels eigener Beurteilungsmöglichkeit auf ein qualitätssicherndes Warenzeichen vertraut. Das Combi-Wollsiegel darf immer nur in Verbindung mit einer genauen Rohstoffangabe verwendet werden. Dabei darf der Mindestschurwollanteil bei Unterbekleidung 80%, bei Socken, Strümpfen, Möbelstoffen, Decken 70% und bei Jerseystoffen, Kinderbekleidung, Hosen aus Kammgarnstoffen, Kammgarngeweben, Hemden, Blusen und Nachtbekleidung 60% nicht unterschreiten.
Es werden also im Rahmen bestimmter Grenzen alle Mischungsverhältnisse toleriert, nicht aber bestimmte Mischungsverhältnisse vorgeschrieben. Nicht alle Mischungsverhältnisse werden vom Internationalen Wollsekretariat auch werblich gefördert. Das Wollsiegel ist mittlerweile in 120 Ländern der Erde geschützt; sein Bekanntheitsgrad bei der bundesdeutschen Bevölkerung liegt bei über 85%. Es wird geschätzt, daß (1977) etwa 75% der erzeugten Schurwolle für reinschurwollene Artikel, 25% in Mischungen verarbeitet worden sind. Der Anteil der gemischten Qualitäten war in den vergangenen Jahren leicht rückläufig.

Hinweise zur Pflege von Wollartikeln:

Wegen der vielseitigen Einsatzmöglichkeiten der Wolle müssen wir auch bei den Hinweisen zur Pflege etwas stärker differenzieren:

Oberbekleidung für Damen, Herren und Kinder:

Angestaubte Anzüge, Kleider oder Mäntel leicht ausschütteln, stärker verstaubte ausbürsten, Sakkos und Mäntel auf Formbügel in der richtigen Breite hängen (Hosen auf Hosenspanner). Tragefalten beseitigt man durch einfaches Aushängen in der Nachtluft, notfalls im Badezimmer. – Neue Teile werden nach etwa einer Woche Tragezeit unter einem feuchten Tuch zur Entspannung der Wollfasern gebügelt. Wollene Kleidungsstücke müssen zur vollen Entfaltung ihrer Eigenschaften „eingetragen" werden.

Strick- und Wirkwaren:

Nach der Wäsche mit milden (Fein-)Waschmitteln bis zu 30 °C Wassertemperatur spülen, nur leicht ausdrücken, keinesfalls wringen, in Frottiertücher rollen (nach dem man sie in Form gelegt hat) und so trocknen lassen. Nicht in unmittelbarer Nähe einer starken Wärmequelle (Ofen) trocknen! Wenn das Wollsiegeletikett den Zusatz trägt: „mit Spezialausrüstung – filzt nicht", können sie im Schongang in der Maschine gewaschen werden.

Teppiche und Möbelstoffe:

Mit Kehrmaschine oder Staubsauger entstauben, von Zeit zu Zeit leicht von der Rückseite klopfen. Wenn nötig, in längeren Zeitabständen mit synthetischem Trockenschaum, aber nicht mit Seife, Waschpulver oder anderen alkalischen Reinigungsmitteln säubern. Bei starker Verschmutzung kann die Reinigung durch einen Spezial-Teppich-Reinigungsdienst mit chemischen Mitteln erfolgen.

Schlafdecken:

Ausschütteln, lüften, chemisch reinigen.

Das Wichtigste – kurz zusammengefaßt

1. Die hornartigen Grundstoffe der Stapelfasern (Wolle, Tierhaare) und endlosen Fasern (Naturseiden) tierischer Herkunft rechnen zu den Eiweißstoffen; deshalb sind die Proteinfasern (Chemiefasern auf Eiweißbasis) den tierischen Faserstoffen zuzuordnen. Während die Naturseide homogen (in sich gleichartig) ist, enthält die Wollfaser verschiedene Schichten.
2. Das Schaf ist der Hauptlieferant tierischer Stapelfasern. Die Wollen unterscheiden sich voneinander durch Feinheit, Glanz, Länge und Kräuselung, die Merinowollen sind kurz, stark gekräuselt, matt und fein, während die Cheviotwollen (oder richtiger: die noch schlichteren Teppichwollen) mäßig gekräuselt, sehr glanzreich, kaum geschuppt und recht lang sind. Die Crossbredwollen, die auch von reinrassigen Schafen geliefert werden, stehen in ihren Eigenschaften zwischen diesen beiden Ecktypen.
3. Verunreinigungen pflanzlichen Ursprungs können aus der Wolle durch eine Säurebehandlung ausgeschieden werden (Karbonisieren). Das der Wolle anhaftende Fett wird bei der Fabrikwäsche gewonnen und als Rohstoff für die Seifen- und kosmetische Industrie verwendet (Lanolin). Eine Bleiche wie bei den Pflanzenfasern ist bei der Wolle nicht möglich.
4. Die Wolle der ersten Schur eines Schafes heißt dann, wenn sie etwa ein halbes Jahr nach der Geburt des Schafes erfolgt, Lammwolle oder Lambswool; die weiche, kurze, wenig feste und sehr weiche Lammwolle wird, im Streichgarnverfahren versponnen, für Strickwaren verarbeitet, die durch Walken leicht verfilzt werden. Erstlingswolle ist die Wolle der Schur des einjährigen Schafes (Jährlingswolle), die wegen ihrer Ungleichmäßigkeit selten versponnen und meist für Steppdeckenfüllungen verwendet wird.

5. Der eigentliche Haarkörper der Wolle besteht aus der von spindelförmigen Hornzellen gebildeten Faserschicht, die von einer Zwischenmembrane und einer Schuppenschicht umgeben ist. Den Abschluß bildet das für verschiedene Eigenschaften der Wolle wichtige Außenhäutchen (Epicuticula).

6. Die Oberfläche der Wolle ist kaum netzbar; Wasser perlt ab. Hingegen saugt Wolle Wasserdampf bis zu 40% auf, ohne sich naß anzufühlen und gibt diesen Wassergehalt an trockene Luft auch wieder ab.

7. Die Kettenmoleküle der Wolle sind durch Molekülgruppen sprossenartig verbunden. Deswegen hat die Wollfaser das Bestreben, nach Formveränderungen immer wieder ihre ursprüngliche Lage einzunehmen. Beim Bügeln werden diese molekularen Querverbindungen zwischen den parallel zur Faserlänge liegenden, aber gefalteten Kettenmolekülen teilweise kurzfristig gelöst und in der durch Druck hervorgerufenen neuen Lage wieder gebildet. Auf dieser molekularen Struktur beruhen auch die Verfahren der kalten Dauerwelle und der dauerhaften Bügelfalte (Siroset).

8. Die Wolle ist dank der feinen Außenhaut trotz der schuppigen Oberfläche eine recht glatte Faser, aber zur Wurzel hin rauher als zur Haarspitze. Bei Einfluß von Wärme, Feuchtigkeit und Laugen verschlingen sich bewegte Wollfasern ineinander dauerhaft und unlöslich (Filzvorgang). Wolle kann durch Chlorbehandlung oder Beimischung von Perlon, Wollstrickwaren können durch eine kombinierte Spezialausrüstung, die allerdings einen härteren Griff gibt, filzfrei gemacht werden. Sironized, Basolan und Bancora sind Verfahren, die Wollerzeugnisse in gewisser Beziehung waschmaschinenfest machen. Bei Maschinenwäsche Einstellung „Wolle" oder „zarte Gewebe" soll die Innenseite der Artikel nach außen geschlagen werden und bei 30 °C kurz mit Seifenflocken oder neutralen Waschmitteln gewaschen werden. Nur leicht schleudern oder ausdrücken, vor direkter Hitzeeinwirkung geschützt trocknen und notfalls auf der linken Seite leicht bügeln. Eine Ausrüstung für Maschenwaren aus reiner Schurwolle, die als „Superwash" gekennzeichnet ist, macht die Ware waschmaschinenfest für alle Programme bis 30 °C Waschtemperatur.

9. Die dreidimensionale, dauerhafte Kräuselung der Wolle sorgt für hohen Lufteinschluß im Gewebe oder Gewirk und damit für ein gutes Wärmerückhaltvermögen. Die Fähigkeit der Wolltextilien, zu wärmen, bedeutet nicht gleichzeitig, daß Wolltextilien auch vor Wärme schützen, da nicht die Faser selbst für die wärmeisolierende Wirkung verantwortlich ist. In feuchtem Zustand verstärkt sich die Kräuselung der Wolle, und die wärmende Wirkung kann unter Umständen durch Abgabe von Absorptionswärme erhöht werden.

10. Das Rücksprungvermögen, die hohe Dehnfähigkeit und die weiche Schmiegsamkeit der Wolle machen die Wolltextilien praktisch knitterfrei. Durch das Dekatieren, einem mechanischen, dem Prinzip des Bügelns ähnlichen Vorgang, kann nachträgliches Eingehen von Wollstoffen bei Nässe verhütet werden.

11. Die Wolle ist „amphoter", d.h. sie wirkt Laugen gegenüber wie eine Säure und Säuren gegenüber wie eine Lauge. Deswegen ist Wolle auch mit basischen Farbstoffen ebenso zu färben wie mit sauren Farben, jedoch sind der Farbechtheit bei Wolle Grenzen gesetzt. Gegen Säuren bleibt die Unempfindlichkeit der Wolle bis in höhere Temperaturen erhalten, gegen Laugen ist die Wolle jedoch sehr empfindlich, und deswegen dürfen Wolltextilien nur in „alkalifreien" Feinwaschmitteln und nur handwarm gewaschen werden. Um bei der Wäsche das Filzen zu vermeiden, darf die Wolle keinen starken mechanischen Behandlungen unterworfen werden. Reiben, Quetschen und starke Bewegung in der Waschflotte müssen also vermieden werden. Hohe Temperaturen würden zwar nicht, wie meist angenommen wird, den Filzvorgang erleichtern, sie bringen aber die Gefahr mit sich, daß Wollfarben ausbluten oder die Wolle vergilbt. Die Chemische Reinigung hat keinerlei Einfluß auf das Einlaufen der Wollstoffe und ist oft vorteilhaft, weil sie den Säuberungsprozeß bei Wollsachen beschleunigt und erleichtert.

12. Wolle ist im Gegensatz zu Zellulosefasern nur schwer entflammbar, aber anfälliger gegen Mottenfraß (Abhilfe: Eulan).

13. Es ist schwierig, Wolle absolut gleichmäßig einzufärben. Aus diesem Grund achtet man beim Verkauf von Handstrickgarnen darauf, daß nur Stränge aus gleichen Farbpartien zusammen verstrickt werden. In der Bekleidungsindustrie, vor allem in Herrenkleiderfabriken, werden die verschiedenen Teile eines Bekleidungsstückes stets aus der gleichen Stückware herausgeschnitten, viele Kleiderwerke schneiden sogar „kundenweise" zu, d.h., alle von einem Kunden bestellten Anzüge aus dem gleichen Stück Tuch.

14. Das Gütezeichen Wollsiegel für reine Schurwolle darf nur für rein schurwollene Erzeugnisse, das Combi-Wollsiegel für Schurwollerzeugnisse mit der auf dem Etikett in Prozenten genau angegebenen Beimischung verwandt werden, nicht aber für Erzeugnisse, die auch Reißwolle enthalten. Hingegen sind Alpaka, Kamelhaar, Kaschmir, Mohair und Vikunja (Vicuña) zur Beimischung beim Wollsiegel zugelassen, nicht aber Angora und Yak-(Büffel-) Haare.

II. Tierhaare (Edelhaare)

Neben dem Schaf liefern auch noch einige andere Tiere verspinnbare, wollähnliche Haare. Die für Haargarnteppiche verarbeiteten ganz groben Tierhaare werden dabei nicht erwähnt.
Die Qualitätsunterschiede bei den „Edelhaaren" ergeben sich aus der Art des Fellkleides, aus Alter, Ernährung und der Höhenlage, in der die Tiere leben. In großen Höhen sogar über 4000 m lebende Tiere schützen sich durch dünnes, weiches Haar gegen die Kälte, da dünnes Haar dichter steht als dickes und somit besser wärmt. Die hohen Preise für die Edelhaare sind zum einen eine Folge der schwierigen Gewinnung, zum anderen werden die Tiere seltener, die gewonnenen Mengen sind kaum steigerungsfähig.
Der Begriff **Edelhaar** wird vor allem bei Steppdeckenfüllungen als Oberbegriff für Kamelhaar, Lama, Alpaka, Kaschmir, Angora, ja, sogar für Naturseide verwendet. Der hohe Preis dieser Fertigerzeugnisse rechtfertigt sich weniger wegen der Gebrauchsvorzüge – von denen das geringe Gewicht der hervorstechendste ist – als vielmehr aus dem Nimbus der Seltenheit.

Mohairwolle

Die von der **Angoraziege** (nicht zu verwechseln mit dem Angorakaninchen) gelieferte und recht wertvolle Mohairwolle ist eine 120–200 mm lange Glanzwolle. Die Angoraziege ist in Kleinasien zu Hause und wird auch in Südrußland, Südafrika und in Nordamerika gezüchtet. Ihre Wolle ist weiß, leicht gelockt und ziemlich fein. Meist wird sie mit Schafwolle gemischt. Mohairwolle läßt sich hervorragend färben, aber kaum walken und filzt nicht. Die Tiere werden zweimal im Jahr geschoren und liefern jeweils je 1,6–2,8 kg bei einem Rendement von 70–90 %. Die Wolle der Angoraziege wird nach dem TKG als „Mohair" mit oder ohne den Zusatz „Wolle" oder „Haar" bezeichnet. Der eingebürgerte Ausdruck Mohair für Fertigartikel bestimmter Art hat mit der korrekten Textilkennzeichnung nichts zu tun und ersetzt auch die Kennzeichnung nach TKG nicht.
Nicht alle Textilien, die als „Mohair" bezeichnet werden, bestehen tatsächlich aus diesem nicht gerade billigen Material. Der Ausdruck Mohair wird teilweise auch als Gattungsname für Langhaarstoffe in der Art echter Mohairgewebe angewandt. Je höher der Mohairanteil in einem Stoff, desto höher der Preis und desto mehr widersetzt er sich dem Versuch, die Kanten umzubügeln, desto angenehmer ist er aber im Tragen. Gewebe mit hohem Mohairanteil bedürfen sehr der sachkundigen Pflege und sind im allgemeinen nicht sehr strapazierfähig. Die bei Mohairkammgarn vielgerühmte Sprungkraft und Knitterechtheit, die geradezu ein Kennzeichen

der Lüsterstoffe war, haftet dem Rohstoff Mohair nicht von selbst an. Lüsterstoffe wurden früher für Sommersakkos und Schürzen viel verwendet. Die Knitterechtheit und die Sprungkraft bei Mohairlüster sind vielmehr eine Folge hoher Zwirnung der Kammgarne. Solche hart gedrehten Zwirne aus Mohair sind aber täuschend ähnlich aus billigerem Garn zu imitieren. Selbst für den Fachmann ist es schwierig, in verwebtem und konfektioniertem Zustand die hochwertigen und reklamationssicheren Mohairkammgarne von preiswerten Nachahmungen aus ungezwirntem Material sicher zu unterscheiden. Die Zwirnung macht die Gewebe erheblich teurer, denn sie erhöht den Materialverbrauch und damit das Gewicht der Stoffe.
Auch bei den flauschigen, langhaarigen Mantelstoffen sagt die Bezeichnung „Mohair" meist nicht sehr viel über die Qualität aus. Beliebt sind Zumischungen von Mohair trotz des höheren Preises deswegen, weil sie den Stoffen eleganten Glanz und einen sympathischen, schmeichelnden Griff geben. Ein hoher Mohairanteil ist aber hier ein recht zweischneidiges Schwert, denn er verschönert zwar das Stoffbild, macht das Gewebe weicher und geschmeidiger, verringert aber auch die Strapazierfähigkeit. Da sich Mohair kaum walken läßt, sind die abstehenden, die Flauschdecke bildenden Fäserchen kaum so dauerhaft im Gewebe zu verankern, daß man sie nicht mehr herausziehen kann. Wird an Stelle von Mohair eine besser filzfähige Glanzwollart verwendet, wird das Gewebe etwas schwerer und bleibt nicht so weich, es wird aber gleichzeitig dauerhafter und erheblich billiger. Wird zur Erzielung des Glanzeffektes für die Langhaarflauschdecke eine Glanz-Viskosefaser verwendet, wird der Stoff wiederum billiger, die langhaarige Decke schabt sich aber besonders leicht ab, denn Viskosefasern sind überhaupt nicht einzuwalken, wenn sie auch bei längerem Stapel gut einzubinden sind.
Ähnliches gilt auch für die Strickwaren aus Mohair, die leicht abhaaren. Versuche, durch eine Kunstharzausrüstung das Abhaaren zu verhüten, haben nicht zum gewünschten Erfolg geführt. Überdies werden Textilien aus Wolle durch Kunstharzeinlagerung recht nachteilig im Griff verändert, sie werden hart.
Als **Kid-Mohair** bezeichnet man die besonders zarten und seidig feinen Mohairwollhaare junger Angoraziegen. Strickwaren aus Kid-Mohair haben ähnliche Eigenschaften wie solche aus Lambswool.

Kaschmirwolle

Die Kaschmirwolle (lt. TKG „Kaschmir" mit oder ohne den Zusatz „Haar" oder „Wolle"; alte Schreibweise: Cachemire oder englisch Cashmere) wird auch als **Tibetwolle** bezeichnet und darf nicht mit der Thybetwolle, einer Reißwollart, verwechselt werden. Sie stammt von der in Mittelasien (Himalaya), in der Mongolei, in Persien und Afghanistan beheimateten

Kaschmirziege und wird nicht durch Scheren, sondern durch Auskämmen am lebenden Tier gewonnen, und zwar im Jahr je Tier nur etwa 400 bis 500 g (Verbrauch für einen Kaschmir-Mantel: mindestens 2000 g!). Die Haardecke der Kaschmirziege besteht aus einem etwa 70 mm langen Flaumhaar, das während der kalten Jahreszeit von dem sehr groben Grannenhaar überdeckt wird. Durch Sortieren wird das Flaumhaar vom Grannenhaar getrennt und zu hochwertigen Modeartikeln verarbeitet. Das seidig feine und seidig glänzende, weiche und sehr geschmeidige Flaumhaar wird für Damenkleiderstoffe mit fast seifig weichem Griff des hohen Preises wegen selten rein verarbeitet, oft mit feinsten Merinowollen gemischt. Am häufigsten jedoch wird der schmeichelnd weiche Warenausfall des echten „Cashalaine" durch Merinowolle imitiert. – Die Tibetwolle von der Tibetziege ist nicht ganz so fein wie die Kaschmirwolle und auch weniger stark glänzend.

Kamelhaar

Auch das Haarkleid des Kamels enthält zwei grundverschiedene Haararten: das nur etwa 100 mm lange Flaumhaar und die groben, kurzen (50–70 mm langen), schlichten, dicken und dunklen Grannenhaare, die sich aber nicht zum Verspinnen eignen. Das Flaumhaar ist ziemlich fein, stark gekräuselt und derb geschuppt. Scheren oder Rupfen erübrigt sich, da den Tieren im Frühjahr die Haare büschelweise ausfallen. Die beiden Haarsorten brauchen nicht sortiert zu werden, denn sie werden beim Krempeln in der Spinnerei voneinander getrennt. – Laut TKG kann „Kamel" als korrekte Bezeichnung mit oder ohne den Zusatz „Haar" oder „Wolle" verwendet werden. Ein Tier liefert im Jahr etwa 2,5–4,0 kg Flaumhaar.
Auch das Flaumhaar des Kamels ist ein sehr wertvoller Textilrohstoff, der vor allem die Herstellung von sehr leichten, voluminösen Mantelstoffen und Wolldecken ermöglicht. Gewebe aus **rein** Kamelhaar sind trotz ihres geschätzten, leichten Gewichts und ihrer flaumigen Weichheit unverhältnismäßig teuer. Darum nehmen Gewebe mit Merinokammgarn als Kette und einem Schuß aus reinem Kamelhaar, der gleichzeitig die Warenoberfläche beherrscht, sowohl für Decken als auch unter den Mantelstoffen den bedeutungsvolleren Platz ein. – Eine klare Unterscheidung des Kamelhaars von feiner Merinowolle ist nur unter dem Mikroskop möglich.

Alpakawolle

Die Alpakawolle stammt von verschiedenen Schafkamelarten (*Alpaka* = Pako = Auchenia pacos; Guanako = Lama guanacoe; Vicugna = Lama vicugna), die in der Kordillere Südamerikas zu Hause sind. Sie ist fein, weich,

Abb. 79: Verschiedene Tiere, die hochwertige Haare für textile Verarbeitung liefern.

glänzend, wenig gelockt und trotzdem recht kräftig. Man verwendet sie für Klosterbekleidung. Alle zwei Jahre können die Tiere teilgeschoren werden (also nicht „nackt“ wegen der Kälte); eine Schur ergibt etwa 1000 g Haar. Auch die Bezeichnung **Lamawolle** ist nach TKG korrekt; sie ist nicht so fein und weich wie Alpaka, sondern grober und weniger elastisch und von geringerer Handelsbedeutung. Lama und Alpaka werden auch zu hochwertigen und leichten Schlafdecken verarbeitet.

Die wertvollste Abart der Alpakawolle – die übrigens nicht mit der Alpakkawolle, einer Reißwollart, verwechselt werden darf – ist die **Vicuña-Wolle,** die außerordentlich fein, weich, glänzend und der Kaschmirwolle sehr ähnlich ist. Sie gilt wegen ihrer Seltenheit und ihrer Qualität als sehr wert-

voll und wird in geringsten Mengen für ganz exklusive Strickwaren und für Webwaren in der Art der Kamelhaargewebe verarbeitet. Ein Herrenmantel aus rein Vicuña kann über 2000,— DM kosten.
„Alpaka" und „Vikunja" sind mit oder ohne den Zusatz „Haar" oder „Wolle" auch korrekte Bezeichnungen lt. TKG.

Angorawolle

Im Gegensatz zur Mohairwolle stammt die Angorawolle vom **Angorakaninchen.** Sie unterscheidet sich von allen anderen Wollarten erheblich durch Glätte, Feinheit und Gewicht. Wegen des starken Ölgehaltes ihrer Oberfläche ist sie sehr wasserabstoßend, wird leicht elektrisch aufgeladen und eignet sich wegen der hohen elektrostatischen Aufladung und ihres besonderen Wärmerückhaltvermögens für rheumalindernde Unterwäsche.

Abb. 80: Angorawolle mit mehrreihigem Markstrang.

Sie hat Mitte der fünfziger Jahre einen Konkurrenten in der Polyvinylchlorid-Faser bekommen. Die Geschmeidigkeit der Angorawolle übertrifft die Naturseide, die vielen kammerartigen Zellen und das hohe Spreizvermögen der Faser machen die Stoffe und Gewirke aus Angorawolle leicht, porös und lufthaltig. Das Tier ist eine Kunstzüchtung und deswegen sehr anfällig gegen Krankheiten, die Wolle dem Mottenfraß besonders ausgesetzt. Die Zucht erfordert gute Pflege der Tiere, um eine saubere, unverworrene Wolle zu erhalten. Auch die Angorawolle wird zur Zeit des Haarausfalls im Frühjahr und Herbst durch Auskämmen gewonnen, dazwischen auch durch Scheren. Der Ertrag je Tier liegt jährlich zwischen 220 g und 400 g. Verspinnen zu Kammgarn war zunächst nur in der Mischung mit Schafwolle möglich, Verspinnung zu Streichgarn auch rein. Erhebliche Impulse hat die Verarbeitung von Angorawolle seit dem Jahr 1977 erfahren, als es gelang, ein neues Spinnverfahren zu entwickeln, das es gestattete, Feingarne von 60–150 Nm auszuspinnen, was vordem nicht möglich war. In der Mischung 55/45 % mit einer Seele aus pillarmen, 38 mm langen Trevira-Spezialstapelfaser 350 als Seele sind diese Feingarne Core-spun-Garne, die fein, leicht und weich, pillarm, reinigungsbeständig, maschinenwaschbar und recht dauerhaft sind. Diese Garne sind für hochwertige Unterwäsche, Nachtwäsche, Strumpfwaren einschließlich Strumpfhosen mit Angora im Slipteil und für Oberbekleidung aus Maschenware ebenso geeignet wie für Tuche für Herrenoberbekleidung mit einem Gewicht von 190 bis 320 g. Die Angora-Feingarne mit Trevira-Endlos-Filament als Seele weisen hervorragende Abrieb- und Pillwerte auf; zu Interlock verarbeitet, sind die Pillwerte höher als bei vergleichbarer Ware aus mercerisierter Baumwolle. Das Garn ist sehr elastisch und reißfest, es garantiert einwandfreie Laufeigenschaften auf Web-, Wirk- und Strickmaschinen. Es kann als Garn und im Stück gefärbt und auch bedruckt werden.

Erzeugnisse daraus haben folgende Eigenschaften:

- Außergewöhnlich hohe Temperatur-Regulierung dank der Luftkammern im Innern der Angora-Faser;
- Extrem hohe Feuchtigkeitsaufnahme, ohne sich naß anzufühlen (bis 62% im Gegensatz zu Schafwolle mit ca. 32%, bezogen auf das Eigengewicht);
- außerordentlich niedriges Gewicht (Angora ist leichter als Naturseide);
- Hohe Formbeständigkeit, kein Filzen, kein Fusseln;
- Maschinenwaschbarkeit im Schongang bis 60 °C.

Stoffe aus diesem Garn bestechen durch ihren geschmeidigen Griff.

Die Rohstoffbasis für diese erweiterten Verwendungszweck schuf eine auf deutsche Initiative zurückgehende Neuzüchtung eines Angorakaninchens, das in Deutschland und Irland ebenso gut gedeiht wie in Chile und Afghanistan, wodurch das bisherige Monopol Chinas unterlaufen werden kann und das bei besonders hoher Wolleistung eine sehr gute Faserqualität liefert. Dieses **Ceres-Kaninchen** ergibt je Jahr bei fünfmaliger Schur zwischen 900 und 1100 g je Tier, wobei die gewonnene Wolle einen mit 2–3% außerordentlich niedrigen Anteil an Grannenhaaren aufweist (normal bis zu 17%). Trotz der Verwendung zu Feinstgarnen fallen beim Kämmen nur etwa 12% Abfall an (normal: bis zu 30%). – Bei einer chinesischen Produktion von 1500–2000 t je Jahr wurde durch diese Neuzüchtung der ausserhalb Chinas erzeugte Ertrag von etwa 300 t, vor allem aus der Tschechoslowakei, etwas mehr als verdoppelt.

Die Bezeichnung „Angora" mit oder ohne den Zusatz „Haar" oder „Wolle" ist auch im TKG vorgeschrieben.

Roßhaar

Verwertbar sind die Mähnen- und Schweifhaare des Pferdes, die wegen ihrer großen Sprungelastizität zu Einlagenstoffen verarbeitet werden oder in der Polsterei Verwendung finden. Die Roßhaare sind glatt und glänzend, besitzen große Biegeelastizität und werden vor Verarbeitung meist schwarz gefärbt. Ursprünglich wurden die Roßhaarstoffe für Einlagezwecke nur

45 cm breit, der Haarlänge entsprechend, hergestellt, da es nicht möglich war, Roßhaar zu verspinnen. Man legte sogar das Roßhaar von Hand in das von der Kette gebildete Fach beim Weben ein. Nunmehr werden die Roßhaare umzwirnt, d. h. mit einem Baumwollgarn umsponnen, und dadurch entsteht ein endloses Garn, das wie üblich auf dem Webstuhl mit einem Schützen eingetragen werden kann. Das auf diese Weise entstandene „Zwirnroßhaar" hat noch einen weiteren Vorzug: zugeschnitten und im Kleidungsstück verarbeitet, arbeiten sich die einzelnen Roßhaare kaum mehr aus dem Gewebeverband heraus und werden nicht mehr als nadelfeine Spitzen im Futter fühlbar. – Laut TKG kann „Roßhaar" wie im Sprachgebrauch üblich, aber auch schlechthin als „Haar" bezeichnet werden.

Das Wichtigste – kurz zusammengefaßt

1. Die Mohairwolle von der Angoraziege ist eine weiche, weiße, feine und nur leicht gelockte Glanzwollart, die sich nur schwer walken läßt und nicht filzt. Ihre Sprungkraft erhalten die Mohairkammgarngewebe durch hohe Zwirnung der verarbeiteten Kammgarne. Alle Gewebe mit hohem Mohairanteil sollten nicht allzusehr strapaziert und sorgfältig gepflegt werden. Kid-Mohair ist das besonders zarte und seidige, feine Haar junger Tiere.

2. Die Kaschmirwolle von der Kaschmirziege ist sehr wertvoll, seidig fein, seidig glänzend, weich und geschmeidig. Man macht hochwertige Schals daraus; der Griff der Kaschmirgewebe wird oft mit Hilfe von Merinowollen imitiert.

3. Aus den feinen, stark gekräuselten, derb geschuppten und wertvollen Flaumhaaren des Kamels macht man mit Vorliebe weiche und leichte, dabei sehr voluminöse Schlafdecken und Mantelstoffe, die auch dann viel Geld kosten, wenn sie eine Wollzwirnkette enthalten.

4. Ähnlich Mohair werden Kammgarne aus Alpakawolle vom südamerikanischen Schafkamel (fein, weich, seidig glänzend) für poröse, lüsterähnliche Stoffe verarbeitet. Die wertvollste Wolle von einer Lamarasse ist die Vicuña-Wolle.

5. Die Angorawolle vom Angorakaninchen wird wegen ihrer hohen Wärmehaltung und ihrer starken elektrostatischen Aufladung vor allem für rheumalindernde Unterwäsche geschätzt. Das gegen Mottenfraß ziemlich anfällige Material ist zudem wasserabstoßend, glatt, fein, weich und leicht. Deswegen wird Angorawolle auch gerne zu Schals und Handschuhen verarbeitet.

6. Die Mähnen- und Schweifhaare der Pferde, das glatte und glänzende Roßhaar, wird außer in der Polsterei vor allem für sprungkräftige Einlagenstoffe verwendet. Um ein stabiles und endloses Garn zu erhalten, werden die Roßhaare mit einem Baumwollfaden umsponnen.
7. Hasen- und Kaninchenhaare werden zur Herstellung von Hutfilzen verarbeitet; füllige Haargarne für Teppiche bestehen in guten Qualitäten aus Ziegenhaaren, sonst aus einer Mischung von Rinder-, Kälber- und Ziegenhaar, der oft noch Reißwollen beigemengt werden.

III. Wollabfälle („Hautwolle" und „Altwolle")

Abfallwollen können in zwei Gruppen eingeteilt werden:

Minderwertige Naturwollen

Hierher gehören Wollen, die zwar direkt vom Tier stammen, aber qualitativ weit unter der Schurwolle liegen. Sie dürfen entsprechend dem TKG zwar als „Wolle", nicht aber als „Schurwolle" bezeichnet werden.

a) **Raufwolle,** das sind Wollen, die von kranken Tieren ausgerauft werden oder die bei Krankheiten ausfallen.
b) **Sterblingswolle,** von gefallenen Tieren geschoren und weniger gut als die Schurwolle gesunder Tiere. Raufwolle und Sterblingswolle sind matt, wenig elastisch und meist auch in Feinheit und Kräuselung unausgeglichen.
c) **Hautwolle,** aus der Haut geschlachteter Tiere gelöste Wolle, die bei vorsichtiger Ablösung recht gut sein kann. Als **Schwitzwolle** oder **Mazametwolle** bezeichnet man gute Wollen, zu deren Gewinnung die Häute eingeweicht, mehrmals gewaschen und dann in luftdicht abgeschlossenen Räumen zum Schwitzen aufgehängt werden, wobei durch Bakterien das Haarwurzelkeratin biologisch abgebaut wird. Die Wollen können dann mitsamt der Wurzel leicht und ohne Schädigung aus der Haut gezogen werden. Bei **Schwödewolle** wird die Haarwurzel durch eine Chemikalie zerstört, die Wolle läßt sich ebenfalls ohne Qualitätsminderung des Haarschaftes aus der Haut ziehen.
d) **Gerberwolle.** Sie wird aus den Fellen geschlachteter Tiere in der Gerberei als Nebenprodukt der Ledergewinnung mit scharfen Chemikalien aus der Haut gelöst, die den Haarschaft stark angreifen. Auch die versprödete und brüchige Gerberwolle – die immer noch besser ist als die Sterblingswolle – besitzt die ganze Haarwurzel.

Regenerierte Wollen

Als regenerierte Wollen oder **Reißwollen** bezeichnet man Wollen, die schon einmal einen Verarbeitungsprozeß durchgemacht haben und aus Textilabfällen wiedergewonnen werden. Als hochwertiger und deswegen auch verhältnismäßig kostspieliger Rohstoff wird die Wolle in großem Umfang mehrfach verarbeitet. Je wertvoller die ursprünglich zuerst verarbeitete Wolle war und je weniger die Wollen im Gebrauch und bei der Wiedergewinnung beansprucht worden sind, desto höher ist der Wert der Reißwolle. Abfälle aus der Weberei und Wirkerei reißt man auf dem Reißwolf und verspinnt sie wieder allein oder in Mischung mit anderem oder frischem Material. Die Reißwolle büßt ihren Wert in dem Maße ein, in dem die Materialien bereits beansprucht waren und als Kleidungsstücke unter Schmutz, Wäsche, Reinigen und Bügeln gelitten haben. Je leichter sich die Fasern aus dem Altstoff lösen lassen, um so besser ist das zurückgewonnene Material. Besonders beliebt sind daher Strickwarenabfälle, deren Reißwolle selbst nach der zweiten Verarbeitung einer mittleren Schurwolle kaum nachsteht. – Reißwollen dürfen lt. TKG zwar als „Wolle", nicht aber als „Schurwolle" bezeichnet werden.

Der Nachweis von Reißwolle in Geweben ist sehr schwierig. Man versucht, die Reißwolle durch den Vergleich der Faserlängen oder durch mikroskopische Untersuchung nachzuweisen. Reißwollen müssen nicht unbedingt unregelmäßiger in der Länge sein als Schurwollen, nicht immer ist eine Faserschädigung im Mikroskop zu erkennen.

Zieht man die Importe (vor allem von Nordamerika nach Italien) in Betracht, dann gibt es über 400 Sorten verschiedener Lumpen. Für die Aufbereitung der Reißwolle hat sich vor allem die Stadt **Prato** in Italien in der Gegend von Florenz als eine Art Weltzentrum herausgebildet. Dort gibt es Sortierbetriebe, die die in ganzen Schiffsladungen eintreffenden Lumpen nicht nur nach Qualität und Art, sondern sogar nach der Farbe sortieren und postenweise an die Reißereien abgeben. Es leuchtet ein, daß bei einer arbeitsteiligen Organisation, wie sie im Gebiet von Prato vorliegt, und bei der Wollabfallverwertung im großen Stil sich aus der Reißwolle Gewebe herstellen lassen, denen man die Reißwolle nicht mehr ansieht und die neben günstigen Preisen auch qualitativ durchaus modernen Ansprüchen gerecht zu werden vermögen. Das Qualitätsniveau der Pratoerzeugnisse ist auch in den Jahren nach 1955 laufend angehoben worden. Jedoch ist nicht nur bei Pratoerzeugnissen, sondern bei Reißwollerzeugnissen überhaupt stets eine besonders gewissenhafte Prüfung der Qualität am Platz, denn die Textilien aus Reißwolle weisen sehr starke Unterschiede in ihren Gebrauchswerten auf, die man der Ware äußerlich kaum ansieht. Auch Reißwolle darf nach TKG und Bezeichnungsgrundsätzen als Wolle bezeichnet werden. Eine Ware, die als reine Wolle bezeichnet wird, kann also Reißwolle **und** Schurwolle enthalten, aber nach den immer noch gültigen

Bezeichnungsgrundsätzen vom 24.3.1958 und nach dem TKG auch **ganz** aus Reißwolle bestehen. Die Bestrebungen, hier Wandel zu schaffen, werden nach Verabschiedung des deutschen TKG und der in diesem Punkt übereinstimmenden EG-Richtlinie in absehbarer Zeit keinen Erfolg haben können. Eine Ware, die als reine Schurwolle bezeichnet wird, darf lt. TKG nur Schurwolle mit einer Toleranz von nur 0,3% enthalten. Ausschließlich der Verzierung dienende sichtbare und mechanisch trennbare Effektmaterialien dürfen 7% Anteil nicht übersteigen.

Reißwolle findet sich ausschließlich in Streichgarngeweben. Sie hilft mit, solche Gewebe füllig zu machen. Die Verwendung von Reißwolle bringt bei vielen Stoffarten kaum eine Qualitätsminderung mit sich, wenn das Material gut, durch das Reißen wenig beschädigt oder gespalten ist und ein ausreichender Anteil langfaseriger Schurwolle beigemischt wurde. Das Kammgarnspinnverfahren kann aus technischen Gründen nur langstapelige Wollsorten verarbeiten, eine Reißwollbeimischung ist nicht möglich. Kammgarnartikel aus reiner Wolle sind also gleichzeitig aus reiner Schurwolle.

Je stärker sich Synthetics wie Trevira und Diolen in Mischungen mit Schurwolle durchsetzen, desto dringender bedarf das Problem der Trennung beider Faserarten für die Reißwollverarbeitung der Lösung. Da die Synthetics sich nicht walken lassen, sind Regenerate aus solchen Mischgeweben bei den üblichen Methoden der Reißwoll-Verarbeitung nicht verwendbar. Es ist möglich, Polyesterfasern in Wollabfällen zu zerstören, ohne die Wolle zu beschädigen. Diese Trennung ist bei Wiederverarbeitung nötig, weil Synthetics nicht walken und Färbungen regenerierter Mischgespinste fleckig herauskommen. Sie ist meist unwirtschaftlich, weil die Synthetics mengenmäßig überwiegen (55/45%).

Reißwollarten

1. **Shoddy,** aus ungewalkten, reinwollenen Strick- und Wirkwaren, auch aus Garnen, die sich fast ohne Faserschädigung reißen lassen. Mit 15–30 mm Länge recht wertvoll.

2. **Thybetwolle** (auch: „Tibet“) aus neuen, noch nicht getragenen Abfällen (vor allem der Konfektionsindustrie), und zwar von Kammgarngeweben oder ungewalkten Streichgarngeweben. Nicht zu verwechseln mit Tibetwolle=Kaschmirwolle.

3. **Mungo,** aus neuen und alten gewalkten Abfällen, die wegen ihrer engen Verfilzung sehr schwer zu zerfasern sind und ein minderwertiges, kurzstapeliges (5–20 mm langes) und oft stark geschädigtes Material ergeben.

4. **Extraktwolle,** unglücklicherweise auch häufig als **Alpakkawolle** bezeichnet, aber nicht mit der Wolle des Schafkamels zu verwechseln (die mit einem „k": Alpakawolle, geschrieben wird). Diese Wolle wird aus Wollmischgeweben gewonnen.
Der Name Extraktwolle weist auf die Gewinnungsmethode hin: Aus dem Gemisch werden die pflanzlichen Bestandteile durch Karbonisieren (Säurebehandlung) entfernt, die Wolle also aus dem Gemisch „extrahiert" (herausgezogen).

Erkennungsmerkmale der Reißwolle

1. Traniger Geruch

Die Lumpen müssen während des Reißprozesses „geschmälzt" werden, d.h. das Material wird mit Ölen oder Fetten durchtränkt, um zu verhindern, daß die ganz kurzen Fasern beim Reißen verlorengehen. Die Schmälze (von „Schmalz"), die oft aus Fischtran gewonnen wird, verklebt die kürzeren Fasern mit den längeren oder den Trägerfasern für die Dauer des Reißprozesses, und sie läßt sich kaum mehr nachträglich entfernen. Daher der ölig-tranige Geruch fast aller Reißwollgewebe. Stoffetiketten werden nach längerer Lagerdauer auch manchmal fettig.

2. Kurze Fasern und Fadenreste

Beim Aufdrehen der Garne sieht man viele kurze Fasern, die auch sehr ungleichartig sein können, und kurze Fadenreste („Nester"), die bei der Aufarbeitung nicht aufgelöst wurden. Oft sind die Einzelfasern auch von verschiedener Farbe. Die Kräuselung der Reißwollfasern ist oft unausgeprägt.

3. Fehlen klarer, heller Farbtöne

Stoffe aus Reißwollen sind selten klar und hell zu färben, da die ursprünglichen Farben der wiederverwendeten Wolle überfärbt werden müssen. Meist haben Reißwollerzeugnisse dunklere, oft schmutzige Mischfarben.

4. Faserschädigungen

Unter dem Mikroskop erkennt man oft sehr unterschiedliche Faserfeinheit, Fremdbeimischungen (z. B. Baumwollfasern) und Faserschädigungen wie Knick- und Bruchstellen, pinselartig ausgefranste Faserenden oder aufgeschlitzte Fasern, aber auch ungleiche Faserfeinheiten.

Das Wichtigste – kurz zusammengefaßt

1. Zu den Abfallwollen zählen minderwertige Naturwollen, wie die von kranken Tieren ausgeraufte Raufwolle, die von gefallenen Tieren geschorene Sterblingswolle und die verschiedenen Arten der von den Fellen geschlachteter Tiere abgelösten Wollen, wie Hautwollen (Mazametwolle, Schwödewolle) oder Gerberwolle.

2. Als Reißwollen bezeichnet man Wollen, die schon einmal einen Verarbeitungsprozeß durchgemacht haben und wiedergewonnen (regeneriert) wurden. Je weniger die Wolle durch die Verarbeitung, im Gebrauch und bei der Wiedergewinnung gelitten hat, desto besser ist die Reißwolle.

3. Die hochwertigste Reißwolle aus ungewalkten Wirk- und Strickwarenabfällen heißt Shoddy, Reißwolle aus noch nicht getragenen Stoffabfällen Tibetwolle. Mungo wird aus gewalkten, getragenen oder ungetragenen Abfällen gewonnen und ist schon recht stark geschädigt, während bei Extraktwolle auf chemischem Wege (Karbonisieren) erst Zellulosefasern ausgeschieden werden müssen.

4. Es ist sehr schwierig, Reißwolle einwandfrei in Geweben nachzuweisen. Gewebe aus Reißwolle kann man an ihrem oft ölig-tranigen Geruch, am Fehlen klarer, heller Farbtöne und beim Aufdrehen der Garne an den vielen kurzen Faserstückchen und unaufgelösten Garnresten erkennen. Unter dem Mikroskop sieht man auch die verschiedenen Schädigungen an den Fasern.

5. Nur Streichgarngewebe können Reißwollen enthalten, nicht aber Kammgarnstoffe, da Reißwollen nur im Streichgarnspinnverfahren zu verarbeiten sind. Dabei ist Reißwollbeimischung nicht unbedingt ein Zeichen dafür, daß es sich im Verhältnis zum Preis um eine wenig gebrauchstüchtige Ware handelt. Es gibt recht gute Streichgarnqualitäten, deren Gehalt an Reißwolle auch für den Fachmann nicht so leicht erkennbar ist. Allerdings ist bei Verdacht auf Reißwollbeimischung immer genaue Qualitätsprüfung (notfalls Einzelfaseruntersuchung) anzuraten. Stark gewalkte Streichgarngewebe mit hohem Reißwollgehalt neigen dazu, im Gebrauch den feinen Faserflor der Warenoberfläche bald zu verlieren; sie tragen sich rasch ab.

6. Nach den gültigen Bezeichnungsgrundsätzen und dem TKG darf Reißwolle als Wolle bezeichnet werden. Der Ausdruck „Schurwolle" ist nur solchen Wollen vorbehalten, die „noch keinem Spinn- oder Filzprozeß oder einem die Faser schädigenden Verfahren bei der Gewinnung" unterlegen hat. Weder Reißwollen noch die minderwertigen Naturwollen dürfen demnach als Schurwolle bezeichnet werden.

IV. Chemiefasern auf Eiweißbasis (Regenerierte Proteinfasern)

Zwar wurde schon im vorigen Jahrhundert versucht, aus tierischem Eiweiß brauchbare Fasern zu spinnen, doch ist heute noch der Anteil der Chemiefasern auf Eiweißbasis (Proteinfasern) recht gering. Die Rohstoffe sind nicht billig und nur in wenigen Ländern im Überfluß vorhanden. Auch in Deutschland (Fritz **Todtenhaupt** 1904) wurde bereits eine Proteinfaser entwickelt, und zwar aus dem Kasein der Milch, doch reichte die deutsche Milch- und Käseproduktion kaum zur Versorgung der Bevölkerung mit Nahrungsmitteln aus – geschweige denn als Rohstoff für Chemiefasern.

Alle Proteinfasern werden durch Lösen des tierischen oder pflanzlichen Eiweißkörpers in einer alkalischen Lösung im Naßspinnverfahren gewonnen und haben geringe Festigkeit, quellen im Wasser stark und verlieren im nassen Zustand noch an Festigkeit. Obwohl sie alleine für sich nicht filzen, sind sie mit Wolle zusammen filzfähig. Textilien aus Proteinfasern haben ein gutes Wärmehaltungsvermögen, gute hygienische Eigenschaften und eine gewisse Fülligkeit, sind mithin wollähnlich. Sie sind aber für einen Textilrohstoff fast übermäßig dehnfähig, sehr wenig naßfest und im nassen Zustand leicht verformbar. Sie knittern daher in der Wäsche. Sie sind empfindlich gegen Laugen und müssen daher handwarm mit einem alkalifreien Feinwaschmittel gewaschen werden.

Größere Bedeutung haben in Italien **Lanital** und die daraus entwickelte, verbesserte **Merinova** aus Kasein erlangt („Milchwolle"). **Fibrolane** ist die englische Faser aus Milcheiweiß, **Enkasa** die holländische. Als **Zeïnfaser** werden generell die Fasern aus Maismehl bezeichnet; **Vicara**, neuerdings auch **Zycon** genannt, ist eine amerikanische Faser aus dem Eiweiß der Maispflanze. Mit **Sarelon, Silkool** und **Prolon** hat die in England entwickelte und auch in Amerika hergestellte Faser **Ardil** den Vorzug gemeinsam, daß ihr Rohmaterial, das Eiweiß der Erdnuß, im Überfluß vorhanden ist. Wegen der Faser Ardil wurden die Chemiefasern auf Eiweißbasis erwähnt, dann zusammen mit Viskosespinnfaser (33 %) wurde ein Stoff aus Ardil (67 %) mit dem Namen **Adilen** entwickelt, der als weiches, warmes Druckgrundgewebe für Winterblusen und Hemdblusenkleider auch in Deutschland größere Bedeutung erlangt hat. Adilen ist verhältnismäßig knitterarm, leicht wie Musselin, gut zu färben und zu bedrucken. Die Viskosebeimischung verbessert die Wascheigenschaften und die Haltbarkeit, während das Ardil den angenehmen, weichen Griff und die Wollähnlichkeit bei günstigem Preis gibt. Ob die im Jahre 1971 in Italien neu auf den Markt gekommene und recht preiswerte Faser **Opervillic** sich auf den Markt durchsetzen wird, steht dahin. Erdnußeiweiß- und Maiseiweißfasern werden zur Zeit (1984) nicht mehr produziert.

Das Wichtigste – kurz zusammengefaßt

Der musselinartige Kleiderstoff Adilen besteht aus Ardil und Viskosespinnfaser, hat wollähnlichen Griff und muß mit alkalifreien Waschmitteln handwarm gewaschen werden. Die Chemiefasern auf Eiweißbasis haben keine praktische Bedeutung mehr.

Naturseide

Wir müssen der Naturseide einen Raum widmen, der ihr nach ihrem Anteil an der Weltproduktion der Textilfasern nicht zukommt – dieser Anteil liegt unter einem Prozent. Nicht nur historische Gründe sind hierfür maßgebend, sondern auch die Tatsache, daß die Naturseide die **erste endlose** Faser war, die der Mensch überhaupt in die Hand bekam und die das Vorbild abgab für alle endlosen Chemiefasern. Noch heute gilt die Naturseide als edelster Textilrohstoff, zumindest in den Augen des Publikums.
Die Geschichte der Naturseide ist gewissermaßen die Geschichte der menschlichen Eitelkeit – nicht nur der weiblichen; denn in früheren Jahrhunderten pflegten sich auch die Herren der Schöpfung in Samt und Seide zu hüllen. 3000 Jahre lang war die Naturseide ein chinesisches Monopol. Als in Ägypten die Pyramiden entstanden, konnte man in Mesopotamien bereits Flachs mit der Spindel verspinnen und verwandte dort die ersten Gold- und Silbermünzen als Geld in unserem heutigen Sinne. Etwa um die gleiche Zeit ist in China die systematische Seidenraupen**zucht** entstanden. Jahrhundertelang wurde den chinesischen Herrschern, die sich der Seidenraupenzucht besonders annahmen, größte Achtung gezollt; sie wurden höher geschätzt als siegreiche Feldherren.
Die systematische Zucht der Seidenraupen brachte wesentlichen Fortschritt: Man konnte die als Haustiere gezogenen Seidenraupen leichter vor den in China so häufigen und den Tieren schädlichen Temperaturschwan-

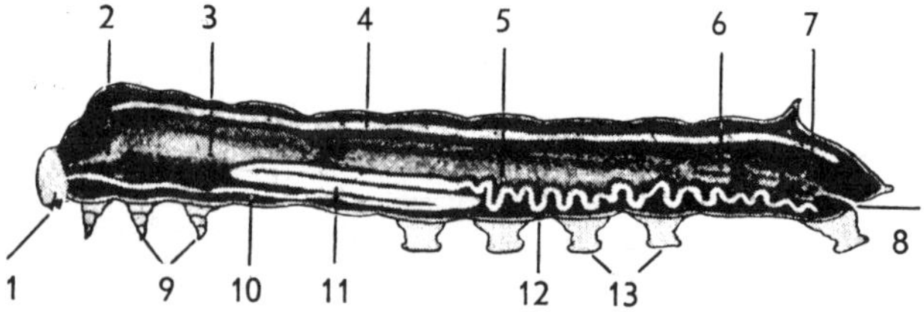

Abb. 81: Innerer Bau der Seidenraupe (nach einer Zeichnung von E. Handschin).
1=Mund mit Spinnwarze, 2=Schlund, 3=Vorderdarm, 4=Herz, 5=Magen, 6=Dickdarm, 7=Enddarm, 8=After, 9=Brustgliedmaßen, 10=sezernierender Spinndrüsenteil, 11=Drüsenreservoir, 12=paariger Drüsenkanal, 13=Bauch- oder Scheinfüße.

Abb. 82: Der Seidenspinner legt seine Eier.

kungen schützen, man lernte es, die Tiere rechtzeitig mit gepflückten Maulbeerblättern zu füttern und die im Kokon eingesponnenen Puppen ebenso rechtzeitig mit heißem Wasser abzutöten, bevor der entwickelte Schmetterling aus seiner Hülle schlüpfen und so den Kokon zerstören konnte. Auf Verrat der Kunst, Seidenraupen zu züchten und den gewonnenen Faden zu färben, stand die Todesstrafe. Eine chinesische Prinzessin, die nach Indien heiratete, verriet das Staatsgeheimnis und brachte, in ihrem Brautschmuck verborgen, Seidenraupeneier unbemerkt über die Grenze.

Nur in Japan hat sich eine ausgedehnte Seidenraupenzucht entwickeln und erhalten können. Zwar ist China immer noch das Land mit der größten Produktion, aber dort wird auch sehr viel Seide verbraucht. Deshalb beliefert Japan trotz ständig noch steigendem Eigenbedarf den größten Teil der Weltmärkte außerhalb des Ostblocks mit besseren Qualitäten, als in China erzeugt werden. Neuerdings wird in Ägypten eine Seidenraupenzucht auf Basis der Blätter der Rizinuspflanze betrieben und Naturseide unter dem Namen **Sacrote** in den Handel gebracht.

Abb. 83: Die Eier des Seidenspinners in Großaufnahme.

Die Seidenraupenzucht

Bei der Gewinnung der Naturseide muß Rücksicht genommen werden auf die Lebensbedingungen des Maulbeerbaumes, dessen Blätter das Futter für die Seidenraupen abgeben, und auf die der Seidenraupe, eines Entwicklungsstadiums des Seidenspinners. Der Schmetterling selbst lebt nur zwei bis drei Tage, ist außerstande, Nahrung aufzunehmen und hat nur die Aufgabe, 300–500 Eier zu legen. Die aus den Eiern geschlüpften Raupen zeichnen sich durch einen aufsehenerregenden Appetit aus und bringen es innerhalb von 35 Tagen auf 9 cm Länge. Während dieser Wachstumsperiode häuten sie sich mehrmals. Sodann hüllt sich die Raupe in den Kokon, um sich über das Zwischenstadium der Puppe zum Schmetterling zu entwickeln. Das Einspinnen dauert etwa zwei Tage. Die Raupe drückt

▲84 (Bildlegenden S. 156) ▼85

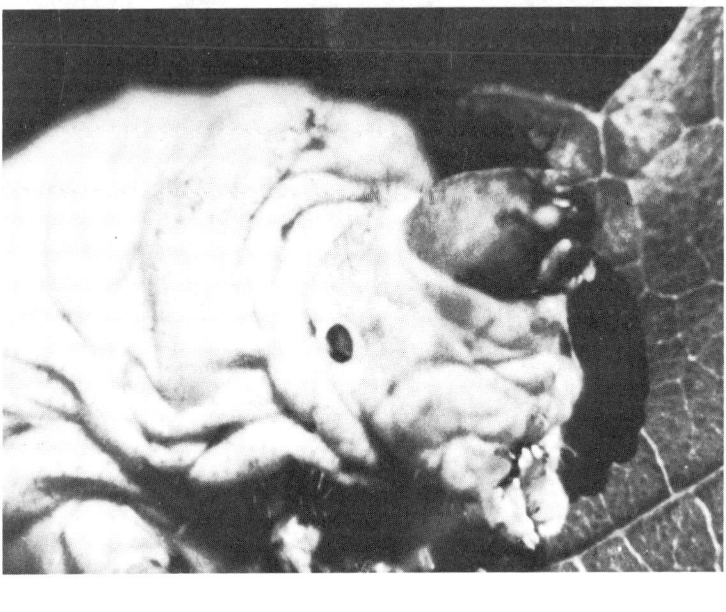

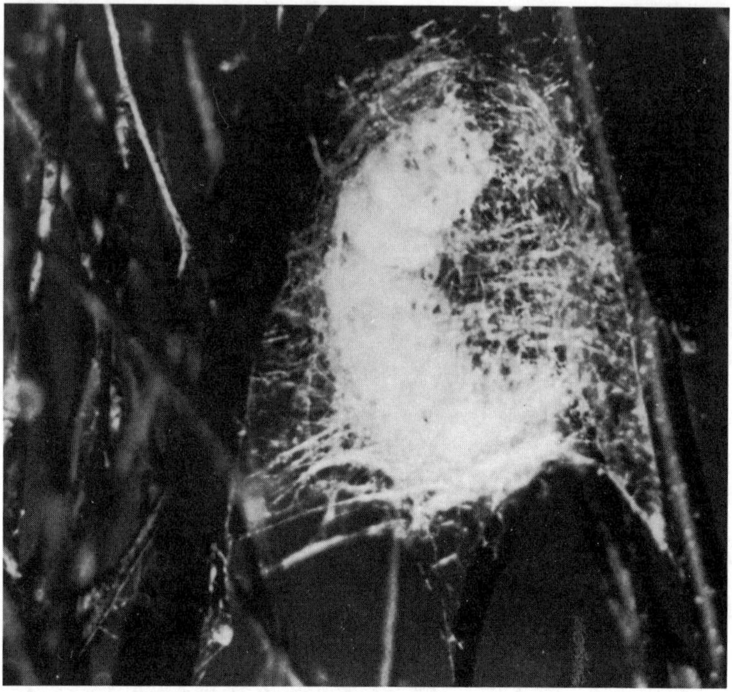

▲86

Gütezeichen für Erzeugnisse aus Reiner Seide.

Abb. 84: Seidenraupe auf Maulbeerblättern. Ihr Appetit ist unersättlich.

Abb. 85: Porträt einer Seidenraupe kurz vor dem Einspinnen.

Abb. 86: Die Raupe spinnt sich zu einem Kokon.

Abb. 87: Der fertige Kokon.

Abb. 88: Geöffneter Kokon mit der Puppe des Seidenspinners.

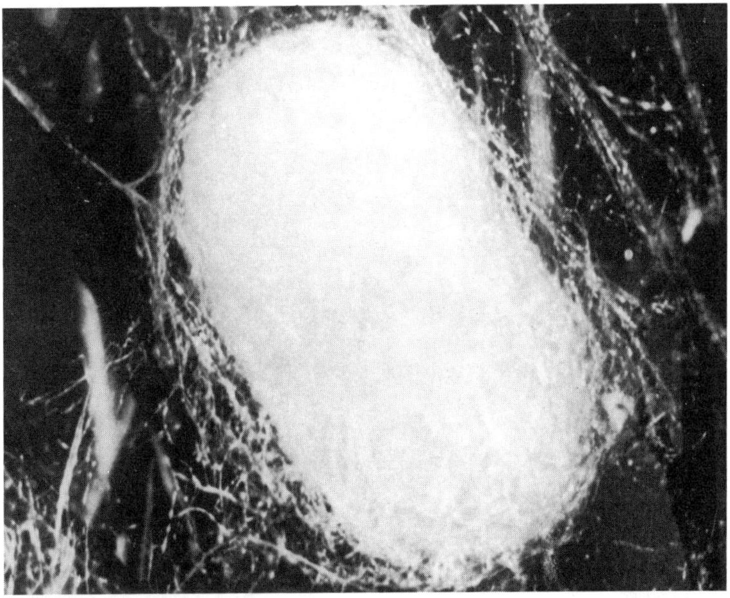

▲87

▼88

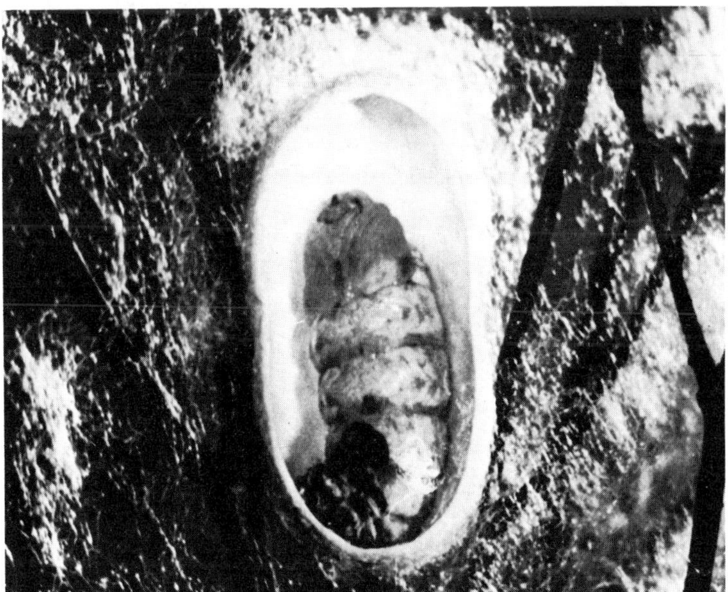

Abb. 89: Der Seidenspinner hat ein Ende des Kokons durchstoßen und schlüpft aus.

aus zwei unter dem Munde liegenden Spinndrüsen einen zähflüssigen Spinnbrei aus, der an der Luft sofort erstarrt, während sie sich durch achterförmige Bewegungen des aufgerichteten Oberkörpers einspinnt („Trockenspinnverfahren"). Die beiden endlosen Fäden aus diesen Drüsen werden durch einen besonders ausgestoßenen Seidenleim miteinander verklebt. Etwa 250 000 Windungen des Kopfes sind notwendig, bis sich die Raupe völlig eingehüllt hat (Abb. 82–89).

Der **Kokon,** der die Puppe einhüllt, hat eiförmige Gestalt, sieht leicht gelblich aus, ist drei bis vier Zentimeter lang und in der Mitte leicht eingeschnürt. Diese Gebilde sind von so außergewöhnlicher Festigkeit, daß die Japaner im Kriege aus den Kokons durch Pressen Stahlhelme geformt haben.

Soweit man die Tiere nicht für die Zucht braucht, tötet man sie durch Heißluft ab. Der eigentliche Kokon kann in seinem äußeren Teil ohne weiteres abgehaspelt werden. Der innere Teil, der das längere Stück des Gesamtfadens enthält, ist pergamentartig verklebt. Etwa 300–1 000 m können abgehaspelt werden, der Rest, bis zu 3000 m, fällt als Abfall an und dient als Grundmaterial für Bourette und Schappe.

Die Gewinnung des Seidenfadens

Zum Abhaspeln legt man die Kokons in ein Bassin mit warmem Wasser und bearbeitet sie kräftig mit Bürsten. Dabei erweichen die Klebesubstanzen, der Anfang des Fadens wird freigelegt und bleibt an der Bürste hängen. Mehrere Kokons, deren Fadenenden gefunden wurden, werden nun in eine mit warmem Wasser gefüllte Spinnschale gelegt und auf einen Haspel, einer Vorrichtung zum Aufwinden und Messen von Garnen, aufgewunden. Der Haspel dreht sich in einem geheizten Gehäuse (der Leim erhärtet in der Wärme) und verbindet die jeweils von einem Kokon stammenden Einzelfäden zu einem Doppelfaden. Die gemeinsam aufgewundenen Doppelfäden von mehreren Kokons nennt man Grège.

Grège, Organsin und Trame

Ganz genau müssen wir uns mit den bei der Naturseidenerzeugung üblichen Zwirnungsvorgängen befassen, dem Filieren und dem Moulinieren, weil diese Vorgänge auch bei der Aufbereitung der Chemiefaserfilamente in ähnlicher Form und vor allem mit ähnlichem Ergebnis üblich sind und die aus der Naturseidenverarbeitung stammenden Ausdrücke Grège, Organsin und Trame zum ständigen Sprachschatz des Textilkaufmanns gehören.
Ein **Grège**-Faden besteht also aus 5 (bis höchstens 30) Kokondoppelfäden, die durch die nachfolgenden Zwirnungsvorgänge gereinigt und leicht miteinander verdreht werden. Von der Geschicklichkeit der Arbeiterin, Kokons mit möglichst ähnlicher Seide zur Grège zusammenzufugen, hängt in hohem Maße die Gleichmäßigkeit des Produkts ab.
Diese Grègefäden aus in der Regel 5–10 Kokondoppelfäden sind zur weiteren Verarbeitung meist zu schwach. Allerdings ist Grège auch ohne jeden Zwirnungsvorgang, nachdem sie von Unreinigkeiten befreit worden ist, in der Seidenweberei verwendbar. Der „geputzte" Grègefaden, der dann allerdings aus zahlreichen Kokondoppelfäden besteht, heißt **Webgrège.**
Bei der **gemeinsamen** Weiterverarbeitung mehrerer Grègefäden trennen sich nun die Wege, je nachdem, ob festgezwirntes Kettmaterial oder lockeres und fülliges Schußmaterial entstehen soll.
Für die Zwirnung von Kettmaterial ist die Grège in der beschriebenen Form mit nur leicht verdrehten Kokondoppelfäden noch nicht brauchbar. Sie muß erst **filiert** werden, d.h., man verzwirnt die beim Grègefaden nur leicht miteinander verschlungenen Kokondoppelfäden scharf miteinander, z.B. mit Linksdrehung (Z-Draht). Das Ergebnis ist **filierte Grège.** Mehrere filierte Seidenfäden werden nun in entgegengesetzter Drehung ein zweites Mal gezwirnt, in unserem Beispiel mit Rechtsdrehung (S-Draht). Durch die entgegengesetzte Drehung beim zweiten Zwirnvorgang, dem **Moulinieren,** drehen sich die Einzelfäden wieder etwas auf und geben

dem ganzen, als Kettmaterial verwendbaren Faden eine schöne Gleichmäßigkeit. Dieser Faden heißt **Organsin.** Organsin ist also filierte und moulinierte Grège.
Verzwirnt man mehrere Grègefäden **ohne** vorherige Zwirnung (also ohne sie zu **filieren**) miteinander, so erhält man ein offenes, gut füllendes, weicheres Garn, das man als Schußmaterial einsetzt. Man nennt es **Trame.** Trame ist demnach das Ergebnis der Verzwirnung mehrerer unfilierter Grègefäden, also nicht filierte, wohl aber moulinierte Grège.
Wird Organsin, das normalerweise beim Moulinieren 400–600 Drehungen je Meter erhält, sehr hart mit etwa 1000–2500 Drehungen je Meter verzwirnt, so entsteht Kreppgarn oder **Grenadine.**

Entbasten und Erschweren

Die Rohseide (Grège) ist mehr oder weniger glanzlos und hart. Der ihr anhaftende Seidenleim oder „Bast" (Serecin) verdeckt gerade die besonders an der Seide geschätzten Eigenschaften wie Geschmeidigkeit und Glanz und muß daher entfernt werden. Der Bast enthält aber auch die der Rohseide anhaftenden Farbstoffe, so daß das Entbasten gleichzeitig wie eine Bleiche wirkt. Es werden beim Entbasten **(Degummieren)** drei Stufen unterschieden:

1. Nicht entbastete Seide: **Ecru-Seide;** glanzlose Rohseide.
2. Durch Behandlung in schwacher, heißer Seifenlauge teilweise entbastete Seide: **Souple-Seide;** bei einem Gewichtsverlust bis zu 12% verliert die Souple-Seide durch das Halbentbasten kaum an Festigkeit.
3. Durch Abkochen vollkommen entbastete Seiden: **Cuite-Seide** mit einem Verlust an Gewicht bis zu 30% und an Festigkeit bis zu 20%.

Die Gewichtsverluste beim völligen Entbasten stellen bei dem hohen Marktpreis der Naturseide einen erheblichen Wertverlust dar. Um den Gewichts- und Wertverlust wieder auszugleichen, nutzt man die Eigenschaft der Seide, sich mit Metallsalzen (Zinnphosphat, auch mit Silikaten) zu verbinden (Beschwerung, **Erschwerung**). Wird von den Erschwerungsmitteln die gleiche Gewichtsmenge zugegeben, die durch das Entbasten verlorengegangen ist, wird also genau das ursprüngliche Gewicht wiederhergestellt, liegt **„Parierschwerung"** vor. Gewöhnlich wird aber zu etwa 50–70% **über pari** erschwert, in Ausnahmefällen sogar bis zu **300%** über pari. Die Prozentangabe der über-pari-Erschwerung gibt an, um wieviel Prozent sich das Gesamtgewicht der erschwerten Seide gegenüber dem Gewicht der unentbasteten Seide erhöht hat. Um 100% über pari zu erschweren, muß das Gewicht des entfernten Bastes und dazu noch das Gewicht, das dem der Rohseide entspricht, an Erschwerungsmitteln zu-

gesetzt werden; die erschwerte Seide wiegt dann genau doppelt so viel wie die Rohseide. Zu sehr erschwerte Seide wird spröde, brüchig und ist wenig haltbar. Wenn stark erschwerte Naturseide längere Zeit dem Licht ausgesetzt wird, neigt sie besonders dazu, morsch zu werden. In der Bundesrepublik Deutschland ist eine Erschwerung um mehr als 80 % ü. p. nicht zulässig. Durch Nachbehandlung mit Ameisensäure erhält die Naturseide den **„Seidenschrei"**, den knirschenden Griff, zurück, den sie durch das Erschweren und auch durch das Färben weitgehend verloren hat.
Die Eigenschaften der Naturseide leiten sich aus dem Baustoff, dem **Fibroin,** ab, der den Faserkörper bildet. Da die Naturseide aus einer im Tierkörper gebildeten Spinnlösung besteht, ist sie in sich gleichartig aufgebaut. Auch der Bast, das Serecin, ist ein Eiweißkörper. Bei den Wildseiden ist der Bast sehr fest mit dem Fibroinfaden verbunden und kann kaum gelöst werden. Der einzelne Seidenfaden hat einen vieleckigen Querschnitt, der durch die Brechung des Lichtes für den hohen Glanz der Seide sorgt. Auch der an das Betreten von frisch gefallenen Schnee erinnernde „Seidenschrei" ist auf diesen eigenartigen vieleckigen Querschnitt zurückzuführen.

Maulbeerseide und Wildseide

Bislang war von Seidenspinnern die Rede, die sich von Maulbeerblättern ernähren und die als Haustiere gezüchtet werden, einen sehr feinen und gleichmäßigen Seidenfaden spinnen und Kokons bilden, deren größter Teil zu einem bis zu einem Kilometer langen und damit „endlosen" Faden abgehaspelt werden kann. Der Bast der Maulbeerseide kann verhältnismäßig leicht entfernt werden, das Material ist weich, geschmeidig und in entbastetem Zustand fast reinweiß.
Die Wildseiden werden im Gegensatz zur Maulbeerseide von einem Nachtschmetterling gewonnen, dessen Raupen nicht gezüchtet, sozusagen nicht als Haustiere gehalten werden. Die bekannteste und beliebteste Wildseide, die Tussahseide, stammt von einem in Indien und China beheimateten „Eichenspinner", der seinen Namen von seiner Nahrung, den Blättern der Eiche, erhalten hat. Er liefert einen hühnereigroßen, bis zu 5 cm langen, bräunlichen Kokon, dessen äußere Hülle aus losen Fadenstückchen besteht. Die Kokons der in China lebenden Eichenspinner können wie die Maulbeerseide gut abgehaspelt werden, während die Kokons der indischen Art härter und noch etwas größer sind und sich nicht abhaspeln lassen. Diese Seiden müssen also versponnen werden. Auch in Japan gibt es haspelbare Wildseiden. Der Querschnitt der Tussah-Seiden ist länglich und einem Keil ähnlich, deswegen ist die Seide weniger glanzreich, recht ungleichmäßig, rauher und härter im Griff. Ihre Festigkeit ist geringer als die der Maulbeerseide. Die derbere Tussahseide enthält eine schwer zerstörbare Farbe und läßt sich daher kaum reinweiß bleichen. Oft werden

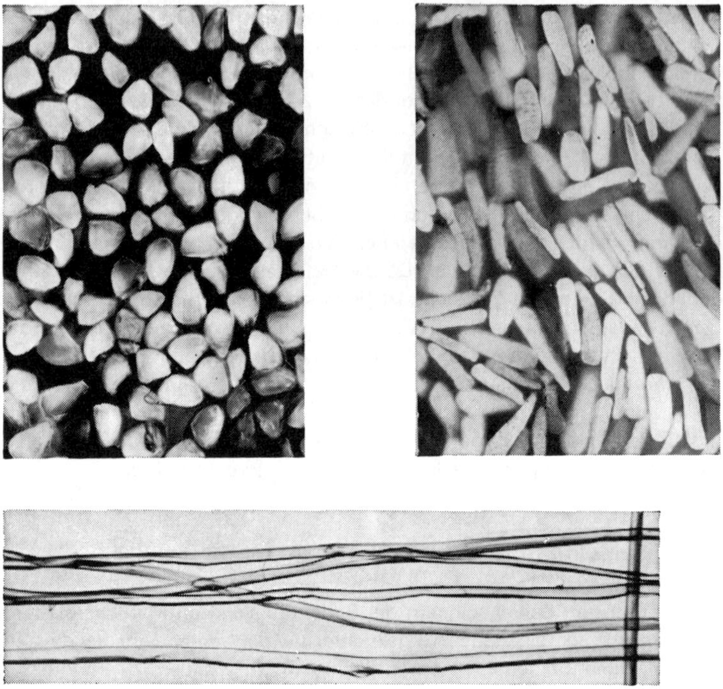

Abb. 90: Links Maulbeerseide; rechts Tussahseide im Querschnitt. Darunter: Entbastete Naturseide in der Längsansicht.

die Tussahseiden im Naturton verarbeitet und als **Rohseide** bezeichnet. Hingegen sind die Wildseiden gegen Laugen und Säuren weit weniger empfindlich und deshalb sehr dauerhaft, vor allem nach häufigem Waschen. Ihr Preis liegt oft erheblich unter dem Preis der Maulbeerseide. Die Garnunregelmäßigkeiten der Wildseiden, die sich im Stoff durch einen Flammencharakter (Leinengeweben nicht unähnlich) bemerkbar machen, werden oft von der Mode sehr geschätzt. In Kette und Schuß deutlich durch Garnunregelmäßigkeit gezeichnete Stoffe heißen **Shantung**, Gewebe mit Maulbeerseide in der Kette und Wildseide im Schuß, die nur quer zur Webkante Fadenverdickungen aufweisen, nennt man korrekterweise **Honan**. Gemeinhin verwendet man den Ausdruck **Japanseide** für die Seidenstoffe aus den absolut gleichmäßigen Garnen der Haspelseide vom Maulbeerspinner. Gelegentlich werden Shantunggewebe auch mit dem französischen Namen **Doupion** gekennzeichnet, obwohl dieser Ausdruck für Maulbeerseide bestimmt ist, die aus Doppelkokons gewonnen wurde und ebenfalls feine Unregelmäßigkeiten zeigt. Solche Maulbeerseiden mit feinen Titerschwankungen, auch von kranken und mißgestalteten Kokons, heißen **Doppi**.

Versponnene Seiden

Nicht jeder Kokon und vor allem nicht der ganze Kokon kann abgehaspelt werden. Der wirre Kokonanfang der Maulbeerseide, **Strusen** genannt, und der innere Teil, der nicht mehr abgehaspelt werden kann, ergeben das Ausgangsmaterial für die **Florettspinnerei**. Allen diesen nicht abhaspelbaren Naturseidenfasern ist der hohe Gehalt an Seidenleim gemeinsam. Etwa 70 bis 80% des gesamten Rohseidenanfalls können nicht endlos verarbeitet, sondern müssen versponnen werden.

Die Florett- oder Schappespinnerei

Die endlose, abgehaspelte Seide wird als **Haspelseide** oder als **reale Seide** bezeichnet. Die Florettspinnerei, die nur verhältnismäßig langstapeliges Material verarbeiten kann, ist dem Kammgarnverfahren bei Wolle vergleichbar und verwendet die Abfälle aus der Haspelei, sowie Seide von Kokons, die durch das Ausschlüpfen des Schmetterlings zerstört worden sind. Um den Seidenleim zu entfernen, wird das Material einem Faulungsprozeß, ähnlich der Röste beim Flachs, unterzogen. Weil die kürzeren Fadenstücke ausgekämmt werden, sind Schappegarne sehr fest, gleichmäßig und glänzen wie reale Seide. Sie werden vor allem als Zwirn und dann als Nähmaterial verwendet. Schappe-Nähseide ist zwar nicht so fest und fein wie reale Nähseide – die vor allem zum Handnähen verwendet wird – ergibt aber sehr dauerhafte und elastische Nähte. Schappeseide wird vor allem von der Konfektionsindustrie vernaht. Aus Schappegarnen lassen sich auch schwerere Naturseidengewebe herstellen.

Die Bourettespinnerei

Die Kämmlinge, („Stumba") also die beim Kämmprozeß der Florettspinnerei abgefallenen Kurzfasern, sind immer noch ein wertvoller Rohstoff, den man einem Grobspinnverfahren zuführt. Sie werden zu mittelfeinen und groben Bourettegarnen ausgesponnen, die meist etwas unregelmäßig und noppig ausfallen. Stoffe aus Bourette sind preislich günstig und oft von hervorragender Qualität. Bourette ist wesentlich stumpfer und fülliger als Schappe. Die Abfälle aus der Bourettespinnerei dienen als Polstermaterial.

Seidenshoddy

Seidenshoddy wird aus gerissenen Seidenstoffabfällen gewonnen und ähnlich Bourette weiterverarbeitet.

Eigenschaften der Naturseide

1. Edler Glanz

Die Naturseide hat einen besonders edlen Glanz, dessen Schönheit kaum von einem anderen Textilrohstoff erreicht wird.

2. Feinheit und leichtes Gewicht

Die Naturseide ist der natürliche Rohstoff mit dem feinsten Einzeltiter. Sie ist deshalb auch sehr weich. Ihr niedriges spezifisches Gewicht (1,37) wird nur von der Wolle, von Acetat und von Synthetics unterboten.

3. Geschmeidigkeit und Knitterarmut

Naturseide ist sehr geschmeidig und knittert in unerschwertem oder nur wenig erschwertem Zustand nicht. Stark erschwerte Naturseide behält nach einem Knick scharfe Kanten und sollte stets gerollt, niemals gelegt oder gefaltet aufbewahrt werden. Geschätzt wird an der Naturseide auch der weiche, fließende Faltenwurf.

4. Hohe Festigkeit

Die Festigkeit von Naturseide wird nur von den Synthetics übertroffen. Wegen des feinen Einzeltiters soll Naturseide aber nicht mit rauhen Bürsten bearbeitet werden. Auch Bartstoppeln vermögen Naturseiden aufzurauhen.

5. Isolationsfähigkeit

Im Gegensatz zur Wolle ist die gute Isolationsfähigkeit der Naturseide eine Substanzeigenschaft und wirkt daher sowohl gegen Wärme als auch gegen Kälte. Naturseidenkleider sind im Sommer kühl und im Winter warm.

6. Empfindlichkeit gegen Schweiß, Licht und hohe Temperaturen

Gegen Schweiß ist die Naturseide (wie die Wolle) sehr empfindlich. In Kleider aus Naturseide **müssen** daher **Armblätter** eingenäht werden. Naturseide soll – und das gilt auch für die Schaufensterdekoration! – keiner allzu langen und zu intensiven Sonnenbestrahlung ausgesetzt werden. Zwar hat die Seide hervorragende färberische Eigenschaften und läßt die Einfärbung klarer und leuchtender Farben zu, doch entstehen nach langer Sonnenbestrahlung oft deutliche Farbveränderungen („Schießen"). Die Naturseidenfäden werden durch die Sonnenstrahlen ebenfalls geschädigt. Die nachteiligen Eigenschaften der Erschwerungsmittel kommen nach Sonnenbestrahlung besonders stark zur Auswirkung. Gegen trockene Hitze ist Naturseide ebenfalls empfindlich, daher Vorsicht beim Bügeln!

7. Empfindlichkeit gegen Säuren und Laugen

Im Gegensatz zur Wolle ist Naturseide nicht nur gegen Laugen, sondern auch gegen Säuren empfindlich. Die Festigkeit wird in nassem Zustand nur leicht (auf 85% der Trockenfestigkeit) verringert.

8. Gute hygienische Eigenschaften

Naturseide nimmt bis zu 35% an Feuchtigkeit auf, ohne sich naß anzufühlen. Demnach ist Naturseide stark hygroskopisch (feuchtigkeitsanziehend).

9. Hohe Dehnfähigkeit

Die Dehnfähigkeit der Seide ist mit 20 bis 25% sehr hoch. Je nach dem Grade der Erschwerung handelt es sich um eine mehr oder weniger elastische Dehnung. Naß erhöht sich die Dehnung bis auf 30%.

10. Wildseide für Sommerbetten

Wildseide ist zur Füllung von Bettwaren geeignet, die im Sommer als besonders kühl empfunden werden. Allergien, die Asthma hervorrufen können, sind nur bei Verwendung von Wildseiden-Abfällen festgestellt worden. Füllmenge für ein Bett: zwischen 800 g und 1200 g, als Füllmaterial muß Wildseide entbastet sein.

Behandlung der Naturseide

Naturseidenartikel sollten nur in Feinwaschmitteln (alkalifrei!) gewaschen werden, wobei man darauf achtet, daß nicht zu viel Waschpulver in die Waschflotte gegeben wird, um ein starkes Quellen der Faser zu verhindern. Das Waschgut wird nur leicht in der Flotte hin- und hergeschwenkt, nicht etwa gerieben und gebürstet. Nach der Wäsche wird in lauwarmem Wasser gespült, damit sich keine schädlichen Kalkseifen bilden und als grauer Belag auf der Naturseide niederschlagen können. Zum Schluß wird kalt nachgespült. Fertige Kleidungsstücke hängt man zum Trocknen auf einen ungebeizten Kleiderbügel. Die weitverbreitete Meinung, Naturseidengewebe könnten nur chemisch gereinigt werden, ist irrig.
Die von vielen Fachleuten empfohlene Wäsche von Naturseidenstoffen mit reinen Seifenflocken ist nicht ganz unproblematisch – wegen der

Laugenempfindlichkeit der Naturseide. Das Wasser darf dann nur handwarm sein. Crêpe de Chine, Toile und Taft, Twill – kurz, alle Japanseiden werden, soferne überhaupt nötig, gebügelt, wenn sie noch leicht feucht sind. Wildseiden bügelt man hingegen von links und erst dann, wenn sie trocken geworden sind.
Häufig finden sich in Fertigwaren Pflegeetiketten, die auf Chemischer Reinigung bestehen. Dies ist eine Vorsichtsmaßnahme des Herstellers, der nicht annehmen kann, daß heute noch eine Hausfrau weiß, wie man Naturseidenartikel wäscht. – Gegen die Wassertropfenempfindlichkeit bestimmter Naturseidenstoffe (vor allem Taft) gibt es Ausrüstungsmittel, die aber keineswegs von allen Herstellern angewandt werden.

Das Wichtigste – kurz zusammengefaßt

1. Die Naturseide gewann in der Geschichte ihre hohe Bedeutung durch das edle Aussehen der Stoffe: Sie war der einzige endlose Textilrohstoff vor der Erfindung der Chemiefasern. Die Erfindung der endlosen Chemiefasern wurde auch stark beeinflußt durch das Studium der Entstehung der Naturseide. Die Seidenraupe wendet das „Trockenspinnverfahren" an: die aus den Drüsen der Tiere gedrückte Spinnlösung erstarrt an der Luft zum festen Faden.
2. Die edelste, glatte und abhaspelbare endlose Naturseide wird vom Maulbeerspinner gewonnen und aus Japan importiert. Deswegen heißen glatte Seidenstoffe aus noppenfreier Haspelseide auch Japanseide.
3. Mehrere Kokondoppelfäden miteinander aufgehaspelt, ergeben Grège; vielfädige Grège kann gereinigt und als Webgrège verwebt werden. Viel häufiger aber wird der Grège eine scharfe Drehung gegeben (filierte Grège). Mehrere filierte Grègefäden hart miteinander verzwirnt (mouliniert), ergeben Organsin, stark überdrehtes Organsin heißt Grenadine. Unfilierte Grège, deren Kokondoppelfäden sich also nur lose miteinander verschlingen, wird zu Trame verzwirnt, die als Schußgarn verwendet wird. Organsin jedoch wird als Kettgarn eingesetzt.
4. Der Seidenleim, der die beiden Kokonfäden miteinander verklebt und die Rohseide einhüllt, verdeckt den Glanz und die Schmiegsamkeit der Naturseide, enthält gleichzeitig Farbstoffe und muß deshalb entfernt werden. Um den Gewichts- und Wertverlust wieder aufzufüllen, wird die Naturseide erschwert. Als Parierschwerung wird dieser Vorgang dann bezeichnet, wenn das Gewicht der Erschwerungsmittel dem Gewicht des entfernten Bastes entspricht. Bei höherer Erschwerung spricht man von „über pari". Das Entbasten bringt einen Festigkeits-

verlust mit sich, das Erschweren macht die Seide spröde, brüchig und wenig haltbar.

5. Der hohe Glanz und der knirschende Griff (Seidenschrei), der an das Betreten frisch gefallenen Schnees erinnert, sind eine Folge eines vieleckigen Querschnitts der Naturseide, die in sich gleichartig (homogen) aufgebaut ist und aus der hornartigen Substanz Fibroin besteht. Beim Erschweren geht der Seidenschrei weitgehend verloren und wird durch Ausrüstung mit Ameisensäure – die auch bei Chemiefasern (Acetat) möglich ist – wieder zurückgewonnen.
6. Im Gegensatz zum gleichmäßigen und glatten Seidenfaden des Maulbeerspinners, der als Haustier gezüchtet wird, sind die von den wild lebenden Eichenspinnern gewonnenen Wildseiden weniger glanzreich, zeigen deutliche Unregelmäßigkeiten (Titerschwankungen) und sind kaum zu bleichen und zu entbasten. Hingegen sind die Wildseiden unempfindlich, insbesondere in der Wäsche, und bedeutend billiger. Kokons vom chinesischen und japanischen Tussahspinner können teilweise abgehaspelt werden, die Kokons der indischen Arten nicht.
7. Gewebe mit deutlichen Garnunregelmäßigkeiten in Kette und Schuß heißen Shantung, feinere Unregelmäßigkeiten nur im Schuß bei glatter, gleichmäßiger Maulbeerseide als Kette ergeben Honan. Shantunggewebe heißen in Frankreich Doupion, während dieser Ausdruck in Deutschland früher ausschließlich den Seidenstoffen mit feinem Flammenbild aus Seiden von kranken und mißgestalteten Kokons (Doppi) vorbehalten war. Doppiähnliche Acetatgewebe sind mit ähnlichem Effekt auf dem Markt.
8. Die Naturseidenabfälle werden in dem der Kammgarnspinnerei nachgebildeten Schappeverfahren (Florettspinnerei) zu sehr gleichmäßigen, festen und feinen, glanzreichen Schappegarnen versponnen. Die Abfälle der Florettspinnerei sind zu dem strapazierfähigen, stumpfen, fülligen und rauhen Bourettegarn zu verspinnen, die Abfälle aus der Bourettespinnerei dienen als Polstermaterial. Aus Seidenstoff wiedergewonnene Abfallseide heißt Seidenshoddy.
9. Die hohe Feinheit, das leichte Gewicht und der edle Glanz der Naturseide werden besonders geschätzt, ebenso die Dehnfähigkeit. In nassem Zustand ist die Festigkeit kaum geringer.
10. Naturseide ist in wenig erschwertem Zustand sehr geschmeidig und knittert kaum. Sie isoliert gegen Kälte und gegen Hitze.
11. Die Empfindlichkeit gegen Schweiß zwingt zum Einnähen von Schweißblättern, die Empfindlichkeit gegen Laugen zur Verwendung alkalifreier Waschmittel. Naturseide muß vor intensiver Sonnenbestrahlung geschützt und darf nicht zu heiß gebügelt werden.

Acetat und Triacetat

Die Acetatfasern sind der eigenartigste Textilrohstoff. Sie stammen von der Zellulose ab, bestehen aber aus einer Zelluloseverbindung. Die Acetat-Stapelfaser ist wolliger als die übrigen Spinnfasern aus regenerierter Zellulose, die endlose Acetatfaser seidiger als die Filamente aus Cupro und Viskose. Und in vielen Eigenschaften, vor allem mit ihren färberischen Eigenschaften, stehen die Acetatfasern bereits mit einem Fuß im Lager der Synthetics. Als einzige Faser zellulosischer Herkunft kann Acetat durch Texturieren modifiziert werden. Darum haben wir ihre Besprechung auch der Behandlung der Wolle und der Naturseide folgen lassen und lassen die Acetatfasern die Brücke schlagen zu den Synthetics.
Unter den Chemiefasern auf Zellulosebasis ist Acetat die jüngste, Triacetat sogar erst im Jahre 1961 in Deutschland allgemein bekannt geworden, wenn es auch in Amerika schon längere Zeit und in größerem Umfang verarbeitet worden war. Die Grundlage des Verfahrens ist eine chemische Reaktion der Edelzellulose (oder Baumwoll-Linters) mit Essigsäure zu Acetylzellulose (Zellulose-Acetat). Diese Acetylzellulose wird in Aceton gelöst und im Trockenspinnverfahren zu Fasern umgeformt. In hohen, mit heißem Wasser geheizten Schächten verdampft das Lösungsmittel Aceton, und der Faden verfestigt sich. Ein Vorzug des Trockenspinnverfahrens: Eine Nachbehandlung ist nicht notwendig. Das gemeinhin als Acetat bezeichnete Material ist ein sogenanntes „Zweieinhalb-Acetat". In diesem

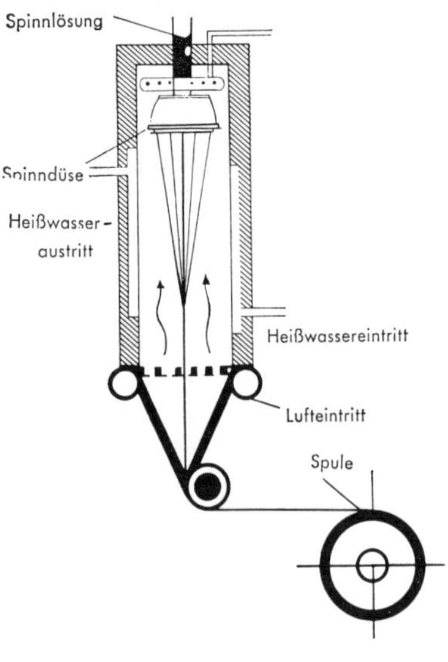

Abb. 91: Schematische Darstellung des Spinnverfahrens von Acetat.

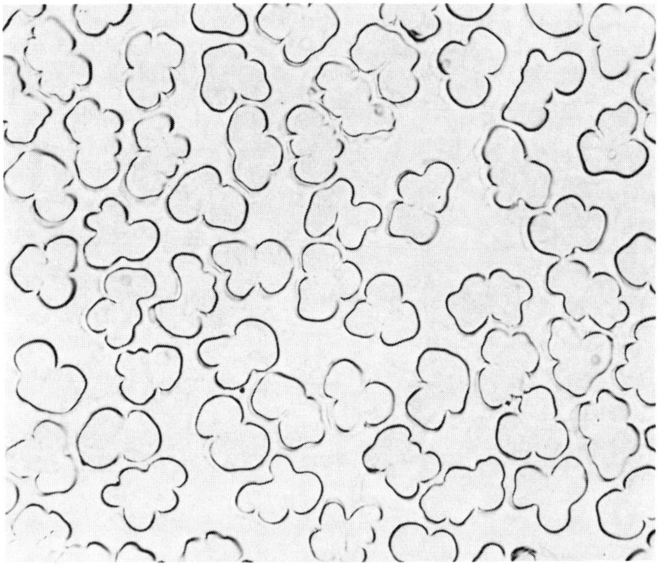

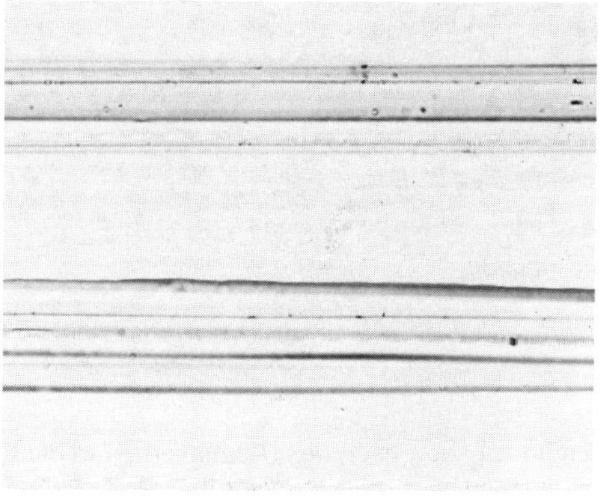

Abb. 92 und 93: Einzeltiter: Acetat endlos glänzend 4,8 den. Querschnitt mit Längsbild. Vergrößerung 500fach.

Spinnstoff sind etwa 49–54% Essigsäure und 51–46% Zellulose enthalten. Das Triacetat steht den Synthetics noch näher, denn sein Essigsäuregehalt liegt rechnerisch bei 62,5%, der Zelluloseanteil also nur bei 37,5%. Chemisch unterscheiden sich Acetat und Triacetat somit durch ihren Gehalt an gebundener Essigsäure. – Zweieinhalb-Acetat heißt lt. TKG „Acetat". es wird manchmal auch als „Diacetat" bezeichnet. Für Triacetat hat das TKG die gleiche technische Bezeichnung übernommen.

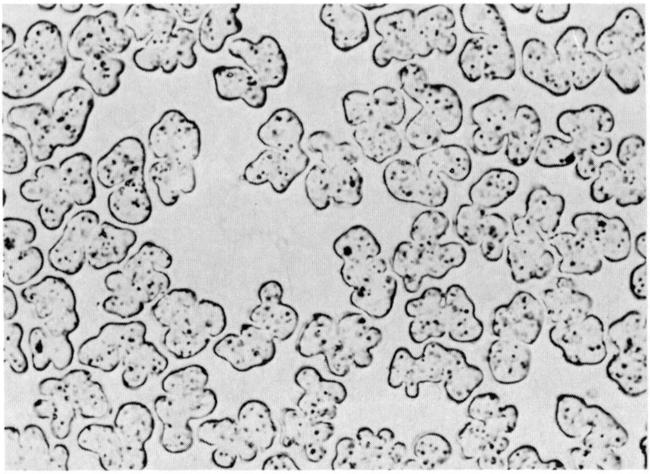

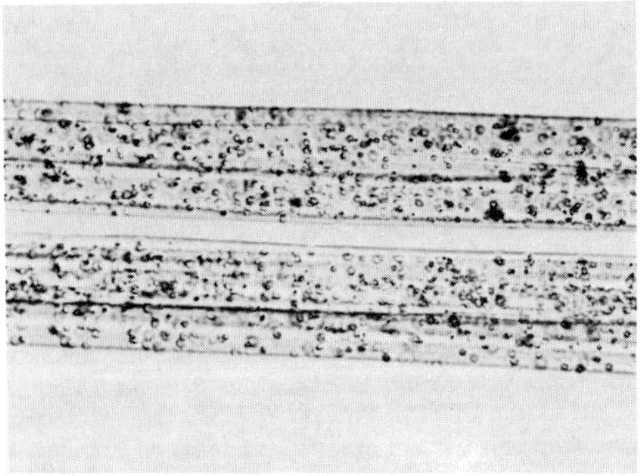

Abb. 94 und 95: Acetat endlos matt, Einzeltiter, 4,8 den. Querschnitt und Längsbild. Vergrößerung 500fach.

Endlose Fäden nach dem Acetatverfahren heißen Acetat, Spinnfasern Acetatfasern. Ursprünglich gab es drei Marken für Acetat (Lonzona, Rhodiaceta und Acetat). In Deutschland haben sich jedoch die drei Hersteller von Acetat zu einer Werbe-Gemeinschaft zusammengeschlossen, die sich des Wortes „Acetat" in einer bestimmten Darstellung bedient. Ausländisches Acetat hat andere Bezeichnungen, die in Frankreich meistens mit dem Wort **Rhodia** zusammenhängen und in England Celafibre genannt werden. Wichtige Markennamen für Acetat sind weiter **Albene** (USA), **Dicel** (Großbritannien), **Silene** (Italien); weitere Fabrikatnamen sind u.a. **Celanese;** hochfest und hochverstreckt: **Fortisan, Fortanese** und **Forton.** Fortisan und Fortanese erreichen durch nachträgliches Verstrecken in überhitztem Wasser besonders hohe Festigkeitswerte. Die bekanntesten Triacetatfasern sind unter den Markenbezeichnungen **Arnel** (USA), **Rhonel** (Frankreich), **Flesalba** (Italien) und **Tricel** (Großbritannien) auf dem Markt. – Nach dem Duden schreibt sich Acetat noch mit „z", die offizielle Schreibweise des Acetat-Kontors für das eingetragene Warenzeichen Acetat und des TKG lautet „c".

Modifiziertes Acetat

Da Acetat gegenüber Naturseide und den Synthetics vergleichsweise sehr preiswert ist, hat es weder im Inland noch im Ausland an Bemühungen gefehlt, Acetat endlos der Naturseide noch ähnlicher zu machen und womöglich die Festigkeit zu erhöhen. Diese Bemühungen gingen weniger von den Faserherstellern als von den Spinnern aus; leider hatte sich auf diese Weise eine unübersichtliche Fülle von Markennamen entwickelt, wobei die einzelnen Erzeugnisse sich nur in Nuancen unterscheiden. Diese Markennamen sind mit dem Vordringen der texturierten Synthetics und nach Einführung des TKG nicht mehr durch Werbung herausgestellt worden; Einnäh-Etiketten mit solchen Markennamen finden sich kaum noch, so daß sich ihre Kenntnis erübrigt. Sie sind in der Tabelle „Übersicht über die texturierten Garne" verzeichnet.
Abgesehen von thermischen Verfahren mit der Wirkung einer molekularen Strukturverschiebung zur Erzielung von Wash'n-wear-Eigenschaften **(Stella)** handelt es sich bei den meisten nach Griff und mattem Glanz der Naturseide besonders ähnlichen Acetatgarnen und -Zwirne um Erzeugnisse, die nach dem Falschdradtverfahren texturiert worden sind. Erzeugnisse aus Stella-Acetat sind so plissierbeständig wie solche aus Triacetat.
Verbesserte Gebrauchstüchtigkeit und erhöhte Formbeständigkeit erhalten eine Reihe von naturseidenähnlich nach dem Falschdrahtverfahren texturierte Acetatzwirne durch Verzwirnung mit einem Polyamidfaden, wobei der Acetatanteil zwischen 70 und 75% beträgt, somit der Preis niedriggehalten wird. Die pflegeleichten und glanzreichen Zwirne sind vorwiegend zur Herstellung von Maschenwaren geeignet.
Lismeran ist ein Bauschgarn nach dem Stretch-core-Verfahren (Umspinnungszwirn) mit einer Seele aus unausgeschrumpftem, thermisch verformbarem Polyester, die von dem Acetatgarn umsponnen ist.
Alle diese Erzeugnisse werden höchstens handwarm (30 °C) gewaschen und, wenn notwendig, mit Reglerbügeleisen (Einstellung 1 Punkt) gebügelt. Chemische Reinigung ist nicht nötig, aber risikolos möglich.

Eigenschaften von Acetat

1. Naturseidenähnlichkeit

Acetat ist mit einem spezifischen Gewicht von 1,30 (Wolle 1,30, Naturseide 1,37) nicht nur die leichteste klassische Chemiefaser, sondern sogar leichter als Naturseide. Gewebe aus Acetat sind bei gleichem Gewicht also stets fülliger als solche aus regenerierten Zellulose-Rohstoffen. Die hohe Elastizität sorgt für hohe Knitterunempfindlichkeit. Weichen Griff und hohe Schmiegsamkeit hat sie mit der Naturseide gemein. Durch besondere Verfahren kann die Ähnlichkeit mit der Naturseide verstärkt werden.

2. Ähnlichkeit mit den Synthetics

Wie die Synthetics ist Acetat sehr quellfest und schrumpft deshalb in der Wäsche kaum, trocknet schnell. Acetat-Moiré behält seine Wasserlinienzeichnung viel länger als Viskose-Moiré. Mit Zellulosefarbstoffen, mit denen auch Baumwolle gefärbt werden kann, ist Acetat nicht zu färben. Daher ist bei Mischgeweben aus Acetat und anderen Rohstoffen des tierischen oder pflanzlichen Bereichs und der dazugehörigen Chemiefasern zweifarbige Stückfärbung möglich: Mit einer Farbe wird das Acetat, mit der anderen Farbe der beigemischte Rohstoff gefärbt. Für Acetat sind eigene Farbstoffe geschaffen worden, die auch von einer Reihe von Synthetics willig angenommen werden. Ähnlich den Synthetics wird Acetat auch thermoplastisch: Bei höheren Temperaturen als 170 Grad Celsius erweicht die Faser. Diese Eigenschaft wird beim **Trubenisverfahren** zum Versteifen von Hemdenkragen ausgenutzt, da Acetateinlagen beim Bügeln zwei Oberstoffe miteinander verkleben.

3. Ähnlichkeit mit der Wolle

Die Acetatfaser ist wollig, weich, knitterarm und formbeständig, wärmt gut und kommt damit der Wolle nahe. Laugen bekommen der Acetatfaser gar nicht gut, Stoffe aus Acetat und Acetatfaser müssen daher lauwarm mit Feinwaschmitteln gewaschen werden. Über 40 Grad Celsius warmes Wasser schädigt die Faser. Gewebe aus oder mit Acetat dürfen nicht gewrungen oder stark ausgedrückt werden, beim Bügeln soll das Reglereisen auf 1 Punkt eingestellt werden, am besten bügelt man halbfeucht. Hochwertige, besonders glanzreiche Gewebe aus Acetat läßt man chemisch reinigen. Da sich Acetat in verschiedenen Lösungsmittelgemischen (z. B. Benzol/Alkohol) löst, ist bei Behandlung mit Fleckenwasser Vorsicht geboten.

4. Besondere Eigenschaften von Acetat

Als einziger Textilfaser wird dem Acetat die Eigenschaft zugeschrieben, ultraviolette Strahlen durchzulassen. Gegen Schimmel-, Pilzbefall und

Mottenfraß ist Acetat besonders unempfindlich. Acetat kann seidenähnlich glänzend oder matt hergestellt werden. Acetat mit Titerschwankungen kann den Wildseiden ähnlich sehen oder Doppi-Charakter erhalten (Rhiaknot, Rhiaflammen). – Acetat hat eine besonders geringe elektrische Leitfähigkeit.

Verwendung von Acetat

1. Acetat endlos wird vor allem in der Seidenweberei für hochwertigere Stoffe eingesetzt und ist ein beliebtes Kettmaterial, auch zur Erzielung von Woll/Seideneffekten. Gewebe aus rein Acetat sind in Griff, Fluß und Knitterverhalten der Naturseide sehr ähnlich. Auf dem Krawattensektor hat Acetat durch die Polyesterfasern eine starke Konkurrenz bekommen.
2. Acetat mit Viskose in Umspinnungszwirnen dient zur Herstellung von Mooskrepp, Jersey und Ausbrennerstoffen, da Acetat sich ohne Schädigung der Viskose mustermäßig ausätzen läßt.
3. Acetatfaser ist ein hochwertiges Material, das anstelle von Wolle, besonders in der Jacquardweberei, eingesetzt wird.

Triacetat

Triacetat ist den Synthetics noch ähnlicher als das Zweieinhalb-Acetat. Daß es trotz günstigen Preises so lange gedauert hat, bis Triacetat in die großtechnische Fertigung eingegangen ist, liegt daran, daß erst anfangs der fünfziger Jahre Dichlormethan als ungiftiges und gegenüber Chloroform und Tetrachloräthan, die ursprünglich verwendet wurden, billiges Lösungsmittel gefunden wurde. Triacetatfäden werden stets im Trockenspinnverfahren gewonnen, Triacetatfasern sowohl im Trocken- als auch im Naßspinnverfahren.
Hervorragende Formbeständigkeit, dauerhafte Plissierbarkeit und hohe Knitterresistenz haben es zuwegegebracht, daß Stoffe und Kettenwirkwaren aus Triacetat sich sehr schnell den Markt erobert haben. Besonders beliebt ist das Material für bedruckte und pflegeleichte Sommerkleider. Eine Oberflächenbehandlung mit Ätznatron macht Triacetat überdies antistatisch. Vor allem in Mischungen mit Baumwolle wird Triacetat als Futter für Wash'n-wear-Kleidung eingesetzt. Allerdings sollte der Triacetatanteil bei Mischung mit Baumwolle, Viskose oder Polynosics 67%, bei Mischung mit Wolle 60% nicht unterschreiten, da sonst die geschilderten, den Synthetics ähnlichen Gebrauchsvorzügen nicht mehr in der wünschenswerten Form vorhanden sind. Bei Mischungen mit Wolle für Stoffe für Oberbeklei-

dung (Jersey für Plissee-Röcke!) ist eine Beifügung eines Synthetic-Anteils wegen der Erhöhung der Scheuerfestigkeit recht vorteilhaft (Beispiel: 50% Tricel, 30% Kammgarn, 15% Nylon).
Lederstoffe und Lederimitate ware zu Beginn der achtziger Jahre von der Mode begünstigt. Die preiswerteste Ausführung stellen die **„Pseudo-Lederimitate"**, auch **„Affenhaut"** genannt. Es handelt sich um maschensichere Kettenwirkwaren, deren Oberfläche wildlederartig, z.B. durch Schmirgeln, bearbeitet ist. Solche Stoffe werden gerne aus der Triacetatfaser Arnal hergestellt. Beispiel: **„Cifraline".**
Zum Nähen von Stoffen aus überwiegend Triacetat wird Markennähseide 60/3 und eine spitze, feine Nadel empfohlen, wobei mit lockerem Faden und nicht mehr als 5 Stiche je cm zur Vermeidung von Kräuselnähten zu nähen ist.

Eigenschaften von Triacetat

1. Triacetat kann in Waschmaschinen bis zu einer Wassertemperatur von 70 Grad Celsius ohne Schaden für die Färbung gewaschen und in Wäscheschleudern getrocknet werden. Triacetat trocknet schnell, braucht nicht oder kaum gebügelt zu werden, ist formbeständig gegen Schrumpfen und Dehnen, hält Bügelfalten und kann permanent plissiert werden. Es ist gegen höhere Bügeltemperaturen bis 220 °C widerstandsfähiger als das (Zweieinhalb-)Acetat.
2. Gewebe aus Triacetat schmutzen kaum, können gut gebleicht werden, werden von Textilschädlingen und Bakterien gemieden und zeigen keine Pillingbildung.
3. Gewebe aus Triacetat können gefahrlos chemisch gereinigt werden. Lediglich in Trichloräthylen, das in einigen europäischen Ländern als Reinigungsmittel verwendet wird, quillt Triacetat. Daher sollten Fleckenwasser, die diese Chemikalie enthalten, nicht verwendet werden.
4. Der Schmelzpunkt liegt mit 300 Grad Celcius (höchster Schmelzpunkt aller Chemiefasern) viel höher als bei Acetat (240 Grad). Triacetat nimmt nur halb soviel (3 %) Feuchtigkeit auf wie Acetat und entspricht damit vielen Synthetics. Wie bei den Synthetics ist Thermofixierung möglich.

Das Wichtigste – kurz zusammengefaßt

1. Als Zelluloseverbindung gehört Acetat – und besonders Triacetat – halb zu den Chemiefasern auf Zellulosebasis, halb zu den Synthetics. Acetat hat einen höheren Zelluloseanteil als Triacetat.

2. Acetat endlos wird in der Seidenweberei anstelle der Naturseide verwendet, da es im Griff, Glanz, Knitterverhalten und im leichten Gewicht der Naturseide sehr ähnlich ist. Acetat ist elastisch, quellfest, gegen Mottenfraß gefeit und kann den Wildseiden ähnlich mit Titerschwankungen (unregelmäßig dick) gesponnen werden.
3. Acetatspinnfaser ist wollig warm, knitterarm und formbeständig. Spezialfasern werden unversponnen als hygienisch einwandfreie, leichte, gut wärmende und bauschelastische Steppdeckenfüllung verwendet.
4. Acetat ist mit Woll- und Baumwollfarben nicht zu färben. Daher kann man bei Acetat-Mischgeweben durch Stückfärbung zwei Farben oder Changeantcharakter erzielen. Acetat ist ohne Schädigung anderer Rohstoffe aus Mischgeweben auszuätzen.
5. Triacetat darf in Waschmaschinen bis zu 70 Grad Celsius gewaschen werden, während Acetat wie Feinwäsche behandelt werden muß. Triacetat ist auch hohen Bügeltemperaturen gegenüber unempfindlicher und eignet sich besonders zur Herstellung von Wash-and-wear-Artikeln. Es ist wesentlich niedriger im Preis als die Synthetics, denen es in den Wascheigenschaften und durch seine thermoplastischen Eigenschaften sehr ähnlich ist. Pillingbildung tritt bei Triacetat nicht auf.
6. Modifiziertes Acetat wird durch Texturieren in Griff und Glanz der Naturseide ähnlich gemacht. Beimischungen von Polyamiden in Effektzwirnen für Strickwaren erhöhen Haltbarkeit und Formbeständigkeit.

Alginat-Faser

Die Alginat-Faser wird hauptsächlich deshalb erwähnt, weil sie im TKG eigens aufgeführt wird; sie wird definiert als „Faser aus den Metallsalzen der Alginsäure". Die Alginsäure ist ein der Zellulose nahestehendes Naturprodukt, das von den in ungeheuren Mengen vorhandenen Seealgen gewonnen wird. Zur Herstellung der Faser wird die Alginsäure in Natriumkarbonat gelöst und im Naßspinnverfahren versponnen. Zur Erhöhung der Laugenbeständigkeit und zur Verbesserung der Naßfestigkeit kann die Faser in getrennten chemischen Verfahren nachbehandelt (gehärtet) werden.

Charakteristisch für die ungehärtete Alginatfaser ist ihre Löslichkeit in schwachen alkalischen Lösungen (z. B. Seifenlauge) bei Zimmertemperatur; diese Eigenschaft ermöglicht den Einsatz der Faser als Hilfsmaterial, z. B. als Stützfaden für Durchbruchmusterungen oder als Grundgewebe für Ätzspitzen, schließlich für bestimmte Nähte, die nach Fertigstellung des Erzeugnisses wieder entfernt werden müssen.

Die vollsynthetischen Faserstoffe (Synthetics)

Die vollsynthetischen Faserstoffe unterscheiden sich von den natürlichen Rohstoffen und von den klassischen Chemiefasern grundsätzlich dadurch, daß sie aus Substanzen bestehen, die in der Natur nicht vorkommen. Deswegen haben sie auch Eigenschaften, die zum Teil ebenfalls völlig neu sind und die die natürlichen Fasern nicht besitzen. Als Ausgangsstoffe verwendet man ganz einfache Rohstoffe, wie Kohle, Erdöl, Wasser und Stickstoff. Der Chemiker muß die ganze Arbeit der Synthese, des Zusammenfügens und Anordnens der Atome in den Molekülen, vornehmen.
Die Geschichte der Synthetics beginnt schon im Jahre 1913, als **F. Klatte** ein Patent beantragte, für die Verwendung von Polyvinylchlorid zur Herstellung von Fasern (heute weiterentwickelt zu Rhovyl). Deutschland kann daher die Erfindung der Synthetics für sich beanspruchen. Praktische Bedeutung erhielt jedoch diese Erfindung zunächst nicht.
Als Vater der Synthesefasern gilt der deutsche Nobelpreisträger Prof. Dr. Hermann **Staudinger**, dem es gelang, unsere Vorstellungen über den Aufbau der Zellulose zu erweitern; er erkannte als erster die „makromolekulare Struktur der Zellulose" und entwickelte ein Verfahren, das die Bestimmung des Gewichts dieser großen Moleküle wenigstens annähernd erlaubte; man war nun in der Lage festzustellen, wie viele Moleküle in einer Kette eigentlich zusammenhingen. Bei der Baumwolle sind es etwa 3000 Einzelmoleküle, die sich miteinander verketten!

Aufbau und gemeinsame Eigenschaften

Was sind Kettenmoleküle?

Die Eigenschaften der modernen Synthesefasern sind unverständlich, versucht man nicht, sich wenigstens oberflächlich mit ihrem komplizierten Aufbau vertraut zu machen. Wir wissen, daß die kleinsten chemischen Bausteine aller Körper die Atome sind. Mehrere Atome miteinander chemisch verbunden ergeben ein Molekül. Diese chemische Verbindung mehrerer Atome zu einem Molekül vermittelt dem Körper ein völlig anderes Aussehen

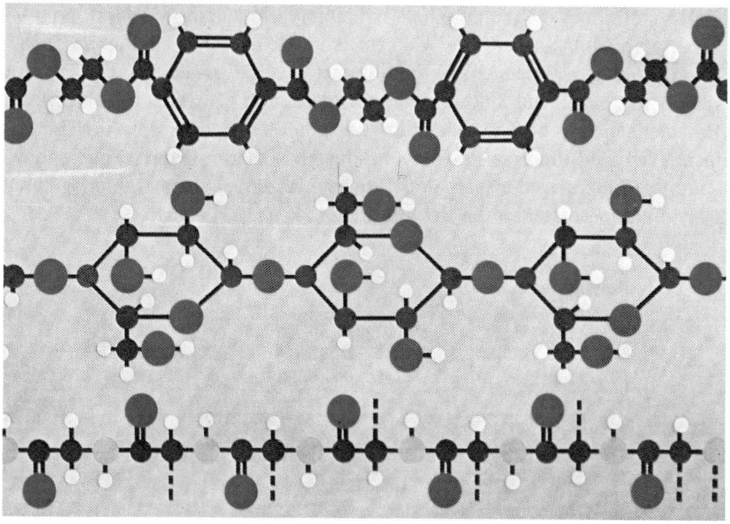

Abb. 96: Drei verschiedene Kettenmolekül-Modelle. a) Polyesterfaser, b) Zellulosefaser, c) tierische Faser.

○ (Kleines weißes Atom): H (Wasserstoff)
● (mittelgroßes schwarzes Atom): C (Kohlenstoff)
○ (großes graues Atom): O (Sauerstoff).

und völlig andere Eigenschaften als sie die Einzelatome hatten. Viele solcher Moleküle kann man nun zu einer Molekülkette (Makromoleküle=großes Molekül) zusammenhängen. Der Zusammenbau von vielen Einzelmolekülen zu Kettenmolekülen geschieht durch **Polymerisation** (Poly=viel, Meros= Teil), durch **Polykondensation** oder durch **Polyaddition.** Bei der Bildung von Kettenmolekülen ändert sich die **chemische Zusammensetzung** des Stoffes **nicht,** wohl aber das gesamte physikalische und chemische **Verhalten.** Wir haben es demnach nicht mit einem Vorgang zu tun, der mit der Verbindung von Atomen zu einem Molekül vergleichbar wäre. Die Kettenmoleküle sind auch unter bestimmten Umständen in Stücke teilbar oder sie zerfallen wieder in ihre Einzelmoleküle.
Nun erkannte Prof. Staudinger das Vorliegen von makromolekularen Kettenmolekülen als eine der Voraussetzungen dafür, daß eine Substanz imstande ist, Fäden zu bilden. Tatsächlich: Alle natürlichen Faserstoffe sind ebenfalls aus Kettenmolekülen aufgebaut. Um Synthesefasern zu schaffen, bedurfte es also der Erfindung von Substanzen, deren Zusammenfügen zu Kettenmolekülen dauerhaft möglich und technisch zu vernünftigen Kosten durchfürbar war. Eine weitere Voraussetzung für die fadenbildende Fähigkeit einer Substanz ist die Neigung, daß die langen Kettenmoleküle

sich zu Bündeln möglichst parallel zueinander aneinanderlagern und zwischen den Molekülen Kräfte wirksam werden, die eine genügende **Querfestigkeit** gewährleisten. – Kettenmoleküle, die in sich einheitlich und gleichartig aufgebaut sind, bezeichnet man auch als „**Homopolymere**". Polymerisationsprodukte sind zum Beispiel Perlon, die Polyvinylchloridfasern (Rhovyl) und die Polyacrylnitrilfasern (Dralon, Orlon). Polykondensationsprodukte sind Nylon und Polyesterfasern (Trevira, Diolen); durch Polyaddition entstehen die Polyurethanfäden (z. B. Lycra).

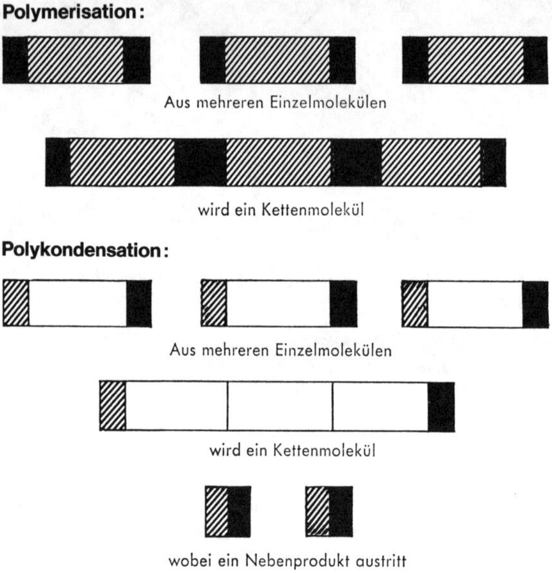

Abb. 97: Polymerisation, Polykondensation. – Bei der Polyaddition erfolgt die Bildung der Kettenmoleküle aus mehreren Molekülen verschiedener Art unter intermolekularer Verschiebung von Wasserstoffatomen. – Vgl. Abb. 142 (S. 259) Polyaddition von Polyurethan.

Nur solche Kunststoffe sind also als Fasern tauglich, deren Molekülaufbau eine lange Kette bildet. Aber auch nicht alle Stoffe, die diese Voraussetzung erfüllen, sind zur Faserherstellung brauchbar. Die Ausgangsstoffe müssen rein und in der nötigen Menge wirtschaftlich herstellbar sein, das Polymerisat muß gut verspinnbar sein, die Faser muß sich ohne Schwierigkeiten färben lassen, die daraus hergestellten textilen Artikel müssen gewaschen und gebügelt werden können.
Um die Zwischenprodukte in Fadenform zu überführen, müssen sie verflüssigt werden. Hierzu bringt man die Stoffe entweder in Lösung, oder

man schmilzt sie. Aus der Schmelze werden Perlon und Nylon, die Polyesterfasern, die Polypropylen- und die Polyurethanfasern, aus der Lösung die Polyvinylchloride und die Acrylfasern gesponnen.

Monofile und Multifile

Als **monofile** Filamente bezeichnet man Endlos-Fäden, die aus Einloch-Düsen gesponnen sind und deshalb auch nur aus einem einzigen Elementarfaden bestehen. Multifile Filamente sind im Gegensatz hierzu Endlosgarne, die aus einer gleichbleibenden Vielzahl von in der Regel sehr viel feineren Elementarfäden bestehen. Gröbere Monofile mit einem Durchmesser von mehr als 0,1 mm bezeichnet man als **Draht**; relativ kurz geschnittene und steife Monofil-Drähte nennt man **Borsten**. Monofile sind fast aus allen Chemiefasergruppen (Polyamid, Polyester, Polychlorid, Polyurethan, Polyäthylen und Polypropylen) auf dem Markt; der Schwerpunkt der Feinheit bewegt sich zwischen 0,09 mm bis 6,0 mm, ihr Anwendungsbereich umfaßt Nähfäden (bevorzugt Polyamid mit besonders weicher Ausrüstung „extra soft"), Fischernetze, Siebe, Reißverschlüsse, Angelleinen, Applikationen und Spezialzwecke, wie Fadengelege und technische Gewebe. Feine Monofile für Damenstrümpfe haben 6,7–22 dtex (5–20 den). Monofile Polychloridfasern haben eine relativ große Bedeutung zur Herstellung von Autositz-, Theaterbestuhlungsbezügen, Flechtbespannung von Gartenmöbeln sowie für feuersichere Wandbespannungen.
In ihren Eigenschaften unterscheiden sich Monofile ganz erheblich von Multifilen gleicher Fasergruppen und gleicher Gesamtstarke. Sie sind weniger flexibel, neigen bei niedrigen Temperaturen dazu, thermoplastisch zu werden und zeigen einen höheren Kochschrumpf. Bei Erhitzung (z. B. beim Nähen) neigen sie ebenfalls zum Schrumpfen; es tritt ein gegenüber gleichartigen Multifilen höherer Festigkeitsverlust ein.
Mit den Drähten und den aus Schlitzdüsen gesponnenen Bändchen – die ebenfalls unter den Begriff der Monofile fallen – brauchen wir uns hier nicht näher zu beschäftigen, wohl aber mit den Monofilen vor allem aus Polyamid, die zum Nähen von Bekleidungsstücken und auch in den Änderungsateliers des Einzelhandels verwendet werden. Ihre Beliebtheit erklärt sich daraus, daß sie annähernd farblos und damit neutral sind; sie heben sich von dem zu nähenden Textilgut nur durch ihren höheren Glanz ab und ersparen damit häufigen Fadenwechsel auf der Nähmaschine. Sie liegen aber vernäht nicht so glatt an wie die Multifile, bei Versäuberungsnähten können sich sogar Spiralen bilden, die durch Scheuern den Stoff zersägen können und zum andern das Heruntertreten des Saums ohne Fadenbruch ermöglichen. Monofilnähte müssen am Nahtende besonders gut versäubert werden, damit das glatte Fadenende nicht herausschlüpft. Bei höherer Nähgeschwindigkeit und Bügeltemperatur besteht die Gefahr des Schmel-

zens. Harte Monofilnähte sind im übrigen auch alles andere als hautsympathisch.

Chemiefasern der zweiten, dritten und vierten Generation

Befaßte man sich, wie geschildert, ursprünglich damit, für Textilien geeignete Substanzen zu finden, aus denen Kettenmoleküle mit einer in sich einheitlichen Molekülanordnung („Homopolymere") zu bilden waren, wurden später wesentliche Fortschritte dadurch gemacht, daß es gelang, zu Fasern verspinnbare Substanzen zu schaffen, die ganz spezifische Eigenschaften aufwiesen; zu gunsten dieser neuen charakteristischen Eigenschaften gab man zum Teil Eigenschaften auf, die zwar sehr vorteilhaft, aber für einen bestimmten Verwendungszweck ohne Belang waren. Zu den Eigenschaften, die verändert werden können, zählen vor allem Steifheit, Elastizität, Feuchtigkeitsaufnahme, Plastifizierbarkeit, Schmelzbarkeit und Schrumpfverhalten.
Unter dem Begriff der Chemiefasern der **zweiten Generation** faßt man Fasern zusammen, die durch chemische Eingriffe im Vergleich zu den bekannten Standardtypen nicht unerheblich in ihren Eigenschaften verändert werden. Zu den Chemiefasern der **dritten Generation** zählt man solche, die durch chemische **und** physikalische Maßnahmen verändert wurden. Zu den Chemiefasern der **vierten Generation** rechnet man insbesondere die pflegeleichten Teppichfasern (**„Sauberfasern"**). Sehen wir einmal von den seit langen möglichen Texturierverfahren ab, bieten sich insbesondere zwei Methoden an, den „Synthetics der ersten Generation" durch Änderung der Chemie neue Eigenschaften zu verleihen:

1. Modifizierung: Multipolymerisate; Aufbau von Kettenmolekülen durch verschiedene Grundbaustoffe;
2. Entwicklung von Mehrkomponentensystemen (Mischungen von Polymeren, Bikomponentensysteme, Chemietexturierung).

Modifizierte Fasern aus Multipolymerisaten

Die größte Gruppe unter den Multipolymerisaten (frühere Bezeichnung: Mischpolymerisat) bilden die **Copolymerisate**, die aus verschiedenen Monomeren (Einzelmolekülen) aufgebaut sind, die innerhalb des nunmehr entstandenen Kettenmoleküls in gleicher statistischer Anordnung enthalten sind. Copolymere trifft man schon recht häufig bei Polyamiden, Acrylfasern und Polyesterfasern an mit dem Ziel, die Färbbarkeit und das elektrostatische Verhalten zu verändern. So lassen sich Polyamide bilden, die mit *unterschiedlichen Farbstoffarten* färbbar sind oder die gegenüber *gleichartigen* Farbstoffen *verschieden anfärbbar* sind. Zur Verbesserung der Pillingresistenz (pillarme Fasern) kann man Komponenten insbesondere in Polyesterfasern einbauen, die die Biegebeständigkeit herabsetzen.

Von geringerer Bedeutung sind die **Blockpolymerisate,** bei denen verschiedene, in sich gleichartige Kettenmoleküle miteinander verbunden werden. Der Unterschied zu den Copolymerisaten liegt also darin, daß nicht Einzelmoleküle verschiedener Art zu einer Kette verknüpft werden, sondern daß die Glieder der endgültigen Kette durch verschiedene Gruppen von Kettenmolekülen dargestellt werden. Bei den **Pfropfpolymerisaten** schließlich werden an lange Kettenmoleküle Seitenketten aus anderen Polymeren angehängt. Pfropfpolymerisate sind z. B. **Cordela** aus hydrophobem Polychlorid und hydrophilem Vinylal, **Chinon**, Pfropfpolymer aus Acryl mit fibrillär eingelagertem Kasein zur Verbesserung der Lösungsmittelbeständigkeit und **Graflon** aus Viskose, die mit Polyacryl gepfropft ist. Auch **Conforty-Polyester** mit verbesserter Feuchtigkeits- und Farbstoffaufnahme sowie geringerer Anfälligkeit gegen Anschmutzen ist ein Pfropfpolymerisat.

Die Vorschriften des TKG nehmen bereits auf die verstärkten Möglichkeiten der Bildung von Multipolymerisaten Rücksicht; die Bezeichnung Multipolymerisat wird ganz allgemein eigentlich nur dann angewandt, wenn

Abb. 98:

Schematische Darstellung verschiedener Arten von Multipolymerisaten:

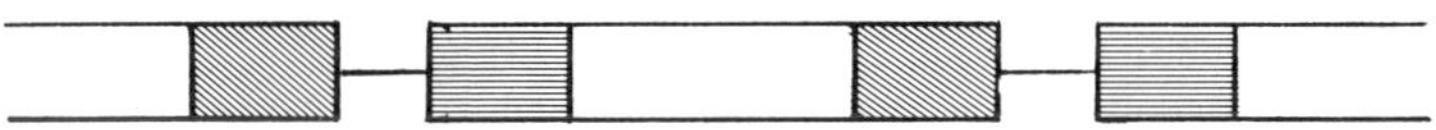

Copolymer: Bildung von Kettenmolekülen aus ähnlichen Monomeren, die aber z. B. durch modifizierte Endgruppen abgewandelt worden sind

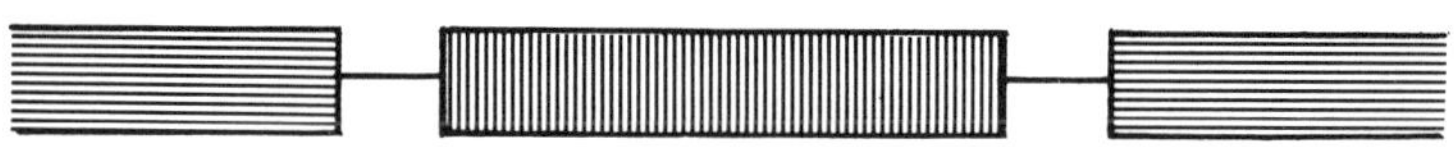

Blockpolymer: Bildung von Kettenmolekülen aus verschiedenen Monomeren.

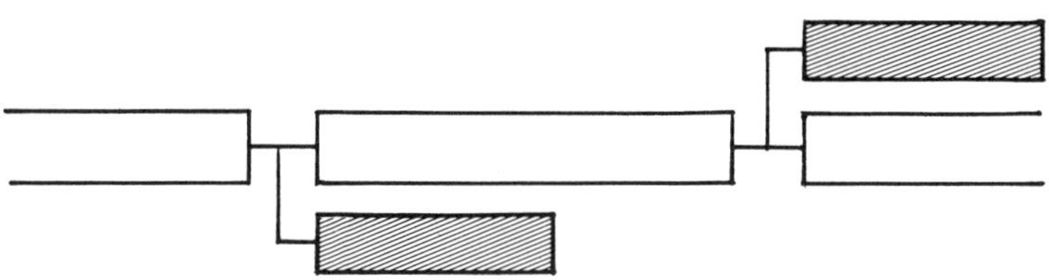

Pfropfpolymere: Bildung von modifizierten Kettenmolekülen durch Anhängen von Seitenketten.

der Anteil der Hauptkomponente, z. B. Acryl, unter 85% liegt. Liegt der Anteil der Hauptkomponente über 85%, wird die Faser der Gruppe der Hauptkomponente zugeteilt. **„Modacryl"** ist im TKG definiert als Faser, die zusammengesetzt ist aus „linearen Makromolekülen, deren Kette aus mehr als 50% und weniger als 85 Gewichtsprozent Acrylnitril aufgebaut ist". Somit zählen Acrilan, Creslan, Zefran und Velicren bei einem Acrylgehalt von 85% bereits zu den Acrylfasern, **Teklan** hingegen mit 50% Acryl und 50% Vinylchlorid ebenso wie **Kanekalon** mit 60% Acryl und 40% Vinylchlorid und **Verel** mit 80% Acryl und 20% Vinylchlorid oder Vinylidenchlorid zu Modacryl.
Wegen der großen Bedeutung, die die Multipolymerisation in der Gruppe der Polychloridfasern hat – zu denen laut TKG sowohl die Vinylchlorid- als auch die Vinylidenchloridfasern zählen, sofern ihr Anteil 50% übersteigt – erfaßt die Gruppe **Trivinyl** im TKG „Fasern aus drei verschiedenen Vinylmonomeren, die sich aus Acrylnitril, aus einem chlorierten Vinylmonomer und aus einem dritten Vinylmonomer zusammensetzen, von denen keines 50 v. H. der Gewichtsanteile ausweist". Bei Trivinyl handelt es sich also stets um Multipolymere; die Fasergruppe hat jedoch kaum wirtschaftliche Bedeutung.
Mit der Absicht, den bei Vinylchlorid sehr niedrig liegenden Erweichungspunkt zu erhöhen, den Vorzug der Unentflammbarkeit aber zu erhalten, wurde die Multipolymerisatfaser **Dynel** konstruiert, die aber wegen ihres Anteils von 60% Vinylchlorid und 40% Acrylnitril laut TKG zu den Polychloridfasern zählt.

Mehrkomponentensysteme

Unter den Begriff der Mehrkomponentensysteme fallen Chemiefasern, die aus zwei *trennbar* miteinander verbundenen Rohstoffen bestehen, deren chemischer und physikalischer Aufbau aber unterschiedlich ist. Die verschiedenen Komponenten bilden also gemeinsam eine Faser, aber im Gegensatz zu den Multipolymerisaten keine gemeinsamen Kettenmoleküle.

Die **Bikomponentenfasern** (Zweikomponentenfasern, Bikonstituentenfasern) sind somit mehrschichtige Fasern aus einem Homopolymer und einem Copolymer oder aus zwei artverschiedenen Polymeren. Nach ihren Aufbau sind zu unterscheiden:

1. Chemietexturierung: Zusammenführung verschiedener Polymerisate vor dem Spinnprozeß, die sich nicht in ihrem Grundtyp, sondern in bestimmten Eigenschaften, vor allem in ihrem Schrumpfverhalten, unterscheiden. Werden die beiden variierten Polymere gemeinsam so aus einer Düse gesponnen, daß sie innerhalb der Faser regelmäßig bilateral geschichtet sind, haben wir **S/S-Typen (side-by-side-Typen)** vor uns; Beispiel:

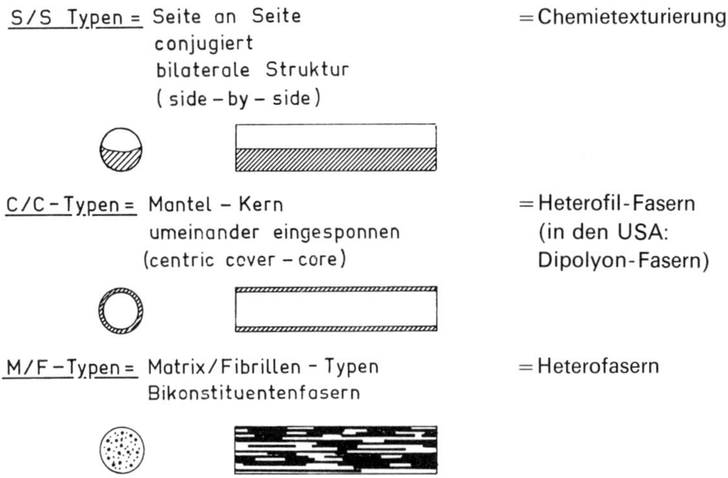

Abb. 99: Bikomponentenfasern aus zwei artverschiedenen Polymeren oder aus Homopolymer und Copolymer.

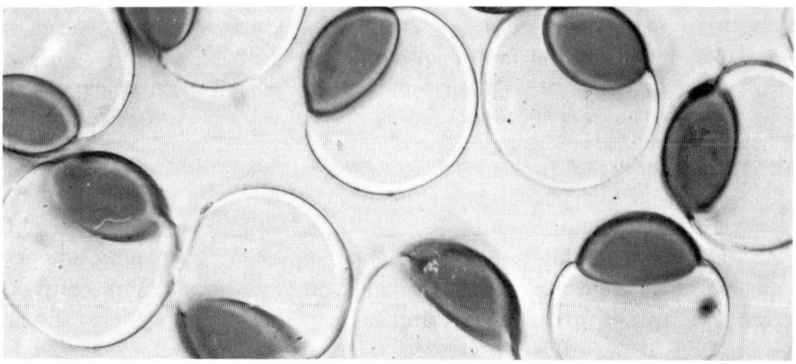

Abb. 100: Bikomponentenfaser, S/S-Typ (Monrelle, Acrylfaser).

Kanebo aus zwei in ihrem Schrumpfverhalten unterschiedlichen Polyamid-6-Typen. **Tergal X 403** aus zwei Polyestervariationen mit verschiedenem Schrumpfverhalten, das bei Wärmebehandlung zu einer spiraligen, der Wolle ähnlichen dauerhaften Kräuselung führt. Dadurch ergeben sich hohes Volumen, wollähnlicher Griff und ein je nach Ausrüstung mehr oder weniger ausgeprägtes elastisches Rücksprungvermögen. Diese Fasern haben im Acrylbereich große Bedeutung (Beispiele: **Orlon Sayelle, Acrilan),** kommen aber auch bei Polyamiden vor, z. B. **Cantrece** aus normalem Polyamid 6.6 und einem modifizierten ungeordneten Polymer mit der

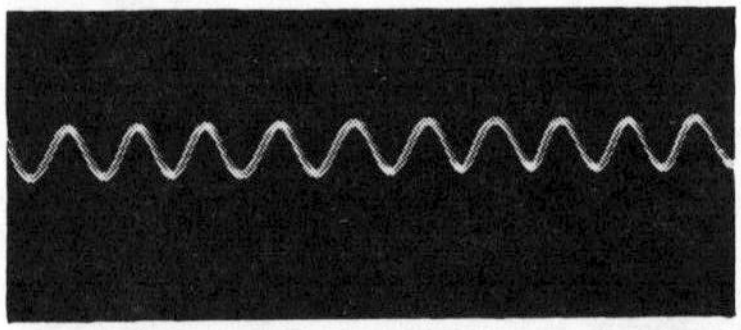

Abb. 101: Dreidimensionale Kräuselung einer Bikomponentenfaser.

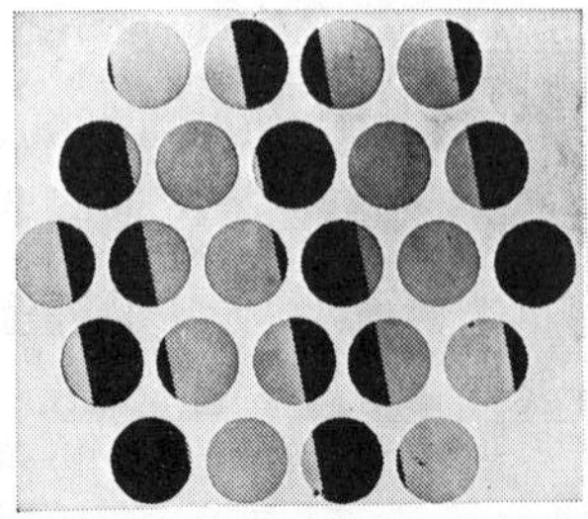

Abb. 102: Verteilung der Komponenten beim Mischstromverfahren; schematisch.

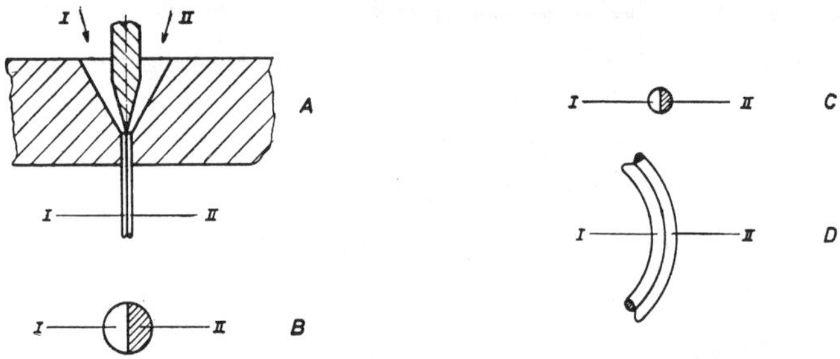

Abb. 103: Schematische Darstellung der Bikomponenten-Fadenbildung. (S/S-Typen).

A: Die beiden Polymeren I und II werden wenig über der Düsenbohrung zusammengeführt und extrudiert (= durch eine Düse gedrückt und daher kontinuierlich in eine bestimmte Form gebracht).

B: Querschnitt des unverstreckten Fadens.

C: Querschnitt des verstreckten Fadens.

D: Komponente I schrumpft stärker als Komponente II.

Wirkung spiraliger Kräuselung und hoher Formelastizität. Eine unregelmäßige bilaterale Schichtung liegt dann vor, wenn im **Mischstromverfahren („mixed-stream-spinning")** die beiden Komponenten partienweise den Düsen zugeführt werden, wodurch sich in der Einzelfaser eine ungleichmäßige, aber schichtweise Verteilung ergibt.

2. Heterofilfasern: Auch die Heterofilfasern bestehen gleich den chemietexturierten Erzeugnissen aus zwei gleichen Grundchemikalien mit modifizierten Eigenschaften, allerdings in anderer Anordnung innerhalb der Faser. Sie werden aus einer Ringdüse mit getrennter Zuführung der Polymere gesponnen, so daß die eine Komponente wie ein Mantel einen Kern aus der anderen Komponente umhüllt (**C/C-Typen = Centric cover-core-**Typen). Von besonderer Bedeutung sind vor allem die Kern/Mantelfasern für Nadelfilzteppiche aus Polyamiden mit unterschiedlichem Schmelzpunkt. Der Kern wird aus Polyamid 6.6 mit höherem (245 °C), der Mantel aus Polyamid 6 mit niedrigerem Schmelzpunkt (215 °C) gebildet. Bei Fasern dieser Art geschieht die Verfestigung des Vlieses bei vergleichsweise geringer Vernadelung bei genau einzuhaltenden Temperaturen (225 °C), wobei die Fasern an allen Berührungspunkten der Ummantelung miteinander verschmelzen, also punktförmig ohne Bindemittel verkleben, ohne an Festigkeit einzubüßen. Beispiel: der Nadelfilz **Cambrelle** (früher Tultrim genannt). Fasern dieser Art werden manchmal auch als **Dipolyonfasern** bezeichnet. Beispiel: **Tapilon** aus Polyamid 6 und 6.6.

3. **Heterofasern**: Auch die Heterofasern sind Fasern aus zwei Komponenten, aber im Gegensatz zu den anderen geschilderten Arten bestehen sie aus zwei unverträglichen, artverschiedenen Polymeren, die vor dem Ausspinnen in der Spinnmasse vereinigt werden und gemeinsam ausgesponnen werden. Es findet also eine getrennte Polymerisation *artverschiedener* Polymere statt, im Gegensatz zur Chemietexturierung, bei der getrennt polymerisierte aber *chemisch gleichartige* Polymere mit verschiedenen Eigenschaften aneinandergelagert werden. Bei den Multipolymerisaten werden verschiedene Chemikalien *miteinander polymerisiert.* – Durch das gemeinsame Ausspinnen der in der Spinnmasse vereinigten Polymere erhält die Trägermasse (Matrix) fibrilläre Einschlüsse der zweiten Komponente, und deswegen bezeichnet man diese Typen auch als **„Matrix/Fibrillen-Type"** oder **M/F-Type.** Als erste Faser dieser Art ist **Tricelon** bekannt geworden, die aus der Triacetatfaser Tricel und dem Polyamid 6 **Celon** zusammengesetzt ist und deren Eigenschaften denen der Polyesterfasern ähneln, wenngleich die Faser wegen des Tricel-Anteils wesentlich billiger ist. Sie ist allerdings nur bis 40 °C waschbar. Zum M/F-Typ zählt auch **Source,** eine amerikanische Faser mit einer Matrix aus Polyamid 6 und Polyesterfibrillen.

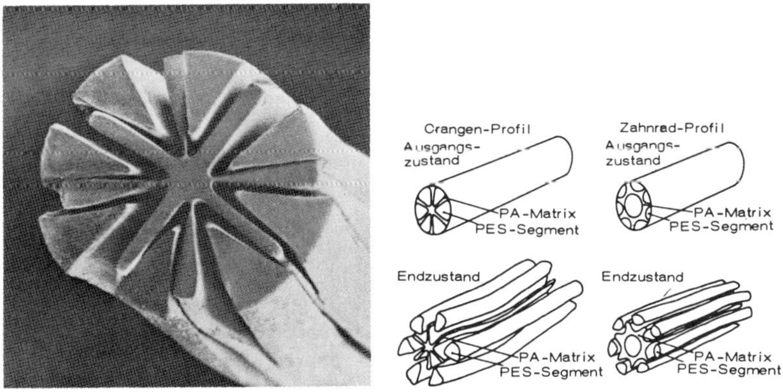

Abb. 104: Belima X – Bikomponentenfaser in gesplittetem Zustand (links); Diolen-Ultra (Schematische Zeichnung) (rechts).

Eine andere Form der Anordnung zweier gemeinsam versponnener, artverschiedener Polymere zeigt die vor allem zur Herstellung des synthetischen Wildleders Belleseime eingesetzte Faser **Belima X** aus Polyester und Nylon, die sich als fertige Faser nachträglich in einen hochfeinen Faserverbund aufsplitten läßt. Fasern dieser Art werden auch als **Verbundfasern** bezeichnet und zeigen eindrucksvoll, daß Fasern aus zwei getrennt von einander polymerisierten, artverschiedenen Kettenmolekülen mechanisch trennbar sein können.

Ähnlich muß man sich die neuen Filamentgarne aus der Faser **Diolen-Ultra** vorstellen. Diolen-Ultra ist eine Bikomponentenfaser mit einer (löslichen) Polyamid-Matrix und mitgesponnenem Polyester. Die in ihrem Querschnitt dreieckigen Polyestersegmente (Orangenprofil) mit einem Anteil von 85 % sind in das Nylon eingebettet. Beim „Zahnradprofil" sind die Polyestersegmente halbkugelförmig um eine zentrale Matrix angeordnet. Dieser Aufbau erlaubt es, in der Ausrüstung die Polyester-Segmente herauszulösen und sie in eine Vielzahl von Feinstfilamenten aufzusplitten. Das Nylon schützt die Feinstfilamente während des Verarbeitungsprozesses. Feinstfilamente mit dieser Feinheit wären auf andere Weise nicht wirtschaftlich herzustellen und auch in der Weiterverarbeitung nicht zu beherrschen.

Die Zuweisung zu den Bezeichnungen des Textilkennzeichnungsgesetzes ist bei den durch Chemietexturierung entstandenen und bei den Hererofilfasern unkritisch, da sie ja aus der gleichen Grundsubstanz bestehen. Bei den Heterofasern erfolgt die Zuweisung zu der Gruppe des überwiegenden chemischen Anteils, in der Regel also zu der Matrix-Komponente.

Folienfilamente (Bändchenfasern)

Bändchenförmige Monofile werden mit gleichmäßigem, flachem Querschnitt aus Schlitzdüsen gesponnen; sie gehören zu den Profilfasern und sind meist Viskosespinnfasern mit Glanzeffekt (z. B. **Moussbryl**). **Chemieschnittbändchen** hingegen werden aus Folien in schmalen Breiten herausgeschnitten und einachsig stark gestreckt. Dabei unterscheidet man gestreckte Flachfilamente, sodann Folienfilamente, die durch geringe mechanische Einwirkung in Längsfibrillen aufgespalten werden können (spleißfähige Folienfilamente), und solche, die nicht spaltbar sind. Entscheidend für die Eignung eines Rohstoffes für die Spaltfasertechnik ist das Ausmaß, in dem die Querfestigkeit verringert werden kann. Fasern mit einem Feinaufbau, der durch eine überwiegende Längsorientierung der Fibrillarstruktur **(„anisometrische Faserteilchen"; „mechanische Anisotropie")** verfügen, sind (bei einer vergleichsweise hohen Reißkraft in der Längsrichtung) parallel zur Längsrichtung leicht spalt- und splitterbar. Um aus den spleißfähigen Folien faserige Garne herzustellen, kann man

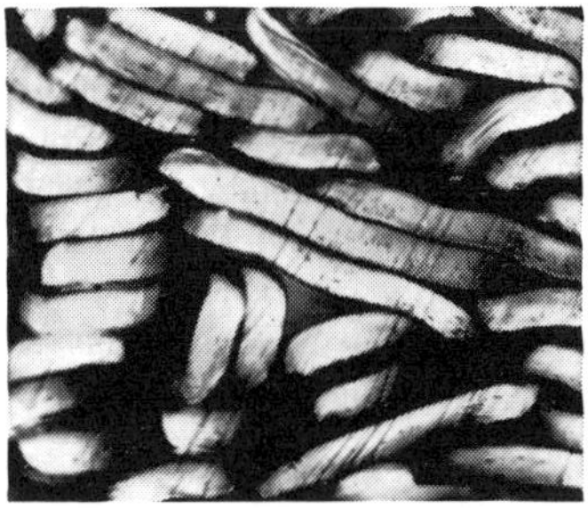

Abb. 105: Bändchenfasern (Viskose), geschnitten.

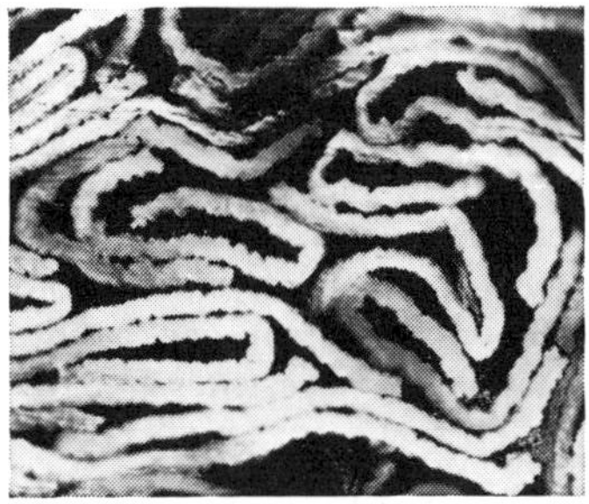

Abb. 106: Bandchenfasern (Viskose), gesponnen.

die geschnittenen Bändchen verdrehen, man kann sie auf Gummibändern, die seitlich gedehnt werden, durch Spreizen teilen oder über rotierende Nadelwalzen führen, die durch ihre Einstiche Folienbändchen spalten (**„Filmtex-Verfahren"**). Das Ausgangsmaterial (Folienbändchen) ist stets extrem hoch verstreckt (im Verhältnis 1:12 bis 1:15).
Besonders bekannt geworden sind die **Polital**-Erzeugnisse (Adolff), eine geschützte Bezeichnung für monoaxial gereckte Bändchen, Garne, Gewebe und Maschenwaren aus Polyolefinen (Polyäthylen und Polypropylen). Sie werden vor allem für Tufting-Grundgewebe, Nadelfilz-Trägergewebe **(Polituft)**, Verpackungsgewebe (**„Compak"**) und in Rascheltechnik hergestellte Säcke verwendet und sind leicht, reißfest, feuchtigkeitsunempfindlich, wasserabweisend, luftdurchlässig, geruchsfrei, verrottungs- und chemikalienbeständig. In diese Gruppe gehört auch **Raphia artificiel**, das sind bastartige glänzende oder auch halbmatte, manchmal strohähnliche multifile Viskosebändchen für Sommerhüte, Handtaschen und kunstgewerbliche Artikel. Sommerliche Strickwaren daraus müssen wie Feinwäsche gewaschen werden und dürfen niemals hängend, sondern müssen liegend getrocknet werden.

Eigenheiten und Eigenschaften aller Synthetics

Alle Synthetics haben eine Reihe von Eigenschaften gemeinsam, die sie von den natürlichen Rohstoffen ebenso unterscheiden wie von den regenerierten Zellulosefasern. Diese Eigenschaften sind aber den verschiedenen Synthetics **nicht in gleichem Maße** zu eigen, das heißt, innerhalb der verschiedenen Syntheticarten gibt es deutliche Unterschiede im Ausmaß, in dem diese Eigenschaften vertreten sind. Ähnliches ist eben nicht dasselbe!

Hohe Festigkeit

Alle Synthetics übertreffen die natürlichen Rohstoffe an **Reißfestigkeit,** wobei die Festigkeit im nassen Zustand kaum geringer wird. Die Polychloridfasern liegen mit ihren Festigkeitswerten etwa mit Baumwolle gleich, aber unter der Naturseide. Am festesten ist die Polyamidgruppe mit Perlon und Nylon, gefolgt von den Polyesterfasern. Besonders hoch ist auch die **Scheuerfestigkeit** der Synthetics. Polyamide sind 10- bis 15mal so scheuerfest, Polyesterfasern 5- bis 8mal so fest wie die Baumwolle.

Geringe Feuchtigkeitsaufnahme und Quellung

Die Feuchtigkeitsaufnahme ist unter den Synthetics bei Perlon und Nylon noch am größten, erreicht aber nur den halben Wert der Baumwolle. Acryl- und Polyesterfasern nehmen am wenigsten Feuchtigkeit auf, Polychloride keine. Daraus folgt, daß Gewebe und Gewirke aus Synthetics kaum quellen und darum auch **nicht einlaufen,** daß sie leicht zu waschen sind und **schnell trocknen.** Mit bestimmten Ausrüstungsmitteln (zum Beispiel Lurotex) kann erreicht werden, daß die vom Körper an die Textilien abgegebene Feuchtigkeit sich auf der Faseroberfläche rasch verteilt und verdunstet, damit die hygienischen Eigenschaften der Synthetics verbessert werden. Wegen der geringen Feuchtigkeitsaufnahme saugen Synthetics nur wenig Schweiß auf.

Niedriger Schmelzpunkt und Möglichkeit der Thermofixierung

Die Synthetics haben als eine typische Eigenschaft die **Thermoplastizität** aufzuweisen. Thermoplastizität bedeutet Erweichen und Formbarkeit beim Erwärmen. Um die Thermoplastizität **im Gebrauch** aufzuheben, wird thermofixiert. Die Chemiefasern werden auf eine Temperatur gebracht, die über der im Gebrauch oder bei der Verarbeitung üblichen liegt. Thermofixierte Synthetics behalten die so geschaffene Form, vor allem die Länge. Durch die Thermofixierung werden in der Faser die latenten Spannungen beseitigt, die während der Erzeugung oder Weiterverarbeitung entstanden sind und im Gebrauch zu starker Schrumpfung, welligem Warenbild oder starker Knitterneigung führen würden.
Die Erweichungs- und Schmelzbereiche, also die Temperaturen, bei denen die einzelnen Synthetics durch die Wärmeeinwirkung verformbar werden oder in flüssigen Zustand übergehen, sind verschieden. Polychloride erweichen bei den niedrigsten Temperaturen, gefolgt von Perlon, Nylon und schließlich von Acrylfasern. Bei den Polyesterfasern liegt die Erweichungstemperatur besonders hoch. Die Thermoplastizität kann dazu ausgenutzt werden, die Textilien mit beständiger Paßform und mit bleibenden Plissees zu versehen und besondere (texturierte) Garne mit textilem Griff und hohem Volumen herzustellen.

Durch die bei der Erwärmung bewirkte Strukturänderung im Innern der Faser (Zunahme der geordneten Molekularbereiche) verstärken sich Wasserrückhalt- und Quellvermögen. Das Ausmaß der Änderung ist abhängig von Temperatur, Dauer der Einwirkung und Art der Erwärmung (trocken oder mit Dampf).

Niedriges Gewicht

Bereits das spezifische Gewicht der Synthetics ist sehr niedrig; die Werte der Polyesterfasern liegen etwa bei Wolle und Naturseide; Perlon, Nylon, Rilsan und die Acrylfasern liegen weit darunter. Aber auch die Möglichkeit der dauerhaften Kräuselung der Synthesefasern durch Thermofixierung verstärkt den Eindruck der Leichtigkeit von Fertigwaren aus Synthetics. Polypropylenfasern (Meraklon) sind so leicht, daß sie auf dem Wasser schwimmen.

Spezifisches Gewicht von Textilfasern (Gramm je ccm)

Baumwolle	1,54
Flachs, gebleicht	1,46
Polychloride (Rhovyl)	1,38
Polyesterfasern (Diolen, Trevira)	1,38
Rohseide	1,37
Wolle	1,32
Acetat und Acetatfaser	1,30
Proteinfasern	1,25
Triacetat und Triacetatfaser	1,20
Acrylfasern	1,17
Perlon, Nylon	1,15
Rilsan	1,04
Polyurethanfasern	1,00
Polypropylenfasern, Acryl-Hohlraumfasern	0,90

Beständigkeit gegen chemische Einflüsse

Alle Synthetics sind gegen Verrottung sehr beständig, mit Ausnahme der Polyamide auch gegen Säuren. Gegen Laugen sind die Polyamide besonders beständig, hingegen die Acrylfasern nur wenig. Durch die üblichen Feinwaschmittel werden die Synthetics nicht geschädigt. Sie werden von Motten und anderen Schädlingen gemieden.
Um darzustellen, wie sich die Synthetics in meßbaren Eigenschaften unterscheiden, haben wir die Polyamide, die Acryl- und Polyesterfasern in der folgenden Tabelle miteinander verglichen.

Vergleich der Eigenschaften von Synthetics

	Polyamide	Polyacrylnitrile	Polyester
Einzeltiter in den	1,4–12,0	1,4–15,0	1,4–12,0
Reißfestigkeit in g/den	3,7–6,5	2,5–3,8	4,0–5,2
Quellung in %	10–15	12–18	3–5
Wasseraufnahme in %	4,0	0,9–1,7	0,4–1,0
Schmelzpunkt in °C	215 bzw. 252	Zersetzung bei 235	256
Erweichungsbereich in °C	170–235	etwa 190	235–240
Spez. Gewicht	1,15	1,17	1,38
Scheuerfestigkeit	sehr gut	gut bis niedrig	sehr gut
Wärmebeständigkeit	etwa wie Baumwolle (Nylon besser als Perlon)	hervorragend	hervorragend
Wärmehaltung	gut	sehr gut	gut
Verrottungsbeständigkeit	vollkommen	vollkommen	vollkommen
Beständigkeit:			
gegen Säuren	mäßig	sehr gut	gut
gegen Laugen	sehr gut	mäßig	gut
gegen Feinwaschmittel und Seifen	beständig, neigt zum Vergrauen	beständig, neigt zum Vergilben	beständig, nicht vergilbend

Pillingbildung

Mit den Synthetics wurde eine Erscheinung mit einem Fachausdruck bedacht, die auch vor der Verwendung von Synthetics bei Textilien zum Beispiel aus Wolle bereits auftrat: Die Pillingbildung. Unter Pillingbildung versteht man das Auftreten kleiner Faserknäuel, die sich beim Scheuern auf der Oberfläche von Geweben und Maschenwaren aus verschlungenen Fäserchen bilden und haften bleiben. Die „Pills", die knötchenartige Zusammenballung von Fasern, die aus dem geordneten Gewebeverband ausgetreten sind und an der Gewebefläche haften, werden selten größer als zwei Millimeter. Ihre Entstehung ist die Folge einer Verletzung der sehr feinen Kapillarfäserchen, aus denen die Garne aus synthetischem Material bestehen. Gefördert wird die Pillingbildung sowohl durch unsachgemäße Herstellung der Gewebe als auch durch übermäßige Beanspruchung der

Bekleidungsstücke. Besonders anfällig sind Gewebe und Maschenwaren aus voluminösen, lockeren Garnen.
Dabei ist die Pillingbildung gar nichts Neues, denn auch bei Strickwaren aus Schurwolle schabten sich kleine Faserknäuel ab, die aber leicht entfernt werden konnten. Die Pills bei Geweben und Maschenwaren aus Synthetics hingegen lassen sich nicht mehr ohne weiteres entfernen, denn die Synthetics sind viel fester als die Wolle, und diese Festigkeit setzt dem Ablösen der Pills einen hohen Widerstand entgegen. Am störendsten macht sich die Pillingbildung auch bei den Fasergruppen bemerkbar, die sich durch eine besonders hohe Substanzfestigkeit auszeichnen, also bei Perlon und Nylon sowie bei den Polyesterfasern (Trevira, Diolen). Acrylfasern sind weniger fest, daher lösen sich die Pills leichter ab. Triacetat entspricht mit seiner Festigkeit den natürlichen Rohstoffen und neigt daher kaum zu störender Pillingbildung. Besonders bei den Polyamidfasern hat man sich durch Ausrüstungsmethoden und durch geeignete Garn- und Zwirndrehung bemüht, die Neigung zur Knötchenbildung zu verringern. Spezialtypen mit reduzierter Festigkeit (z. B. Diolen FL und Trevira 2000) neigen in weit geringerem Ausmaß zur Pillingbildung.
Um die durch die Pills unansehnlich gewordene Oberfläche der Textilien wieder etwas zu verschönern, kann man die Knötchen mit einer Nagelschere abschneiden. Bei glatten Geweben (nicht aber bei Strickwaren!) hat sich auch zum Abscheren der Pills die Verwendung eines Trockenrasierapparats mit Scherkopf bewährt.

Elektrostatische Aufladung

Wie Wolle, Naturseide und Angorawolle werden auch Synthetics durch Reibung insbesondere in trockenem Klima, elektrostatisch aufgeladen. Die Aufladung der Textilien aus Synthetics, die eng mit der geringen elektrischen Leitfähigkeit und der geringen Feuchtigkeitsaufnahme zusammenhängt, ist zwar völlig ungefährlich, aber häufig recht störend. Sie äußert sich dadurch, daß am Körper getragene Kleidungsstücke beim Ausziehen knistern oder Kleider beim Tragen am Körper haften. Auch Schmutzteilchen aus der Luft oder aus dem Wasser werden angezogen. In der Verarbeitung macht die elektrostatische Aufladung deswegen Schwierigkeiten, weil sich die Einzelfäserchen in aufgeladenem Zustand gegenseitig abstoßen. Deshalb versucht man, den Synthetics vor der Verarbeitung die Neigung zur elektrostatischen Aufladung durch „antistatische Ausrüstung" zu nehmen. Diese Ausrüstung geht allerdings meist bei der Wäsche verloren, kann aber durch Behandlung mit einem „Antistatikum" wieder erneuert werden. Man bemüht sich sehr um waschfeste antistatische Ausrüstung (zum Beispiel mit **Nonax**). Ein wasch- und reinigungsbeständiges Antistatikum ist **Arkostat.**

Während die verschiedenen Möglichkeiten, Textilien nachträglich mit dem Ziel zu behandeln, die statische Aufladbarkeit zu verhindern („Antistatische Ausrüstung") im Band II „Stoffe" ausführlich dargestellt werden, muß innerhalb einer Rohstofflehre auf Chemikalien hingewiesen werden, die zum gleichen Zweck während des Spinnprozesses in die Faser eingelagert werden. Diese Einlagerung ist zwar recht teuer, der Effekt aber absolut haltbar und waschecht. Die Chemikalien dienen der Verbesserung der Feuchtigkeitsabsorption. Beispiele für Fasern mit antistatischen Einlagerungen sind Antron static-control, Celon-Anti-stat, **Counterstat, Permalon,** Perlon und Lilion antistatic sowie **Ultron.** Die Polypropylen-Teppichfasern sind zwar gering, aber im Gegensatz zu den Polyamiden negativ aufladbar, so daß eine Mischung von 50–70% Polypropylen mit 50–30% Polyamid Teppiche mit geringer statischer Aufladbarkeit ergibt. Zur Verhütung der elektrostatischen Aufladbarkeit von Tuftingteppichen kann die elektrische Leitfähigkeit der Polyamide auch durch Beimischung von weniger als 1% Stahlfasern erhöht werden, die fünfmal feiner sind als ein Menschenhaar **(Brunsmet-Stahlfaser).** Der ungewöhnlich dauerhafte Effekt wirkt unabhängig von der Luftfeuchtigkeit, ist aber nicht billig. Die Stahlfaser ist zwar sehr reißfest, aber nur wenig dehnfähig.
Wegen dieser elektrostatischen Aufladung neigen Textilien aus Synthetics dazu, Schmutz anzuziehen. Deshalb werden Strickwaren aus Synthetics in den Regalen des Einzelhandels oft in Polyäthylenbeuteln verpackt aufbewahrt, um zu verhindern, daß durch Staubanziehung die neuen Waren unansehnlich werden. Beim Waschen von Wirk- und Strickwaren aus Synthetics sowie Blusen, Hemden und anderen Textilien, die etwas gerieben werden sollen, verwendet man deswegen auch stets frisches Wasser und wäscht die Teile einzeln, d.h. nicht mit anderen Textilien zusammen, da sonst die kleinen Schmutzpartikelchen, die im Waschwasser schwimmen, von den Textilien aus Synthetics wegen der elektrostatischen Aufladung angezogen werden können **(„Waschvergrauung").**
Auch die Entfernung einzelner Flecken aus Synthetic/Schurwollmischungen ist problematisch, wenn die Kleidungsstücke längere Zeit getragen sind. Die Oberfläche der Stoffe ist nämlich gleichmäßig mit feinen Unreinigkeiten überzogen, die die Gewebe unmerklich etwas dunkler werden lassen. Örtliche Flecken lassen sich zwar mit den üblichen Reinigungsmitteln leicht entfernen, jedoch wird beim Ausreiben des Fleckens auch die Umgebung der gereinigten Stelle von der feinen Verunreinigung der Oberfläche befreit, wodurch eine Aufhellung eintreten und diese nur durch eine komplette chemische Reinigung wieder behoben werden kann. Ähnliches kann übrigens auch bei reiner Wolle passieren.
Bei rheumalindernder Gesundheitswäsche wird die elektrostatische Aufladung als Vorzug empfunden. Wäsche aus Rhovyl übertrifft bezüglich der Elektrostatik sogar das Katzenfell. Allerdings muß Gesundheitswäsche aus Rhovyl unbedingt täglich gewaschen werden. Bei Mischung von Synthe-

tics mit anderen Faserstoffen (z. B. Schafwolle mit Acrylfasern) wird die elektrostatische Aufladung neutralisiert. Schafwolle lädt sich nämlich positiv, die Acrylfaser negativ auf.
Eine schädliche Auswirkung auf den menschlichen Körper kann durch die elektrostatische Aufladung von Kleidungsstücken aus synthetischen Fasern auch dann nicht entstehen, wenn beim Entkleiden Funken sprühen und es knistert. Die Stromstärken sind außerordentlich niedrig, wenn auch das Spannungsgefälle erheblich sein kann. Außerdem kann sich die elektrische Ladung nur an der Oberfläche der Haut ausbreiten, niemals aber in das Körperinnere eindringen. Allerdings wird die Entladung nicht zu unrecht von vielen Menschen als recht unangenehm empfunden. Die Wirkung wird vermindert, wenn ein Antistatikum nach der Wäsche ins Spülwasser gegeben wird (z. B. Uhu-clar). Auch Antistatika in Sprühdosen (z. B. Delu-Spray) sind auf dem Markt. Eine unangenehme Folge der elektrostatischen Aufladung ergibt sich auch dann, wenn Geschäftsräume mit Teppichböden aus Synthetics oder mit erheblicher Beimischung ausgelegt sind. Metallständer nehmen die Aufladung auf und geben die gespeicherte Elektrizität schlagartig bei Berührung ab. Die Aufladung läßt allerdings nach, je länger und öfter der Teppich begangen wird. Mit Antistatika zu arbeiten ist teuer und nicht sehr erfolgreich. Erleichterung kann geschaffen werden, wenn der Teppich durch feines Besprühen mit Wasser an sehr trockenen Tagen etwas feucht gehalten wird, da ja die elektrostatische Aufladung einerseits mit der hohen Isolationsfähigkeit der Synthetics, andererseits mit ihrer geringen Feuchtigkeitsaufnahme zusammenhängt.

Zukünftige Entwicklungen

Die Erfindung neuer Polymere mit fadenbildenden Eigenschaften ist nach Meinung maßgeblicher Fachleute überhaupt kein technisches Problem. Nach Auslaufen der Patentrechte der meisten Synthetics ab 1964 hat sich aber gezeigt, daß die Preise für Synthetics sich stark rückläufig entwickelten; sie sanken beispielsweise im Zeitraum 1962 bis 1970 von 100% auf 40,4%. Erst die Ölkrise Ende 1973 hat wieder ein stärkeres Anziehen der Syntheticpreise bewirkt. 1975 sanken als Folge weltweiter Überproduktion die Preise abermals. In dieser Situation sind aber die **wirtschaftlichen Aussichten** der Entwicklung **neuer Synthetics** von ausschlaggebender Bedeutung, um so mehr, als wirtschaftlich Synthetics nur mehr in Großanlagen, die riesige Investitionen erfordern, produziert werden können, und enorme Investitionen ohne jede Erfolgsgarantie anfielen, wollte man neue Synthetics auf den Markt bringen.
Die „großen Drei" (Polyamid, Polyester und Acryl) verfügen über fast alle wünschenswerten Eigenschaften, insbesondere, wenn man die Möglichkeit des Texturierens bedenkt, ihre Monomeren werden in sehr wirtschaftlichen

VERGLEICHENDE FASERANALYSE

		BAUM-WOLLE	VISKOSE-FASERN	WOLLE	PERLON	DRALON	TREVIRA	DACRON 64	DARVAN × 7
ÄUSSERE MERKMALE	Fülle	1,54	1,52	1,30	1,14	1,17	1,38	1,39	1,18
	Weißgrad	62	80	53	81	80	79	85	57
	Kräuselung	ungenügend	ungenügend	sehr gut	gut	ausreichend	ausreichend	ausreichend	sehr gut
	Färbbarkeit	sehr gut	sehr gut	sehr gut	sehr gut	ausreichend	ausreichend	gut	ausreichend
GEBRAUCHS-EIGENSCHAFT.	Knittererholung trocken	110	140	145	125	80	145	145	155
	Formbeständigkeit	ungenügend	ungenügend	ausreichend	ausreichend	ausreichend	sehr gut	sehr gut	sehr gut
	Pillverhinderung	sehr gut	sehr gut	gut	ungenügend	ausreichend	ungenügend	gut	sehr gut
LEBENSDAUER	Reißfestigkeit	3,5	2,2	1,5	4,5	3,0	4,5	4,1	2,1
	Scheuerfestigkeit	13	19	60	> 500	75	300	22	20
	Licht- u. Wetterbeständigkeit	ausreichend	ungenügend	ausreichend	ausreichend	sehr gut	gut	gut	sehr gut
	Farbechtheit	sehr gut	sehr gut	sehr gut	gut	gut	gut	gut	gut
WIRTSCHAFT-LICHKEIT	Faserpreis	3,50	3,00	10,00	10,00	13,50	13,50	13,00	13,40
	Färbekosten normal gefärbt	1,15	1,15	2,10	3,50	7,80	7,80	6,80	7,00
	Färbekosten echt gefärbt	8,40	9,00	2,10	12,30	7,80	7,80	6,80	7,00
	Faserpreis u. Färbekost. norm. gefärbt	4,65	4,15	12,10	13,50	21,30	21,30	19,80	20,40
EINSATZ-GEBIETE	Feingewebe	sehr gut	ausreichend	ungenügend	ungenügend	ausreichend	sehr gut	gut	ausreichend
	Winterware	gut	ausreichend	sehr gut	ungenügend	gut	ausreichend	sehr gut	gut
	Flauschware	gut	ausreichend	sehr gut	ungenügend	ausreichend	ungenügend	ausreichend	sehr gut
	Strickware	gut	ausreichend	sehr gut	ausreichend	ausreichend	ungenügend	ungenügend	sehr gut
	Seidenstoffe	ungenügend	ausreichend	ungenügend	gut	gut	sehr gut	sehr gut	ausreichend
	Kräuselware	ungenügend	ungenügend	ungenügend	sehr gut	gut	gut	gut	ausreichend
	Techn. Artikel	ausreichend	ausreichend	ausreichend	sehr gut	ausreichend	sehr gut	ausreichend	ungenügend

(schwarz) = sehr gut; (schraffiert) = gut; (weiß) = ausreichend; (gepunktet) = ungenügend

Abb. 107: Vergleichende Faseranalyse.

Verfahren und in riesigen Mengen hergestellt und darüber hinaus sind alle herstellungstechnischen und verarbeitungstechnischen Probleme gelöst. Eine neue Faser müßte den alten gegenüber kaum vorstellbare Vorzüge im Preis oder in den Eigenschaften haben, um sich durchsetzen zu können. Diese Vorzüge müßten so hervorstechen, daß auch die weiterverarbeitende Textil- und Bekleidungsindustrie die Kosten und die Mühe erneuter faserspezifischer Technologie übernähme.

Deshalb hat sich die Chemiefasertechnologie in jüngster Zeit auch mehr damit beschäftigt, für bestimmte Verwendungszwecke, z. B. für Teppiche oder für Non-wovens oder für technische Zwecke, bestgeeignete **Variationen herkömmlicher Synthetics** auf den Markt zu bringen. Insbesondere auf dem technischen Sektor (vor allem zur gemeinsamen Verarbeitung mit plastischen Kunststoffen) ergeben sich viel interessantere Ausweitungsmöglichkeiten als für den wenngleich stetig, so doch nur langsam wachsenden Sektor der Bekleidungstextilien. Die 1977 auf dem Markt erschienene Acrylfaser **Dunova** von Bayer mit naturfaserähnlichen hygienischen Eigenschaften stellt allerdings einen bemerkenswerten technischen Fortschritt dar.

Im kommenden Jahrzehnt wird also weniger die Suche nach neuen Chemikalien und faserbildenden Substanzen angestrebt werden als die Schaffung von noch mehr „Fasern nach Maß", also die Modifizierung bekannter Synthetics zur Herausbildung spezieller Eigenschaften, wie Verbesserung der Anfärbbarkeit, der permanenten Antistatik; Verringerung der Pillinganfälligkeit; Schaffung von Spezialtypen mit schmutzabweisender Ober-

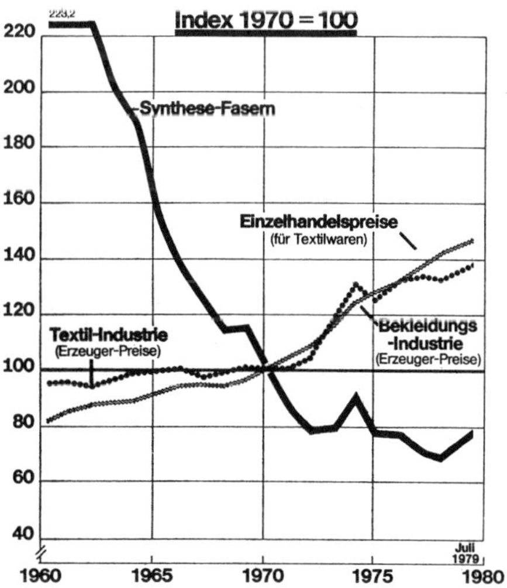

Abb. 108: Preisentwicklung der Textilwirtschaft in der Bundesrepublik Deutschland.

fläche, geringer Entflammbarkeit oder einem bestimmten Schrumpfverhalten (**„Faser-Engineering"**). Das Kapital über die „Chemiefasern der zweiten, dritten und vierten Generation" zeigt schon den Beginn des Weges, der wohl neben der Verbesserung der Herstellungsmethoden in der Praxis für die Zukunft in verstärktem Maße beschritten werden wird. Es geht also darum, durch zielgesteuerte Entwicklung und Konstruktion neue Eigenschaften im Hinblick auf optimale Anpassung an einen definierten Verwendungszweck.

Hingegen wird sich in den achtziger Jahren die Produktion vor allem der Synthetics von den Industrienationen Europas, den USA und Japan in die Länder der Dritten Welt verlagern – teils unter finanzieller und technischer Hilfe etablierter Hersteller. Mußten die elf europäischen Faserhersteller unter der Aufsicht der EG-Kommission in den Jahren 1978 und 1980 das sogen. **Chemiefaserabkommen** („Europäisches Faserabkommen zum geordneten **Kapazitätsabbau**") abschließen, das einen Abbau der Kapazitäten von 1978–1985 um über 30 % vorsieht, die Aufteilung der Zuwachsraten (unter Begünstigung Italiens) regelt und bei erhöhten Absatzchancen die einzelnen Hersteller veranlassen soll, nicht die eigene Produktion auszuweiten, sondern bei schwächer beschäftigten Mitbewerbern zuzukaufen, bilden sich in den Entwicklungsländern sogar Schwerpunkte des **Kapazitäts-Ausbaus:**

Südostasien: Taiwan (technisches Nylon 6, Reifencord), VR China (Polyamid, Polyester), Südkorea (Polyamid, Polyester);

Ostblockländer: Bulgarien (Polyester, Polypropylen), CSSR, Rumänien;

Südamerika: Brasilien (Reifencord, Polyester, Polyamid).

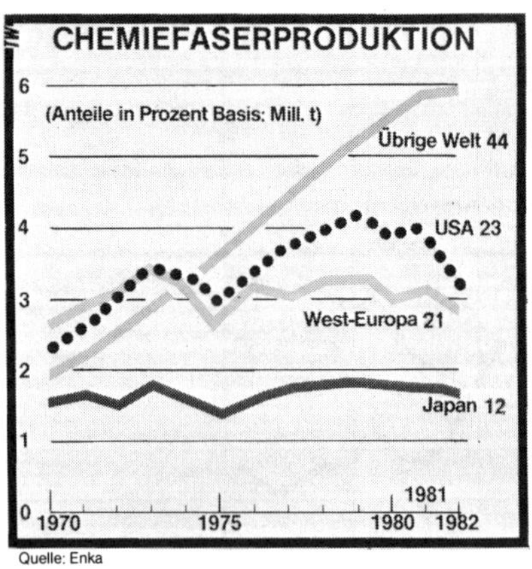

Abb. 109: Entwicklung der Chemiefaserproduktion der Industrie- und Entwicklungsländer 1970–1982.

Abb. 109a: Chemiefaser-Signet mit Slogan.

Hinzu kommen noch Ägypten (Polyester), Pakistan (Polyester) und Indien (Polyamid und Polyester).
Bis 1985 werden die Kapazitäten dieser Länder um weitere rund 12% ansteigen. Dies bedeutet, daß auch der Fertigwaren-Import der Industrieländer in Zukunft mehr und mehr auf den Chemiefaserproduktionen der Entwicklungsländer basieren wird. Allerdings sind gerade die Entwicklungsländer, da wie Japan ohne eigenes Erdöl, gezwungen, die für ihre Chemiefaserherstellung benötigten Rohstoffe zu 100% zu importieren. In Japan hat dieser Umstand bereits zur Stillegung von Kapazitäten geführt.
Zur Abwehr der Importe hat die europäische Chemiefaser-Industrie ein **Chemiefaser-Signet** geschaffen, das nur bei Fasern angewandt werden darf, deren Qualität bis zum Endprodukt abgesichert ist.

Das Wichtigste – kurz zusammengefaßt

1. Die Synthetics bauen auf einfachen Rohstoffen auf, bei deren „Synthese" die Natur noch nicht mitgeholfen hat und die ganze Last des Zusammenfügens und Anordnens der Atome dem Menschen überlassen bleibt. Voraussetzung für eine Substanz, die als Rohstoff für Textilien in Frage kommt und die daher fadenbildende Eigenschaften haben muß, ist die Möglichkeit der Bildung von langen Molekülketten.
2. Molekülketten können ohne Ausscheidung von Nebenprodukten durch Polymerisation, mit Ausscheidung von Nebenprodukten durch Polykondensation gebildet werden. Um die Substanzen mit Kettenmolekülen (Polymerisate) in fadenförmige Form zu überführen, kann man sie entweder schmelzen oder in einer Flüssigkeit lösen.
3. „Chemiefasern der zweiten Generation" sind solche, die aus bekannten Standardtypen hervorgehen, aber in ihrem chemischen Wesen stark verändert worden sind. Zu den „Chemiefasern der dritten Generation" rechnet man solche, die chemisch und physikalisch modifiziert wurden; die „vierte Generation" bilden die sogen. „Sauberfasern".Bei den Multipolymerisaten werden neue Molekülketten gebildet, indem man verschieden Grundbausteine in regelmäßiger Anordnung zu einer Molekülkette formt („Copolymere"), Molekülketten verschiedener Art wechselweise miteinander verbindet („Blockpolymere") oder an bestehende Ketten Zweige anfügt („Pfropfpolymere"). Die Zuordnung der Erzeugnisse ist im TKG durch die Bezeichnungen Modacryl und Trivinyl sowie durch die Definition der verschiedenen Syntheticsarten genau geregelt. Ziel dieser Modifizierung ist die Verbesserung der Anfärbbarkeit, der Pillingresistenz oder der Wärmebeständigkeit. Bei den Mehrkomponentenfasern werden chemisch gleichartige, aber in ihrem Schrumpfverhalten oder in ihrem Schmelzpunkt verschiedene Spinnmassen so versponnen, daß die verschiedenen Komponenten entweder Seite an Seite

nebeneinander (S/S-Typen) liegen oder so angeordnet sind, daß die eine Komponente wie ein Mantel den Kern aus der zweiten Komponente umhüllt (C/C-Typen; Heterofilfasern). Bei den Heterofasern werden zwei unverträgliche, artverschiedene Polymere gemeinsam zur Faser ausgesponnen, wobei sich die eine innerhalb der anderen fein verteilt (M/F-Type = Matrix/Fibrillentype).

4. Aus bestimmten Folien lassen sich Bändchen schneiden, die einachsig stark gestreckt werden und sich dabei in Längsfibrillen aufspalten. Aus diesen spleißfähigen Folien können faserige Garne hergestellt werden (Polital, Raphia artificiel).
5. Eine Reihe von Eigenschaften haben, wenn auch nicht in gleichem Ausmaß, alle Synthetics. Hierzu zählen die hohe Reiß- und Scheuerfestigkeit, die niedrige Feuchtigkeitsaufnahme und die geringe Neigung zu quellen. Textilien aus Synthetics laufen deshalb auch nicht ein und trocknen schnell, saugen aber auch den Körperschweiß nicht auf. Unter Einfluß von Wärme erweichen die Synthetics und lassen sich dauerhaft verformen (thermofixieren). Typisch für Synthesefasern sind auch geringes spezifisches Gewicht und hohe Beständigkeit gegen Verrottung, Säuren und Laugen.
6. Die Pillingbildung entsteht durch eine Verletzung der Einzelkapillaren der Synthetics beim Scheuern. Im Gegensatz zu Wolle und Triacetat sind die Pills bei den Synthetics wegen deren hoher Substanzfestigkeit dauerhaft mit der Oberfläche der Textilien verbunden, sie können durch Abschneiden mit der Schere oder Abscheren mit einem Trockenrasierer mit Scherkopf entfernt werden.
7. Die Textilien aus Synthetics neigen wegen ihrer geringen elektrischen Leitfähigkeit und der geringen Feuchtigkeitsaufnahme dazu, sich elektrisch aufzuladen. Antistatische Ausrüstungsmittel verlieren ihre Wirkung nach der Wäsche, sie können aber ohne Schwierigkeiten erneut angewendet werden. Die elektrostatische Aufladung führt dazu, daß die aufgeladenen Textilien feinste Staub- und Schmutzpartikelchen anziehen. Durch Einlagerung von bestimmten Chemikalien in die Spinnmasse können Synthetics aufgrund verbesserter Feuchtigkeitsaufnahme elektrisch leitfähiger und dadurch dauerhaft antistatisch werden. Auch die Beimischung feinster Stahlfasern zu Polyamiden kann Teppiche dauerhaft antistatisch machen.

Die Polyamidfasern

Die Hauptschwierigkeit, sich die einzelnen Chemiefasertypen und vor allem die Synthetics nach ihren Gruppen und Eigenschaften zu merken, besteht darin, daß sie alle so seltsame und ungewohnte Namen tragen. Die großen

Hersteller der Chemiefasern haben ihren jeweiligen Erzeugnissen Namen gegeben und durch Wort- und Bildzeichen schützen lassen; ihre umfangreiche Verbraucherwerbung macht die Namen dem Publikum bekannt. Die Gruppen aber, die jeweils chemisch gleich oder ähnlich aufgebaut sind und deshalb gleiche oder ähnliche Eigenschaften zeigen, haben Namen aus dem Bereich der Chemie. Warum diese Namen alle mit „Poly" beginnen, wissen wir nunmehr: „Poly" ist griechisch und heißt „viel", der Ausdruck deutet also darauf hin, daß wir es mit langen, kettenförmigen Molekülverbindungen zu tun haben. Diese chemischen Namen hat das TKG als verbindliche Bezeichnungen übernommen.

Gäbe es in Deutschland nur Textilien aus deutschen Synthetics, wäre die Sache noch recht einfach. Man brauchte dann nur die wenigen Namen Perlon und Nylon (Polyamide), Dralon und Dolan (Polyacrylnitril), Diolen und Trevira (Polyester) sowie Dorlastan (Polyurethan) zu merken und wüßte dann Bescheid. Im Sinne des Gemeinsamen Marktes tauchen aber auch an Fertigerzeugnissen oft die Markennamen ausländischer Hersteller von Synthetics auf, die schwerer zu merken sind, weil sie nicht durch die Markenwerbung der Hersteller genügend bekannt gemacht werden. Um Stoffe aus diesen Fasern beurteilen zu können, muß man zumindest wissen, welcher Gruppe der Synthetics diese Fasern zuzuordnen sind. Dies wird für den Fachmann nunmehr durch die Vorschriften des TKG erleichtert.

Bei den Polyamiden haben wir sogar vier verschiedene Erzeugnisse vor uns, von denen sich Perlon und Nylon zwar in der Anordnung der Moleküle und Atome innerhalb der Ketten unterscheiden, in ihren Eigenschaften aber so ähnlich sind, daß man sie gemeinsam werten kann. Die dritte Faser, die italienisch-französische Faser Rilsan, nimmt schon insofern eine Sonder-

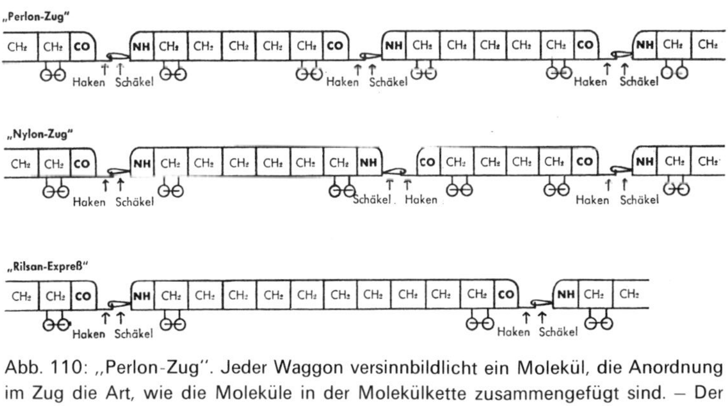

Abb. 110: „Perlon-Zug". Jeder Waggon versinnbildlicht ein Molekül, die Anordnung im Zug die Art, wie die Moleküle in der Molekülkette zusammengefügt sind. – Der Zug für Nylon 12 sieht aus wie der Rilsan-Expreß, enthält aber ein zusätzliches Abteil „CH_2" in jedem Waggon.

stellung ein, als sie das chemisch doch recht komplizierte Rizinusöl als Ausgangsmaterial verwendet und damit wieder den natürlichen Rohstoffen nähersteht, aber doch zu den Synthetics zählt und in seinem Molekularaufbau deutlich von Nylon oder Perlon abweicht. Weitere Abarten der Polyamide mit Ausnahme von Qiana spielen nur eine untergeordnete Rolle.
Um die Eigenart der Bildung von Molekülketten nochmals bildhaft zu erläutern, wollen wir uns vorstellen, eine solche Kette sei ein Eisenbahnzug, jeder Waggon versinnbildlicht ein Molekül und ist genau auf die Bedürfnisse der mitreisenden Atome eingerichtet und sogar die Art der Verbindung von Waggon zu Waggon soll die tatsächlichen Verhältnisse bei den Polyamiden widerspiegeln.
Im „Perlon-Zug" finden wir nur lauter gleiche Waggons. Im vordersten und im hintersten Abteil haben die sogenannten „Funktionellen Gruppen" Platz genommen. Als funktionelle Gruppen bezeichnet man bei organischen Verbindungen Atomanordnungen, die das chemische und zum Teil auch das physikalische Verhalten der Art der chemischen Verbindung bestimmen. Es sind Gruppen von Atomen, die die Verbindung zu Ketten ermöglichen, also „Haken" oder „Schäkel" tragen, mit denen unsere Eisenbahnwaggons aneinandergereiht werden. Im vordersten Abteil jedes Waggons sitzen ein Kohlenstoff- und ein Sauerstoffatom zusammen und passen auf, daß der Zug an dieser Verbindungsstelle zwischen den beiden Waggons nicht abreißt. Die nächsten fünf Abteile sind mit Kohlenwasserstoffen besetzt, im letzten Abteil achten ein Stickstoff- und ein Wasserstoffatom auf die gute Verbindung zum nächsten Waggon. Diese „funktionellen Amidgruppen" sind auch das Zuweisungskriterium einer Faser zu den Polyamiden laut TKG.
Beim Nylon-Zug benötigen wir zwei verschiedene Waggontypen, um die gleiche Zahl der Insassen unterzubringen. Das Pärchen „CO", das bei Perlon nur vorne saß und an dessen Abteil der Verbindungshaken festgemacht ist, sitzt im ersten und letzten Abteil des einen Waggons, in dem nur noch vier Abteile für Kohlenwasserstoffe vorgesehen sind. Das erste und letzte Abteil des zweiten Waggons ist von der „NH"-Gruppe besetzt, der Waggon hat also vorne und hinten nur einen Schäkel und keinen Haken, insgesamt sind aber sechs Abteile für die Passagiere der Kohlenwasserstoffgruppe notwendig.
Ganz komfortabel reist es sich im Rilsan-Expreß. Er besteht aus modernen Großraumwagen, die wieder alle gleich sind. Da wir ein Polyamid vor uns haben, ist das erste Abteil wie bei Perlon mit dem CO-Liebespärchen besetzt, das letzte Abteil mit NH. Vorne ist ein Haken, hinten ein Schäkel. In der Mitte aber befinden sich gleich zehn Abteile für Kohlenwasserstoffe.
Der Chemiker fügt zur Kennzeichnung der Molekülart von Polyamiden dem Wort Nylon eine Ziffer zu, die aussagt, wieviele Kohlenstoffatome in dem jeweiligen Kettenmolekül vertreten sind. So nennt er Polyamide aus Caprolactam (z.B. Perlon) „Nylon 6" (gleichartige Moleküle), aus

Adipinsäure (z.B. Nylon, Cumuloft, Rhodianyl, Antron) „Nylon 6.6“ und liest aus dieser Ziffer ab, daß zwei verschiedene Moleküle mit jeweils 6 C-Atomen zusammengefügt worden sind. Rilsan ist dementsprechend ein Polyamid 11.
Das Verdienst, mit Nylon den ersten brauchbaren Synthesefaden gefunden zu haben, kommt dem amerikanischen Chemiker Wallace Hume **Carothers** zu, der sich grundsätzlich mit Polymerisation und -Kondensation beschäftigte. Perlon hingegen, vom deutschen Chemiker Paul **Schlack** 1938 drei Jahre später selbständig und unabhängig entwickelt, entstand als Frucht zielstrebiger Entwicklungsarbeiten für synthetische Fasern.

I. Perlon

Das Vorprodukt des Perlon, das Caprolactam, ist ein weißer, kristallartiger Stoff und in reiner Form geruchlos. Es entspricht, um bei unserem Bild des Eisenbahnzugs zu bleiben, einem zwar vollbesetzten Waggon, der aber einsam an einem Abstellgeleise steht und erst zu einem Bestandteil eines Zuges wird, wenn man ihn mit anderen gleichen Waggons zusammenkoppelt. Dieses Zusammenkoppeln zur Perlon-Spinnmasse ist der Polymerisationsvorgang, den wir schon so oft erwähnt haben und den wir stellvertretend für die anderen Synthetics genauer beschreiben wollen. Man löst das Caprolactam in wenig Wasser und füllt es in einen Behälter (Mischkessel), der oberhalb des „VK-Rohrs“ angeordnet ist. „VK-Rohr“ bedeutet „vereinfacht kontinuierliches Rohr“ und ist eine Vorrichtung, die es gestattet, die Polymerisation fortlaufend und damit in gleichmäßiger Weise vorzunehmen. Ziel der Polymerisation ist nämlich nicht schlechthin die Bildung beliebig langer Kettenmoleküle, sondern unsere „Perlon-Züge“ sollen alle möglichst gleich viele Waggons aufweisen. In dem Rohr wird die Caprolactamlösung nach unten immer stärker erhitzt, im unteren Teil

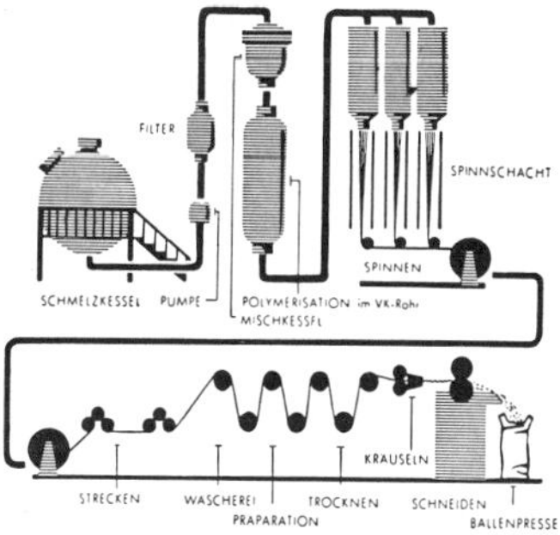

Abb. 111: Herstellung von Perlon, schematisch dargestellt.

auf etwa 260 Grad Celsius. Der Zahl der entstehenden Kettenmoleküle entsprechend gibt man chemische Substanzen zu, sogenannte „Kettenabbrecher", die sich vorne und hinten an die Kettenmoleküle anhängen und die Ketten abschließen. Sozusagen kommt an unseren „Perlon-Zug" vorne und hinten ein Triebwagen mit Führerstand hinzu, der Zug ist komplett. Am unteren Ende des Rohres kommt das fertige, geschmolzene Polymerisat in Bandform heraus und wird in Wasser abgekühlt und verfestigt. Das Band läßt sich weder mit der Hand noch durch energisches Hinwerfen zerbrechen – eine Beschaffenheit, die es in der Natur nicht gibt. Ganz gelingt es dabei nicht, alle Moleküle in ein Kettenmolekül einzubauen. Es bleibt immer ein kleiner Prozentsatz von Waggons, die nicht mit einem Zug zusammengekoppelt sind und die einsam in der Gegend stehen. Diese Einzelmoleküle („Monomere" im Gegensatz zu den „Polymeren"= Kettenmoleküle) würden den Fadenaufbau stören, sie lösen sich (wie Caprolactam – es ist ja nichts anderes) in Wasser und werden aus dem zu kleinen Schnitzeln zerhackten Polymerisat ausgewaschen.
Die Polyamid-Schnitzel waren flüssig, als sie das VK-Rohr verließen. Schmilzt man sie wieder, so lockert man das Gefüge der Kettenmoleküle untereinander so weit auf, daß die Form des Körpers beliebig verändert werden kann. Stoffe, die nicht wie unsere Polyamidschnitzel aus Kettenmolekülen bestehen, haben im allgemeinen eine wasserdünne Schmelze – man denke nur daran, wie schön das Blei an Sylvester zu gießen und zu schütten ist! Geschmolzene Polyamidschnitzel hingegen sind sehr zähflüssig. Die Molekülketten besitzen also auch noch in geschmolzenem Zustand einen gewissen Zusammenhalt. Gießt man sie aus einem Löffel, fließt die Schmelze als zusammenhängender Faden wie Honig ohne abzureißen herunter. Wird diese Schmelze durch die Spinndüse gepreßt, entsteht ein Faden, der sofort an der Luft erstarrt (Abb. 112).
Dieser Vorgang hört sich sehr einfach an, jedoch seine praktische Verwirklichung ist sehr schwierig. Es muß verhindert werden, daß die zähflüssige Schmelze mit dem Sauerstoff der Luft in Berührung kommt, denn sonst werden die im erkalteten Zustand so stabilen Kettenmoleküle verkürzt. Erwünscht sind Züge, die möglichst genau 100 Waggons enthalten. Der Sauerstoff wirkt wie ein pflichtvergessener Rangiermeister, der die schönen langen Züge mutwillig in lauter kurze mit weit weniger Waggons trennt.
Während des Spinnvorgangs wird der eben gebildete Faden ähnlich wie bei Cupro-Filament verstreckt. Die in der Schmelzflüssigkeit wirr durcheinanderliegenden Kettenmoleküle müssen innerhalb der Faser schön parallel zueinander angeordnet werden. Man zieht den eben entstandenen Faden schneller ab als der Geschwindigkeit, mit der er durch die Düse gepreßt wird, entsprechen würde und erreicht durch dieses Verstrecken bereits eine Vororientierung der Molekülketten innerhalb des Fadens. Das eigentliche Verstrecken erfolgt in einem getrennten Vorgang.

Abb. 112: Trockenspinnverfahren bei Perlon. Die Spinnmasse kommt aus der Düse und erhärtet im Spinnrost an der Luft zur Faser.

Perlon entsteht erst durch Verstrecken

Perlon ist kein Name für eine bestimmte Chemikalie, sondern ein geschütztes Warenzeichen für ein Fertigprodukt mit genau umrissenen Eigenschaften. Darum haben wir bei der Beschreibung der Herstellung den Ausdruck Perlon ängstlich vermieden und von Caprolactam oder von Polyamidschnitzeln gesprochen. In dem Faden, der sich nach dem Spinnprozeß ergibt, liegen trotz des bereits anschließenden Verstreckens ein Teil der Molekülketten noch in spiraliger oder knäuelartiger Form durcheinander. Die Moleküle haben untereinander noch keinen Zusammenhalt und lassen sich bei Zimmertemperatur noch bewegen – der Stoff hat also keineswegs die Eigenschaften vor allem der hohen Festigkeit, die wir vom Perlon her kennen. Zum Verstrecken des Polyamidfadens braucht man gar nicht viel Kraft. Zieht man an diesem Faden, so beginnt an irgendeiner Stelle eine Gruppe der Molekülketten aneinander vorbeizugleiten, sich dadurch leicht zu erwärmen und weitere Kettenmoleküle durch diese punktartig auftretende Erwärmung zu veranlassen, ebenfalls aneinander vorbeizugleiten. Durch

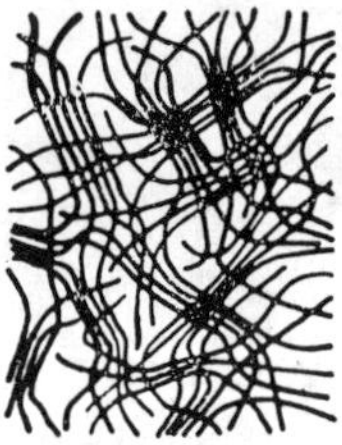

vor dem Strecken

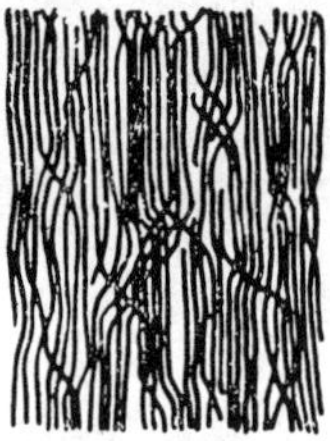

nach dem Strecken

Abb. 113: Schema des Ordnungszustandes der Fadenmoleküle.

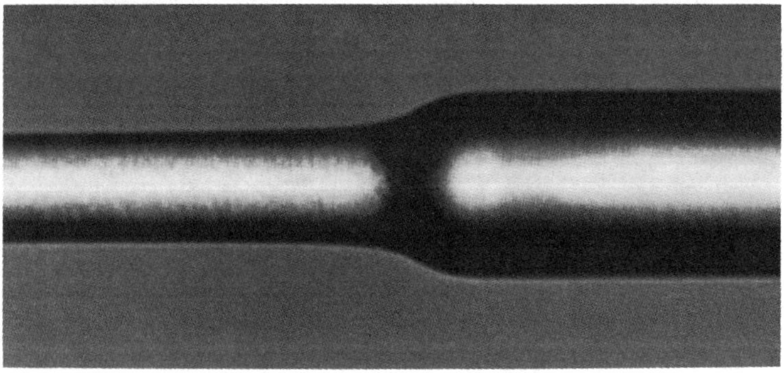

Abb. 114: Der „Flaschenhals" beim Verstrecken von Perlon. An einer bestimmten Stelle verjüngt sich das Material und wird vom „unverstreckten" zum „verstreckten".

Abb. 115: Perlon entsteht durch das Verstrecken im Anschluß an den Spinnprozeß.

das Gleiten und Entwirren, durch das Parallellegen der wirren Kettenmoleküle wird der Faden länger und dünner. Während aber ein Gummifaden an allen Stellen gleichmäßig dünner und länger wird, wickelt sich dieser Vorgang bei der Entstehung von Perlon stets an einem Punkt ab, bildet sich der typische „Flaschenhals". Der Flaschenhals markiert also den scharfen Übergang von „verstreckt" zu „unverstreckt" (Abb. 114).
Durch die Spinnbedingungen läßt sich das Ausmaß, in dem der Polyamidfaden zu verstrecken ist, genau festlegen: Etwa auf das Drei- bis Fünffache bei Perlon, um das Siebenfache bei Nylon. Plötzlich entsteht ein scharfer Widerstand; der Faden, der bei Zimmertemperatur zunächst mühelos gedehnt werden konnte, kann nur mehr mit großer Kraft gestreckt werden und reißt schließlich ab. Die Molekülketten haben sich geordnet und parallel gelegt und haften in der nunmehr erreichten Stellung fest anein-

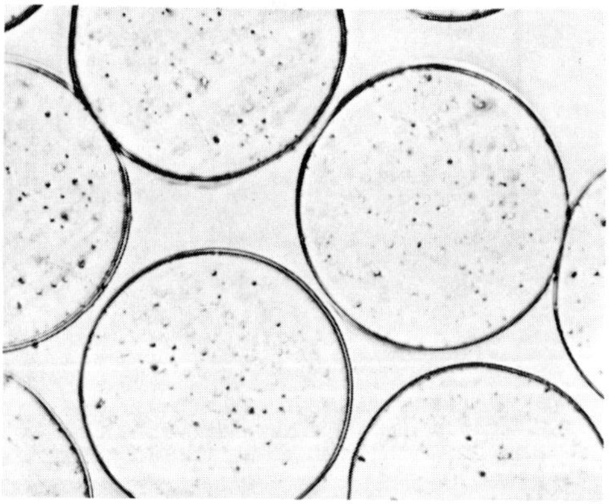

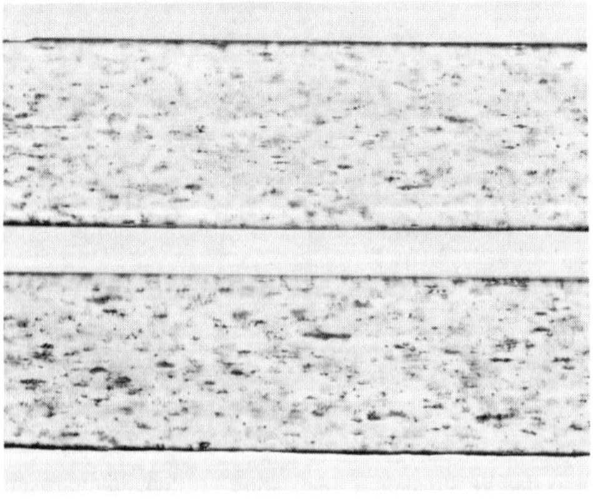

Abb. 116: Perlon mattiert, Einzeltiter 20 den, Querschnitt und Längsbild. Vergrößerung 500fach.

ander. Sie bilden Kristalle, die nicht mehr aneinander vorbeigleiten können. „Perlon" ist entstanden. Wenn wir bei unserem Beispiel mit dem Perlon-Zug bleiben wollen, dann stellen wir uns zwei Züge auf Nachbargleisen vor. Die Insassen des ersten Abteils in jedem zweiten Waggon (CO) reichen den Insassen des letzten Abteils jedes zweiten Waggons (NH) des anderen Zuges durch das Fenster die Hände und halten sich gegenseitig fest. Die Grenze der Möglichkeit des Verstreckens ist also dann erreicht, wenn die Kettenmoleküle so nebeneinander zu liegen kommen, daß dieses „Händereichen" möglich wird. Daß nicht alle Molekülketten diese Lage einnehmen können und einige mit spiralig gewundener Form übrig bleiben, ist kein Nachteil: Sie durchziehen das Fasergefüge, halten es zusammen und machen den Faden weich und schmiegsam. Diese nicht parallel gelegten Kettenmoleküle sind auch der Grund für die „Restdehnung" des Perlonfadens. Perlon ist ja noch zu etwa 15 bis 35% dehnfähig – ein Vorteil vor allem für die Perlonstrümpfe. – Übrigens: Polyesterfasern werden bei etwa 70 °C um das Vier- bis Sechsfache, Acrylfasern bei 170 °C um das acht- bis Zwölffache verstreckt.

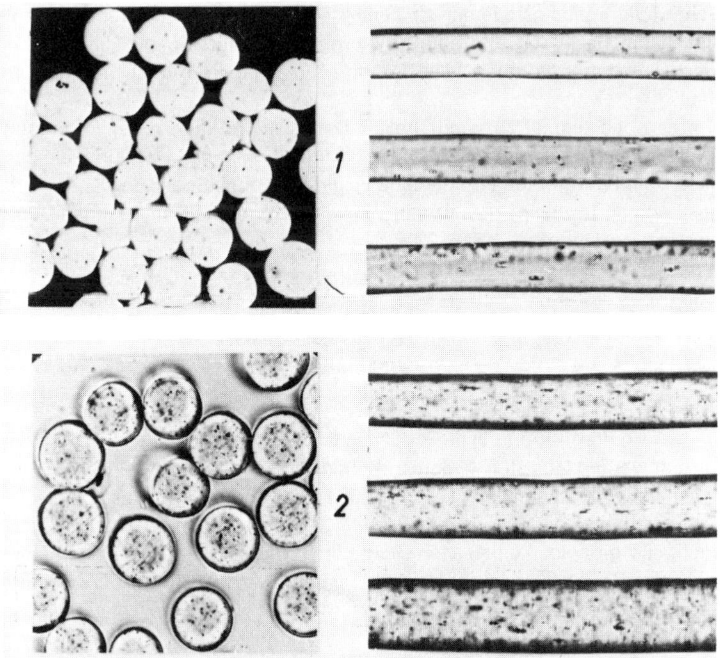

Abb. 117: Oben (1) Querschnitt und Längsbild von Nylon glänzend, unten (2) Querschnitt und Längsbild von Perlon mattiert.

Fixierung des Perlonfadens

Durch das Verstrecken wird der Faden also fest. Dies gilt nur so lange, als der Faden nicht mit heißem Wasser in Berührung kommt. Der Faden muß noch „fixiert" werden, denn sonst würde er in heißem Wasser einlaufen wie ein Baumwollgewebe. Das Fixieren ist eine typische Eigenschaft der Synthetics. Man spult den Faden sehr fest auf, damit er während des Fixierens seine Lage nicht verändern, also nicht schrumpfen kann. Während man den Faden erhitzt, bleiben die Fadenmoleküle unter Spannung. Nach dem Erkalten zeigt der Faden keine Neigung mehr, in heißem Wasser zu schrumpfen. Würde man aber später den Faden auf eine höhere Temperatur erhitzen als beim Fixieren, würde er wieder schrumpfen können.
Die Eigenschaft des unfixierten Perlon-Fadens, schrumpfen zu können, nutzt man zur Herstellung bestimmter Reliefeffekte vor allem in der Seidenweberei aus. Man webt einen Perlonfaden in bestimmter Bindung mit ein, setzt das ganze Gewebe dann einer nachträglichen Fixierung ohne Spannung aus und läßt den Perlonfaden dadurch schrumpfen, so daß sich die mustermäßig gewollten Gewebestellen cloquéartig aufwerfen. Dieser Schrumpfvorgang ist genau zu bemessen und zu kontrollieren. Ein Absinken der Festigkeit und eine Erhöhung der Dehnfähigkeit, die sich bei diesem Schrumpfvorgang beim Perlonfaden ergeben, nimmt man gern in Kauf.
Um es noch einmal zu wiederholen: Das Fixieren kann unter Spannung erfolgen, der Titer des Fadens, die Festigkeit und die Dehnung bleiben gleich, ein Schrumpfen erfolgt nicht. Fixiert man ohne Spannung, schrumpft der Perlonfaden, wird gleichzeitig etwas dicker, verliert an Festigkeit und gewinnt an Dehnfähigkeit.

II. Nylon

Oft wird gefragt, worin sich Perlon und Nylon unterscheiden. Die beiden Fasern werden aus den gleichen Atomgruppen gebildet, wenn auch ihr Herstellungsvorgang etwas verschieden ist. Die unterschiedliche chemische Struktur haben wir in unserem Beispiel von den Zügen zu erläutern versucht. Es gibt aber einen viel wichtigeren Unterschied, der mit Chemie nicht das Geringste zu tun hat: Perlon ist ein **Warenzeichen,** Nylon hingegen ein **Gattungsbegriff.** Der Erfinder des Nylon, die amerikanische Du-Pont-Gruppe, besitzt für ihr Nylon das Warenzeichen „Du Pont Nylon". Bei einem Warenzeichen liegt es in der Hand des Warenzeicheninhabers – bei Perlon der „Perlon-Warenzeichen-Verband", dem die sieben deutschen Perlon-Hersteller angehören –, genaue Vorschriften für die Qualität der

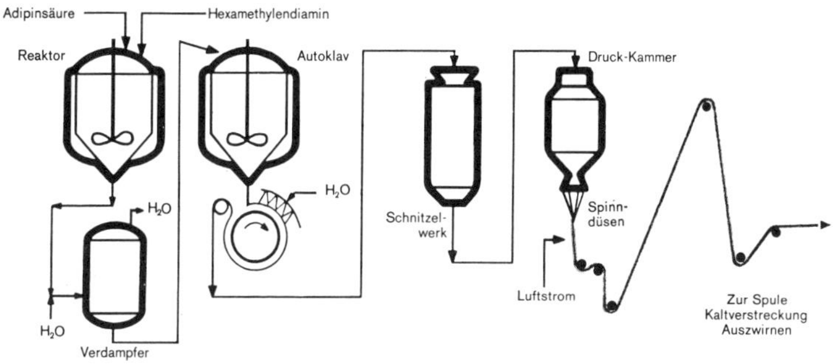

Abb. 118: Herstellung von Nylon, schematisch dargestellt.

Erzeugnisse auszuarbeiten und zu überwachen. Das Warenzeichen darf nur für Erzeugnisse verwendet werden, die diesen recht strengen Vorschriften entsprechen. Dadurch kann mit dem Warenzeichen gleichzeitig eine **Gütesicherung** verknüpft werden. Bei Nylon ist diese Gütesicherung bis zum Fertigfabrikat nicht möglich.
Darum ist auch die Frage müßig, welche Faser nun besser sei, Perlon oder Nylon. Von der Substanz her unterscheiden sich beide kaum. Jedoch kann bei Perlon verhindert werden, daß qualitativ minderwertige Erzeugnisse unter dem Namen „Perlon" in den Verkauf kommen.
In den USA werden übrigens auch die wie Perlon aus Caprolactam hergestellten Polyamidfasern als Nylon bezeichnet. Jedoch unterscheiden sich die wichtigsten Polyamidtypen auch in meßbaren Eigenschaften, wie die nachfolgende Tabelle zeigt:

	PA 6.6 (Nylon)	PA 6 (Perlon)	PA 11 (Rilsan)
Zugfestigkeit p/dtex	4,2–5,2	4,8–5,5	4,2–5,0
Reißdehnung %	31–26	24–16	40–25
Spez. Gewicht g/ccm	1,14	1,15	1,04
Schmelzpunkt °C	250	215	185
Erweichungspunkt °C	235	175	150
Feuchtigkeitsaufnahme %	3,8	4,3	1,2
Relative Naßfestigkeit	85–90%	85–90%	96–98%

Hervorzuheben wäre also, daß der Erweichungspunkt und die Reißdehnung bei Nylon etwas höher liegen als bei Perlon, die Zugfestigkeit aber etwas geringer ist. Rilsan weicht von diesen beiden Polyamidtypen durch geringere Feuchtigkeitsaufnahme, niedrigeres spezifisches Gewicht und erheblich niedrigeren Schmelzpunkt ab.

In England sind Strümpfe unter dem Namen **nysil** auf dem Markt, die nicht mehr den bei Nylon sonst üblichen leichten Glanz zeigen und das bei Nylon bekannte Kältegefühl geben. Im ganzen sind die Strümpfe naturseiden-ähnlicher, nehmen Feuchtigkeit auf und halten warm. Der Seideneffekt wurde dadurch erzielt, daß der Strumpf nach dem Färben in einem chemischen Bad Überschallwellen ausgesetzt wird. Es handelt sich dabei nicht um eine Oberflächenbehandlung, sondern um eine Strukturwandlung des Fadens in einer komplizierten Apparatur mit dem Erfolg, daß die zunächst in einer langen Linie aneinandergeketteten Moleküle sich miteinander verschlingen. Dadurch wird eine Angleichung an die molekulare Struktur der Naturseide erreicht. – Ein ähnliches Erzeugnis ist in Dänemark unter der Bezeichnung **Nylsilk** bekannt. In Deutschland kennt man Strümpfe aus Perlon oder Nylon gleicher Art unter dem Namen **Ultrason.**

III. Rilsan

Obwohl auf Basis eines natürlichen Rohstoffs geschaffen (Rizinusöl, aus den Samenkapseln der Rizinusstaude, eines tropischen Castorgrases), ist Rilsan ein rein synthetisches Produkt. Da aus dem Rizinusöl zunächst die Undecylensäure gewonnen wird, aus der durch chemische Umwandlung ein Polyamid entsteht, ist für die Eigenschaften der Faser ihre Herkunft aus natürlichen Rohstoffen völlig unerheblich. Von den Polyamiden Perlon und Nylon unterscheidet sich Rilsan jedoch dadurch, daß die Undecylensäure aufgrund ihrer längeren, aus Kohlenwasserstoffresten aufgebauten Kettenmoleküle einen mehr paraffinartigen Charakter besitzt, der ein geringeres Feuchtigkeitsaufnahmevermögen bedingt. Dadurch weichen die Eigenschaften von Rilsan von denen der anderen Polyamide ab; der Schmelzpunkt liegt niedrig (185 Grad Celsius gegenüber 250 Grad bei Nylon und 215 Grad bei Perlon), auch der Erweichungsbereich mit 150 Grad liegt unter Perlon (175 Grad) und Nylon (235 Grad). Das spezifische Gewicht der in Frankreich und Italien hergestellten Faser ist mit 1,04 sehr niedrig und wird nur noch durch die Polyolefine (Meraklon) unterboten, die Feuchtigkeitsaufnahme beträgt nur 1,2% gegenüber 4% bei Perlon oder Nylon. Wegen ihrer geringen Feuchtigkeitsaufnahme und des leichten Gewichts verwendet man Stoffe aus Rilsan für Schirmseiden und für dichte Regenmantelgewebe. Regenmanteltafte aus Rilsan sind teurer als ähnliche Erzeugnisse aus Helion, Lilion, Nylon oder Perlon und gelten als hochwertiger, da sie leichter sind und einen weicheren, weniger „papierenen" Griff zeigen.

Zur Herstellung von Strümpfen und Socken erhält Rilsan einen Drall und einen Rückdrall mit Zwischenfixierung (ähnlich Helanca). Die kräuselkreppähnlichen, sehr elastischen und schmiegsamen Damenstrümpfe sind unempfindlich gegen Zieher; ihre Hautverträglichkeit ist nicht erwiesen. – In England wird ein Polyamid 11 unter der Bezeichnung **Ralsin** hergestellt, in der Schweiz ein ähnliches unter der Marke **Grilon**. Grilon kann aber auch ein Polyamid 6 oder 12 sein.

IV. Neu entwickelte Polyamidfasern

Nylon 12

Unter den zahlreichen Polyamiden, die sich von Nylon und Perlon mehr durch die Ausgangs-Chemikalien und die Anordnung der Molekülgruppen unterscheiden als in ihren Eigenschaften, wird Nylon 12 in Deutschland wohl die größte Bedeutung gewinnen können. Es besitzt sehr lange Einzelmoleküle. Es entsteht aus Laurinlactam und zeichnet sich durch Reißfestigkeit, geringe Feuchtigkeitsaufnahme, gute Spinnfähigkeit und Texturierbarkeit aus und eignet sich für Unterwäsche, Badebekleidung, Socken, Heimtextilien und Sportbekleidung. – Zur Zeit (1985) wird das deutsche Erzeugnis „Vestamid" jedoch nicht hergestellt.

Nylon 4, 7 und 9

Ihrer gegenwärtigen (1985) Marktbedeutung zufolge müssen Nylon 7 und 9 nur der Vollständigkeit wegen erwähnt werden. Chancen haben diese Chemikalien vielleicht deswegen, weil verhältnismäßig billige Rohmaterialien, wie Tetrachlorkohlenstoff und Äthylen, benutzt werden können. Andererseits ist die Synthese, das Zusammenfügen der Grundmaterialien zum Polyamid, nicht gerade einfach und aufwendig: Hohe Kosten der Reaktion, Explosionsgefahr und Gefahr der Verunreinigung durch Salze. Nylon 7 würde in unserem Bild die gleichen Waggons wie Perlon haben nur mit einem CH_2-Abteil mehr. Bei Nylon 9 wären es drei CH_2-Abteile mehr. In der Sowjetunion wurde **Enant,** ein Nylon 7 aus Aminoönanthsäure und **Pelargon** aus Aminopelargonsäure entwickelt, in Japan ein Nylon 9 ähnlich Pelargon mit der Markenbezeichnung **Azelon.**
Als wichtigste und zukunftsträchtigste Faserentwicklung wird in Amerika das Patent der Alrac Corp. für Polyamid 4, das unter der Markenbezeichnung **Tajmir** auf den Markt kommen soll, bezeichnet. Es ist ein aus der Schmelze gesponnenes Polymerisat aus Pyrollidon; die Möglichkeit, aus dieser Substanz eine Polyamidfaser zu spinnen, ist seit langem bekannt, aber die thermische Unbeständigkeit des Ausgangsmaterials machte zu-

nächst eine großtechnische Produktion sehr problematisch. Die hervorstechende Eigenschaft des neuen Polyamidtyps, über deren Chance, sich am Markt durchzusetzen, zunächst (1985) nur Spekulationen möglich sind, ist die Fähigkeit, Feuchtigkeit zu absorbieren. Die Faser soll hygienische Eigenschaften ähnlich der Baumwolle, hervorragende Farbstoffaufnahme und eine den Naturfasern ähnliche Antistatik aufweisen.

Alicyclisches Polyamid: Qiana

Die Polyamid-Fasern Nylon 472 und 473 von Du Pont sollen die vielseitigsten Chemiefasern werden. Aus neuen Vorprodukten hergestellt, ähnelt der Molekülaufbau dem des Nylon 6.6, wobei zusätzliche Ketten die Feuchtigkeitsaufnahme, Farbbrillanz und Knitterfestigkeit verbessern. Bei einem spez. Gewicht von nur 1,02 liegt der Schmelzpunkt etwas höher als bei Nylon. Die Fähigkeit, Feuchtigkeit aufzunehmen, wurde erheblich verbessert und ist eine Eigenschaft der Faser selbst; die Werte der Baumwolle werden allerdings nicht erreicht. Die beiden Typen 472 und 473 werden im Garn im Verhältnis 50/50 gemischt; Erzeugnisse daraus tragen die Markenbezeichnung **Qiana**. Bei Benetzung von Qiana-Stoffen bleiben keine Wasserflecken zurück; die Stoffe können gewaschen und chemisch gereinigt werden. Die Farben darauf sind von einer bemerkenswerten Tiefe und Klarheit; sie vergilben nicht. Die knitterarmen Stoffe können dauerhaft plissiert werden.
Der neuen Faser sind zahlreiche Verwendungszwecke erschlossen worden. Während in den USA bevorzugt Krawatten, Schals und Wäsche daraus hergestellt werden, dringt Qiana in Europa als seidige Druckgrundware für Kleider und hochwertige, oft Honan- oder Shantung-ähnliche Gewebe für Herrenhemden und Damenblusen vor.

V. Modifizierte Polyamide

Profilfasern

Zur Verminderung der Pillinganfälligkeit und zur Veränderung der Glanzwirkung sind eine Reihe von Profilfasern mit atypischem Querschnitt entwickelt worden. Trilobalen Querschnitt haben z. B. **Antron** und **Cadon** auf Basis Polyamid 6.6 (Nylon) und **Enkalure** sowie **Perlon-Glitzer** auf Basis Polyamid 6. **Obtel** ist ein sehr feines, weiches, seidiges und schmiegsames Polyamid 6.6 mit multilobalem Querschnitt, das vor allem für echte Spitzen verwendet wird. Auch **Oranyl** ist ein **„Multilobé-Garn"**, d. h. ein Garn aus Nylon mit multilobalem Querschnitt, das überdies antistatisch ausgerüstet wird. Der vielgelappte Querschnitt der Multilobé-

Garne und vieler anderer Profilfasern verbessert den Feuchtigkeitstransport und damit die hygienischen Eigenschaften.
Der „**Sparkling-Effekt**" bei Perlon oder Nylon entsteht dadurch, daß man der Faser statt eines runden Querschnitts einen anders geformten, meist dreikantigen Querschnitt verleiht, der für eine andere Lichtbrechung sorgt und die Glitzerwirkung hervorruft. Beliebt ist der Sparkling-Effekt vor allem bei Strümpfen, er wird aber auch als Glanzeffekt bei Seidenstoffen angewandt.
Profilfasern gewinnen bei den Polyamiden ohnehin stark an Bedeutung. Die geringste Oberfläche hat ein runder Faden. Wählt man dreieckige, fünfeckige, sternförmige, gebogene oder kleeblattförmige Querschnitte, die durch eine entsprechende Formung der Düsen zustande kommen, erhält man Fasern, die bei gleichem Querschnitt eine viel größere Oberfläche erhalten. Das beeinflußt den Glanz, die Farbwirkung, das ändert den Griff und das Volumen der Gewebe und Gewirke, die aus diesen Profilfasern hergestellt werden. Mit Texturieren hat diese Art der Faserveränderung (Modifizierung) nichts zu tun.
Flornylon ist der Markenname der Rhodiaceta-Gruppe für alle Nylongarne mit modifiziertem Querschnitt. **Perlon delustré** der Glanzstoff-Fabriken ist das Beispiel für eine Faser, bei der durch Querschnitt-Variation ein matteres Bild, eine Verbesserung der Farbaufnahmefähigkeit und hohe snag-Unempfindlichkeit (gegen „Zieher" bei Strümpfen) erreicht werden.
Neva'bel ist Nylon 6.6 von Glanzstoff mit trilobalem (kleeblattförmigem) Querschnitt nach dem Falschdrahtverfahren texturiert und stabilisiert (also in der Dehnfähigkeit verringert).
Antron (DuPont) schließlich erhält seinen sympathischen, seidenähnlichen Griff ebenfalls durch den trilobalen Querschnitt. **Allyn-707-Nylon** (Allied Chemical) hat eine für Qualitätsteppiche wünschenswerte Struktur, die Druckstellen rasch verschwinden läßt.
Lilion-Sprint ist eine Nylon-6-Spinnfaser, die als Flocke oder Kammzug geliefert und mit einer fixierten Hochkräuselung versehen ist. Das italienische Erzeugnis eignet sich für alle Fasermischungen, die den hohen Bausch des Materials ausnutzen. Eine Spezial-Grobtiter-Faser aus Perlon bringt Bayer unter der Marke **Dorix** heraus.
Eine neue Spezial-Teppichfaser **Sylkharesse** (Rhône-Poulenc) dient als Material für luxuriöse Fertigware mit vollem, weichem Griff und erreicht bei hochwertiger Konstruktion eine Polhöhe von etwa 12 mm. Die Erzeugnisse aus dieser Faser sind unter dem Namen **Silky-look** bekannt geworden.

Copolymerisate und Bikomponentenfasern

Copolymerisate der Polyamidgruppe streben vor allem die Verbesserung der Färbbarkeit und des elektrostatischen Verhaltens an. Verändert werden die Amino-Endgruppen mit dem Ergebnis, daß die verschiedenen Erzeugnisse mit Säurefarbstoffen gar nicht, normal dunkel und ganz tief dunkel anfärbbar werden. Erzeugnisse, in denen verschiedene dieser Fasertypen gemeinsam verarbeitet sind, lassen sich durch Stückfärbung in einem Bad in unterschiedlichen Farbtiefen färben, so daß sich auf technisch einfache Weise interessante Mehrfarbeneffekte ergeben. Diese Fasern werden besonders gerne bei der Herstellung von Tufting-Teppichen verwendet, da sie die Anwendung der **Differential-Dyeing**-Färbeverfahren ermöglichen. Bekannt geworden ist das amerikanische **„Stayloft"**-Garn (DuPont) und die englische spinntexturierte Faser **Pavanne,** eine Abwandlung von Bri-Nylon.

Abb. 119: Querschnitt dreieckig, Längsansicht mit „Grat".

Abb. 120: Querschnitt 10zackig, Längsanschnitt stark gestreift.

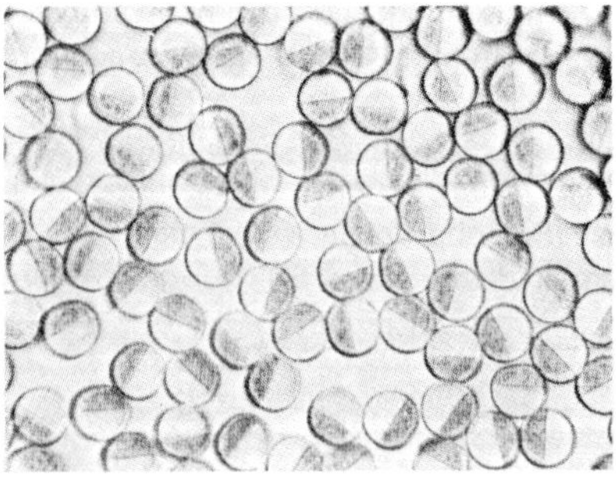

Abb. 121: Bikomponentenfaser (S/S-Type), 300fach vergrößert (Cantrece).

Die wichtigste Bikomponentenfaser des S/S-Typs mit bilateraler Struktur aus Polyamid 6.6 mit einem ungeordneten Polymer ist zweifellos **Cantrece**, das sich wegen seiner spiraligen Kräuselung und seiner hohen Formelastizität vor allem für Damenfeinstrümpfe eignet. Eine gebauschte Bikomponentenfaser des Matrix-Fibrillentyps aus 75% Polyamid 6 und 25% Polyester (Heterofaser) wird in Amerika unter der Bezeichnung **Source** hergestellt und vorderhand vor allem für Autoreifen eingesetzt.
Ultron ist ein permanent antistatisches Garn von Monsanto, ein modifiziertes Nylon, in das der antistatische Effekt eingelagert ist.

Flammenbeständige Aramidfasern

Aramide sind sogen. „aromatische Polyamide", also Polyamide, die einen Benzolring enthalten. Ihr Name ist nichts anderes als die Zusammenziehung aus „**Ar**omatische Poly**amide**". Es handelt sich um ein Polykondensat aus Phenylendiamin und Isophthalsäure, das bezüglich Reißfestigkeit, Reißdehnung und Scheuerfestigkeit die Werte der übrigen Polyamide zeigt.

Nomex ist das eingetragene Warenzeichen für die hochhitzebeständige, schmelz- und tropffreie Polyamidfaser von Du Pont. Schon zwei Schichten eines sehr leichten Nomex-Gewebes schützen vor offenen Flammen oder Explosions-Hitzewellen, eine Schicht gegen die in der Stahlindustrie auftretenden Wärmestrahlen. Nomex ist gegen viele Chemikalien beständig und besitzt gute Wärmeisolierung.
Es hat überhaupt keinen Schmelzpunkt, sondern beginnt bei etwa 400 °C zu verkohlen, hält aber Temperaturen von 175 °C ohne Festigkeitsverlust aus und verliert bei 250–300 °C erst 50% der Ausgangsfestigkeit. Überdies ist Nomex gegen Beta- und Gammastrahlen beständig. – Ähnlich aufgebaut ist die Faser **Kevlar**, die in verschiedener Form sehr vielseitige Anwendungsgebiete kennt: in der Reifenindustrie, zur Verstärkung von Kunststoffen, für Seile, Kabel, technische Gewebe und Berufskleidung. Kevlar ist 5–6fach so fest wie Stahl, aber sehr elastisch und bis 425 °C beständig. Es wird, da nicht farbbar, vorderhand nur gelb geliefert. Kevlar ist überhaupt die einzige Faser die überall auf der ganzen Welt den gleichen Preis hat. **Nylfrance no flame** ist die Spezialfaser von Rhône-Poulenc, die ursprünglich unter dem Namen Kermel auf dem Markt gekommen war und den strengsten Normen der Schwerentflammbarkeitsprüfung entspricht. Alle diese Fasern sind allerdings wesentlich teurer als die „normalen" Polyamid-Typen.
Außer bei der Herstellung von Teppichen und Schutzkleidung für Raumfahrer, Rennfahrer und Feuerwehrleute wird Nomex in Papierform als Isoliermaterial und als wabenförmiges Bauelement der Jumbo-Jets verwendet.

Polyamide mit eingeschmolzenem Aufheller (lichtstabilisierte Typen)

In eine Reihe von Polyamiden (z.B. Perlon Type G Hochweiß von Bayer) werden optische Aufheller eingeschmolzen. Sie bewirken, daß das strahlende Weiß weder durch grelles Sonnenlicht noch durch häufiges Waschen beeinträchtigt werden kann. Gardinen daraus werden extrem lichtfest und farbecht; Tischdecken können auch bedruckt werden. – Gardinenstoffe aus einem solchen Perlongarn (Bayer) tragen die Markenbezeichnung **Dorvivan.**

Polyamide mit eingebauter Antistatic

Die Zielvorstellung in Synthetics und vor allem in die im Teppichbereich besonders gern verwendeten Polyamidfasern während des Spinnvorganges Chemikalien einzulagern, die die elektrische Leitfähigkeit und/oder die Feuchtigkeitsabsorption so verbessern, daß eine dauerhafte und absolut waschfeste Antistatic möglich wird, wird zwar von vielen Herstellern mit Energie verfolgt, ist aber (1985) noch nicht befriedigend gelöst. So führt die Einlagerung von Kohlenstoff **(Zefstat-, Epitropic-Faser)** zu Schwierigkeiten bei der Einfärbung hellerer Farbtönungen; gefürchtet ist auch der hin und wieder auftretende fleckige Warenausfall („Wasserflecken"). Erfolg verspricht die Methode (DuPont), in die feinen Nylon-Fäserchen einen winzigen leitfähigen Kern aus Kohlenstoffteilchen in Polyäthylen nach dem Muster der Heterofilfasern (C/C-Type) einzubringen **(„Antron III").** Offensichtlich ist auch der Methode des **Aufdampfens** von **Metallverbindungen** auf Nylonfasern Erfolg beschieden (Rhône-Poulenc); diese kaum färbbaren, strahlend weißen Fasern fallen in entsprechend geringer Zumischung in gefärbtem Material kaum auf.
Zu den Polyamidfasern, deren Antistatic durch Einlagerungen während des Spinnprozesses entsteht, gehören auch **Celon-antistat, Counterstat, Permalon, Perlon antistatic, Lilion-antistatic, Ultron, Carfil.**

Eigenschaften, Behandlung und Verwendung der Polyamide

Die Unterschiede zwischen Perlon und Nylon in den Eigenschaften sind gering; der hervorstechendste Unterschied betrifft den Erweichungs- und Schmelzpunkt, der bei Nylon höher liegt als bei Perlon. Die Reißfestigkeit der Normaltypen ist bei Perlon etwas höher als bei Nylon, die von Rilsan entspricht etwa dem Nylon. Die Dehnfähigkeit ist bei Perlon geringer als bei Nylon, am höchsten liegt dieser Wert bei Rilsan. Alle handelsüblichen Polyamidfasern haben einen glatt umgrenzten Querschnitt von runder Form, sie können durch Pigmenteinlagerung mattiert und düsengefärbt werden.

Eigenschaften der Polyamide

1. Hochelastisch, reiß- und scheuerfest

In der Reiß- und Scheuerfestigkeit halten die Polyamide die Spitze unter allen Rohstoffen. Die hohe Elastizität bringt eine Beständigkeit gegen andauerndes Knicken und Biegen mit sich, die die Erzeugnisse aus Polyamidfasern hohen Beanspruchungen gewachsen sein läßt. Die hohe Reiß- und Scheuerfestigkeit führt allerdings auch verstärkt zur Pillingbildung.

2. Quellfest, schnelltrocknend, geringe Feuchtigkeitsaufnahme

Die geringe Feuchtigkeitsaufnahme – die mit 4% bei Perlon und Nylon allerdings gegenüber den anderen Synthetics relativ hoch ist – sorgt dafür, daß Erzeugnisse aus Polyamidfasern nicht einlaufen, nicht quellen, rasch trocknen und in nassem Zustand kaum an Festigkeit verlieren. Diese Eigenschaften finden sich am ausgeprägtesten bei Rilsan, das nur eine Feuchtigkeitsaufnahme von 1,4% aufweist.

3. Knitterfestigkeit

Die hohe Knitterfestigkeit bei den Polyamidfasern ist so aufzufassen, daß etwa entstandene Falten ohne weiteres durch Ausstreifen geglättet werden können. Selbst starke Falten hängen sich nach kurzer Zeit wieder aus. Allerdings sollten Textilien aus Polyamidfasern nicht gekocht werden – weniger, weil sie die Kochhitze nicht aushielten, sondern weil Falten entstehen könnten, die nur sehr schwer wieder auszubügeln wären. Aus dem gleichen Grund sollten Textilien aus Polyamidfasern nach der Wäsche auch nicht zerknittert liegen bleiben.

4. Mottensicher, laugen-, seewasser- und fäulnisfest

Die Polyamidfasern werden von Schädlingen, wie Motten, Ameisen oder Termiten gemieden. Bakterien setzen sich in Geweben nicht fest, daher ist auch keine Kochwäsche nötig. Die Fasern können weder faulen noch verrotten.

5. Neigung zum Vergrauen und zum Vergilben

Weiße Perlon-Artikel sind nicht gebleicht, sondern erhalten ihre weiße Farbe durch optische Aufheller, die die Lichtbrechung verändern. Das Vergrauen weißer Textilien aus Nylon oder Perlon ist eine Folge einer zu starken oder zu geringen Ablagerung der optischen Aufheller auf der Faser. – Bei Hitzeeinwirkung neigen die Polyamidfasern zum Vergilben, bei längerer und intensiver Lichteinwirkung zu verringerter Festigkeit. Es gibt bereits Spezialtypen mit besonders hoher Widerstandsfähigkeit gegen die Folgen der Lichteinwirkung (Beispiel: Dorvivan).

6. Gut plissierbar

Richtig behandelt, sind Plissees auf Stoffen aus Polyamiden (und aus Acryl- oder Polyesterfasern) außerordentlich beständig und bleiben auch nach der Wäsche scharf. Beim Plissieren, das durch Druck und Hitze erfolgt (Thermofixierung), wird auch allzu große Durchsichtigkeit der Gewebe aufgehoben. Da zum Plissieren nur Gewebe aus noch nicht endgültig fixierten Fasern geeignet sind und die endgültige Fixierung in der Plissiermaschine erfolgt, können im Handel erhältliche Gewebe nachträglich **nicht** befriedigend plissiert werden.

Behandlung der Polyamide

Man wäscht sie handwarm mit einem Feinwaschmittel, und zwar am besten täglich, das heißt nach jeder Benutzung. Von Zeit zu Zeit ist eine Wäsche bei höheren Temperaturen bis höchstens 60 Grad Celsius von Vorteil. An der glatten Oberfläche haften Staub und Schmutz nur sehr lose; aber je öfter man Perlon und Nylon wäscht, desto besser ist es für die Haltbarkeit. Man trocknet die Textilien aus Polyamidfasern durch Einrollen in ein gut saugendes Frottierhandtuch, aber niemals am heißen Ofen oder in der prallen Sonne. Blusen, Herrenhemden und Kleider behalten ihre Form am besten, wenn man sie nach der Wäsche auf einem unlackierten Kleiderbügel trocknen läßt. Beim Waschen polyamidhaltiger Textilien richtet man sich nach der Waschvorschrift, die für das Hauptmaterial gültig ist. Wolle mit Perlon wäscht man also wie Wolle, Baumwolle mit Perlon wie Baumwolle.

Übertriebenes Bügeln und Dressieren sollte vermieden werden. Artikel aus reinen Polyamidfasern dürfen bis 120 Grad Celsius gebügelt werden, während Mischungen mit Wolle Bügeltemperaturen bis 160 Grad aushalten. Man verwende nur Dampfbügeleisen oder Bügeleisen mit Temperaturregler. Beim Dressieren darf nur mit einem feuchten Tuch als Zwischenlage gearbeitet werden.

Beim **Zuschneiden** von Perlonstoffen (ebenso bei Geweben aus Nylon oder Rilsan) achtet man darauf, daß die Schnitte so aufgelegt werden, daß die wichtigsten Nähte schräg zur Webkante verlaufen, um die Schiebefestigkeit glatter Gewebe nicht über Gebühr zu beanspruchen. Beim

Maschinenschnitt soll die Temperatur des **Messers**, das den Stoff schneidet, nicht heißer sein als 150 bis 160 Grad Celsius. Das Heißschneiden läßt die Schnittkanten verschmelzen und erspart das Versäubern der Naht, ihr Ausfransen wird verhindert. Hat man keinen Heißschneider zur Verfügung, bedient man sich einer guten und scharfen Schere.
Beim **Nähen** von Perlon verwendet man einen Perlonfaden, den man niemals abreißen darf, sondern schräg in der Drehrichtung des Zwirns abschneidet. Den Faden sollte man zum Einfädeln weder drehen noch anfeuchten. Man arbeitet mit feinen, verchromten Nähnadeln, die glatt sind und den Fadenlauf nicht hemmen, denn sonst könnte die Naht wellig werden. Der Unterfaden sollte stets feiner als der Oberfaden, die Spannung so niedrig wie möglich sein. Die Spannung des Untergarns ist richtig, wenn das Gewicht des freihängenden Schiffchens genügt, den Faden langsam abzuspulen. Der Druck des Nähfußes wird schwächer eingestellt als gewöhnlich. Die Verknüpfung des Ober- und Unterfadens darf auf der Rückseite leicht sichtbar sein.
Wurde mit der Schere und nicht mit dem Heißschneider zugeschnitten, näht man nicht zu nahe an der Schnittkante, damit die Naht bei Beanspruchung die Fäden nicht herausschiebt; Kapp- und Doppelnähte sind zweckmäßiger als einfache. Beim Handnähen verwendet man dickere Nadeln als der Garnstärke entsprächen, um den Fadendurchzug zu erleichtern.
Das **Vergilben** des weißen Perlon verhindert man durch richtige Anwendung der optischen Aufheller. Man kann die Synthetics nicht wie die pflanzlichen Faserstoffe bleichen, sondern lagert auf der Faser Kristalle ab, die die Lichtbrechung so verändern, daß der Faden für unser Auge weiß erscheint. Beim öfteren Waschen leidet diese Umhüllung, die Faser wird grau. Beim Behandeln von weißen Textilien aus Perlon oder Nylon mit optischen Aufhellern (zum Beispiel Tanginon) oder mit Waschmitteln, die optische Aufheller enthalten, halte man sich streng an die Gebrauchsanweisung. Auch ein Zuviel ist von Übel. Zu viele Kristalle führen zu einer andersartigen Lichtbrechung und schließlich zum Vergilben. Wirkt eine Behandlung mit optischen Aufhellern nicht, kann man versuchen, die überschüssigen Kristalle wieder abzuziehen (zum Beispiel mit Heitmanns Entfärber). Farbiges Perlon darf nie mit optischen Aufhellern oder Waschmitteln behandelt werden, die optische Aufheller enthalten. Am Vorgang des Vergilbens wirken maßgeblich die Avivagemittel mit, die dazu dienen, den Fertigerzeugnissen einen besonders weichen Griff zu geben.

Verträglichkeit von Polyamidfasern

Viel Negatives wurde den Synthetics und insbesondere den Polyamiden hinsichtlich ihrer hygienischen Eigenschaften nachgesagt und insbesondere

mit der geringen Feuchtigkeitsaufnahme dieser Stoffe in Verbindung gebracht. Eine gewisse Überempfindlichkeit der Haut als Reaktion auf unmittelbaren Kontakt mit Perlon oder Nylon ist möglich, aber eine Folge von Substanzen, die während der Fabrikation oder der Veredlung auf die Gewebe und Gewirke aufgebracht werden, z. B. Appreturmittel, Farbstoffe, Salizylate und Resorcin. Die Fasern selbst sind auch dann, wenn sie unmittelbar auf der Haut getragen werden, gut verträglich. Es ist auch möglich, daß sich bei unsorgfältigem Spülen nach dem Waschen Waschmittelreste ansetzen, die in Verbindung mit Schweiß und Hautabscheidungen einen guten Nährboden für Bakterien, Pilze und Hefen abgeben und Hautschäden auf diese Weise begünstigt werden.
Ein spezielles Problem hierbei ist der Strumpf, der ja allgemein täglich gewaschen wird. Die Chemiefasern neigen dazu, bei Kontakt mit der menschlichen Haut den Hauttalg in sich aufzunehmen („Lipophilie"). Menschen, die keinen normalen Hautfettfilm besitzen, nennt man Seborrhoiker. Die Haut eines Seborrhoikers wird wegen der begierigen Fettaufnahme durch die auf dem Körper getragenen Synthetics noch trockener werden und verstärkt zur Ausbildung von Ekzemen neigen. Damen, die eine trockene Haut haben, ist zu empfehlen, die Beine mit einer fetthaltigen Creme abends einzumassieren, um die Haut geschmeidiger zu machen; würde die Fettcreme morgens vor dem Anziehen der Strümpfe eingerieben werden, würde nicht die Haut geschmeidig, sondern der Strumpf fettig werden.

Verwendung von Polyamidfasern

Die **endlosen** Polyamidfasern finden nach wie vor ihren wichtigsten Verwendungszweck bei den Damenfeinstrümpfen. Auch hauchzarte Damenwäsche sowie bügelfreie Herrenoberhemden werden daraus hergestellt. Polyamide werden für eine Reihe von Stoffen in der Seidenweberei rein verarbeitet, vor allem für Regenmäntel und Schirme, wobei man die Gewebe meist beschichtet. Polyamid endlos ist auch ein beliebtes Verstärkungsmaterial für alle Arten von Textilien, sogar für Baumwollbettücher, und dient als Kette in modischen Seidenstoffen, die den höheren Preis gegenüber Acetat tragen können. Für Trikotagen kann Perlon auch mit Cupro plattiert werden. Bei Strickwolle führt Perlonbeimischung im richtigen Verhältnis zur Verringerung der Filzneigung.

Polyamid-Spinnfasern erhöhen bei einer Beimischung bis zu 20% die Haltbarkeit von Strickwaren aus Wolle. Sie dienen bei der Erstellung dauerhafter, wenn auch nicht billiger Teppiche und Pelzimitationen als Flor.

Setalon ist ein Umspinnungszwirn aus Nylon-Seele und Naturseide, um die Festigkeit von Nylon mit der Schönheit und den angenehmen Trageeigenschaften der Naturseide zu kombinieren.

Perlon-Spezialtypen gibt es normalmatt, tiefmatt und nicht durchscheinend auch in besonders lichtbeständiger Ausführung; ein Festigkeitsverlust bei üblichem Gebrauch der Fertigartikel tritt nicht mehr auf. „Perlon reinweiß" zeigt ein besonders strahlendes Weiß; nachträgliche Aufhellung ist nicht mehr nötig, die weiße Farbe kann auch überfärbt werden und ist von hervorragender Waschbeständigkeit.
Spezial-Polyamide für **Teppiche** gibt es in den verschiedensten Typen. Die Differenzierung liegt einmal in der **Anfärbbarkeit,** nämlich basisch, sauer normal und ultratief färbend. Zum andern liegt der Unterschied im **Einzeltiter** – zwischen etwa 500 und 6000 den, um den verschiedenen Ansprüchen der Tufter und der Webteppichhersteller entsprechen zu können. Fasern mit feinerem Titer ermöglichen einen feineren und besonders dichten Flor. Grobe Sorten mit einem Titer von 6000 (Beispiel: **Stayloft**) können ohne zusätzlichen kostspieligen Zwirn- und Fixierprozeß direkt zu Langflorteppichen verarbeitet werden.

Das Wichtigste – kurz zusammengefaßt

1. Polyamidfasern gibt es in sechs verschiedenen Ausführungen, die sich im chemischen Aufbau, in der Herstellungstechnik und in geringem Ausmaß in den Eigenschaften unterscheiden. Nylon wird aus Nylonsalz, Perlon aus dem Vorprodukt Caprolactam in der Schmelze gesponnen, während für Rilsan als Ausgangsprodukt Rizinusöl verwendet wird.
   Die Unterschiede in den Eigenschaften zwischen Perlon und Nylon sind gering: Nylon hat einen höheren Schmelzpunkt und höhere Dehnfähigkeit, Perlon höhere Reißfestigkeit.

2. Nylonsalz oder Caprolactam werden geschmolzen, durch Düsen gepreßt und in Fadenform überführt; sie erstarren an der Luft zu einem Faden, der etwas schneller abgezogen wird als es der Spinngeschwindigkeit entspricht. Die endgültigen Eigenschaften erhalten die Polyamidfasern erst durch das Verstrecken, bei dem die Molekülketten parallel zueinander gelegt werden. Wird ohne Spannung unter Wärmeeinwirkung fixiert, schrumpfen die Fäden, werden etwas dicker und verlieren an Festigkeit, gewinnen aber an Dehnfähigkeit. Beim Fixieren unter Spannung bleibt die Feinheit des Fadens erhalten; auch Festigkeit und Dehnung bleiben gleich. Ein Schrumpfen erfolgt nicht. Die Wirkung des Fixierens, das dauerhafte Form gewährleistet, kann bei Erwärmung auf höhere Temperaturen als die Fixiertemperatur wieder aufgehoben werden.

3. Nylon ist ein allgemeiner Gattungsbegriff, Perlon ein Warenzeichen mit Gütegarantie bis zum Fertigerzeugnis. Eingetragene Warenzeichen für Nylon sind z.B. „Du Pont Nylon", Cumuloft und Rhodianyl.

4. Glanzeffekte (Sparkling-Effekt) lassen sich vor allem durch dreikantige, aber auch durch andere unrunde Querschnitte der Fasern erreichen. Polyamide können lichtbeständig, reinweiß und nicht vergilbend hergestellt werden; Spinnmattierung und Düsenfärbung ist möglich. Fasern mit unrunden Querschnitten sind modifizierte, nicht aber texturierte „Profilfasern" (z.B. Flornylon, Antron).

5. Die hervorstechendste Eigenschaft der Polyamide ist die hohe Reiß- und Scheuerfestigkeit, die alle übrigen Textilfasern übertrifft. Deshalb verwendet man die Polyamidfasern auch besonders gern als Verstärkungsmaterial oder für Zwecke, bei denen bei hoher Feinheit eine hohe Festigkeit gefordert wird (Feinstrümpfe, Unterwäsche). Allerdings sind die Reiß- und Scheuerfestigkeit auch die Ursache schwer zu beseitigender Pillingbildung.

6. Gegenüber den natürlichen Rohstoffen ist die Feuchtigkeitsaufnahme gering, gegenüber den anderen Synthetics hoch. Rilsan hat die geringste Feuchtigkeitsaufnahme und quillt deswegen am wenigsten und trocknet am schnellsten. Wegen der hohen Naßfestigkeit eignen sich endlose Polyamide besonders für Regenmantel- und Schirmstoffe.

7. Bei richtiger Behandlung kann die Neigung der Polyamide, unter bestimmten Umständen zu vergrauen und zu vergilben, unterbunden werden. Zu heißes Waschen führt dazu, daß die Erzeugnisse, die sonst kaum zum Knittern neigen, sehr schwer zu beseitigende Knitter erhalten. Man schneidet Gewebe aus Polyamiden am besten mit dem Heißschneider und schräg zu Kette und Schuß, näht sie mit Polyamidzwirnen möglichst spannungslos und bügelt sie nach Möglichkeit nicht. Beim Bügeln ist auf die vorgeschriebenen Temperaturen sorgfältig zu achten.

8. Zu den zahlreichen Einsatzmöglichkeiten der endlosen Polyamide zählen neben der Strumpf- und Wäschewirkerei die Verwendung als Verstärkungsmaterial, für Regenmantel- und Schirmseiden und als strapazierfähiges, hochwertiges Kettmaterial in der Seidenweberei. Die Polyamid-Stapelfasern werden mit Wolle zusammen in der Maschenwarenindustrie, rein oder mit anderen Fasern, z.B. Cuprama gemischt, in der Teppichindustrie verarbeitet.

Abb. 122: Acrylfasern und endloses Acryl werden aus Polyacrylnitril, einer weißen, pulverigen Masse, hergestellt. ▶

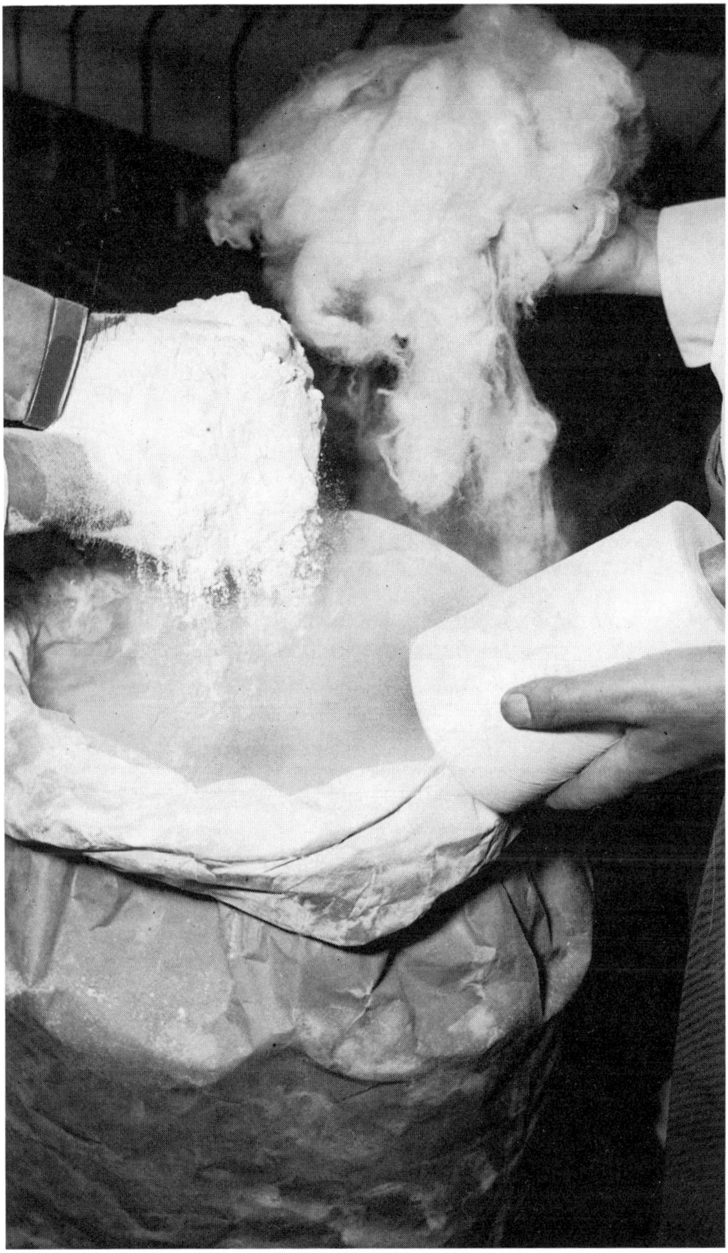

9. Spezialsorten der Polyamide werden durch Einlagerung von Chemikalien antistatisch, sind flammenbeständig oder mit eingeschmolzenen Aufhellern zur Verbesserung der Lichtechtheit versehen. Copolymerisatfasern mit verschiedener Farbaffinität lassen einbadiges Färben mit Multicolor-Effekt zu.

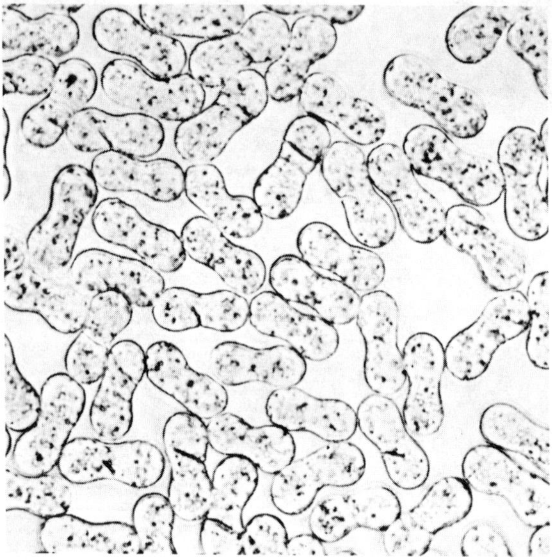

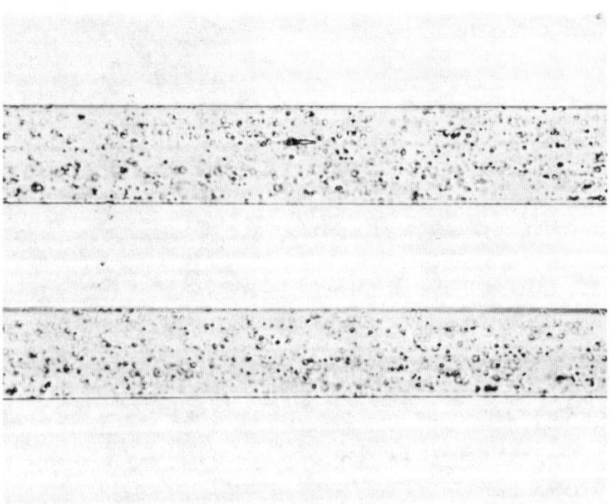

Abb. 123 und 124: Dralon endlos, Gesamttiter 80 den, Querschnitt und Längsbild. Typisch ist die „Hundeknochen-Form" des Querschnittes.

Polyacrylnitrile (Acrylfasern)

In vielen Ländern, zum Beispiel in Italien und Frankreich, spielen die Polyamidfasern in der Erzeugung eine besonders große Rolle. In Deutschland ist das Verhältnis zwischen den einzelnen Fasergruppen sehr gut ausgewo-

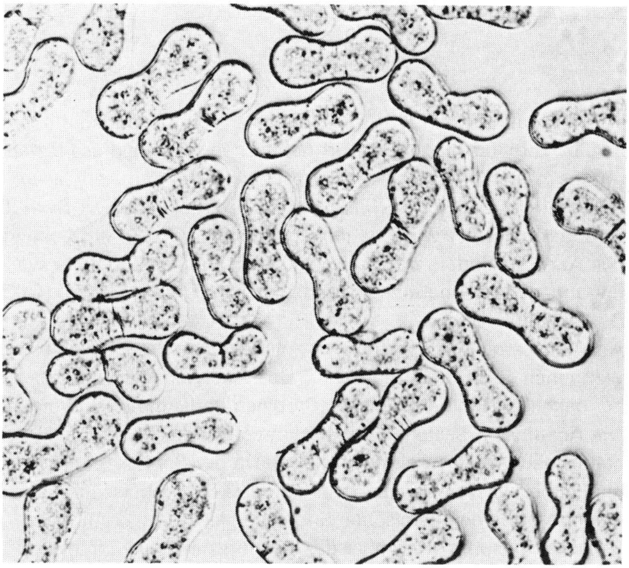

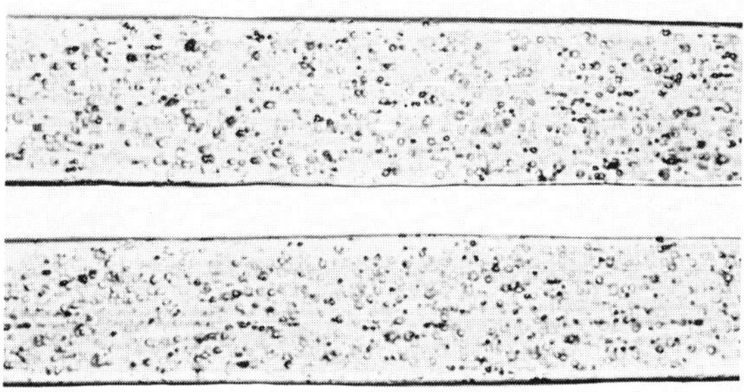

Abb. 125 und 126: Dralon-Spinnfaser, Querschnitt und Längsbild ($^3/_{100}$ den). Vergrößerung 500fach.

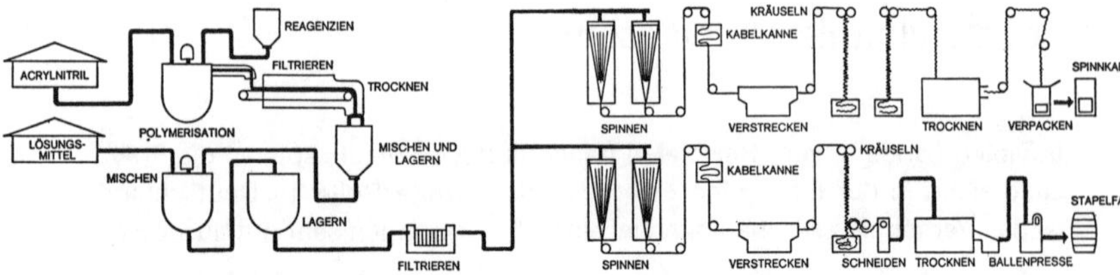

Abb. 127: Herstellung von Polyacryl-Fasern und Spinnkabeln, schematisch und stark vereinfacht dargestellt.

gen, während in den USA die Acrylfaser eine besonders hohe Bedeutung hat. In England hingegen wird neben den Polyamidfasern der Polyestergruppe besonderes Augenmerk geschenkt. Bei den Acrylfasern handelt es sich um eine deutsche Erfindung (1934; Patent Herbert **Rein** 1942). Das Hauptproblem der wirtschaftlichen Herstellung war, ein Lösungsmittel für das Acryl zu finden, das zu erträglichem Preise herstellbar war. Diese Erfindung gelang unabhängig und gleichzeitig in Amerika (Orlon) und in Deutschland (Dralon).

Acrylnitril erhielt man früher aus Acetylen, einem aus Kohle und Kalk gewonnenen Stoff, und Blausäure. Das Acetylen war von der Karbidlampe her bekannt. Heute wird es aus Propylen und Ammoniak hergestellt.

Die Acrylfasern bestehen aus Kettenmolekülen, deren Einzelmoleküle verhältnismäßig einfach aufgebaut sind. Da der Schmelzpunkt des Polyacrylnitrils über der Temperatur liegt, bei der sich die Masse zersetzt, wird es in einer besonderen chemischen Substanz gelöst und dann im Trockenspinnverfahren gesponnen, wobei das Lösungsmittel verdampft, oder im Naßspinnverfahren, bei dem der Faden wie Viskose durch Koagulieren erhärtet. Wie bei allen Synthetics folgt dem Spinnen ein Verstrecken, das bei den Acrylfasern bei hohen Temperaturen (150 bis 175 Grad Celsius) vorgenommen wird. Acrylfasern werden viel stärker verstreckt als Polyamide: für endlose Fäden auf das Zehn- bis Zwölffache, für Stapelfaser auf das Vier- bis Sechsfache ihrer ursprünglichen Länge. Bei zehnfachem Verstrecken nimmt die Festigkeit des Spinngutes um das Achtfache zu.

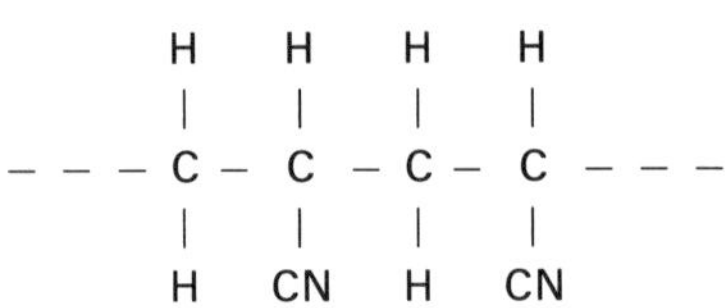

Abb. 128: Chemische Konstitution der Acrylfaser.

Differential-Schrumpfverfahren und Zwei-Komponenten-fasern; Hohlraumfaser

Die normale, also bereits fixierte Dralon-Faser hat einen Restschrumpfungswert bei Kochwäsche von nur 1 %. Sie ist damit abgestimmt auf gemeinsame Verarbeitung mit Baumwolle, Wollstreichgarn oder Wollkammgarn. Eine unfixierte Sondertype **(S-Type)** hingegen schrumpft stark, wenn sie gekocht oder bei genügend hohem Druck gedämpft wird. Die Garne aus dieser Spezialfaser schrumpfen bei dieser Prozedur um etwa 18 bis 22%. Werden sie rein versponnen, lassen sich nicht nur Gewebe mit mustermäßigen Schrumpfeffekten, sondern durch eine besondere Ausrüstung auch sehr dicht geschlossene Gewebe herstellen. Werden die Spezialfaser und Normalfaser in bestimmtem Mischungsverhältnis miteinander versponnen und die daraus hergestellten Wirk- und Webwaren gedämpft, ziehen sich die schrumpffähigen Fasern zusammen und die nicht schrumpffähigen werden gekräuselt. Diese Garne werden als Hochbausch (HB)-Garne bezeichnet. Der wollige Charakter der Erzeugnisse wird erhöht, die Garne werden sehr voluminös und schließen viel Luft ein, und deswegen wärmen sie gut. Auch Hochbauschgarne sind filzfrei und laufen nicht ein (Differential-Schrumpfverfahren).

Noch höher liegt die Schrumpffähigkeit bei den **HS-Typen**: bei 35–40%. Diese **Hochschrumpfverfahren** werden für spezielle Erzeugnisse, wie z. B. Plüsche mit unterschiedlicher Polhöhe, Pelzimitationen sowie für thermisch verdichtete Textilien eingesetzt. Kammgarne, die aus zwei gemeinsam versponnenen Fasertypen mit unterschiedlichem Schrumpfverhalten bestehen, ergeben als Polmaterial für (Tufting-)Teppiche Florgewebe mit Zweihöhen-Effekten (z. B. „Multilevel-Shag", „Tip-sheared-Tufting").

Eine ähnliche Wirkung wird bei **Orlon-Sayelle** erzielt. Es handelt sich um eine aus einer Doppeldüse gesponnene Faser aus zwei verschiedenen Acryl-Komponenten, mit pilzähnlichem Querschnitt (S/S Type). Spezifisches

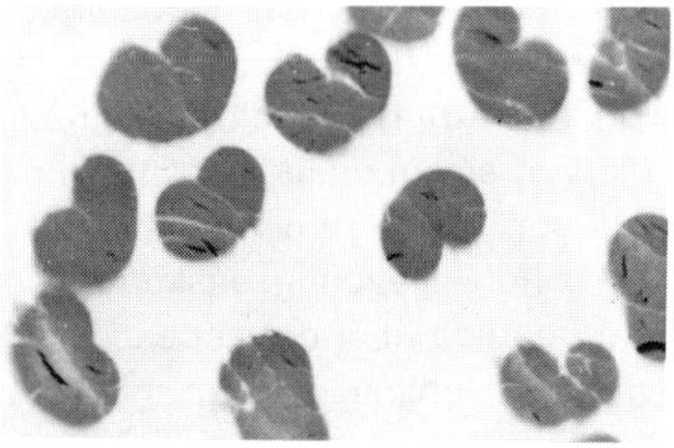

Abb. 129: Acryl naß gesponnen (bohnenförmiger Querschnitt).

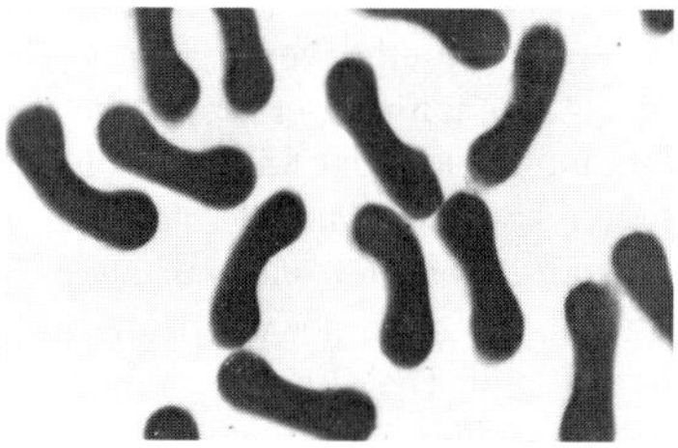

Abb. 130: Acryl trocken gesponnen (hantelförmiger Querschnitt).

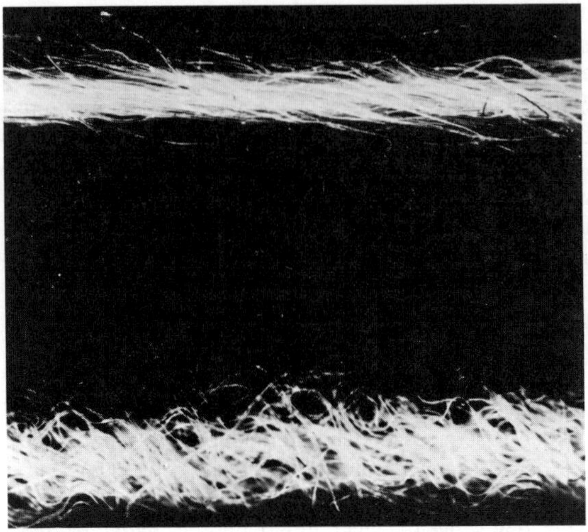

Abb. 131: Oben normales Dralon-Garn; unten Dralon-HB-Garn.

Gewicht, Festigkeit und Dehnungseigenschaften sind bei beiden gleich. Bei Hitzeeinwirkung schrumpfen die Komponenten verschieden; dadurch wird in beachtlichem Ausmaß eine dreidimensionale, spiralenförmige Kräuselung erzielt. Im Wasser allerdings quillt die zuvor stärker geschrumpfte Faser stärker auf, so daß das Gleichgewicht wiederhergestellt wird, die Kräuselung mithin weitgehend verlorengeht; beim anschließenden Trocknen allerdings kehrt die Faser sofort wieder in den durch die Hitzebehandlung vorher hergestellten Kräuselungszustand zurück. Nach der Wäsche haben Textilien aus Orlon-Sayelle also wieder ihre ursprüngliche Form. Die Warendichte von Gewirken und Gestricken aus Orlon-Sayelle ist wegen der ineinandergeschobenen Fasern höher, ohne daß Verfilzungseffekte auftreten. Bicomponentenfasern auf Acrylbasis sind auch **Velicren bicomponent** (S/S-Type) und **Acrilan** (Mischstrom-Type).

Mischt man eine solche Zwei-Komponentenfaser, wie z. B. Orlon 21, mit einer anderen Type (Orlon 28), ergibt sich ein Garn, das einbadig in Melangen gefärbt werden kann **(Orlon-Twin)**.

Eine Abwandlung der Bayer-Faser Dralon **(Dunova)** enthält eine große Zahl innenliegender Kapillarhohlräume, die von einem dichten Mantel umgeben sind. Der Mantel zeigt eine Vielzahl von Poren zum Feuchtigkeitstransport. Dadurch wird mit etwa 30% eine hohe Feuchtigkeitsaufnahme erreicht, die nahe der von Naturfasern und deutlich über der anderer Synthetics liegt. Die Grenze, nach der Feuchtigkeit fühlbar ist, liegt mit 19% weit über allen Fasertypen. Bei einer schnellen Sauggeschwindigkeit ähnlich Baumwolle und einer etwa $\frac{1}{3}$ gegenüber Naturfasern schnelleren Trocknung, ist diese Acrylfaser die erste Synthesefaser mit hervorragenden

Abb. 132: Unter dem Raster-Elektronenmikroskop wird die neuartige Konstruktion der Dunova-Hohlfaser von Bayer deutlich. Das innere, schwammartige Kapillarsystem als poröser Kern wird von dem mit Kanälen durchzogenen Mantel umgeben.

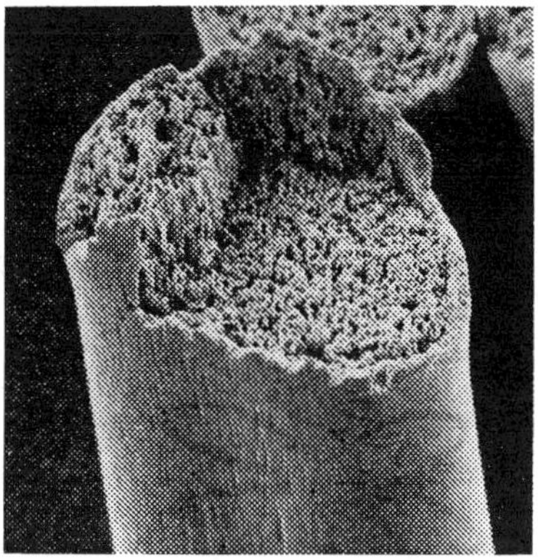

hygienischen Eigenschaften. Die Feuchtigkeitsaufnahme erfolgt ohne Quellung. Mit einem spezifischen Gewicht von nur 0,9 ist die Faser leichter als Wasser; Erzeugnisse daraus sind nicht kochfest. Vergleich des Wasserrückhaltevermögens nach DIN 53814 von Dunova mit anderen Fasern:

Baumwolle	41 %	Polyamid	10 %
Wolle	40 %	Polyacryl	5 %
Dunova	30 %	Polyester	5 %

Weil die auf dem Körper getragenen Erzeugnisse aus Dunova dank der hohen Saugfähigkeit den Schweiß aufsaugen, aber sich dabei nicht feucht anfühlen (hohe **„Feuchtfühlgrenze"** von etwa 19%) und damit ein Frostelgefühl vermeiden, die Bekleidungsstücke überdies gut 20% leichter sind als solche aus normalem Acryl, wird diese echte Neuentwicklung einer Chemiefaser vor allem im Bereich sportlicher Bekleidung eingesetzt, wo ihr doch wesentlich höherer Preis durch die Produktvorteile für den Käufer deutlich spürbar ausgeglichen wird. Erzeugnisse aus Dunova sind pflegeleicht, formbeständig, filzen und kratzen nicht. Die Faser eignet sich für Strickwaren und für Stoffe für gewebte Oberbekleidung mit kernig-fülligem Griff und hohem Volumen. Wegen ihrer dreidimensionalen rundbogigen und sehr dauerhaften Kräuselung kann die Faser nicht nur allein, sondern auch in Mischung mit Wolle im Kammgarn-, Streichgarn- und OE-Verfahren versponnen werden. Schlafdecken aus Donova sind besonders weich und leicht und zeichnen sich durch einen sehr angenehmen, schmiegsamen Griff aus.

Vorteilhaft für die Verarbeitung wirkt es sich aus, daß bei gleichem Garndurchmesser und Spulengewicht die Garnlauflänge um etwa 25% höher liegt. Wegen der porösen Struktur zieht die Farbe sehr schnell auf die Faser auf, die veränderte Lichtbrechung ergibt einen schönen matten Glanz; aus dem gleichen Grund sind aber satte, dunkle Farben sehr schwierig einzufärben.

Die Schwammstruktur wird durch eine neue Produktionstechnik im Bereich der Lösungsmittel und der Nachbehandlung erreicht, die Fertigung durch vollautomatische Prozeßrechner kontrolliert.

Fabrikatnamen für Acryl-, Modacryl- und Multipolymerisatfasern auf Acryl-Basis

Nach dem TKG sind Acrylfasern als *„Polyacryl"* zu bezeichnen und definiert als „Fasern aus linearen Makromolekülen, deren Kette aus mindestens 85 Gewichtsprozent Acrylnitril aufgebaut wird". *„Modacryl"* als Bezeichnung ist vorgeschrieben „für Fasern aus linearen Makromolekülen, deren Kette aus mehr als 50 und weniger als 85 Gewichtsprozent Acrylnitril aufgebaut wird". In Amerika versteht man unter dem Begriff „Modacrylics" auch solche Multipolymerisate, bei denen der Acrylanteil exakt 85% beträgt – und das ist die Mehrzahl der gebräuchlichen und in Europa viel verarbeiteten Typen. In der Literatur wird der Ausdruck Modacryl deswegen häufig auch für diese Fasern benutzt, die nach dem TKG als „Polyacryl" bezeichnet werden müssen.
Zu den reinen Polyacrylfasern zählen vor allem die in Deutschland hergestellten Marken **Dralon** und **Dolan;** auch nach der Umstellung der Marketingpolitik der Bayer-Werke, in Zukunft statt der Markennamen der einzelnen Fasertypen nur mehr den Begriff „Bayer-Textilfaser" in der Werbung zu verwenden, wird Dralon nach wie vor in Zusammenhang mit diesem Begriff ausdrücklich genannt und beworben. Wichtige ausländische Marken sind **Acetan, Cashmilon, Courtelle, Crylor, Euroacril, Exlan, Leacril, Makrolan, Orlon, Vonnel** und **Wolpryla.** Multipolymerisate mit 85% Acrylanteil und deshalb „Polyacryl" zuzuordnen sind **Acrilan, Creslan, Velicren** und **Zefran,** Acrilan mit Vinylpiridin, die anderen mit Vinylacetat. Zweck der Beimischung der anderen Komponenten ist die Verbesserung der Löslichkeit in der Spinnlösung und der Anfärbbarkeit. Zefran eignet sich wegen seiner Preiswürdigkeit vor allem für materialintensive Artikel wie Strickgarn, Teppiche und Decken.
Als Modacryl müssen folgende Multipolymerisatfasern bezeichnet werden (in Prozenten genannt immer der Anteil der Beimischungskomponente): Mit Vinylchlorid: **Kanekalon** (40%); mit Vinylidenchlorid: **Teklan** (50%), **Verel** (20%). – Teklan ist als seidige und strapazierfähige Faser zugleich flammenfest; zu den flammenfesten Modacrylfasern zählen auch Velicren FR (flame retardant), Dolan 88 und Dralon C.
Große Fortschritte in der Herstellung hochwertiger **Pelzimitate** vor allem als Winterfutter für Mäntel wurden dank verstärkten Einsatzes weiterentwickelter Modacrylfasern (z. B. **Verel**) gemacht. Der unnatürliche Glanz der Acryl-Spitzen wurde durch ein eckiges Profil dieser Fasern beseitigt.

Die Eigenschaft von vielen Modacrylfasern, schwer entflammbar zu sein, gilt dabei als nützlicher Nebeneffekt.
Die Multipolymerisatfaser **Dynel** schließlich mit ihrem Vinylchloridgehalt von 56–63% wird nach TKG unter die Polychloridfasern eingereiht. – Die koch- und waschmaschinenfeste Faser **Gwendacryl**, ein Copolymerisat aus 50% Acryl und 50% Polynosefaser, ist laut TKG den Modacrylfasern zuzurechnen.
Wisp-spun ist eine Orlonabwandlung mit Mohaireffekt, **Elura** eine speziell für den Perückenmarkt entwickelte Acrylfaser. **Shetty**, die Marke eines Markenverbundes unter der Führung von Schappe, ist ein Dralon-Spezialgarn aus einer Mischung grober und feiner Dralontypen mit unterschiedlichem Schrumpfverhalten, die auch Multicoloreffekte aufgrund unterschiedlicher Farbaffinität nach dem Differential-Dyeing-Prinzip erhalten können. Erzeugnisse daraus haben einen dem Shetland vergleichbaren weichen Griff und erhöhte Pillingresistenz.
Dralon-ultrapan ist ein nach dem Falschdraht-Verfahren texturiertes Zwirnmaterial aus endlosen Dralonfäden, voll und matt glänzend, mit seidenweichem Griff für modische Strickwaren. Erzeugnisse daraus dürfen bis 70 Grad Celsius maschinell gewaschen werden, wenngleich die Waschtemperatur kaum einen Einfluß auf den Reinigungseffekt hat. Bügelfreie Formbeständigkeit, beständiger Glanz und gute Farbechtheit sind weitere Vorzüge.
Nandel ist das eingetragene Warenzeichen für ein Rotofilgarn aus Acryl von DuPont. Es handelt sich um ein feines Garn aus Acrylfaser, das nach einem patentierten Verfahren (Elementen-Spinnverfahren) hergestellt wird. Bei diesem Spinnprozeß wird ein Faserbündel durch regelmäßige Umwindung mit einzelnen Fasern stabilisiert. Stoffe daraus sind hochwertigen Baumwollbatisten oder zartem Musselin vergleichbar. Nandel kann auch zu Kulier- oder Kettenwirkwaren verarbeitet werden.
Das Verfahren der Herstellung von Rotofilgarnen hat eine gewisse Ähnlichkeit mit dem Openend-(OE)-Verfahren, das ebenfalls Flocke mit hohem Reinheitsgrad erfordert (siehe auch dort).

Eigenschaften der Acrylfasern

1. Festigkeit, geringe Feuchtigkeitsaufnahme

Unter den Synthetics haben die Acrylfasern zwar die geringste Festigkeit und neigen darum auch weniger zur Pillingbildung, jedoch wird die Reiß- und Scheuerfestigkeit der Wolle erheblich übertroffen. Die Feuchtigkeitsaufnahme ist sehr gering, sie wird nur noch von den Polyesterfasern unterboten. Dementsprechend ist die Quellung niedrig und ein Trocknen daraus hergestellter Artikel erfolgt schnell; allerdings nehmen Erzeugnisse aus

Acrylfasern auch kaum Schweiß auf. Copolymerisate und chemisch modifizierte Fasern zeigen eine verbesserte Feuchtigkeitsaufnahme. Ursprüngliche färberische Schwierigkeiten, die auf die geringe Feuchtigkeitsaufnahme zurückzuführen sind, sind mittlerweile überwunden.

2. Hohe Beständigkeit

Acrylfasern sind hitzebeständiger und lichtbeständiger als die Polyamide. Sie sind beständig gegen Industriegase, Rauch und Ruß, was die Beliebtheit der Vorhangstoffe aus Acryl-Spinnfaser erklärt. Acrylfasern filzen nicht und verhindern bei einer Beimischung von mindestens 40% zu Wolle auch das Filzen wollhaltiger Textilien. Da die Acrylfasern gegen Feuchtigkeitseinwirkung, Temperaturwechsel und ultraviolette Strahlen unempfindlich sind, gelten sie als die wetterbeständigsten Textilfasern. Acrylfasern sind verrottungsfest, können sogar durchnäßt gelagert werden, Motten oder andere Insekte greifen sie nicht an. Die Beständigkeit gegen organische Lösungsmittel erlaubt unbedenklich die chemische Reinigung. Öle und Fette dringen kaum in die Poren der Fäden ein. Wegen ihrer Säure-Resistenz werden Gewebe aus Acrylfasern gerne zu Berufskleidung verarbeitet.

3. Hohe elektrostatische Aufladung

Die hohe elektrostatische Aufladung, die durch (wenig waschbeständige) Ausrüstungsmittel erheblich reduziert werden kann, wird bei Gesundheitswäsche mit rheumalindernder Wirkung als angenehm empfunden.

4. Hohes Wärmerückhaltevermögen bei leichtem Gewicht

Die endlosen Acrylfäden ähneln im Griff der Naturseide, die Stapelfasern sind besonders wollähnlich. Da die Einzelkapillaren das Bestreben haben, sich zu kräuseln, lassen sich aus Acrylstapelfasern im Verhältnis zum Gewicht – Acrylfasern sind leichter als Schafwolle und Naturseide – sehr füllige Garne herstellen, die viel Luft einschließen. Garne aus Acrylspinnfasern sind sehr gut rauhfähig und daher für Schlafdecken zu verwenden; unversponnene Stapelfasern eignen sich als hygienisch einwandfreie und leichte, dabei warmhaltende Füllung für Steppdecken, haben aber nicht die Rücksprungkraft von Polyester-Fiberfill.

5. Weichheit und Elastizität

Die hervorstechendste Eigenschaft der Acrylfasern ist neben der Elektrostatik und dem leichten Gewicht die hohe Bauschelastizität, die alle übrigen Sythetics übertrifft. Der „hantelartige" oder „hundeknochenartige" Querschnitt der Faser (der auch die Pillingneigung verringert) begünstigt das Bauschvermögen. Die hohe Elastizität sorgt für geringe Knitterneigung.

6. Gut fixierbar – gut schrumpffähig

Die hohe Hitzebeständigkeit bis 200 Grad Celsius erlaubt Bügeltemperaturen bis 150 Grad. Acrylfasern sind in feuchter Wärme etwas verformbar und können daher sogar bis zu einem gewissen Grad als Wollmischgewebe dressiert werden. Bei Hitze neigen Acrylfasern sehr zum Schrumpfen, können aber gut ausgeschrumpft und fixiert werden, so daß sie in fixiertem Zustand außerordentlich schrumpfbeständig sind. Deshalb verwendet die Seidenweberei Acrylfasern gern als Schrumpfmaterial: Der Schrumpfvorgang ist genau berechenbar; Nachschrumpfen nach Fixierung tritt nicht mehr ein. Diese thermoplastischen Eigenschaften sind auch die Grundlage für die Herstellung der Hochbauschgarne.

Verwendung von Acrylfasern

1. Wetterfeste Textilien

Acrylspinnfasern werden gern für Markisenstoffe, Wagenplanen und Tropenkleidung und Vorhangstoffe verarbeitet. Dabei ist die feine Ausspinnbarkeit der Acrylfasern ein besonderer Vorzug, wie auch die hohe Lichtechtheit, Lichtbeständigkeit und der weiche Griff.

2. Kleider- und Anzugstoffe

Die Acrylfasern eignen sich nicht nur zur gemeinsamen Verarbeitung mit Wolle im Kammgarnverfahren, sondern können auch zu Streichgarnartikeln beigemischt werden. Für Anzugstoffe, Mantelstoffe und Kleiderstoffe wird die Mischung 55% Dralon und 45% Schurwolle bereits als „klassisch" bezeichnet. Zukunftsreich sind auch Gewebe aus 2D-Garnen in der Mischung Diolen/Dralon; Bekleidungsstücke daraus sind bei entsprechender Ausstattung voll waschbar.

3. Druckstoffe

Gewebe aus reiner Acrylfaser eignen sich als Druckgrundqualitäten und ermöglichen besonders strahlende, leuchtende Farben, die aber manchmal in der Wäsche ausbluten. Im Musselincharakter sind sie besonders bekannt geworden (Dolan-Imprimé, Orlon-Printessa). Mehr im Woll-/Seidencharakter liegen Gewebe mit Acryl-endlos in der Kette und Acrylspinnfaser im Schuß (Dralon de luxe).

4. Wirk- und Strickwaren für Oberbekleidung und Unterwäsche

Rein oder in Mischung mit Wolle werden vor allem Hochbauschgarne für gestrickte Oberbekleidung verarbeitet. Auch für Unterwäsche und Gesundheitswäsche, für Jerseystoffe, für Socken und Handschuhe wird Acrylspinnfaser rein, mit Wolle oder mit Viskose- bzw. Cupro-Spinnfaser mit Erfolg eingesetzt. Badewäsche aus Acrylfasern trocknet schnell, filzt nicht und ist formbeständig. **Syntric** ist ein Mischgarn aus Dolan mit 45% Viskose-Kräuselspinnfaser für preisgünstige Strickwaren. **Travel-Jersey** ist ein doppelter Jersey aus 70% Orlon und 30% Merinowolle.

5. Teppiche, Webplüsch und Wirkplüsch

Teppiche und Auslegeware aus Acrylfaser sind leicht zu reinigen, haben einen standfesten Flor und sind mottensicher. Webpelze sind leicht und haben gute Wärmehaltung. Für Tierfellimitationen (Kettsamt oder Wirkplüsch), als Futter und für Oberbekleidung, ist Acryl das vorherrschende Material. Wegen der schweren Entflammbarkeit gewinnt Modacryl trotz zunächst schwächerem Glanz und geringerer Standfestigkeit sowie schwierigerer Anfärbbarkeit mit zunehmender Sortenvielfalt an Bedeutung. Cordsamt aus Acrylfasern ist weich, leicht, strapazierfähig und leicht sauberzuhalten.

6. Schlafdecken und Steppdeckenfüllungen

Schlafdecken und Plaids sind nicht nur leicht, füllig und halten die Wärme, sondern sind auch ohne das Risiko des Filzens gut waschbar. Vollnaß ausgerüstete Acryldecken sind hochwertiger, flauschiger und auch erheblich teurer als nur trocken gerauhte. Flocke aus Acrylfaser dient als Füllung gesteppter Bekleidungsstücke (Anoraks) oder von Steppdecken mit entsprechend leichtem Gewicht, guter Wärmehaltung und hervorragender Reinigungsfähigkeit. Auch Handstrickgarne gibt es aus Acrylfasern.

Behandlung der Textilien aus Acrylfasern

Textilien aus Acrylfasern werden kalt bis lauwarm (nicht wärmer als 30 Grad Celsius) mit den üblichen Haushaltswaschmitteln gewaschen, bei mäßiger Temperatur (bis 80 Grad) mit der Einstellung „Nylon, Perlon" am Regulierbügeleisen unter einem Tuch gebügelt, und zwar von links. Plissee- und Faltenröcke werden nach dem Waschen tropfnaß auf einen Bügel gehängt. Durch geeignete Pflegemittel (Antistatika) kann die elektrostatische Aufladung beim Tragen weitgehend verhindert werden. Textilien aus Acrylfasern würden eine Wäsche bei höheren Temperaturen bis zur Kochwäsche aushalten; die meisten Farben und besonders die Druckfarben sind aber bei heißer Wäsche gefährdet. Bleichen Farben aus, so ist vermutlich zu heiß gewaschen worden.
Acrylfasern verhalten sich in der Chemischreinigung völlig anders als andere synthetische Fasern. Nach den einheitlichen Bedingungen der Chemischreiniger entfällt eine Haftung dann, wenn Bekleidungsstücke nicht oder

nur begrenzt chemischreinigungsfähige Materialien enthalten, soweit dies nicht offenkundig ist oder die Stücke nicht entsprechend gekennzeichnet sind.
Beim Zuschneiden von Acrylfasergeweben können die üblichen Schnitte verwendet werden, da die Möglichkeit des Dressierens besteht. Da die Gewebe aus den Acrylfasern weitgehend krumpfecht sind, müssen auch einlaufsichere Zutaten (Futterstoffe) verarbeitet werden. Beim Bügeln ist darauf zu achten, daß der Bügeldruck um so niedriger sein muß, je höher die Bügeltemperatur ist. Bei Geweben aus reinen Acrylfasern (z.B. Dolan- und Dralon-Imprimé und Dralon de luxe, Orlon-Printessa) soll unter einem trockenen Tuch nicht heißer als 75 bis 80 Grad Celsius gebügelt werden. Mischgewebe aus Acrylfasern mit Schurwolle oder aus Dralon mit Cupro-Spinnfaser dürfen unter einem feuchten Tuch bis etwa 150–170 Grad Celsius (Regler-Einstellung Wolle) mit mäßigem Druck gebügelt werden. Bei Verwendung moderner Dampfbügeleisen mit Reglereinstellung kann auf das feuchte Tuch verzichtet werden. Als Bügelunterlage darf niemals blankes Holz dienen, es muß immer eine gepolsterte Bügelunterlage verwendet werden.

Das Wichtigste – kurz zusammengefaßt

1. Dralon, Orlon und Dolan sind die Markennamen der Acrylfasern, aus denen Fertigwaren auf dem deutschen Markt sind. Aus dem Ausland hört man auch öfter von Crylor, Acrilan, Courtelle, Orlon und Leacril. Die Acrylfaser ist eine deutsche Erfindung, wurde aber zuerst in Amerika in größerem Umfang auf den Markt gebracht.

2. Die hervorstechenden Eigenschaften der Acrylfasern sind Leichtigkeit, Weichheit, Wetterfestigkeit und gute Wärmehaltung. Die Fähigkeit, vor dem Fixieren stark zu schrumpfen, in fixiertem Zustand aber schrumpffrei zu sein, wird bei der Herstellung der Dralon-Hochbauschgarne ausgenutzt. Die gute Wärmehaltung, das geringe Gewicht und die Bauschfähigkeit der Acrylfasern machen sie zum beliebten Rohstoff für Pelzimitationen, Schlafdecken und Steppdeckenfüllungen, Wirk- und Strickwaren sowie für füllige Streichgarngewebe und Handstrickgarne.

3. Die geringe Feuchtigkeitsaufnahme macht Textilien aus Acrylfasern quell- und einlauffest und läßt sie schnell trocknen. Sie saugen kaum Schweiß. Chemisch modifizierte Acrylfasern zeigen eine bessere Feuchtigkeitsaufnahme; sie sind auch gut zu färben. Acryl-Hohlfasern erreichen den Naturfasern ähnliche hygienische Eigenschaften.

4. Mit ihren Festigkeits- und Scheuerwerten, dem Wärmerückhaltevermögen, dem leichten Gewicht, der waschbeständigen Kräuselung, der

Weichheit und Schmiegsamkeit sind die Acrylfasern der wollähnlichste synthetische Spinnstoff. Als endlose Faser kommt der Griff dem der Naturseide nahe. Pillingbildung ist bei Textilien aus Acrylfasern zwar leichter zu entfernen als bei den übrigen Synthesefasern, jedoch haften die Pills stärker als bei Wolle.

5. Schmutz haftet an Erzeugnissen aus Acrylfasern nur oberflächlich, jedoch wird das Anschmutzen durch die elektrostatische Aufladung gefördert. Wegen der hohen elektrostatischen Aufladung eignen sich die Acrylfasern auch für Gesundheitswäsche.
6. Acrylfasern sind hitze- und lichtbeständig, beständig gegen Industriegase und Ruß, unempfindlich gegen ultraviolette Strahlen, Temperaturänderungen, Feuchtigkeitseinwirkungen und organische Lösungsmittel. Sie werden daher gern zu Gardinenstoffen, Markisendrellen, Wetterschutz- und Tropenkleidung verarbeitet. Acrylfasern sind mottenecht.
7. Druckgrundgewebe aus Acrylfasern erlauben sehr leuchtende und strahlende Farben. Kammgarngewebe für Anzüge, Kostüme und Kleider in der Mischung mit 45% Schurwolle sind weich, knitterunempfindlich und können wegen der Temperaturunempfindlichkeit bis 180 Grad Celsius gebügelt werden.
8. Multipolymerisate, denen nicht mehr als 15% einer anderen Komponente zwecks Verbesserung der Anfärbbarkeit beigemischt wurde, sind, wie Acrilan, Creslan, Velicren und Zefran laut TKG den Acrylfasern mit der Bezeichnung „Polyacryl" zuzuordnen. Beimischungen zwischen 20 und 50% wie bei Teklan, Verel und Gwendacryl bedingen die Kennzeichnung „Modacryl"; liegt der Anteil an Vinylchlorid wie bei Dynel höher als 50%, rechnet die Faser nach dem TKG zu den Polychloridfasern.
9. Die neue Bayer-Faser Dunova weist mit ihrer schwammartigen Struktur ähnliche hygienische Eigenschaften auf wie Wolle und Baumwolle, ist aber pflegeleicht und mit ihrer dauerhaften dreidimensionalen Kräuselung gut mit Wolle zusammen zu verarbeiten.

Polyesterfasern

Bevor Kodel zur Marktreife entwickelt war gab es nur e i n e Polyesterfaser, die allerdings unter verschiedenen Markennamen im Handel war. Diese Marken beruhten alle auf einem Patent der Imperial Chemical Industries Ltd., London, die ihre eigene Faser unter dem Namen **Terylene** herausbringt. Alle anderen Hersteller sind Lizenznehmer; das Patent allerdings ist

ausgelaufen. Am bekanntesten sind im deutschen Sprachgebiet die deutschen Erzeugnisse **Diolen** (Glanzstoff) und **Trevira** (Hoechst). Aus Holland stammt **Terlenka**, aus Italien **Terital** und **Fidion**, aus Frankreich **Tergal**, aus der DDR **Grisuten**. In Amerika gibt es die Marken **Dacron** und **Fortrel**, in Japan **Tetoron**. Neu in Italien herausgekommen ist **Wistel**. Die Erzeugnisse aus den Ostblockstaaten, **Elena** aus Polen, **Tesil** aus der Tschechoslowakei und **Lavsan** aus der UdSSR sind in westlichen Ländern recht unbekannt geblieben.
Die Fasern des „Kodel"-Typs („PCHT"-Faser) unterscheiden sich in ihrem chemischen Aufbau und in ihrer Herstellungsweise von den Fasern des Terylene-Typs. Wäre dies nicht der Fall, so wären ja auch keine zwei verschiedenen Patente erteilt worden. Auch die Verhaltensweisen der Fasern weichen in verschiedenen Punkten voneinander ab.

„Terylene-Zug"

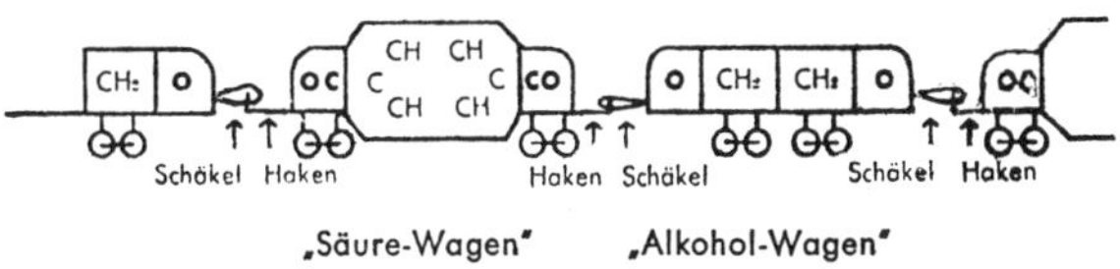

„Kodel-Zug"

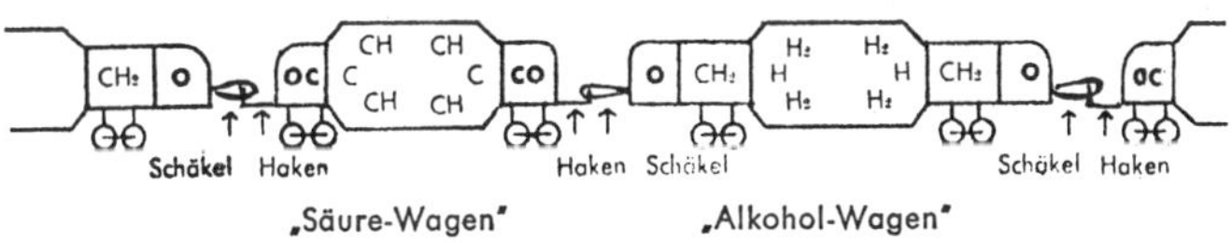

Abb. 133: Jeder Waggon versinnbildlicht ein Molekül, die Anordnung im Zug die Art, wie die Moleküle in der Molekülkette zusammengefügt sind.

Wie Nylon besteht die Polyesterfaser aus zwei verschiedenen Komponenten, in dem „Eisenbahnzug" müßten also jeweils zwei verschieden gebaute Waggons hintereinander gekoppelt werden. Ein Produkt aus einer Säure und einem Alkohol nennt der Chemiker „Ester", ein Kettenmolekül dieser Art ist demnach ein „Polyester". Die eine Chemikalie, aus denen die Polyesterfasern bestehen, die Terephthalsäure, die mit ihren ersten drei Buchstaben den meisten Polyesterfasern den Namen gab, ist eine schwer herstellbare, vordem kaum zu irgend etwas Vernünftigem zu gebrauchende

*) Die Bezeichnung „Vestan" wurde als registriertes Warenzeichen aufgegeben.

Substanz. Die zweite Substanz, der Alkohol, ist bei der Terylene-Gruppe und bei Vestan verschieden. Der Chemiker kennt außer dem einzigen trinkbaren Alkohol, dem Ethylalkohol, noch viele andere Alkohole, die zum Teil sehr giftig sind. Bei der Hauptgruppe der Polyesterfasern von Diolen bis Terylene ist die Alkoholkomponente der Ethylenglykol, bei Vestan hingegen Cyclohexan-dimethanol.

Betrachten wir die beiden Eisenbahnzüge, die wir nach dem gleichen Prinzip wie bei den Polyamiden darzustellen versucht haben. Bei den Polyesterfasern der altbekannten Art besteht der „Säurewagen" aus je einem CO-Pärchen vorne und hinten, in der Mitte aus einem sogenannten Benzolring; wir haben also einen Aussichtswagen vor uns, wie ihn mancher TEE mit sich führt, in dem in zwei Stockwerken Passagiere Platz finden können. Der Alkohol-Wagen ist recht einfach aufgebaut, und enthält zwischen den beiden Abteilen mit Sauerstoff vorne und hinten nur zwei Abteile mit CH_2. Diese Molekülgruppe, das Glykol, ist den Autofahrern recht gut unter dem Namen „Glysantin" als Gefrierschutzmittel bekannt.

Auf den ersten Blick ist zu erkennen, daß Kodel mit dem Alkohol, dessen schwer aussprechbaren Namen sich wirklich kein Praktiker zu merken braucht, zwar den gleichen Säure-Wagen enthält, aber einen ebenfalls zweistöckigen Alkohol-Wagen, der zusätzlich zu den für Glykol notwendigen Abteilen einen sogen. Cyclohexanring enthält. Ein Eisenbahnwaggon, der zweistöckig angelegt ist, darf beim Durchfedern nicht an den Schwellen des Bahnkörpers und mit seinem Dach nicht an eine Tunneldecke anstoßen. In der Tat war es schwierig, die Kettenmoleküle der Polyesterfasern so aneinander zu fügen, daß sie aussahen wie eine Perlenkette, die leicht zwischen den Fingern gleitet, und nicht wie eine Korallenkette, die sich mit ihren sperrigen Verästelungen gerne verhakt.

Der veränderte chemische Aufbau führt dazu, daß eine Reihe von meßbaren Eigenschaften und darüber hinaus auch mehrere Verhaltensweisen bei den beiden Faserarten voneinander abweichen. Meßbare Unterschiede z.B. treten auf:

Spinnfasern:	Terylene	Kodel
Zugfestigkeit in g/den	3,5– 6,5	2,5– 3,5
Bruchdehnung in %	50 – 20	25 – 13
Feuchtigkeitsgehalt in %	0,6	0,2
Schmelzpunkt Grad Celsius	254 –256	290 –295

Wie Nylon entsteht die Polyesterfaser durch Polykondensation; bei Nylon wird jedoch nur das leicht zu entfernende Wasser bei der Molekülverkettung ausgeschieden, während bei den Polyesterfasern Glykol, eine Alkoholart, ausgeschieden wird. Die Schwierigkeit des ganzen Verfahrens liegt darin, daß die Apparaturen sehr hohen Temperaturen ausgesetzt werden und dabei sehr dicht sein müssen.

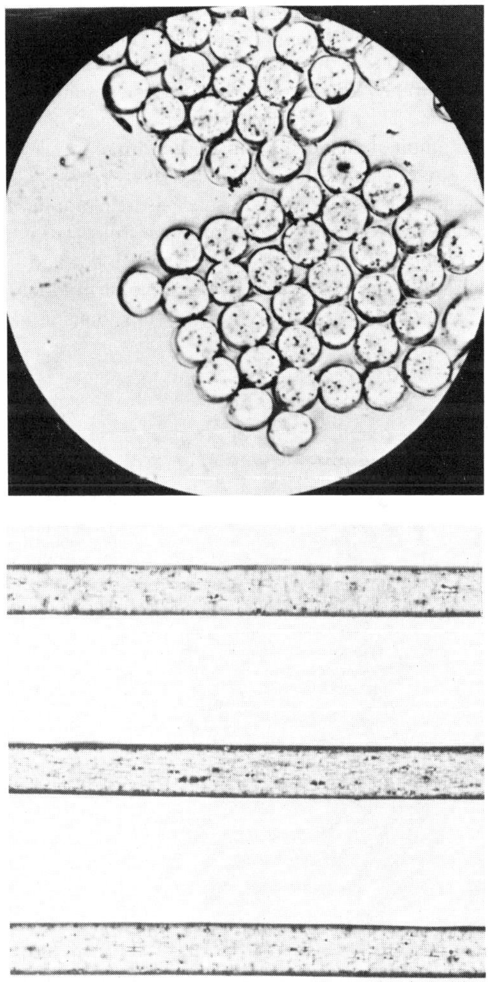

Abb. 134 und 135:
Polyesterfaser Trevira
2 den, Querschnitt und
Längsbild.

Verstrecken und Texturieren

Die Polyesterfasern werden wie die Polyamidfasern aus der Schmelze gesponnen und gleich anschließend in erheblichem Umfang verstreckt. Das nachträgliche, zweite Verstrecken zum Parallel-Ordnen der Molekülketten erfolgt bei Temperaturen zwischen 75 und 100 Grad Celsius. Damit der Faden später bei Behandlung mit kochendem Wasser nicht spröde wird und schrumpft, muß er während des Verstreckens gleichzeitig fixiert werden. Dies geschieht unter Anwendung höherer Temperaturen; der fixierte Faden hat dann nur mehr eine Restschrumpfung von etwa 7 bis 8%. Nunmehr kann der Faden bei der weiteren Verarbeitung ohne die Gefahr des Sprödewerdens auf eine letzte Restschrumpfung von 0% ausgeschrumpft werden. Die meisten Polyestertypen sind auf diesen Minimalwert ausgeschrumpft im Handel. Beim Ausschrumpfen wird die Dehnfähigkeit erhöht, aber die Festigkeit kaum gemindert.
Gerade bei den Polyesterfasern ist der Vorgang des Verstreckens von besonderer Bedeutung; er hat großen Einfluß auf die Eigenschaften der Faser im Gebrauch und vor allem im Hinblick auf den Vorgang des Texturierens, der ja bei den Polyesterfasern ständig an Bedeutung gewinnt. Ist doch die Polyesterfaser unter allen Synthetics diejenige, deren Erscheinungsbild

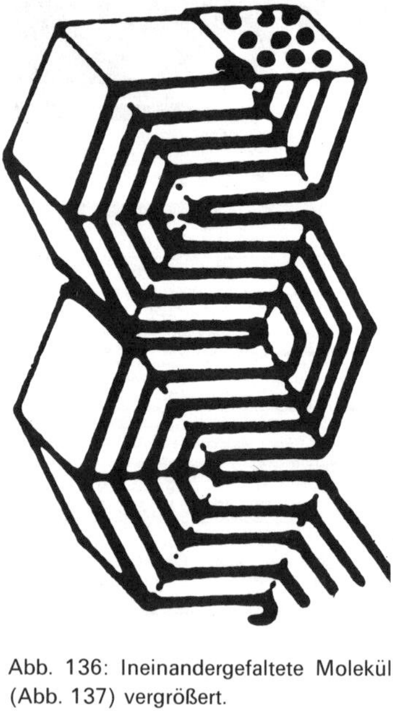

Abb. 136: Ineinandergefaltete Molekülbündel bei unverstrecktem Polyester; rechts (Abb. 137) vergrößert.

und Gebrauchseigenschaften durch Texturieren am meisten verwandlungsfähig ist. Die Kenntnis der Vorgänge beim Verstrecken ist auch notwendig, um die zukunftsreichste Texturiermethode, die **Strecktexturierung**, verstehen zu können.

In den Polyesterschnitzeln und in der Schmelze liegen die Kettenmoleküle weder einzeln verknäuelt noch schön parallel und gestreckt nebeneinander, sondern in der Wechselwirkung mit anderen Kettenmolekülen gebündelt in Form von Mäanderfalten (Abb. 136). Daneben haben wir einen solchen Mäander noch einmal vergrößert herausgezeichnet (Abb. 137), um zu zeigen, daß die einzelnen Kettenmoleküle als Bündel abgegrenzte Bereiche bilden, die ihrerseits ineinandergefaltet sind und eine kornartige Struktur hervorrufen. Nach dem Erstarren des aus der Düse ausgetretenen Fadens bleibt die Faltung der Molekülbündel erhalten, wenngleich sie sich nicht mehr so wirr durcheinander schlingen wie in Abb. 136 gezeigt, sondern in der Form von Abb. 137 nebeneinanderlegen. Beim Verstrecken gleiten nun zunächst einzelne Moleküle innerhalb dieser Bündel in Längsrichtung aneinander vorbei, sodann falten sich die Mäanderbögen bis zum gestreckten Zustand auf. Die beim Spinnprozeß selbst erfolgte Orientierung der ganzen Bündel in Längsrichtung der Faser ist eine Vororientierung, sie reicht für die spätere Gebrauchsfähigkeit nicht aus und muß durch nachgeordnete Prozesse mit dem völligen Auffalten der Mäanderbündel ergänzt werden.

Wir haben schon erwähnt, daß konventionell hergestelltes Polyester in zwei Stufen verstreckt wird, da es zu den recht langsam kristallisierenden Stoffen gehört. Zweistufig verstreckte Fäden besitzen höhere Festigkeit und höhere Schrumpfspannung über den gesamten Temperaturbereich, ihre Anfärbbarkeit ist aber geringer, weil die Parallel-Orientierung der Moleküle höher ist. Für die Anfärbbarkeit ist aber das Vorhandensein von Resten nicht kristallisierter, noch nicht durch das Verstrecken parallel gelegter („amorpher") Kettenmoleküle notwendig, denn nur in diese amorphen, nicht kristallisierten Teile der synthetischen Faser und insbesondere von Polyester können die Farbstoffmoleküle eindringen. Je langsamer sich der Spinnprozeß vollzieht, desto geringer ist die Orientierung der Molekülketten und damit die Kristallisierung, je schneller gesponnen und je stärker verstreckt wird, desto dichter und schwerer anfärbbar wird das Material, desto reißfester und desto schrumpffester wird es. Das nur „vororientierte" Material schrumpft stärker als unverstrecktes, aber auch stärker als vollverstrecktes. Allein durch die Kombination von stark schrumpfendem mit weniger stark schrumpfendem Material ergeben sich ohne Texturierung Möglichkeiten zur Herstellung von Bauschgarnen. Beim Verspinnen kann man sogar gezielt bei Kombination verschieden schrumpffähiger Fasern das Abreißen von Einzelfasern hervorrufen, was dann wiederum Garne aus Filamenten mit **Faseroptik** ergibt.
Allerdings sind die Fasern, je weniger man sie verstreckt und damit auch kristallisiert hat, anfällig gegen das Altern; schnellgesponnenes, somit vororientiertes Fasermaterial ist fast unbegrenzt ohne Veränderung haltbar, langsam gesponnenes muß innerhalb von 3–4 Wochen verarbeitet (texturiert oder verstreckt) werden, um gebrauchstüchtig zu bleiben.
Das Ausmaß der Molekülorientierung vor dem Texturieren hat Einfluß auf den Charakter des Erzeugnisses. Texturieren nach dem Prinzip der Torsionsbauschung (vor allem nach dem Falschdrahtverfahren) bedeutet ja, daß das Material unter Einfluß von Wärme verdreht wird und diese Verdrehung durch Wärme fixiert wird. Je höher die angewandte Temperatur beim Texturieren ist, desto stabiler ist die Kräuselung;

je höher der nicht kristallisierte Bereich innerhalb der Faser ist, je weniger also die Faser während und nach dem Spinnprozeß verstreckt wurde, desto stärker ist die Kräuselung. Somit ergibt das im Schnellspinnverfahren nur vororientierte Material mit seiner gegenüber dem Vollverstreckten geringeren Kristallinität einen stärker gekräuselten Texturfaden als das vollverstreckte Material.
Das in der Vergangenheit fast ausschließlich hergestellte vollverstreckte Material läßt sich schwerer durch Texturieren in seiner Gestalt verändern, schrumpft kaum mehr nach, ist nicht ganz so gleichmäßig und schlechter anfärbbar wie das aus modernen Schnellspinnanlagen stammende, vororientierte Material. Man kann für die Zukunft erwarten, daß Rohgarne aus beiden Fasertypen mit unterschiedlichem Schrumpfverhalten und unterschiedlicher Struktur neue Einsatzgebiete für die Texturierung erschließen werden, sei es mit Wildseidencharakter, im Baumwollcharakter oder als Filamentgarn mit Faseroptik.

Durch Texturieren können Polyesterfasern mit besonders hohem Füllvermögen, wollähnlichem Griff und einem Restschrumpf nach Verarbeitung, der dem der tierischen Fasern entspricht, hergestellt werden. Eine solche texturierte Polyesterfaser ist zum Beispiel **Schapira** aus Trevira. Das Texturierverfahren verleiht den endlosen, im Faserverband parallel liegenden Trevirakapillaren starke Bauschkraft und starkes Füllvermögen. Wegen des geringen Restschrumpfs können die Strickwaren in der gewünschten endgültigen Größe gearbeitet werden. Fertigerzeugnisse können wie Feinwäsche (notfalls sogar in der Waschmaschine) gewaschen werden. Nach dem gleichen Prinzip und mit ähnlichen Eigenschaften werden **Diolen loft, Trevira 2000** und die früher als **Crimplene** bezeichneten Polyester-Endlosfäden von ICI hergestellt, die aber in Zukunft auch den bislang den Stapelfasern vorbehaltenen Markennamen Terylene tragen sollen.

Modifizierte Polyesterfasern

Copolymerisate auf Basis Polyester sollen verringerte Neigung zur Pillingbildung, verbesserte Anfärbbarkeit und vor allem eine gewisse Variationsbreite im gesteuerten Schrumpfvermögen durch Hinzufügung von Polyäther hervorrufen. Durch Variation mit einer zweiten Dicarbonsäure (Isophthalsäure) in kleinen Mengen entstehen Copolymerisate, deren Anfärbbarkeit besser, deren Pillingneigung geringer und deren Schrumpfverhalten variierbar ist **(Dacron, Tergal Y).**
Bikomponente Polyesterfasern des S/S-Typs aus zwei unterschiedlich schrumpfenden Polymeren (Beispiel: Diolen 703, Tergal X 403) erhalten bei Wärmebehandlung eine permanente, spiralige Kräuselung, die der der Wolle aufgrund des unterschiedlichen Schrumpfverhaltens von Orthocortex und Paracortex sehr ähnlich ist. Diese Fasern eignen sich deshalb auch sehr gut zur Mischung mit Wolle. Die Farbstoffaffinität solcher Fasern ist

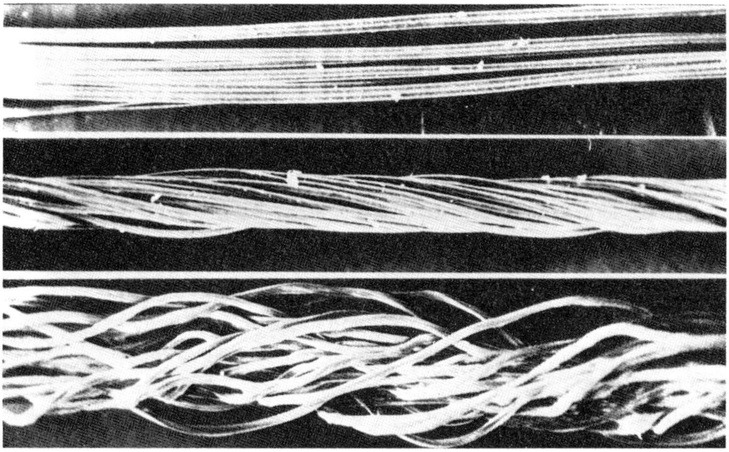

Abb. 138: Vergleich der Fadenstruktur bei Trevira-Endlosgarn. Oben: ungedreht; Mitte: gedreht; unten: texturiert: Trevira woven-tex.

Abb. 139: Polyester mit trilobalem Querschnitt.

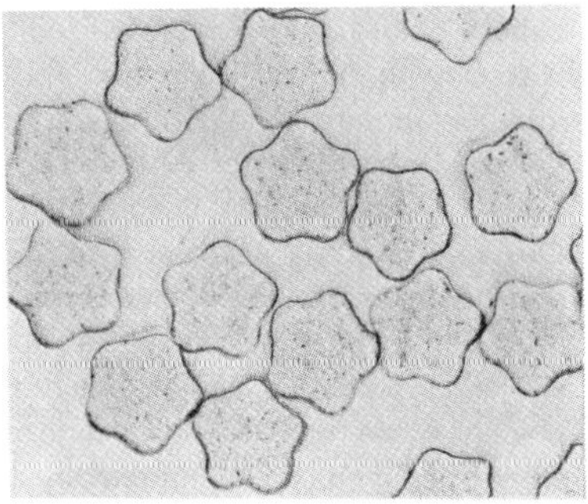

Abb. 140: Polyester mit sternförmig fünfeckigem Querschnitt.

besser, sie können carrierfrei bei 98 °C gefärbt werden, sind mit 12–25% sehr elastisch und zeigen bei hoher Bauschigkeit eine nur geringe Neigung zur Pillingbildung. Stoffe daraus können zu 18–25% elastisch sein bei nur 1,5% bleibender Dehnung. Deshalb sind diese Stoffe sehr maßstabil und beulen kaum aus. Ein Baumwolltyp kann mit Baumwolle und Viskose gemischt werden.

Bei **Pfropfpolymerisaten** auf Basis Polyester ist es gelungen, Feuchtigkeits- und Farbstoffaufnahme zu verbessern, die Anfälligkeit gegen Verschmutzungen und elektrostatische Aufladung zu verringern. **Conforty-Polyester,** in Amerika „Visa" genannt, ist ein Beispiel für eine solche Faser.

Bei pillarmen Spezialtypen **(Diolen FL, Trevira WA)** werden die Molekülketten gegenüber den Normaltypen verkürzt. Besondere Sorgfalt gilt auch der Entwicklung von **Feinfilamenttypen,** also Fasern mit extrem niedrigem Einzeltiter, wie **Diolen SM** und **Diolen XF**. Werden Filamentgarne aus sehr feinen Polyesterfasern speziell texturiert, ergeben sich bei entsprechender Ausrüstung Gewebe, wie Crêpe de Chine, Pongé, Twill, Satin und Taft, von hoher Naturseideähnlichkeit mit den Gebrauchsvorzügen der Synthetics **(Setila).** Für Teppiche (Velours) werden Fasern mit hoher Fülligkeit, guter Deckkraft, hervorragendem Polerholungsvermögen und besonders guter Abriebfestigkeit bei beträchtlicher Kräuselbeständigkeit geschaffen.

Auf verschiedene Weise werden **„Filamentgarne mit Faseroptik"** hergestellt. **Trevira** 6-6-0 hat fünfeckig sternförmigen Querschnitt und ist zudem beim Verwirbeln nach dem Taslan-Verfahren langstapelig gerissen, so daß das Garn vorstehende Faserenden zeigt. **Dacron** 242 hat achteckig („oktolobal") sternförmigen Querschnitt und ist auch copolymer (basisch und dispers anfärbbar) unter der Bezeichnung Dacron 801 zu haben. Beides sind demnach Profilfasern. Dacron 242 wird zudem unter Hitzeeinwirkung durch ein spezielles Bauschverfahren ähnlich der Falschdrahttexturierung dauerhaft gekräuselt. Auch **Trevira woven-tex** ist zum Zwecke der gesteuerten Lichtbrechung mit fünfeckig-sternförmigem Querschnitt („pentalobal") ausgestattet und zusätzlich gebauscht texturiert. **Diolen GV** erhält seine „Faseroptik" durch Luftdüsenbauschung (Luftdrucktexturierung). Sinn der Herstellung von Filamentgarnen mit Faseroptik ist die Konstruktion von Geweben, die bei geringen Flächengewichten ein relativ hohes Gewebevolumen mit ausgezeichneter Formstabilität verbinden, wobei die den Polyesterfasern eigenen guten Trageeigenschaften erhalten bleiben sollen. Futterstoffe, z. B. aus Trevira 6-6-0, haben optimale physiologische Eigenschaften bei hoher Scheuerfestigkeit, Pflegeleichtigkeit und Maßbeständigkeit. In der Gewebeherstellung haben die Filamentgarne den Fasergarnen gegenüber den Vorzug guter Verarbeitbarkeit (bessere Laufeigenschaft, kein Faserflug, dadurch hohe Produktionsleistung). Außerdem ist das Färben und Drucken mit nur einer Farbstoffgruppe möglich. Garne aus anderem Material, die ähnliche Effekte im fertigen Stoff gestatten, sind im Regelfall Mischgarne.

Im Zuge verstärkten Umweltschutzbewußtseins wurden auch Copolymerisate von Polyester (Blockpolymerisate mit Polyethylenoxiden) auf den Markt gebracht, die bei Erhaltung der guten Eigenschaften der Polyesterfasern auch in tiefen Tönen carrierfrei mit Dispersionsfarben anfärbbar sind. **Carrier** sind dem Farbbad zugesetzte organische Substanzen, die das Färben beschleunigen, aber den Nachteil haben, die Abwässer toxisch zu

belasten und durch Geruchsteilchen auch zur Luftverschmutzung beizutragen. Durch den Polyethylenoxidanteil wird das Farbstoffziehvermögen entscheidend verbessert, die Färbegeschwindigkeit erhöht und der Färbeprozeß verbilligt; die Farbechtheit bleibt erhalten. Ein Beispiel für solche Fasern ist **Diolen 42.** Die Mehrkosten der Faser entsprechen in etwa den Kosten des Carriers.
Ein Beispiel für eine **Hohlfaser** aus Polyester ist **KodOfill-Polyester** aus der amerikanischen Faser **Kodel,** die bei einem Einzeltiter von 5,5 den. bei hoher Sprungelastizität ein um 15% verbessertes Füllvermögen gegenüber vergleichbaren Polyesterfasern aufweist. Diese Faser wird vor allem zur Füllung von Schlafsäcken, Kissen und Steppdecken verwendet. Ähnliche Hohlfasern sind unter den Marken **Hollofil** und **Quallofil** auf dem Markt.

Eigenschaften der Polyesterfasern

1. Festigkeit, Leichtigkeit, geringe Feuchtigkeitsaufnahme

In der Reiß- und Scheuerfestigkeit erreichen die Polyesterfasern fast die Werte von Nylon und Perlon, ihre Feuchtigkeitsaufnahme ist die geringste unter allen Synthetics (ausgenommen Polyvinylchlorid). Deshalb sind Polyesterfasern besonders quell- und einlauffest, sie trocknen schnell. Im Verhältnis zu den anderen Synthetics sind sie „schwer", ihr spezifisches Gewicht liegt etwa bei dem der Naturseide. Die Naßfestigkeit entspricht etwa der Trockenfestigkeit.
Allerdings führt die hohe Festigkeit vor allem der Terylene-Gruppe zu entsprechender Pilling-Anfälligkeit, die geringe Feuchtigkeitsaufnahme vor allem von Kodel zur starken elektrostatischen Aufladbarkeit mit ihrer schmutzanziehenden Wirkung. – Zugfestigkeit und Dehnfähigkeit sind vom Verstreckungsgrad abhängig.
Mit Ausnahme der Spezialtypen wie **Diolen FL** oder **Trevira 350** und **550** mit reduzierter Festigkeit eignen sich die Fasern der Gruppe Terylene allerdings nur zur Verspinnung mit Wolle nach dem Kammgarnverfahren, wobei die Zwirne relativ hart gedreht sein müssen, um der Pillinganfälligkeit zu entgehen. Daher ist die Möglichkeit, verschiedene Stofftypen herzustellen, begrenzt, vor allem auf Fresco- und Tropical-ähnliche Gewebe. Die Sondertypen 350 und auch Kodel gestatten die Mischung mit Wolle auch im Streichgarnverfahren und Stoffe auch mit Foulé- oder Flanellausrüstung. Gerade bezüglich der Variationsbreite der aus Polyester herstellbaren Stofftypen brachten die „Filamente mit Faseroptik" einen entscheidenden Fortschritt.

2. Hoher Schmelzpunkt, licht- und säurebeständig

Mit einem Schmelzpunkt von etwa 256 Grad Celsius und einem Erweichungsbereich von 235 bis 240 Grad sind die Polyesterfasern gegenüber den anderen Synthetics recht temperaturunempfindlich, was sich besonders günstig auf die Bügelmöglichkeiten auswirkt. In ihrer Beständigkeit gegen Luft, Licht und bleichende Waschmittel sind sie den Polyamidfasern eindeutig überlegen. Die thermische Beständigkeit, das heißt, die Unempfindlichkeit gegen normale Hitzeeinwirkung, sorgt dafür, daß auch warm fixierte Plissees außerordentlich dauerhaft sind.

3. Hohe Elastizität und gutes Rücksprungvermögen

Die hervorstechendste Eigenschaft der Polyesterfasern ist die hohe Elastizität, gepaart mit einem Rückfederungsvermögen, mit dem sie alle bekannten Synthesefasern bei weitem übertreffen. Von dieser Eigenschaft rührt auch die hohe Knitterechtheit her, die die Textilien aus Polyesterfasern vor allem in Mischung mit Wolle auszeichnet. Die geringe Dehnung ermöglicht die Verwendung für Nähmaterial. Bei hoher Bauschelastizität eignet sich Polyesterflocke als Füllmaterial für Steppdecken. Die Dehnung ist bei kleinen Zugbeanspruchungen viel geringer als z. B. bei den Polyamidfasern; dementsprechend leichter ist ihre Verarbeitbarkeit. Die Verwendungsmöglichkeit für Nähmittel wird dadurch besonders bei den Fasern der Terylenegruppe mit ihrer hohen Festigkeit begünstigt. Langfaser-gesponnene Polyester-Nähfäden sind so vielseitig einsetzbar, daß es kaum noch nötig ist, für verschiedene Stoffe oder für verschiedenartige Nähte auch spezielles Nähmaterial einzusetzen. Weil das Garn sehr fein gesponnen ist, tragen die Nähte nicht auf und es gibt auch keine Verdrängungskräuselung, da mit niedrigen Fadenspannungen gearbeitet werden kann.

4. Licht- und Wetterbeständigkeit, Isolierfähigkeit

Die Beständigkeit der Polyesterfasern gegenüber Licht und Einflüssen des Wetters entspricht etwa den Acrylfasern; deshalb sind Polyesterfasern besonders für Gardinen und Markisenstoffe geeignet. Die elektrische Isolierfähigkeit wird bei technischen Geweben ausgenutzt. Die hohe elektrostatische Aufladbarkeit begünstigt das Anschmutzen.

5. Ähnlichkeit mit Wolle und Naturseide

Mit ihrer Bauschkraft, der waschbeständigen Kräuselung und dem hohen Rücksprungvermögen sind die Spinnfasern wollähnlich, die endlosen Filamente gleichen mit ihrem mattschimmernden, seidigen Glanz der Naturseide. Polyesterfasern können aber auch der Baumwolle angeglichen und vorteilhaft mit Baumwolle zusammen versponnen werden.

Verwendung der Polyesterfasern

1. Rein

Als endlose Faser wird Polyester-Material vor allem in der Gardinenherstellung (Gewebe und Gewirke) verwendet. Der Anteil von Polyester-Filamenten für die Gardinenstoffe in der Bundesrepublik Deutschland beträgt über 45%, der der Polyester-Textur-Filamente etwa 12% und der von PES-Spinnfasergarnen knapp unter 20%. Den Rest von etwas unter einem Viertel bestreiten Acryl-Spinnfasern. Endlos-Polyester verarbeitet man in großem Umfang aber auch in der Seidenweberei zu Krawattenstoffen, Stoffen für Schals und Dressinggrowns, und als Druckgrundgewebe (z. B. Trevira-Foulard). Endlose Polyesterfasern werden auch zu Kettenwirkwaren für Damenunterwäsche verarbeitet. Bedeutung haben doppelflächige Maschenwaren aus texturierten Polyesterfasern (Schapira, Diolen loft, Crimplene) für vollwaschbare Kleider (sog. Kofferkleider) und Mäntel erlangt („Polyester-Texture"). Neuerdings finden sie auch Eingang in die Herrenoberbekleidung (z.B. Trevira-Rebell). Die Texturierung kann nach dem Falschdrahtverfahren (Einkräuselung 7–18 %) oder nach dem Crinkle-Verfahren (Einkräuselung 25–30 %) erfolgen.
Die Verwendungsmöglichkeiten der Polyesterfasern haben sich durch Spezialtypen stark ausgeweitet. Es handelt sich zunächst um Sonderentwicklungen für den Maschenwarensektor mit verschiedenem färberischem Verhalten (Beispiel: Dacron basisch und dispers anfärbbar zur gemeinsamen Verarbeitung mit Wolle oder Baumwolle). Auch die Copolymerfaser Dacron 65 (sehr weich, für Kreuzfärbung geeignet, pillingarm) gehört hierher. Trevira 850 ist eine linear schrumpfende Faser, die in Verbindung mit der normal schrumpfenden Faser die Herstellung von Hochbauschgarnen mit besonders hoher Deckkraft für Teppiche ermöglicht. Abgestufte Färbungen lassen sich auch mit den Spezial-Teppichfasern Trevira 820 in Kombination mit der neuen tieffärbenden Teppichtype Trevira 830 erreichen. Trevira 684 jet-spun ist ein texturiertes Filamentgarn für Regenmäntel und Anoraks, Trevira flammé ein Flammengarn für Honaneffekte.

2. In Mischung mit Wolle und Zellwolle

Als „klassisch" gilt die Mischung 55% Polyester mit 45% Schurwolle, die in der Regel im Kammgarnverfahren gemeinsam versponnen und für Damenkleider-, Kostüm- und Mantelstoffe sowie für Herrenanzug- und Hosenstoffe verarbeitet wird. Da Polyesterfasern ohne Restschrumpf fixiert sind, ist eine Formgebung **nicht** wie bei Wolle allein durch Dressieren möglich; die gewünschte Form muß beim Schnitt berücksichtigt werden. Die Kammgarngewebe aus Polyester/Schurwolle sind im Verhältnis zu ihrem Volumen leicht und eignen sich insbesondere für leicht ausgestattete

Sommerbekleidung. Die Tragedauer wird wesentlich erhöht. Bei Mischung mit Viskosespinnfaser beträgt der Polyesteranteil meist 70%. Diese Mischung spielt bei Damenkleiderstoffen und für Herrenhosen eine besondere Rolle. Die Mischung 65% Polyester und 35% Wolle ergibt sich, wenn man für Damenkleiderstoffe im Woll/Seidencharakter eine Kette aus Polyester endlos und einen Schuß aus Polyester/Schurwolle 55/45 einsetzt. Diese Gewebe sind ungewöhnlich haltbar, rechtfertigen dadurch ihren Preis und stehen bildlich ihrem Vorbild aus Wolle und Naturseide nicht nach. – Kammgarngewebe aus Polyester mit Schurwolle werden gern nach Art des Fresko oder Tropical aus gezwirnten Garnen gewebt, um die Porosität und Luftdurchlässigkeit sowie Sprungkraft und Knitterechtheit zu erhöhen und die Neigung der Pillingbildung herabzusetzen, die als Folge der hohen Reiß- und Scheuerfestigkeit bei den Polyesterfasern gegeben ist.
Kodel zeigt auch in locker eingestellten Geweben nur geringe Neigung zum Pillen. In der Verbindung mit Wolle ist die Faser sehr vielseitig, da auch Effektzwirne möglich sind (z.B. Bouclé), und verschiedene Oberflächenbehandlungen, wie Melton- oder Kahlappretur und Drapé-Ausrüstungen, vorgenommen werden können. Die Dacron-Type 65 mit reduzierter Festigkeit und geringer Knickbruchbeständigkeit ist besonders pillingresistent und wird in Mischung mit 30 % Schurwolle zu einem Garn mit voluminösem, wollähnlichen Griff versponnen.

3. In Mischung mit Baumwolle oder Leinen

Eine besonders hochwertige Mischung, die auch ihren Preis rechtfertigt, ist Polyester mit Baumwolle. In Deutschland wird das Verhältnis 67% Polyesterfaser und 33% Baumwolle, in Frankreich **(Comtal)** 75% Polyester und 25% Baumwolle gewählt. Die Reiß- und Scheuerfestigkeit, das hervorragende Rücksprungvermögen und die geringe Anfälligkeit gegen Knittern, vor allem im nassen Zustand, die die Polyesterfaser in die Mischung einbringt, verbinden sich in glücklicher Weise mit der Wasser-Saugfähgiekit und den hygienischen Eigenschaften der Baumwolle. Die Polyesterfaser ist gut im Titer und in der Stapellänge auf die Baumwolle abzustimmen. Sowohl Feinpopeline für Oberhemden, Blusen und Kleider, Batiste für Wäsche als auch Grobpopeline und Gabardine für leichte Wetter- und Sportbekleidung lassen sich aus Polyester mit Baumwolle herstellen. In England hat man gute Erfahrungen mit der Beimischung von Polyester (Terylene) zu Leinen gemacht, um die Knitterfestigkeit der Leinengewebe zu erhöhen **(„Springback")**, ohne den natürlichen Charakter der Leinengewebe zu verändern. Permanent-Plissierung ist zwar bei Polyester-Leinen nicht möglich, jedoch überstehen die Falten mehrere Wäschen, ohne gebügelt werden zu müssen. Schwierig allerdings ist bei Polyester-Leinen die gleichmäßige Durchfärbung. Auch auf dem deutschen Markt sind Polyester (Diolen)-Leinenmischgewebe erschienen.

Seit geraumer Zeit sind auch pillingresistente Polyestertypen auf dem Markt, die ihrem Titer und ihrem Stapel nach besonders zur Mischung mit Baumwolle geeignet sind (z.B. **Diolen FL/B**). Sie eignen sich für offene, rustikale Gewebe und für solche mit Satin- oder Flanellcharakter, schließlich auch für sommerliche Maschenstoffe. Wie bei den ähnlichen Wolltypen handelt es sich um modifizierte Fasern (mit etwas anderer Lage des Benzolrings) mit weniger glatter Oberfläche. Ein pillarmer Spezialtiter **(Trevira 350)** reinweiß 1,7 den. kann mit 50% Baumwolle zusammen versponnen werden. Man verarbeitet das Material zu Maschenwaren (T-Shirts, Joggingkleidung usw.).
Neben den bei den Oberbekleidungsstoffen üblichen Mischungen von über 60% Polyester zu Baumwolle werden für Wäschestoffe unter 140 g/qm und Hemdenstoffe um 100 g/qm (international als „TC" (= Tetoron Cotton) bezeichnet) Mischungen von 50% Polyester mit der gleichen Menge Baumwolle immer beliebter. Sie vereinigen den Vorteil guter Knittererholung und hoher Reiß- und Scheuerfestigkeit mit den hygienischen Eigenschaften der Baumwolle, die durch Hochveredlung knitterunempfindlicher gemacht wird. Ein Problem war es, Polyesterfasern so rein weiß herzustellen, wie dies für feine Wäschestoffe notwendig ist.
Werden Polyestermischungen mit Baumwolle, auch wenn 67 und mehr % Polyesterfasern enthalten sind, gekocht – was auch von den Faserherstellern empfohlen wird – ist es notwendig, die Wäschestücke zu bügeln. Eine Garantie für Bügelfreiheit wird für Hemdenstoffe von den Faserherstellern bis zu einer Waschtemperatur von 60 °C übernommen. Zwar ist die Polyesterfaser knitterresistent, doch können sich gerade beim Kochen und dem anschließenden Abschreckungsprozeß in der Waschmaschine mit kaltem Wasser im Polyesteranteil kleine Knitter bilden.
In der gleichen Mischung 50%/50% werden auch Stoffe für Bettwäsche angeboten, deren Markterfolg sicher zum Teil auch davon abhängen wird, ob es gelingt, die deutsche Hausfrau davon zu überzeugen, daß eine Waschtemperatur von 60 °C auch bei Bettwäschestoffen ausreicht. Die Erfahrungen von Mischgeweben aus Polyester/Baumwolle im Anstaltsbereich sind recht gut; Mischungen 50/50 und 65/35 Polyester/Baumwolle sind der Bettwäsche aus reiner Baumwolle in der Haltbarkeit überlegen und mit niedrigerem Aufwand in kürzerer Bearbeitungszeit zu pflegen. Sie bleibt auch im Gebrauch länger glatt und schmutzt nur langsam an. Elektrostatische Aufladung wird vermieden, wenn die Bettwäsche nicht voll ausgeschleudert und damit eine „Übertrocknung" mit einem Restfeuchtigkeitsgehalt von nur 30% vermieden wird. Polyester/Baumwoll-Mischgewebe können auch mit den bisherigen Verfahren sterilisiert werden (bei 134 °C in Sattdampf innerhalb von 3–4 Minuten). Um Flusenbildung zu vermeiden, sollen die Mischgewebe nicht mit relativ offenen Geweben wie Windelmull oder Frottierwaren zusammen gewaschen werden. Weniger die Gebrauchsvorzüge, sondern geringes Gewicht

(100–150 g/qm) und feinfädiges Warenbild waren es, die dem Polyestermischgeweben mit Baumwolle oder Polynosics für Bettwäsche in den Haushaltungen zum Erfolg verholfen haben. Da sie wegen des glatten und feinen Oberflächencharakters gut zu bedrucken sind und auch in satten Unifarben gut aussehen, eignen sich die Mischgewebe gut für die modische Leichtbettwäsche.
Zahllose Kombinationen mit Polyester-Fasergarn/Baumwolle in der Kette und Polyester texturé im Schuß haben sich als Batiste und Seidenfinish und besonders angenehmem Traggefühl für Hemden und Blusen durchgesetzt. Den Texturé-Baumwollbatisten und Popelinen wird bei hochwertigem Warenbild eine doppelt bis dreifach so hohe Luftdurchlässigkeit zugeschrieben gegenüber herkömmlichen Popelinen.
Allerdings entstehen bei Baumwoll/Texturé-Batisten gerne Schweißränder an den Kragen der Hemden und Blusen, insbesondere, wenn die Gewebe mit intensiven Farben eingefärbt wurden, weil die hochfeinen Gewebe gewisse Substanzen der Schweißabsonderung aufsaugen. Hemden und Blusen aus Baumwolle/Texturés dürfen daher nur einen Tag lang getragen werden und müssen dann wieder gewaschen werden. Der Schweißrand läßt sich beseitigen, wenn die Stelle mit Saptil, einer waschaktiven Substanz von Henkel, die chemisch neutral und frei von optischen Aufhellern ist, eingerieben wird. Saptil verfügt über ein ausgeprägtes Fettauflösevermögen bei guter Hautverträglichkeit.
Bügelfreie Damen- und Herren-Unterwäsche aus 50% supergekämmter Baumwolle und Diolenspinnfaser wird von einer Warenzeichengemeinschaft unter der Marke **Sympa fresh** vertrieben; die Wäsche ist bügelfrei und kochbar und bis zu 60 °C in der Waschmaschine waschbar, läuft nicht ein; allerdings wird zu recht empfohlen, diese Wäsche täglich zu wechseln.
Stark vermehrt haben sich auch die Mischungen Polyester/Polynosic. **Cotgal** (Sartel) ist ein Tergal-Non-Pilling-Mischgarn für Jerseys, das aus 67% einer pillingarmen Tergalqualität und zu 33% aus Modalfasern besteht; es gibt Maschenwaren und Geweben Griff und Charakter langfaseriger Baumwolle.
Werden Kleidungsstücke aus Polyester/Baumwolle in der Waschmaschine gewaschen, ist darauf zu achten, daß die Waschflotte höchstens handwarm ist. Bei zu warmer Waschlauge ergeben sich leicht thermofixierte Falten, die auch durch Bügeln nicht einfach zu beseitigen sind. Die Faltenbildung wird vermieden, wenn die Hemden und Blusen freischwimmend gewaschen werden. Zur Verringerung der Gefahr der Pillingbildung, vor allem an Kragen und Manschetten, sollten Vollzwirnqualitäten oder zumindest Halbzwirnpopeline (mit Zwirn in der Kette) verarbeitet werden. Während Noiron oder andere, durch Kunstharz knitterarm ausgerüstete Baumwollqualitäten öfter Allergien verursachen – Hemden und Blusen werden auf der Haut getragen – sind bei Polyester/Baumwoll-Mischungen noch keine Allergien festgestellt worden.

4. Polyester-Flocke

Alle Textilfasern und insbesondere die Synthetics werden unversponnen als Flocke wie Federn und Daunen als Füllmaterial verwendet. Polyester spielt als Füllmaterial wegen seiner rücksprungkräftigen Elastizität eine besondere Rolle – Kodel zum Beispiel wurde zunächst hauptsächlich als Füllflocke verkauft. Das Problem dabei ist die Aufbereitung zur Verhinderung der Klumpenbildung sowie die Bildung eines hohen Bauschs bei schneller und völliger Wiederholung. Normalpolyester wird mit Blickrichtung auf hohe Laufleistungen in Weberei und Wirkerei sowie auf gute färberische Eigenschaften konstruiert; als **Fiberfill** zeigt es zwar einen hohen Anfangsbausch, der aber im Gebrauch relativ rasch nachläßt. Copolymere Sorten, die bis zu 30% teurer sein können, zeigen einen geringeren Anfangsbausch, aber dafür so gut wie keinen Bauschverlust im Gebrauch, sind schmiegsamer und noch nach mehrjähriger Benutzung luftdurchlässig. Als neueste Entwicklung sind Hohlfasern (z. B. KodOfill) zu nennen, die besonders leichte Füllungen gestatten.

Eine andere Polyester-Hohlfaser ist **Hollofil** (DuPont), die aufgrund ihrer Hohl-Struktur bei gleichbleibend gutem Feuchtigkeitstransport gegenüber anderen Dacron-Füllfasern einen höheren Lufteinschluß und damit eine bessere Wärmeisolation bietet. Sie ist aufgrund dieser Eigenschaften besonders gut für Sportbekleidung (Skibekleidung, Anoraks) geeignet; zur leichteren Verarbeitung wird sie an die Bekleidungsindustrie als Vlies geliefert. **Quallofil** (Du Pont) ist eine Hohlfaser mit vier parallel angeordneten Luftkammern, die die ganze Faser durchziehen. Die Füllfaser hat hohe Bauschelastizität, ist daunenweich und aufschüttbar.

Lindfill ist eines der geschützten Verfahren, Polyester in Wirrlage zu verfestigen, daß die damit gefüllten Daunendecken und Kissen leicht, weich und bauschelastisch gefüllt sind; die Zudecken sind vollwaschbar (Billerbeck). Das Polyestermaterial kann sogar mit Bettfedern und Daunen gemischt werden. **Bonafill** ist eine Spezialentwicklung aus Terylene-Filamenten für Kissenfüllungen (Centa Star) mit dauerhafter Bauschkraft, filzfrei und atmungsaktiv. Auch nach längerem Gebrauch zeigt das Material keine Ermüdungserscheinungen und legt sich nicht glatt.

Die Herstellung zusammenhängender Vliese für Füllzwecke sieht zunächst einen Krempelvorgang vor, um die Stapelfaser aufzulockern und den vollen Bausch zu entfalten. Sodann werden dünne Faserschleier zu einem Vlies zusammengelegt. Verfestigte Vliese werden von beiden Seiten mit Acrylharz besprüht und im Ofen getrocknet. Das erstarrte Acrylharz gibt dem Vlies die notwendige Stabilität, unterstützt durch beidseitiges Versteppen mit Gaze. Du Pont bietet zwei Sorten an: Dacron fiberfill regular mit der herkömmlichen mechanischen Kräuselung für Steppbetten und Kopfkissen und fiberfill 88 mit Spiralkräuselung für Einziehdecken, Unterbetten und Tagesdecken (vgl. Skizze).

Füllungen mit Polyesterfiberfill machen die Decken oder Bekleidungsstücke pflegeleicht, waschbar, resistent gegen Batterien, knitterfrei und verschleißfest.

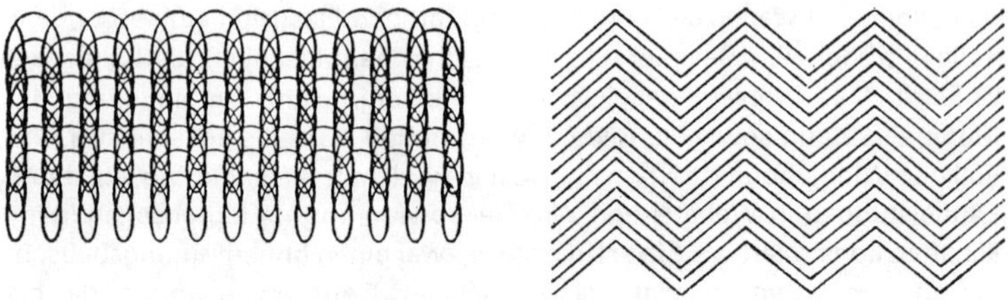

Verfahren von DuPont „angeborene Spiralkräuselung"

Herkömmliche mechanische Kräuselung

Abb. 141: Kräuselung von Polyester-fiberfill.

Behandlung der Polyesterfasern

Textilien aus reinen Polyesterfasern können mit allen Haushaltswaschmitteln ziemlich heiß gewaschen werden. Gewirkte oder gestrickte Leibwäsche kann sogar gekocht werden. Seidige Polyestergewebe und Artikel im Charakter der Feinwäsche sowie Krawatten und Schals aus rein Polyester können lauwarm in Feinwaschmitteln oder mit warmer Seifenbrühe von Hand ausgewaschen werden. Auch gröbere Verschmutzungen sind auf diese Weise zu beseitigen. Unter einem trockenen Tuch kann bei Temperaturen bis 160 °C gebügelt werden.
Bei starker Verschmutzung sollen Textilien aus oder mit Polyesterfasern nur mit Perchloräthylen oder Benzin gereingt werden. Auch Kleidungsstücke aus Polyester/Woll-Gemischen können, entsprechende Verarbeitung (Futter!) vorausgesetzt, bei etwa 30 °C wie Feinwäsche gewaschen werden. Wenn Bügeln notwendig sein sollte, ist ein nasses Tuch aufzulegen und das Reglerbügeleisen auf Wolle (etwa 150–160 °C) einzustellen.
Beim Nähen von Polyestergeweben muß auf lockere Fadenspannung geachtet werden. – Von der Anwendung der üblichen Fleckenentfernungsmittel muß abgeraten werden, da unter Umständen im ganzen Umkreis des zu entfernenden Fleckens eine Aufhellung eintritt, die nur durch eine komplette chemische Reinigung wieder behoben werden kann. Fetthaltige Flecken können mit dem Spezialpräparat Esdeform entfernt oder mit einer schwachen Seifenlösung ausgewaschen werden. Es ist zweckmäßig, großflächig und mit kreisender Bewegung von außen nach innen verlaufend zu

reinigen, um teilweise eintretende Aufhellungen zu vermeiden. Notfalls kann an Stelle von Esdeform auch Tetrachlorkohlenstoff verwendet werden. – Mischungen aus Polyester mit Wolle werden wie Wollwaren gewaschen.

Unterscheidung von Terylene und Kodel

Eine Unterscheidung der Fasern der Terylene-Gruppe von Kodel im Handversuch, das heißt mit den üblichen Methoden der Unterscheidung textiler Faserstoffe, ist nicht möglich. Hingegen gibt es für den Chemiker durchaus verhältnismäßig einfache Möglichkeiten der Unterscheidung. In einer kochenden Mischung von 10 Gewichtsprozenten Hydrazin in Butanol geht Kodel nicht in Lösung, während die Fasern der Terylene-Gruppe sich darin auflösen und nach dem Abkühlen ausfallen. Kodel wiederum ist bei 100 °C in einer Mischung von 60 Gewichtsprozenten Phenol mit 40 % Tetrachloraethan zu lösen. – Verschiedene Markenfabrikate sind durch den Nachweis absichtlich zugesetzter Spurenelemente (z. B. Indium, Rubidium oder Strontium) voneinander zu unterscheiden.

Das Wichtigste – kurz zusammengefaßt

1. Es gibt zwei verschiedene Arten von Polyesterfasern, die sich chemisch und auch in ihren Eigenschaften voneinander unterscheiden, und zwar die nach dem für die englische Faser Terylene entwickelten Verfahren hergestellten (Diolen und Trevira aus Deutschland; Terlenka, Terital, Tergal und Dacron als die wichtigsten ausländischen) sowie die deutsch-amerikanische Faser Kodel. Spezialtypen, wie Trevira WA und Diolen FL allerdings sind dem Vestan sehr ähnlich. Im Handversuch sind die beiden Faserarten nicht zu unterscheiden, wohl aber im Laboratorium.
2. Die hervorstechendsten Eigenschaften der Polyesterfasern sind neben dem sehr hoch liegenden Schmelzpunkt die hohe Elastizität und das hervorragende Rücksprungvermögen, mit dem sie alle übrigen Synthetics übertreffen. Geringe Dehnung, hohe Bauschkraft – die durch Texturieren noch erhöht werden kann (Trevira 2000, Diolen loft, Schapira) sowie hohe Licht- und Wetterbeständigkeit sind weitere wichtige Eigenschaften.
3. Mit anderen Synthetics haben die Polyesterfasern Leichtigkeit, Festigkeit und geringe Feuchtigkeitsaufnahme gemeinsam. Polyesterfasern sind fast so fest wie Perlon und Nylon, sie quellen von allen Synthetics am wenigsten. Erzeugnisse daraus neigen zur Pillingbildung. Bügelfalten und Plissees sind bei Geweben aus Polyester mit Wolle besonders beständig.

4. Rein werden die endlosen Polyesterfasern vor allem für Gardinenstoffe und in der Seidenweberei (Krawatten!) und als Druckgrundgewebe verarbeitet. Für Trikotagen gibt es gesponnene Spezialgarne. Besonders wichtig ist die Mischung Polyester/Schurwolle 55/45 für Mantel-, Kostüm-, Kleider- und Anzugstoffe, die vor allem für leichte Sommerbekleidung bahnbrechend gewirkt haben. Diese Polyester/Schurwollmischungen empfehlen sich wegen ihrer leichten Behandlungsmöglichkeiten auch für weiße Stoffe.
5. Eine vielfach angwandte Mischung ist die der Polyesterfasern mit Baumwolle für pflegeleichte, leichtgewichtige, hygienisch einwandfreie und sehr haltbare, knitterarme Gewebe im Popelincharakter für Hemden, Blusen, Kleider, Regen- und Sportbekleidung sowie als Batist für Wäsche. Auch bei gemeinsamer Verarbeitung mit Leinen wird die Knitterfestigkeit erheblich verbessert.
6. Bettwäsche aus Polyester/Baumwolle hat sich im Anstaltsbereich wegen der guten Gebrauchseigenschaften, der kostensparenden Bearbeitung in der Wäsche und wegen der problemlosen Sterilisierbarkeit weitgehend durchgesetzt. Leichtbettwäsche für den Haushalt ist im Hinblick auf Glätte und Feinheit gut zu bedrucken und zu färben; sie ist aus diesen Gründen vor allem als modische Bettwäsche auf dem Markt.
7. Einen großen Fortschritt in der Variationsbreite der aus Polyesterfasern herstellbaren Modegewebe haben die „Filamentgarne mit Faseroptik", wie Trevira woven-tex, Trevira 6-6-0, Diolen GV und Dacron 242 gebracht. Diese Fasern haben einen sternförmigen fünf- oder achteckigen Querschnitt und sind zudem texturiert. Sie gestatten bei leichter Verarbeitbarkeit Gewebe mit geringem Gewicht und guter Fülligkeit bei hoher Formstabilität.
8. Wegen der rücksprungkräftigen Elastizität wird Polyester-Flocke gerne als Füllmaterial verwendet. Polyester-Hohlfasern gewinnen an Bedeutung.

Polychloridfasern (Polyvinylchlorid)

Die Polyvinylchloridfasern waren die ersten synthetischen Fasern überhaupt. Sie waren ihrer hohen Säure- und Laugenfestigkeit wegen für technische Zwecke hervorragend geeignet, konnten aber zunächst wegen ihrer niedrigen Erweichungstemperatur für Textilien nicht verwendet werden. Erst 1934 wurde durch C. **Schönberg** eine Polyvinylchloridfaser mit höherem Schmelzpunkt entwickelt, die ersten Textilerzeugnisse wurden 1939 auf der Leipziger Frühjahrsmesse gezeigt. Polyvinylchloridfasern werden im Trockenspinnverfahren hergestellt.

Laut TKG heißen diese Fasern dann „Polychlorid", wenn sie aus linearen Makromolekülen bestehen, „deren Kette aus mehr als 50% Gewichtsprozent chloriertem Olefin (z.B. Vinylchlorid, Vinylidenchlorid) aufgebaut wird". Die ebenfalls vorkommende Bezeichnung „Chlorvinylfasern" entspricht demnach nicht dem TKG. Vinylchlorid (Monochlorethylen) kann polymerisiert, sodann mit Tetrachlorethan oder Tetrachlorkohlenstoff nachchloriert, dann leicht in Aceton gelöst und naß aus dem Fällbad gesponnen werden (PeCe-Typ) oder mit Hilfe spezieller Lösungsmittel ohne Nachchlorieren direkt naß versponnen werden (PCU-Typ). Copolymerisate mit Vinylacetat zeigen niedrigen Klebe- und Schmelzbereich und ergeben Spezialfasern für Textilverbundstoffe **(MP-Faser)** und Monofile.

Nachchlorierte Fasern des PeCe-Typs sind meist Monofile und haben technischen Charakter. Die nachstehend genannten gebräuchlichen Textilfasern gehören dem PCU-Typ an.

Für Schrumpfeffekte wird vor allem von der französischen Seidenweberei die französische Polyvinylchloridfaser **Movil** verarbeitet. Die früher in Deutschland (Rhodiaceta) hergestellte und nunmehr importierte Polyvinylchloridfaser trägt den Namen **Rhovyl.** Aus Japan kommen **Valren** und **Teviron.** Die neue französische Faser **Clevyl** ist mit erhöhter Hitzebeständigkeit und guten färberischen Eigenschaften ausgestattet. **Leavil** von Châtillon wird neuerdings als „Faser mit Feuerschutz" für Heimtextilien werblich herausgestellt. **Vinyon** ist ein amerikanischer Gattungsbegriff für Fasern mit mindestens 85% Vinylchlorid.

Eine Sonderstellung nimmt die Faser **Dynel** ein, ein Multipolymerisat aus 60% Vinylchlorid und 40% Acryl, die früher im Zusammenhang mit den Acrylfasern behandelt wurde, nach dem TKG aber zu Polychlorid zählt. Die Vinylkomponente bringt die Unentflammbarkeit, die Acrylkomponente die Erhöhung des Erweichungspunktes in die Faser ein. Sie ist stark bauschig, leicht waschbar und chemikalienbeständig; in Mischung mit Baumwolle wird die Knitterechtheit erhöht und die Schrumpffähigkeit vermindert. Die Einsatzgebiete sind Strickwaren, Möbelstoffe, Rauhgewebe und Wandbespannungen

Dem (gasförmigen) Vinylchlorid als Einzelmolekül (also nicht polymerisiert) wird krebserregende Wirkung zugeschrieben. Theoretisch können auch im Polymerisat noch Monomere enthalten sein; bei Fasern aber nicht in einer dem Menschen schädlichen Konzentration.

Eigenschaften der Polychloridfasern

1. Niedriger Schmelzpunkt – hohe Schrumpffähigkeit

Die hervorstechendste Eigenschaft der Polyvinylchloridfaser ist die hohe Schrumpffähigkeit und die geringe Wärmebeständigkeit – der Erweichungspunkt liegt bei einzelnen Typen unter 100 Grad Celsius. Textilien aus Rhovyl können demnach nur handwarm gewaschen und **dürfen nicht** gebügelt werden. Bei 78 Grad Celsius schrumpft die Faser.

2. Unbrennbar – unangreifbar für Säuren

Polyvinylchloride sind wegen ihres hohen Chlorgehalts unbrennbar, unentflammbar und ersticken sogar Feuer. Sie nehmen überhaupt keine Feuchtigkeit auf, sind sehr lichtbeständig und gegen Laugen und Säuren in jeder Konzentration beständig. Sie isolieren Schall und Elektrizität.

3. Hohe elektrostatische Aufladung

Die hohe Isolierfähigkeit, das hohe Wärmerückhaltevermögen und die ungewöhnlich niedrige Feuchtigkeitsaufnahme machen die Polyvinylchloridfasern mit ihrer hohen elektrostatischen Aufladung, die das Katzenfell übertrifft, für sogenannte Gesundheitswäsche besonders geeignet.

Verwendung der Polychloridfasern

Die Eigenschaften dieser Fasergruppe, die sich von allen übrigen Synthetics stark abheben, weisen bereits auf die Einsatzgebiete hin: Die größte Bedeutung haben die Polyvinylchloride im technischen Sektor für Feuer- und Säureschutzbekleidung, Filter, Seile, Faltboot- und Autobespannungen. Gesundheitswäsche nutzt die elektrostatische Aufladung und die hohe Wärmehaltung; das Schrumpfvermögen erlaubt die Herstellung von außergewöhnlich dichten Geweben, zum Beispiel Rhovyl-Wildleder, einer Wirkware mit samtähnlicher Oberfläche aus 70% Viskosespinnfaser und 30% Rhovyl. Rhovyl-Wildleder ist regendicht, knitterarm, gut waschbar und trocknet schnell.
Inwieweit Neuentwicklungen imstande sein werden, die Vinylfasern im Textilbereich wieder festen Fuß fassen zu lassen, muß zunächst dahingestellt bleiben. So bringt man in Frankreich ein Mischgarn aus Rhovyl und Triacetat unter dem Namen **„Intervyl"** heraus, das sich als Brillantgarn für geschmeidige, luftige und wärmeausgleichende, seidig wirkende Maschenware für sommerliche Bekleidung eignen soll. In den USA sind Vinyl-Gewirke unter dem Namen **Vista Knit** auf den Markt gekommen,

die die Eigenschaften der Vinyle, Hitze und Kälte aufzuspeichern, durch die Stricktechnik ausgeschaltet haben sollen.
Gute Chancen, sich für Oberbekleidung oder Unterwäsche durchzusetzen, haben neue Fasern wie Clevyl, weil sie anfärbbar, schrumpffest, hitzebeständig und reinigungsfest sind. Sie werden bereits zur Ausstattung von Theatern, Kinos und Flugzeugen wegen ihrer Unbrennbarkeit verwendet.

Das Wichtigste – kurz zusammengefaßt

Die Polyvinylchloridfasern, die älteste Art der Synthetics, haben wegen ihrer hohen Isolierfähigkeit, Säurebeständigkeit und Unbrennbarkeit besondere Bedeutung auf technischem Sektor. Für Textilien nutzt man ihre Schrumpffähigkeit (Schrumpfeffekte bei Seidengeweben, Rhovyl-Wildleder) und ihre hohe elektrostatische Aufladung für Gesundheitswäsche aus. Wegen des niedrigen Schmelz- und Erweichungspunktes dürfen Textilien aus Polyvinylchlorid nicht gebügelt werden. Sie nehmen überhaupt keine Feuchtigkeit auf. – Die Multipolymerisatfaser Dynel gehört lt. TKG zu den Polychloridfasern.

Polyurethanfasern und Elasthan

Die Polyurethane, die auf eine deutsche Erfindung zurückgehen, eignen sich einmal zur Herstellung von **Schaumstoffen,** die auch zum dauerhaften Kaschieren mit Geweben oder Gewirken der verschiedensten Art verwendet werden konnen (sogen. **Foam-backs**). Aus Polyurethan-Schaumstoffen **(Moltopren)** lassen sich auch **Schaumstoff-Schnittfäden** herstellen, die zur Erhöhung der Reiß- und Scheuerfestigkeit mit feinen, aber festen Garnen umsponnen werden und in der Kette von Waren verarbeitet werden können, die besonders füllig und wärmehaltig sein sollen. Da diese Fäden mit ihrem rechteckigen oder quadratischen Querschnitten mehrere mm dick sind, eignen sie sich auch als Ersatz von Gummi bei rutschfesten Bundverarbeitungen oder Trägerbändern (z. B. **Aerolen,** Ceolon). Zum andern sind die Polyurethane das Ursprungsmaterial für die in sich, ohne Nachbehandlung, wie Gummi dehnfähigen Textilfäden (Elasthan).
Polyurethane werden durch Polyaddition aus Di-isocyanaten mit Glykolen im Schmelzspinnverfahren gewonnen; die erste fadenbildende Type, **Dorlon** genannt, war in vielen Eigenschaften den Polyamiden ähnlich und kam wegen ihrer hohen elastischen Biegesteifheit vor allem für Bürsten und Pinsel, Siebgewebe und Chemiedrähte in Frage. Erst als es 1958 gelang, die molekulare Struktur der Polyurethane zu verändern, gewannen die

sogen. segmentierten Polyurethane ihre Eigenschaften, die ihnen den Namen **Elasthan** verschafften.

Elastomere — Elasthan — Elastodien

Dem Textilkennzeichnungsgesetz zufolge sind als *„Polyurethan"* nur „Fasern aus linearen Makromolekülen, deren Kette eine Wiederkehr der funktionellen Urethangruppen aufweist", zu bezeichnen. Die *segmentierten Urethane* werden von dieser Definition nicht erfaßt; sie zählen zum Begriff **„Elasthan"**, der gültig ist für „elastische Fasern, die aus mindestens 85 Gewichtsprozent von segmentiertem Polyurethan bestehen, und die, unter Einwirkung einer Zugkraft um die dreifache ursprüngliche Länge gedehnt, nach Entlastung sofort wieder nahezu in ihre Ausgangslage zurückkehren". So sehr es zu begrüßen ist, daß diese Gruppe synthetischer Faserstoffe auch nach TKG eigens zu kennzeichnen ist, so sehr haben aber auch die Benennungen der in der Textilindustrie verwendbaren elastischen Fäden und Fasern im TKG zunächst doch eine gewisse Verwirrung hervorgerufen, denn das TKG vermeidet den eingebürgerten Ausdruck „Elastomere" und führt neben Elasthan noch einen zweiten, bislang unüblichen Begriff in die Terminologie ein: **Elastodien.** Darunter werden „elastische Fasern" verstanden, „die aus natürlichem oder synthetischem Polyisopren bestehen, entweder aus einem oder mehreren polymerisierten Dienen, mit oder ohne einem oder mehreren Vinylmonomeren, und die, unter Einwirkung einer Zugkraft um die dreifache ursprüngliche Länge gedehnt, nach Entlastung sofort wieder nahezu in ihre Ausgangslage zurückkehren". Kautschuk ist ein Polyisopren, und somit erfaßt der Begriff Elastodien im wesentlichen die bekannten **Gummifäden.**

Der Autor stimmt dem in der Literatur verschiedentlich vorgetragenen Vorschlag zu, die Bezeichnung **„Elastomere"**, die nach DIN 60001 für die segmentierten Polyurethanfasern galt, die ja nunmehr als „Elasthan" bezeichnet werden müssen, als Oberbegriff für alle elastischen Textilfasern einzubürgern. Den Elastomeren sollen also in Zukunft beide im TKG getrennt definierten Gruppen elastischer, für Textilien verwendbarer Fasern und Fäden, Elasthan *und* Elastodien, zugeordnet werden. Nicht unter den Begriff der Elastomere fallen – wie bisher – Fäden und Fasern, die erst einer Nachbehandlung wie **Texturieren** unterworfen werden müssen, um elastisch zu werden, und auch nicht die modifizierten Polyesterfasern wie Tergal X 403.

Bekannte Marken sind das deutsche **Dorlastan** von Bayer, **Lycra** (DuPont) und **Vyrene** (US. Rubber C.). Weniger bekannt sind **Hoechst-Elastomer, Glanzstoff-Elastomer** und **Spanzelle** aus England, schließlich **Rhodastic** der französischen Rhodiaceta. Zahllos sind die Markennamen der verschiedenen **Corespun-Garne** (Vgl. S. 304f.), d.h. Umspinnungszwirne mit einer Seele von Elasthan. Bei der Betrachtung der Eigenschaften, Behandlung und Verwendungszwecke von Elasthan drängt sich der Vergleich einmal mit den Gummifäden **(Elastodien, Lastex)** auf, die durch Elasthan trotz des erheblich höheren Preises fast völlig auf dem Gebiete der Bekleidungstextilien und Miederwaren verdrängt worden sind, zum anderen mit den durch Texturieren elastisch gewordenen Garnen (z. B. **Helanca**), die zum Teil in direkter Konkurrenz zu den Elastomeren bei **Stretch**-Geweben stehen und ebenfalls im Preis erheblich niedriger liegen, aber auch zusammen mit Elasthan zu Corespun-Garnen verarbeitet werden. – Fertig-Erzeugnisse mit Glanzstoff-Elasthan sind unter der Bezeichnung **„Nevaswing"** bekannt.

Aufbau von Elasthan

Das „segmentierte Polyurethan" ist ein Blockpolymerisat, in dem „Blöcke" oder „Segmente" mit unterschiedlichem Charakter einander abwechseln. Sie werden als (kristallines) Hartsegment und als (amorphes) Weichsegment bezeichnet, wobei die rücksprungkräftige Dehnfähigkeit gerade auf den chemischen und physikalischen Eigenschaften dieser beiden Segmente beruht. Die weichen Segmente werden durch kurzkettiges,

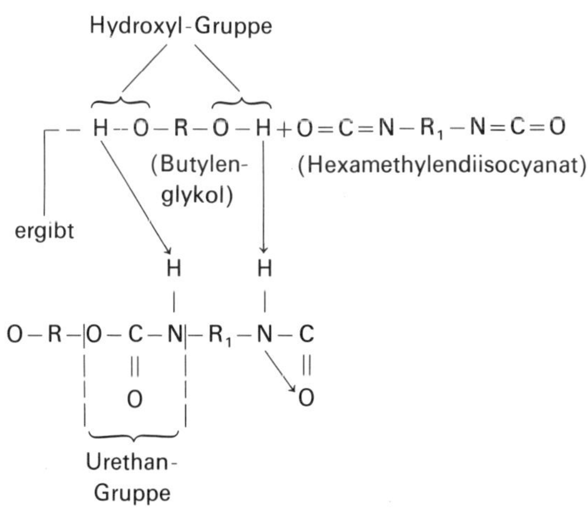

Polyaddition: Bildung des Polyurethans. Die beweglichen Wasserstoffatome (H) des Makroglykols (Butylenglykol) – das das Weichsegment bildet – wandern an die Stickstoffatome (N) des Diisocyanats. – „R" bzw. „R_1": Sogenannte „Reste", d. h. Atome des Glykols bzw. Diisocyanats, die bei der Reaktion in ihrer Anordnung unverändert bleiben.

Abb. 142: „Polyaddition am Beispiel von Polyurethan".

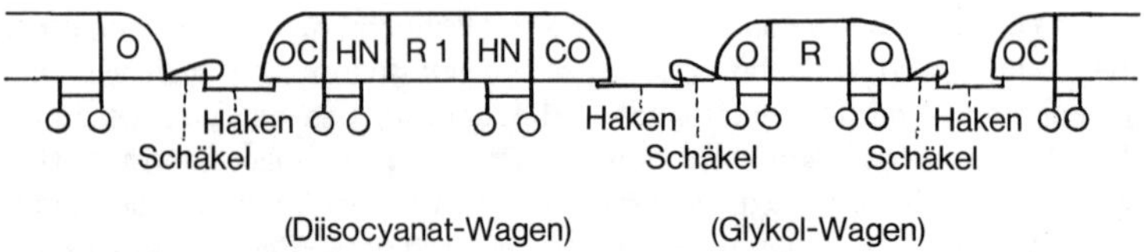

Abb. 143: „Polyurethan-Zug".

bewegliches, niedrigschmelzendes (bei 30–40 °C) Makroglykol gebildet (Polyester, z.B. bei Dorlastan; Polyäther z.B. bei Lycra). Die Weichsegmente sorgen für die Erholung aus dem Dehnungszustand. Ihre Moleküle sind bestrebt, in einer ungeordneten Knäuelform zu bleiben. Werden sie durch Zugbeanspruchung ausgedehnt, und auf diese Weise in einen geordneten Zustand überführt, wollen sie wieder in die ungeordnete Knäuelform zurückkehren. Um zu verhindern, daß die Molekülketten beim Ausdehnen

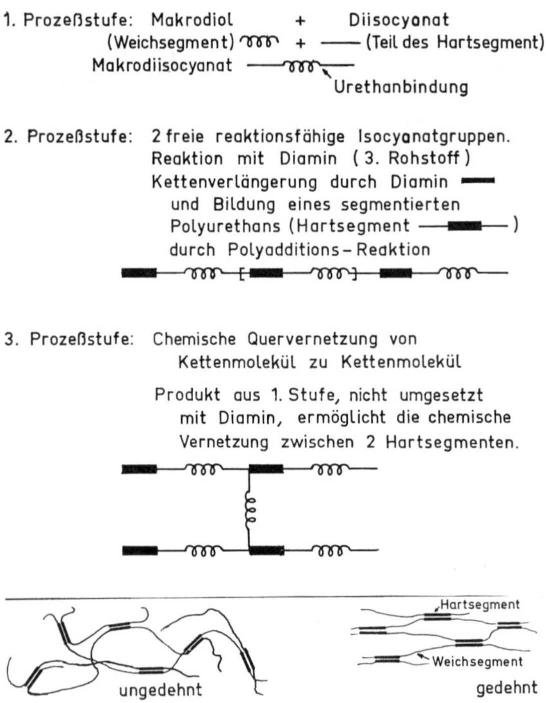

Abb. 144: Elasthanfilament (Dorlasthan) im Faserquerschnitt.

der Filamente unbegrenzt aneinander vorbeigleiten, was zu einer bleibenden Dehnung führen und die Rücksprungkraft reduzieren würde, sind die Hartsegmente eine Art Knoten im makromolekularen Netzwerk mit starken zwischenmolekularen Kräften, die nicht nur in ihrer Längsorientierung durch Weichsegmente aneinandergekettet sind, sondern auch durch Quervernetzung chemisch aneinander gebunden werden.
Elasthan kann im Naßspinnverfahren durch Koagulation ebenso gewonnen werden wie im Trockenspinnverfahren unter Verdampfen des Lösungsmittels. Das Spinnverfahren beeinflußt die spätere Form der Filamente; beim Trockenspinnverfahren verkleben oder verschmelzen einzelne Filamente infolge der hohen Spinngeschwindigkeiten und bilden ein einem Monofilfaden ähnliches Gebilde mit lockerem Gefüge, Lufteinschlüssen und recht textiler Struktur, der durch Nadeleinstiche oder im Gebrauch weniger leicht verletzbar ist als ein relativ dicker, monofiler Gummi oder ein als Monofil hergestelltes Elasthan mit kompaktem Querschnitt (z. B. Vyrene).

Eigenschaften von Elasthan

1. Rücksprungkräftige Dehnfähigkeit

Die Dehnfähigkeit der Elastomere liegt mit 500–700% nur wenig unter derjenigen eines guten Kautschuks. Bei einer Dehnung von 500% springt Elasthan auf etwa 95% seiner ursprünglichen Ausdehnung zurück; in dem für Textilien wichtigen Bereich kann somit Dehnung gleich Elastizität gesetzt werden.

2. Hohe Festigkeit und Beständigkeit

Die Reißfestigkeit übertrifft diejenige des Gummis um etwa das Doppelte und entspricht etwa der guter Polyestergarne, die Scheuerfestigkeit liegt beachtlich höher. Elasthan altert nicht, ist als Faser lichtbeständig und hält Temperaturen bis 150 °C (Erweichungspunkt) aus. Temperaturen über 100 °C sollte die Faser aber nicht ausgesetzt werden. Wegen seiner hohen Festigkeit sind Fadenbrüche bei der Verarbeitung nicht zu befürchten.
Die Angabe der beträchtlich höheren Scheuerfestigkeit von Elasthan gegenüber Gummi sagt nicht viel aus bezüglich der Scheuerfestigkeit im Vergleich mit anderen Synthetics, denn die Scheuerfestigkeit von Gummi ist sehr schlecht. Da aber bei modernen Synthetics vom Verbraucher hohe Ansprüche an die Scheuerfestigkeit gestellt werden, muß die Scheuerfestigkeit von Elasthan als ungenügend bezeichnet werden. Für Verwendungszwecke (z. B. Stützstrümpfe), bei denen die Güte des ganzen Fabrikats von der Scheuerfestigkeit abhängt, verwendet man ausschließlich Core-spun-Garne, wobei die die Elasthanfaser umhüllende Faser den Schutz gegen

Scheuern übernehmen soll. Der Preis solcher Umspinnungszwirne hängt nicht zuletzt von der Häufigkeit und Sorgfalt ab, mit der die Elasthanseele umsponnen wurde. Wurde hier gespart, entsteht ein im Gebrauch bemerkbar schwächeres Produkt, das allerdings auch viel weniger kostet als hochwertige Fabrikate.

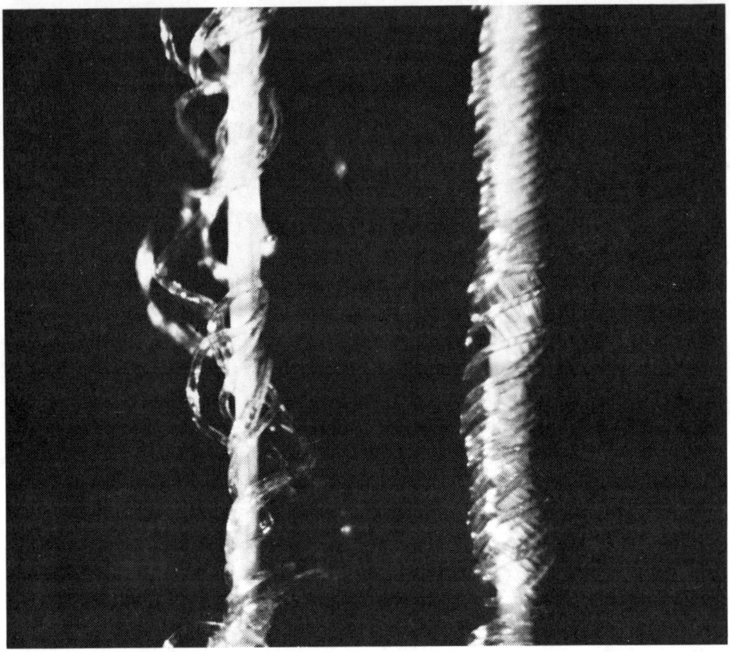

Abb. 145: Core-spun-Faden mit Lycra-Seele. rechts: Doppelt umsponnener Lycra-Faden, wie er für hochwertige Qualitäten Verwendung findet. links: Einmal und lose umsponnener Lycra-Faden (Bildnachweis: Elbeo-Werke). (Siehe auch S. 287ff).

3. Unempfindlichkeit gegen chemische Einflüsse

Im Gegensatz zu Gummi ist Elasthan unempfindlich gegen Öle (Sonnenöl!), Fette, Seewasser, Parfüm, Kosmetika (Miederwaren!), Sonneneinstrahlung und Chlorlösungen (wichtig für die chem. Reinigung). Hingegen ist die Faser empfindlich gegenüber Chlorbleichmittel, die zur Vergilbung und zum Faserabbau führen können. Körperschweiß schadet ebensowenig wie die in der Textilveredlung verwendeten Metalle.

4. Gute färberische Eigenschaften

Im Gegensatz zu Gummi gibt es Elasthanfasern auch reinweiß; sie sind ohne Einschränkungen färbbar. Allerdings kommt es vor, daß Elasthan als Seele von Umspinnungszwirnen eine Eigenfarbe annimmt (Rosastich, Braunstich), der durch die Umspinnungsfäden durchscheinen kann. Spinnfärbung ist möglich, desgleichen Stückfärbung.

5. Feine Ausspinnbarkeit

Die Feinheitsabstufungen von Elasthan ist im Gegensatz zu Gummi ungewöhnlich variabel; Lycra monofil z. B. gibt es in mehr als 10 Feinheiten von 22–2550 dtex, wobei grobe Fäden ab 640 dtex vor allem für Taillen- und Trägerbänder verwendet werden. Elasthan kann auch multifil eingesetzt werden und vermittelt dadurch den Erzeugnissen einen „textileren Griff"; es kann in recht feine und leichte Waren verwebt und verwirkt werden. Auch ohne Umspinnung ist Verarbeitung auf Raschelstühlen zu Miedertüllen möglich.

Verwendung von Elasthan

Der Anteil an Elasthan schwankt von 100% bis unter 20%; in der Regel enthalten dehnfähige Gewebe und Gewirke mit Elasthan weniger als 50% von dieser Faserart. In Stoffen für Miederwaren und Badeartikel sind davon etwa 35–40% enthalten, bei Elastic-Hosen genügt ein wesentlich geringerer Anteil, um erhöhte Bewegungsfreiheit zu bieten. Viele auf Dehnfähigkeit konstruierte Stoffe kommen mit einem Elasthan-Anteil von nur 10% und weniger bei guter rücksprungkräftiger Elastizität aus. Sehr gut eingeführt sind Strümpfe, Socken und Strumpfhosen aus Elasthan oder Core-spun-Garnen, deren Dehnfähigkeit ein begrenztes Größenprogramm ermöglicht. Da die Stützkraft von Elasthan etwa um 60% über der eines Gummifadens von vergleichbarer Fadenstärke liegt, wird es besonders gerne für Stützstrümpfe verarbeitet. Für elastische Bundpartien von Wäschestücken ist die Kochfestigkeit des Materials von besonderer Bedeutung.
Oberstoffe für Elastic-Hosen haben eine rücksprungkräftige Dehnfähigkeit von 40 bis 60%; gegenüber ähnlichen Geweben, die nur Helanca oder ein anderes texturiertes Material enthalten, ergeben sich angenehmere Tragebedingungen, da die hohe Elastizität bei verrringerter Spannung im Gewebe zustande kommt. Steghosen erhalten bei geringerem „Zug" den gleichen straffen Sitz. Sicherlich werden in absehbarer Zeit auch Möbelbezugsstoffe mit Elasthan auf den Markt kommen.
Bei der Konstruktion von Miederwaren ist es wichtig, daß alle Partien und die verschiedensten Materialien, wie Tüll, Trikot, Batist oder Spitze eine aufeinander abgestimmte Dehnfähigkeit aufweisen. Dies ist erstmalig durch

Elasthan möglich geworden. Auch Keile, Einsätze und Träger enthalten diese Fasern und müssen deshalb bei der Wäsche nicht eigens berücksichtigt werden. Elasthanhaltige Miederwaren hatten 1965 bereits einen Marktanteil von 75–80%. Elasthan hat insbesondere die Angebotspalette leichter und geringfügig formender Miederwaren und Badewäsche revolutioniert. Für Miederwaren wird die Kombination Elasthan/Baumwolle wegen ihrer guten hygienischen Eigenschaften immer wichtiger, und zwar als Single-Jersey, Raschelware oder bielastisches Gewebe; erforderlich ist Waschbarkeit bis 60 °C. Problematisch sind Färbungen und Warengriff nicht nur bei der Kombination von Stoffen mit und ohne Elasthan, sondern auch bei der hin und wieder vorkommenden Verarbeitung von reinem Elasthan für Unterwäsche („Lycra-only-Slip").

Behandlung von Elasthan

Theoretisch ist Elasthan sogar kochfest. Die Behandlung der einzelnen Erzeugnisse muß sich daher weniger nach dem prozentual meist niedrigen Elasthan-Anteil richten, sondern nach den anderen Materialien, wie Wolle, Baumwolle, Synthetics, Polynosics usw. In der Regel wird man entsprechend der Wasch- und Pflegeanleitung des Herstellers insbesondere bei Miederwaren Artikel mit Elasthan wie Feinwäsche behandeln. Erzeugnisse aus Core-spun-Garnen können selbst dann, wenn der Umspinnungsfaden aus Wolle besteht, unbedenklich in der Waschmaschine gewaschen werden, ohne daß die Gefahr des Einlaufens oder Filzens besteht.

Das Wichtigste – kurz zusammengefaßt

1. Zu der chemischen Gruppe der Polyurethane gehören Schaumstoffe (z. B. Moltopren), Schaumstoff-Fäden (z. B. Aerolen) und in etwas veränderter Form Elasthan, eine Gruppe endloser Fäden, die wie Gummi rücksprungkräftig elastisch sind (z. B. Dorlastan, Lycra, Vyrene). Lt. TKG ist Elasthan eine selbständige Gruppe und zählt nicht zu Polyurethan. Mit den Elastodien (Gummifäden) zusammengefaßt bildet Elasthan die Gruppe der Elastomere, d. h. der rücksprungkräftig dehnfähigen Textilfasern.

2. Elasthan ist reiß-, aber nicht sehr scheuerfest, altert nicht, ist temperaturunempfindlich und lichtbeständig. Es wird durch Öle, Fette, die üblichen Feinwaschmittel, Seewasser, Kosmetika und Körperschweiß nicht geschädigt. Es ist im Stück, als Garn oder Zwirn und in der Düse gut zu färben und auch reinweiß herstellbar. Seine feine Ausspinnbarkeit ermöglicht die Verwendung auch in feinen Geweben und Gewirken.

3. Elasthan kann „nackt" und als Umspinnungszwirn zu Hosenoberstoffen, für Miederwaren, zu Strümpfen und für Badebekleidung verwebt oder verwirkt werden; die Preise allerdings liegen je nach dem Anteil von Elasthan bei diesen Erzeugnissen mehr oder weniger stark über den Preisen gleichwertiger Waren, die ihre Elastizität durch Gummi oder texturierte Garne erhalten.

Polyolefine – Polypropylene

Die Polyolefine sind eine Gruppe von Chemikalien, deren entscheidender Vorzug aus ihrem Ursprungsmaterial stammt: sie werden aus Abfallprodukten der Erdölaufbereitung hergestellt, somit aus Stoffen, die zu einem besonders niedrigen Preis und in praktisch unbegrenzter Menge jederzeit vorhanden sind. Zu dieser Gruppe zählen die **Polyethylene**, die von glasklaren Folien her gut bekannt sind, deren niedriger Schmelzpunkt (115 °C), geringe Reißfestigkeit und hohe Schrumpfung sie aber für textile Verwendungszwecke unbrauchbar machen. Polyethylenfasern werden als grobtitrige Monofile lediglich für technische Zwecke gebraucht. Fasern aus Niederdruck-Polyethylen schwimmen auf dem Wasser, ihre Feuchtigkeitsaufnahme ist gleich 0. Deshalb verwendet man sie in Schiffahrt und Fischerei sowie für Verpackung. Sodann gehören zu dieser Gruppe die **Polybutadiëne**, die aber gegenwärtig (1985) als textiles Fasermaterial noch nicht auf dem Markt sind. Wirtschaftliche Bedeutung haben hingegen die **Polypropylene** erlangt, so daß im Augenblick im textilen Faserbereich Polyolefine gleich Polypropylene gesetzt werden kann. Nicht alle Polypropylene eignen sich für Fasern. Geeignet sind nur solche mit absolut gleichmäßiger Molekularstruktur („isotaktische" Polymere), deren chemische Großproduktion (Italien 1959) auf Vorarbeiten des Italieners Dr. Giulio **Natta** zurückgeht.
Diesen Umstand berücksichtigt auch die Definition für Polypropylen im TKG, das diese Bezeichnung Fasern vorbehält „aus linearen gesättigten aliphatischen Kohlenwasserstoffen, in denen jeder zweite Kohlenstoff eine Methylgruppe in isotaktischer Anordnung trägt, ohne weitere Substitution". Das bei der Rohölverarbeitung als Abfall anfallende Propylen wird zu isotaktischem Polypropylen polymerisiert, aus der Schmelze gesponnen und verstreckt. Der relativ langsame Verlauf des Spinnprozesses wird mit Düsen mit bis zu 38000 Bohrungen wieder ausgeglichen; Polypropylen ist auch auf vergleichweise kleinen Anlagen wirtschaftlich herstellbar, wovon sicher nach dem Auslaufen des Montecatini/Montedison-Patentschutzes in verstärktem Umfang zur Herstellung von Spezialfasern für Nadelfilze (Beispiel: **Nylodon**) in verstärktem Umfang Gebrauch gemacht werden

Abb. 146: Drei Formen des unterschiedlichen räumlichen Molekülaufbaus bei Polypropylen:

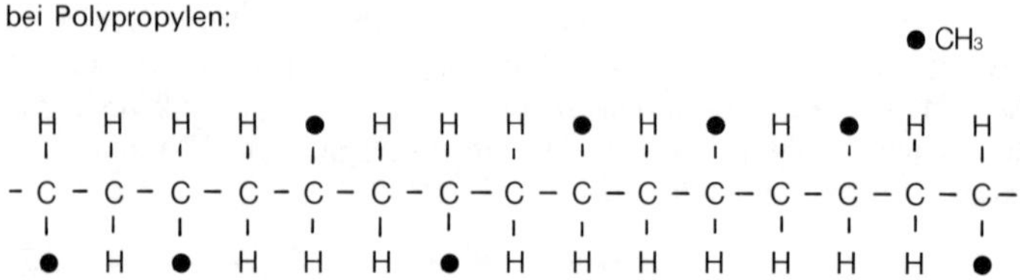

ataktisch (unregelmäßige Anordnung der CH_3-Gruppe)

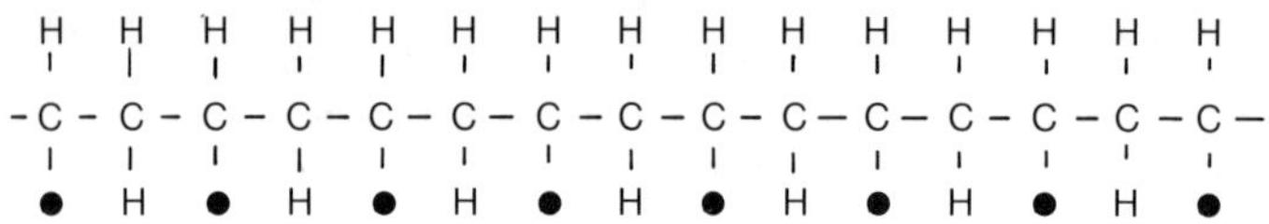

isotaktisch (gleichseitige Anordnung der CH_3-Gruppe)

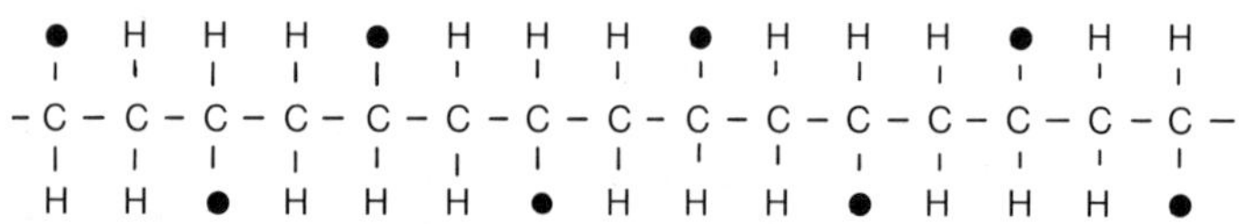

syndiotaktisch (beidseitig alternierende Anordnung der CH_3-Gruppe)

Bei Darstellung der Hauptvalenzkette CH_2-CH als Zick-Zack-Form ergibt sich folgendes Bild:

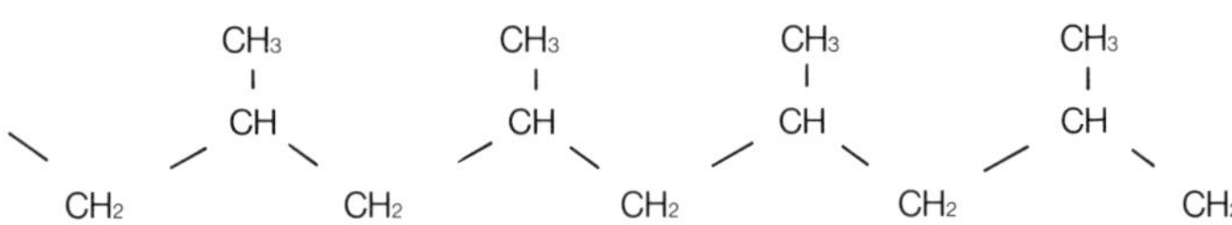

isotaktisch

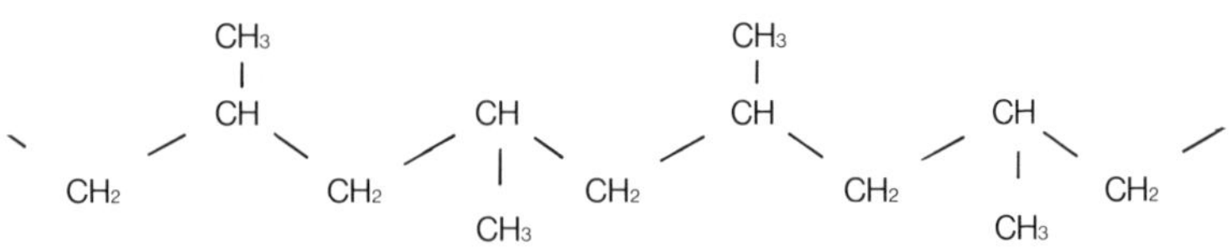

syndiotaktisch

Isotaktische Polymere sind in organischen Lösungsmitteln schwerer löslich als ataktische, sie besitzen einen höheren Schmelzpunkt und einen höheren Kristallisationsgrad.

wird. Trotz der bei der Weiterentwicklung der Faser verbesserten Farbaffinität werden Polypropylenfasern häufig im Granulat oder in der Schmelze gefärbt. Meraklon gibt es für Glanzeffekte auch trilobal und als Schrumpftype. – Auf die Polyolefin-Bändchen und Splittfasern wurde bereits hingewiesen (Polital; vgl. S. 187).
Gerade die beiden zuletzt auf den Markt gekommenen Chemiefasergruppen beweisen, daß nur mehr dann ein Erfolg für eine neue Fasergattung zu erwarten ist, wenn diese in einer bestimmten Eigenschaft (z. B. Elasthan in seiner Elastizität) oder im Preis (Polypropylene) den anderen Chemiefasern deutlich überlegen ist. Die Propylenfasern wurden zunächst für zwei bestimmte Verwendungszwecke entwickelt: als Teppichfaser und als Material für feine Damenstrümpfe.
Mittlerweile hat das italienische **Meraklon** sich die größte Marktgeltung erworben. Rhodiaceta hat **Cetryl** herausgebracht, das sich besonders für Wirkwaren, Decken und Berufskleidung eignen soll; Amoco betreibt seit 1977 in Deutschland ein Werk zur Herstellung von **Amoco PP 3**. Diese Faser ist besonders für Out- und Indoor-Teppiche geeignet. Von Rhodiaceta stammt **Oletene, Vectra** und **Gerfil** sind Spezialtypen aus Amerika für Damenfeinstrümpfe mit hoher Unempfindlichkeit gegen Zieher. Courtaulds schließlich verwendet seine Markenbezeichnung **Courlene** für Polyethylen und Polypropylen; die Faser soll sich insbesondere für Markisenstoffe, Polsterstoffe, Teppiche und Decken eignen und auch als Schrumpfmaterial in Kleidern verwendet werden. Große Aktivität entfaltet auf diesem Gebiet Japan, doch die vier japanischen Marken sind in Europa bislang nicht bekannt geworden. Die vier deutschen Erzeugnisse (**Hostalen** von Hoechst, **Trofil** von Dynamit Nobel, **Reilen PP** von Reinhold und **Vestolan** von Hüls) gibt es nur als Monofile, also als Drähte und Borsten.

Insbesondere des Preises wegen setzen sich die Polypropylenfasern Meraklon und das amerikanische **Herculon** immer stärker für Teppiche (besonders Tufteds) und Nadelfilze durch. Hercules (USA) und Montecatini (Italien) arbeiten als Hersteller dieser beiden Polypropylenfasern auf dem Teppichmarkt eng zusammen. Die Fasern wurden so weiterentwickelt, daß sie auch mit Färbeverfahren in der Art von Differential dyeing oder Space dyeing, die ursprünglich für Polyamide entwickelt worden sind, gefärbt werden können. Auch das **Bi-Pol-Färbeverfahren,** das ein unterschiedliches Anfärben der Polspitzen gestattet, ist nunmehr auch bei Polypropylenen möglich. Endlose und feingarnige texturierte Polypropylene stehen für Feingauge-Tufteds, die sich für Druckmuster mit feineren Konturen eignen und die kaum aus gesponnenem Material herstellbar sind, zur Verfügung. 1972 verfügten Polypropylenfasern bei Nadelfilzen bereits über einen Marktanteil von ca. 30%; bei Tuftings wird sich dieser Anteil noch erhöhen, nachdem **texturierte Endlosgarne** aus Polypropylen nunmehr ihre Bewährungsprobe überstanden haben (Meraklon BCF). Ersatz von Jute im

Grundgewebe durch Polypropylen ergibt eine noch gleichmäßigere Oberfläche des Schnittflors, Verrottungsfestigkeit des Grundgewebes sowie verbesserte Dimensionsstabilität und damit problemloses Verspannen.
Polypropylenfasern fühlen sich weich an, etwa wie Wolle; eine Mischung von etwa 60% Wolle mit 40% Propylen (das ja billiger ist als Wolle) läßt sich im Griff dem Gefühl nach nicht von Wolle unterscheiden. Die Polypropylene nehmen praktisch kein Wasser auf und sind mit einem spez. Gewicht von nur 0,91 auch leichter als Wasser und die leichtesten Textilfasern überhaupt. Der Erweichungsbereich ist mit 140 Grad Celsius, der Schmelzbereich mit 163–168 Grad Celsius sehr niedrig; in Mischungen mit Baumwolle oder Wolle soll sich der Schmelzbereich nicht unwesentlich erhöhen. Ebenso störend wie der niedrige Schmelzpunkt wirkt sich vorderhand noch die schwierige Anfärbbarkeit aus. Man färbt die Polypropylene in geschmolzenem Zustand, bevor sie zum Faden gezogen werden (Spinnfärbung). Man versucht, durch Modifizierung der Faser auch nachträgliche Färbung zu ermöglichen.
Gegen Chemikalien sind die Polypropylene sehr beständig. Sie sind praktisch unverrottbar, aber gegen ultraviolette Strahlung sehr empfindlich. Sie isolieren gut. Ihre Festigkeit ist sehr hoch und liegt im Bereich bester Polyamid- und Polyesterfasern.
Dem Spezial-**Strumpfmaterial** werden naturseidenähnliche Eigenschaften nachgesagt; Strümpfe sollen im Sommer kühler, im Winter wärmer auf der Haut wirken. Sie sind leichter waschbar als Polyamide, snag-unempfindlich und schmutzabweisend. Die Unempfindlichkeit gegen Zieher ermöglicht es, bei gleicher Haltbarkeit feinere Strümpfe als bisher herzustellen, oder bei gleicher Feinheit haltbarere. Eine Marke für Strumpfgarne aus Polypropylen ist das amerikanische **Gerfil.**
Baby-Wäscheartikel aus Meraklon setzen die Einhaltung bestimmter Qualitätsvorschriften voraus, sind kochfest, saugfähig und schrumpffest. Die schnelltrocknenden Erzeugnisse kennen keine einengende Waschvorschrift und können mit 120 Grad Celsius (Reglerbügeleisen Einstellung 1 Punkt) gebügelt werden. Die starken und kräftigen Fasern geben angenehm weichen Griff, sind elastisch und wärmen gut.

Das Wichtigste – kurz zusammengefaßt

1. Die Polypropylene sind eine neue, sehr preiswerte Gruppe synthetischer Fasern, die sich wegen ihrer Leichtigkeit, ihres weichen und wolligen Griffes und des Preises wegen insbesondere für materialintensive Artikel, wie Wolldecken und Teppiche, eignen. Auch Babywäsche wird hergestellt; Strümpfe sind besonders unempfindlich gegen Zieher. Badeteppiche faulen nicht.

2. Polypropylene sind schwer zu färben, gegen hohe Wärme und ultraviolette Strahlen empfindlich und nehmen keine Feuchtigkeit auf (für Leibwäsche also Mischungen mit Baumwolle vorzuziehen). In der Wäsche sind keine besonderen Vorschriften zu beachten, da die Faser meist spinngefärbt ist. Bügeln nur mit Reglerbügeleisen. Insbesondere bezüglich ihrer Anfärbbarkeit werden die Polypropylene laufend verbessert.

Glasfasern

Während in Europa (1980) der Anteil der Glasfasern an der gesamten Gardinenproduktion etwa bei 5% lag, wird in Amerika bereits ein starkes Drittel aller Gardinenstoffe aus Glasfilamenten hergestellt. Wegen der nunmehr in verschiedenen europäischen Ländern eingeführten gesetzlichen Vorschrift, Hotels nur mehr mit feuersicheren Vorhängen auszustatten, steigt der Verbrauch an Glasfasern („Textilglas") stark an. Moderne Vorhangstoffe aus Glasfasern sind auf Anhieb weder durch ihren Warengriff noch wegen ihres Aussehens von Stoffen aus anderen Rohstoffen zu unterscheiden. Dabei sind die Glasfasern als anorganische Chemikalie die einzigen Textilfasern, die nicht aus Kettenmolekülen bestehen. Das Problem, feinste Glasfäden für textile Zwecke einzusetzen, liegt in der Berücksichtigung der relativ hohen Sprödigkeit und der geringen Dehnbarkeit gegenüber anderem Textilmaterial während der verschiedenen Fertigungsgänge. Bei der Verarbeitung ist große Erfahrung nötig.
Wichtige **Eigenschaften** sind Unbrennbarkeit und Unentflammbarkeit (Erweichungspunkt bei 500–700, Schmelzpunkt bei 900–1300 Grad Celsius), Geruchlosigkeit sowie gute Verrottungsbeständigkeit. Gewebe daraus sind zwar recht schmutzempfindlich, aber auch leicht zu waschen, sie trocknen schnell, und laufen nicht ein. Gardinen insbesondere sind unempfindlich gegen dauernde Sonneneinstrahlung, aber nicht sehr scheuerfest. Die Fasern sind sehr zugfest, zeigen aber nur geringe Dehnfähigkeit und Biegestabilität. Glasfäden können nicht geknotet werden, man muß sie kleben. Die Gewebe sollen nicht trocken oder chemisch gereinigt werden; Flecken lassen sich mit Seifenwasser entfernen. Man wäscht sie von Hand in großen Behältern mit viel Waschflotte und in warmer, milder Feinwaschlauge (niemals mit alkalihaltigen oder chlorhaltigen Bleich- und Waschmitteln, die dem Gewebe schaden und die Ausrüstung zerstören). Man soll sie nur in Schußrichtung zuschneiden.
Die praktischen Einsatzgebiete sind von den Eigenschaften her bestimmt: Ein Vorhang kann dicht neben einem offenen Kamin hängen, der Teppich unmittelbar vor dem Kamin liegen, ohne durch Funkenflug beschädigt zu werden. Den feuerpolizeilichen Vorschriften kommen Glasgewebe auch

sehr entgegen, wenn sie für Wandbespannungen in Kinos usw. verwendet werden. Die Stoffe zeigen hohe Transparenz und eleganten Glanz; Musterdrucke werden durch beheizte Walzen in das Glasgewebe hineingesintert und stehen durchsichtig frei im Raum. Allerdings sind gemusterte Glasgewebe wegen der Gefahr mechanischer Beschädigung (Aufrauhen) in der Wäsche waschtechnisch recht problematisch. – Markenname in Deutschland: **Vetrolon.** – Die Bezeichnung „Glasfaser" ist auch nach TKG korrekt. Den Glasfasern steht die in Amerika neu entwickelte **Refrasil-Faser** nahe, die im TKG nicht eigens berücksichtigt ist. Es handelt sich um eine anorganische Chemiefaser aus Silikaten, die mit Kunstharzen vorbehandelt sind.

Sonstige Synthesefasern

Im TKG sind noch einige weitere Synthesefasern aufgeführt, die der Vollständigkeit halber aus diesem Grund auch hier kurz erwähnt werden sollen. Ihre wirtschaftliche Bedeutung außer für rein technische Zwecke ist allerdings recht gering. Die **Kohlenstoff-Fasern** werden im TKG mit Recht nicht erwähnt, weil sie zu wenig dicht und zu steif sind und für Textilien keine Verwendung finden können.

Polyharnstoff-Fasern

werden vor allem in Japan unter der Marke **Urylon** hergestellt und ähneln in ihren technischen Daten etwa dem Rilsan. Bei dieser Faser ist es gelungen, mit einem Schmelzpunkt von 237 °C die dieser Chemikaliengruppe sonst eigene thermische Unbeständigkeit zu überwinden.

Fluorfasern

Diese für technische Spezialzwecke eingesetzte Faserart, die auch als „Fluorethylenfaser" bezeichnet wird, zeigt eine außerordentliche Chemikalienbeständigkeit, ist sehr wetter- und hitzebeständig und isoliert gut. Sie ist aber schwer zu färben und zeigt den niedrigsten Reibungskoeffizienten aller Fasern; dies ist die Ursache für den schlüpfrigen, fettigen Griff.

Vinylal

Diese Gruppe des TKG faßt die Polyvinylacetal- und die Polyvinylalkoholfasern zusammen, die in kochendem Wasser löslich sind und deshalb für Verwendungszwecke eingesetzt werden, bei denen die Möglichkeiten der leichten Entfernung eines bestimmten Faseranteils aus einem Gewebe oder Gewirk von Vorteil ist, z. B. für Stickereigrundstoffe. Nachträgliche Behandlung mit Formaldehyd („Acetalisierung") macht die Fasern unlöslich. Die vornehmlich in Japan hergestellten Fasern haben einen Acetalisierungsgrad von etwa 40%, zeigen gute Feuchtigkeitsaufnahme, hohe Scheuerfestigkeit, sind kochecht und gegen die meisten organischen Lösungsmittel beständig, hingegen schwer zu färben und recht anfällig gegen Knittern.
In Deutschland soll die französische Vinylalfaser **Solarene** eingeführt und für Zelte, Sonnenschirme und Markisen eingesetzt werden. Die Erzeugnisse sollen witterungsbeständig und unverrottbar, die Farben sehr echt sein.

Kurzfasern zum Beflocken

Bis vor zwanzig Jahren gab es nur Viskosefasern, die auf kleine Längen von nur 0,3 mm bis 1,0 mm Länge exakt geschnitten und dazu benutzt wurden den Flor bei Flockprint, Samtimitationen (zum Beispiel Hevella) und ähnlichen Artikeln zu bilden. Im Jahre 1961 ist es gelungen, auch aus Perlon und Nylon einen Flock auf den Markt zu bringen, der uneingeschränkt alle Eigenschaften des Perlon aufweist. Die Entwicklungsschwierigkeiten lagen beim exakten Schnitt, denn vor allem dann, wenn der Flock nach dem Beflocken mit Hilfe von Elektrizität aufgerichtet wird, müssen die einzelnen Fäserchen genau gleich lang sein.
Auch der Kleber, der das Grundgewebe mit dem Flock dauerhaft verbindet, muß auf das Flockmaterial abgestimmt sein. Eine Kombination von Prägeeffekten und Flock kann boucléähnliche Wirkung hervorrufen. Perlonflock wird vor allem zum Beflocken von Bodenbelägen und Polsterstoffen mit ganz gleichmäßiger Florhöhe von erheblicher Widerstandsfähigkeit und Sprungelastizität verwendet. Der Vorzug des Beflockungsverfahrens besteht darin, daß es von einer Mechanik wie des Plüschwebens unabhängig ist. An neuen Problemen tauchen auf: der Schlankheitsgrad der Faser, die Vermeidung von „Schmelzköpfen" beim Schneiden und exakter Parallelstand des Flocks. Die sparsame Materialausnutzung des Beflockens wird von keiner anderen Textilmaschine erreicht.

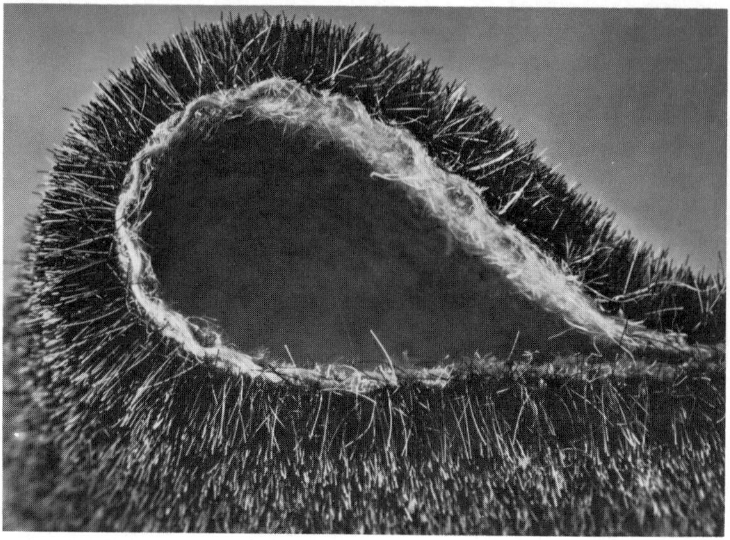

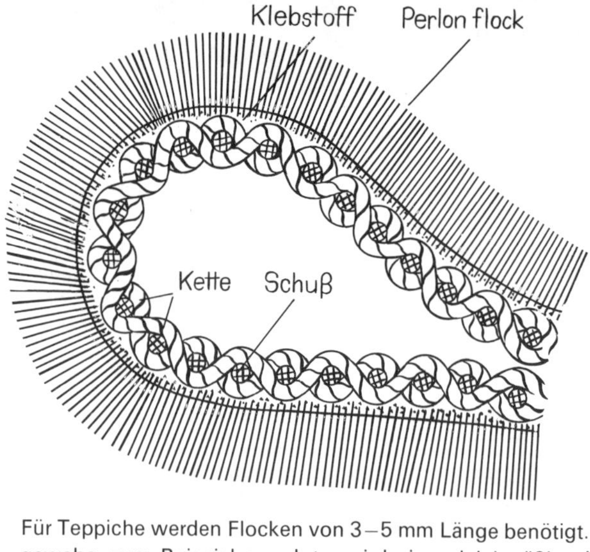

Abb. 147 und 148: Fertig beflocktes Gewebe (Teppich). Oben Fotografie, Schnitt durch den Teppich; unten Schemazeichnung.

Für Teppiche werden Flocken von 3–5 mm Länge benötigt. Auf ein Grundgewebe, zum Beispiel aus Jute, wird eine gleichmäßige Klebstoffschicht aufgetragen. Um den Flock senkrecht stehend auf das Grundgewebe aufzubringen, wird es über eine Metallplatte der Beflockungsanlage geführt, die mit einem Minuspol (elektrisch) verbunden ist, Ein über der Platte befindlicher Behälter mit Perlon-Flock ist positiv geladen. Es entsteht zwischen

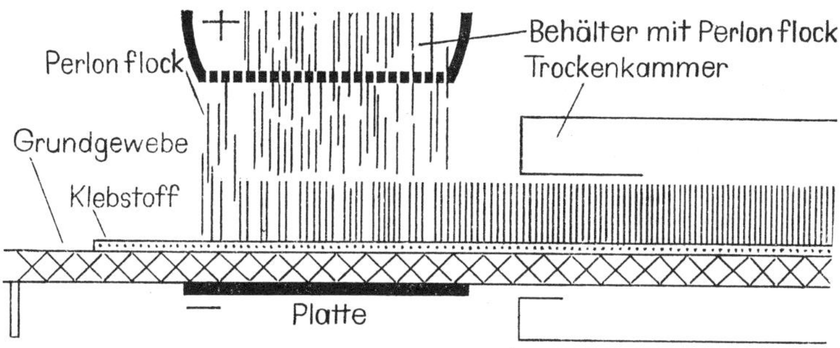

Abb. 149: Beflockungsanlage für Perlon-Flock. Oben der Behälter, positiv elektrisch geladen, unten die negativ elektrisch geladene Platte.

dem Gewebe einerseits und dem Behälter andererseits ein elektrisches Feld, in dem die Fasern wie Geschosse vom Pluspol zum Minuspol geschossen werden und senkrecht im Klebstoff auftreffen. Wird die beflockte Ware, deren Flock nunmehr senkrecht steht, anschließend heiß getrocknet, werden Gewebe und Flock durch den Klebstoff dauerhaft miteinander verbunden. Nicht nur Teppiche, sondern auch Möbelstoffe können auf diese Weise teilweise und mustermäßig beflockt werden. Es ergibt sich ein dichter und gleichmäßiger Flor, der nicht unter Druckstellen leidet, sehr scheuerfest und leicht zu reinigen ist. Durch das Beflocken sind erhebliche Variationen in der Musterung möglich: Verschiedene Flocklängen, Prägeeffekte, Verwendung einfarbigen oder melangierten Materials, Vollbeflockung oder Teilbeflockung. Die Eigenschaften des Perlon bleiben erhalten: hohe Scheuer- und Biegefestigkeit, Verrottungsbeständigkeit und Bakterienfestigkeit, Mottensicherheit, leichte Reinigungsmöglichkeit durch Seife, Feinwaschmittel oder Schaumreiniger.
Bei Miederwaren aus elastischen Stoffen ist ein neues Einsatzgebiet der Beflockung entwickelt worden. Um so wenig Nähte wie möglich zu bekommen, wird das elastische Material für Schlüpfer, Miederhosen und BH's, unabhängig von Partien, die sich nicht dehnen sollen, aus einem Stück geschnitten. Bestimmte Stellen nun werden in einem abgewandelten Verfahren beflockt und diese Partien dadurch unelastisch gemacht.

Das Wichtigste – kurz zusammengefaßt

1. Glasfasern und Gewebe daraus eignen sich insbesondere für Gardinenstoffe, bei denen es auf die Unbrennbarkeit und Lichtbeständigkeit ankommt. Maschinenwäsche ist möglich, aber nicht empfehlenswert. Im großen Gefäß mit viel Waschflotte sind die Gewebe relativ leicht zu waschen, weil der Schmutz sich schnell löst, das Gewebe darf aber

wegen der Gefahr des Aufrauhens kaum gerieben werden. Musterung durch Bedrucken ist möglich.

2. Die im TKG erwähnten und definierten Fasern aus Polyharnstoff und die Fluorfasern dienen besonders zu technischen Zwecken. Polyvinylacetal- und Polyvinylalkoholfasern werden im TKG unter „Vinylal" zusammengefaßt; man fertigt daraus wetterbeständige Markisenstoffe und Sonnenschirme.
3. Kurzfasern zum Beflocken müssen exakt geschnitten sein und sind aus Viskose, neuerdings auch aus Perlon und Nylon am Markt. Mit Hilfe eines auf den Flock abgestimmten Klebers wird der Flock mustermäßig oder über die Oberfläche gleichmäßig verteilt und auf dem Gewebe dauerhaft befestigt. Das Verfahren gestattet eine besonderes sparsame Materialausnützung.

Sauberfasern

Die Bezeichnung „Chemiefasern der vierten Generation" für die Sauberfasern ist insofern berechtigt, als eine Reihe verschiedener Maßnahmen miteinander kombiniert werden müssen, um den gewünschten Effekt der Pflegeleichtigkeit von Teppichen zu erreichen. Bei den Sauberfasern handelt es sich zunächst einmal um Chemiefasern – vor allem um Polyamid- und Polyesterfasern – in Profilen und Feinheiten, die sie für die Herstellung von Tufting-Teppichen geeignet machen. Durch ihre spezielle Konstruktion soll die Gefahr der elektrostatischen Aufladung wenn nicht ganz verhindert so doch stark herabgesetzt werden, durch den physikalischen Aufbau sollen Anschmutzungen nicht sichtbar werden, und durch eine Ummantelung mit „Anti-soiling-Effekt" sollen Anschmutzungen so gut wie möglich verhütet werden. Zur Verbesserung der elektrischen Leitfähigkeit mit der Wirkung der Antistatik wird ein Kohlenstoff-Kern in die Faser eingebaut, der die elektrostatische Aufladbarkeit stets unter der Fühlbarkeitsgrenze vin 2 kV hält. Unzählige kleine Hohlräume, die die Faser durchsetzen, sollen verhindern, daß die Lichtbrechung durch die Struktur der Faser verstärkt, daß Licht in die Faser hinein geleitet wird und so die angeschmutzten Fasern deutlicher sichtbar werden. Ein die Faser umhüllender Fluorcarbon-Mantel verhindert, daß ölhaltige und nasse Verschmutzungen in die Faser eindringen; dieser Mantel macht die Faser allerdings auch glatter und schwerer anfärbbar. Nasse Verschmutzungen eines Tufting-Teppichs aus Sauberfasern können einfach mit einem saugfähigen Tuch abgetupft werden. Jedoch entbinden die neuen Fasern nicht von der sorgfältigen Teppichpflege; da keine Garantie des leichten Entfernens bereits eingedrungenen trockenen Schmutzes gegeben wird, sollte man dafür sorgen, daß trockener

Schmutz gar nicht erst in den Teppich eindringen kann. – Bekannte Sauberfasern sind z. B. **Timbrelle Super** aus Nylon und **Antron Plus** (Nylon mit trilobalem Querschnitt) sowie **Trevira Extra**.

Microfasern und Feinfilamente

Feinkapillarige Filamentgarne und Microfasern sind nicht das gleiche, wenngleich sie einen erheblichen Teil ihrer Bedeutung dem gleichen Verwendungszweck verdanken: der Herstellung von **Lederstoffen** oder **Lederimitaten**. Microfasern geben den Lederstoffen ihr charakteristisches Gepräge; die **Feinfilamente** hingegen werden für Lederimitate **(„Affenhaut")** eingesetzt, aber nicht nur hierfür. Feinfilamente sind wesentlich preisgünstiger als Microfasern, und sie sind zu Garnen verspinnbar. Feinfilamente (z. B. **Mitrelle** dtex 62 mit 72 Filamenten, **Terinda 44 f 30**) gibt es matt und glänzend, sie sind zur Variation des Oberflächencharakters miteinander mischbar; sie haben hervorragende färberische Eigenschaften, machen in Griff und Aussehen der Naturseide Konkurrenz und die Erzeugnisse daraus sind, auch im Verhältnis zu ihrem Volumen, sehr leicht. Sie können in der Seidenweberei ebenso eingesetzt werden wie in Wirkerei und Strickerei. In diese Gruppe gehören auch **Diolen-Crêpe** und **Trevira-Crêpe**. Das bikomponente Polyesteramid **Seris** ist nach dem Falschdrahtverfahren texturierfähig, sehr leicht und seidig, hervorragend zu färben, elastisch, lichtbeständig, antistatisch und recht flammenbeständig.
Vor allem deutsche Feinfilamente wurden speziell für Lederimitate konstruiert. Aus einer Dralon-Spezialtype mit 0,6 dtex wurde eine lederähnliche Kettstuhlware mit 250 g/m^2 unter dem Namen **Vivalop** entwickelt. **Pentastar** auf Trevira-Basis (33 dtex f 20) ist als Lederimitat verarbeitet auch im Heimtextil- und Polsterbezugstoff-Bereich verwendbar.
Microfasern – wir haben bereits bei der Beschreibung der **Heterofasern** von ihnen gehört – sind mono- oder bikomponente Fasern meist der Polyamid- oder Polyestergruppe, recht selten Polyacryle, mit einem außergewöhnlich feinen Einzeltiter (0,01–0,1 dtex, d. h. 10 000 bis 100 000 m wiegen nur ein Gramm). Die bikomponenten Typen sind meistens **Verbundfasern** aus zwei artverschiedenen Kettenmolekülen des Matrix-Fibrillentyps, wobei die beiden Bestandteile orangen- bzw. sternförmig oder zahnradförmig angeordnet sind. Die getrennt voneinander polymerisierten, in der Faser enthaltenen Kettenmolekülgruppen müssen mechanisch voneinander trennbar sein, damit die Faser unter bestimmten Bedingungen in ihre beiden Bestandteile aufsplittet. Meist handelt es sich um eine nachträgliche Heiß/Naßbehandlung, die dafür sorgt, daß hochfeine Splitfasern entstehen, die auf andere Weise nicht herstellbar sind (Abb. 104,

S. 184). Die Herstellung ist außerordentlich schwierig. In den neuen Lederstoffen sorgen die Microfasern für die Geschmeidigkeit und den leicht fließenden Fall. Bei den wildlederartigen Lederstoffen auf Vliesbasis geben die Microfasern dem Stoff die dem Leder sehr ähnliche Konsistenz. – Im Gegensatz zu dem sternförmigen Aufbau der Faser **Belima X** sind die Polyester-Segmente von **Diolen Ultra** auch halbkugelig in die Polyamid-Matrix eingebettet.

Das Wichtigste – kurz zusammengefaßt

1. Sauberfasern sind so konstruiert, daß das Anschmutzen mit nassem Schmutz weitgehend verhindert, eingedrungener Schmutz kaum sichtbar wird und daß die elektrostatische Aufladung stets unter der Fühlbarkeitsgrenze bleibt. Sie enthalten in der Regel einen Kohlenstoffkern und sind mit einem Überzug aus Fluorcarbon versehen.
2. Feinfilamente sind verspinnbare Textilfasern mit einem extrem feinen Einzeltiter, die für Gewebe oder Maschenwaren verwendet werden können und den Erzeugnissen gute färberische Eigenschaften sowie naturseiden-ähnlichen Griff und Aussehen geben.
3. Microfasern können mono- und bikomponent sein. Ihre größte Bedeutung haben sie als splitfähige Verbundfaser zur Herstellung von Lederstoffen.

Unterscheidungsmerkmale der Textilrohstoffe

Jeder Textilrohstoff ist sicher von jedem anderen zu unterscheiden. Jedoch kann der Textilkaufmann nicht alle Methoden anwenden, die zur sicheren Feststellung der Anteile bestimmter Rohstoffe in einem Garn oder Gewebe führen. Die wissenschaftlich exakte Prüfung von Textilmaterial wird immer den Prüfungsanstalten mit ihren Laboratorien und technischen Einrichtungen vorbehalten bleiben. Der Textilkaufmann braucht für seine tägliche Praxis Methoden zur Feststellung und Trennung der verschiedenen Rohstoffe, die weder auf ein chemisches Laboratorium noch auf allerlei kostspielige Maschinen angewiesen sind. So sind dem Textilkaufmann insbesondere die wichtigen Methoden der Mikroskopie von Faserstoffen und ihren Gemischen, wie sie in Laboratorien angewandt werden, im Regelfall nicht zugänglich. Das Erkennen der einzelnen Textilrohstoffe ist vor allem dadurch erschwert, daß die einzelnen Materialien viel häufiger als früher in Mischungen vorkommen. Aussehen und Griff einer Fertigware sagen nichts Sicheres mehr über die Zusammensetzung einer Web- oder Wirkware aus, gibt doch auch die Textilveredlung heute die Möglichkeit, Aussehen und Griff der Fertigartikel aus einem bestimmten Rohstoff in hohem Umfang zu verändern. Da die meisten Hersteller von Synthetics den Spinnlösungen Spurenelemente zufügen, können im Laboratorium auch gleiche Synthetics verschiedener Marke (z. B. Trevira und Diolen) sicher unterschieden werden. – Die praktische Bedeutung der Feststellung der Rohstoffzusammensetzung eines Erzeugnisses im Handversuch hat seit Inkrafttreten des TKG weiter an Bedeutung verloren.

Analysenrichtlinie nach TKG

Der EG-Ministerrat hat Richtlinien festgelegt, die zur quantitativen Analyse zwecks Überprüfung von Textilgemischen in kennzeichnungspflichtigen Textilien angewendet werden müssen. Diese Richtlinie umfaßt 13 Verfahren, in denen nicht nur die Art der Prüfung, ihre Durchführung und die Berechnung des Ergebnisses vorgeschrieben wird; sogar die Geräte und Reagenzien sind exakt benannt. Es ist zu erwarten, daß weitere Vorschriften dieser Art folgen. Aus der nachfolgenden Tabelle gehen die zu verwendenden Reagenzien hervor.

Analysenrichtlinie

Verfahren für Mischungen aus:		Chemisches Reagenz:
Acetat	Bestimmte andere Fasern	Azeton
Bestimmte Eiweißfasern	Bestimmte andere Fasern	Natriumhypochlorit
Viskose, Cupro und gewisse Typen von Modal	Baumwolle	Ameisensäure – Zinkchlorid
Polyamid 6 oder Polyamid 6.6	Bestimmte andere Fasern	80%ige Ameisensäure
Acetat	Triacetat	Benzylalkohol
Triacetat	Bestimmte andere Fasern	Dichlormethan
Bestimmte Zellulosefasern	Polyester	75%ige Schwefelsäure
Polyacrylfasern, bestimmte Modacrylfasern, oder bestimmte Polychloridfasern	Bestimmte andere Fasern	Dimethylformamid
Bestimmte Polychloridfasern	Bestimmte andere Fasern	Schwefelkohlenstoff/ Azeton (55,5/44,5)
Acetat	Bestimmte Polychloridfasern	Essigsäure
Seide	Wolle oder Tierhaare	75%ige Schwefelsäure
Bestimmte Zellulosefasern	Wolle oder Tierhaare	70%ige Schwefelsäure
Jute	Bestimmte Fasern tierischen Ursprungs	Stickstoffbestimmungsverfahren

Die Brennprobe

Die Brennprobe dient einmal zur Unterscheidung der großen Rohstoffgruppen, zum anderen zur Unterscheidung der verschiedenen Arten der Synthetics untereinander.

Zellulosefasern (Baumwolle, Bastfaser, „klassische" Chemiefasern nach dem Viskose- und Kupferverfahren): helle, lebhafte Flamme, meist ohne Aschenrückstand, Geruch nach verbranntem Papier.
Zellulose-Verbindungen (Acetat und Triacetat): ziemlich lebhafte Flamme, Schmelzen des Verbrennungsrückstandes, Geruch nach Essig, nach dem Erkalten glasig harte, schwarze Kruste.

Tierische Faserstoffe (Hornsubstanzen):

Wolle: träge, zum Verlöschen neigende Flamme, die Fäserchen springen in der Hitzeeinwirkung zusammen und bilden kleine Knötchen, der erkaltete

Rückstand ist knötchen- oder wulstartig und läßt sich zwischen den Fingern (im Gegensatz zu Acetat) zu einer sandigen Masse zerreiben. Der Brandstummel bleibt ohne Verdickung, Geruch nach verbranntem Haar oder Horn.
Naturseide: unbeschwert wie Wolle, beschwerte Naturseide brennt nur ganz schwach, das Fadengefüge glüht meist aus und bleibt im Rückstand erhalten. Meist bildet sich **kein Loch,** das sich mit der weiterbrennenden Flamme vergrößern könnte.

Synthetics

Polychlorid (Rhovyl): brennt nicht, sondern schmilzt schwarz zusammen und verkohlt; stechend – süßlicher Geruch.
Polyacryl (Dralon, Orlon, Dolan): schmilzt zunächst und brennt dann gelb unter Rußbildung; beißend-süßlicher Geruch.
Polyamide (Nylon, Perlon, Rilsan): schmelzen zu einem bernsteinfarbigen, fadenziehenden Tropfen und entflammen dann; aromatischer Geruch. Gefärbte Polyamide entflammen besser und schneller als ungefärbte, da die Farben und Ausrüstungsmittel brennen können.
Polyester (Diolen, Trevira): schmelzen zu einem bräunlichen, fadenziehenden Tropfen zusammen, entflammen dann; scharfer, aromatischer Geruch.
Polypropylene: brennen nach Abschmelzen langsam; Geruch nach Paraffin.
Polyurethane: schmelzen zuerst, brennen sodann lebhaft.
Bei der Brennprobe ist also auf den Geruch, auf die Art der Flamme und auf den Ascherückstand zu achten. Der Geruch kann allerdings auch durch die im Textilgut befindlichen Ausrüstungsmittel beeinflußt sein.

Die Einzelfaseruntersuchung

Bei Mischungen ist es schon schwierig, beim Verbrennen des ganzen Garns die unterschiedliche Reaktion der einzelnen Fasertypen zu sehen und festzustellen. Sicheren Anhaltspunkt gibt die Brennprobe nur dann, wenn nur ein einziger Rohstoff im Textilgut enthalten ist. Durch die Einzelfaseruntersuchung lassen sich aber einzelne Rohstoffe aus dem Gemisch herauslösen. Man entnimmt dabei dem Gewebe mindestens einen Kettfaden und einen Schußfaden und dreht die Garne oder Zwirne auf, so daß man die einzelnen Fasern herausziehen kann.

a) Die Stapelprobe

Die Stapelprobe dient zur Unterscheidung von endlosen und Stapelfasern sowie verschiedener Stapelfasern untereinander. Bei Chemiefasern wird der

Stapel in der Regel dem anderen beigemischten Material angeglichen. Bei Reißwollen finden sich oft lange Viskose-Stapelfasern als Trägerfaser.
Baumwolle zeigt bei geringen Stapelschwankungen eine Einzelfaserlänge von 20–42 mm.
Leinen zeigt 200–400 mm lange Bündelfasern mit deutlichen Faser-Verdickungen (Leinenknötchen in den Faserbündeln).
Merino-Wollen sind 63–150 mm lang und stark gekräuselt.

b) Die Netzprobe

Die Netzprobe dient zur Unterscheidung der Zellulosefasern untereinander. Man entnimmt dem Garn eine Einzelfaser, faßt sie mit zwei Fingern und läßt das freie Ende nach unten hängen. Das freie Ende wird mit Speichel angefeuchtet.
Baumwolle: Das freie Ende dreht sich schnell und intensiv.
Leinen: Das freie Ende dreht sich langsamer im Uhrzeigersinn.
Ramie: Das freie Ende dreht sich wahllos nach beiden Richtungen.
Chemiefasern und **Flockenbast** zeigen keine Reaktion.

c) Die Schuppenprobe

Durch die Schuppenprobe kann man feststellen, ob Wolle in einer Textilie enthalten ist. Man nimmt eine Einzelfaser zwischen Daumen und Zeigefinger und reibt die beiden Finger gleichmäßig über der Faser leicht hin und her. Die Wolle rutscht langsam nach einer Seite zwischen den Fingern heraus. Bei Wollerzeugnissen, die eine Antifilz-Ausrüstung, z. B. eine „Superwash" oder Basolan-Ausrüstung, erhalten haben, ist die Schuppenprobe nicht sicher anwendbar.

Die Saugprobe

Bei der Saugprobe nutzt man die verschiedene Netzfähigkeit der Textilfasern als Unterscheidungsmerkmal aus. Man läßt einen dicken Tropfen Tinte auf ein auf Papier liegendes Gewebestück fallen.

Baumwolle, Wolle, Naturseide: Tropfen sickert schnell ein und verbreitet sich rasch; die Unterlage wird kaum angefärbt.
Leinen: Tropfen bleibt auf dem Stoff kurze Zeit liegen und dringt langsam ein, Unterlage wird angefärbt.
Synthetics: Tropfen verbreitet sich kaum im Gewebe, Unterlage wird stark eingefärbt.
Halbleinen: Tropfen verbreitet sich in Kettrichtung (Baumwolle) rascher als in Schußrichtung (Leinen) und ergibt einen ovalen Flecken. Unterlage wird angefärbt.

Die Reißprobe

Die Reißprobe benutzt als Unterscheidungsmerkmal die verschiedene Reißfestigkeit der Textilrohstoffe in trockenem und nassem Zustand. Man entnimmt dem Gewebe einen Faden, feuchtet ihn ein Stück weit gut ein gut an und reißt ihn durch.
Baumwolle: Kein verwertbares Ergebnis.
Leinen: reißt im trockenen Teil.
Klassische Chemiefasern: reißen stets im feuchten Teil.
Synthetics sind nur mit großer Mühe abzureißen.

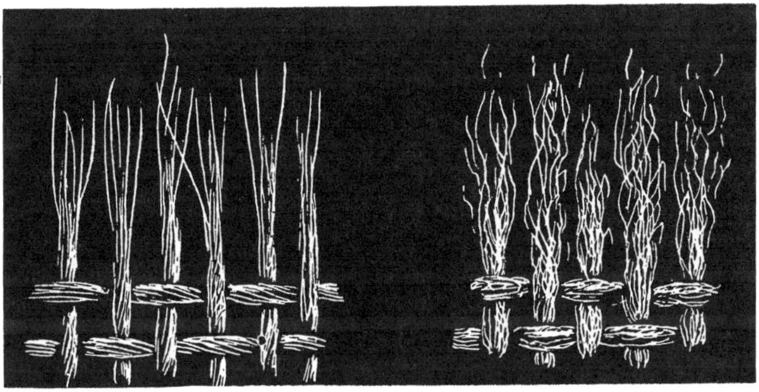

Abb. 150: Reißende eines Leinengewebes (links). Reißende eines Baumwollgewebes (rechts). Das Reißende von trockenen Leinengeweben ist kaum, das von Baumwollgeweben stark ausgefranst.

Zur Unterscheidung der Chemieseiden nimmt man drei gleichstarke Fäden, je einen von jeder Sorte (Viskose, Cupro, Acetat), verdreht sie leicht miteinander und feuchtet sie an. Beim Abreißen bricht zuerst der Viskosefaden, dann der Acetatfaden und schließlich Cupro.

Die Neocarminprobe

Von allen Unterscheidungsmethoden, die mit Chemikalien arbeiten, sei als die einfachste die Neocarminprobe erwähnt, die die sichere Unterscheidung der Chemiefasern auf Zellulosebasis ermöglicht. Man läßt verdünnte Neocarminlösung 3–5 Minuten auf das Garn einwirken und spült dann in fließendem Wasser. Anschließend zieht man die Proben durch Wasser mit geringerem Ammoniakzusatz und spült vor dem Trocknen abermals. Es verfärben sich Stapelfasern und endlose Filamente nach dem

Viskoseverfahren	weinrot bis violett
Kupferverfahren	tiefblau
Acetatverfahren	hell grüngelb.

Der Chemiker versucht bei Mischungen von Synthetics mit anderen Fasern entweder die synthetische Komponente (zum Beispiel die Acrylfaser) oder die Beimischungsfaser (zum Beispiel bei Polyamiden oder Polyester) herauszulösen.

Analyse von Mischungen Wolle/Edelhaar

Die exakte Bestimmung des Anteils von Schurwolle und Edelhaaren, der sich jedoch auf den Preis eines Erzeugnisses erheblich auswirkt, in einem Garn ist sehr schwierig. Besonders unbefriedigend wurde empfunden, daß z.B. bei hochwertigen Schlafdecken nachträglich, d.h. nach chemischer Behandlung, Färbung oder Ausrüstung die bekannten Methoden zur genauen Feststellung des Gehalts an verschiedenen Fasern nicht mehr sicher anwendbar sind. Eine in Südafrika entwickelte Analyse mißt die Reibungskoeffizienten der verschiedenen Fasern, eine französische Methode arbeitet mit Chemikalien. Sehr viel verläßlicher ist die **Rasterelektronenmikroskopische Faseranalyse**. Sie basiert auf der exakten Messung der unterschiedlichen Schuppendicke von Wolle und feinen Tierhaaren. Man hat herausgefunden, daß die Haare von Lama, Alpaka, Kamel und Cashmere die gleiche dünne Schuppenstruktur aufweisen wie Mohair. Die an der Schuppenkante gemessene Schuppendicke ist eine charakteristische Kenngröße, mit deren Hilfe Wolle einerseits und die genannten Edelhaare andererseits in behandeltem und in unbehandeltem Zustand genau unterschieden werden können. Das Verfahren ist auch als **Schuppendicke-Methode** bekannt geworden.

Das Wichtigste – kurz zusammengefaßt

1. Eine Reihe von recht einfachen Methoden erlauben es auch dem Textilkaufmann ohne Vorrichtungen, mit ziemlicher Sicherheit die Zusammensetzung eines Textilgutes zu ermitteln. Welche Methode man anwendet, darüber gibt die Tabelle Auskunft.

2. Bei der Brennprobe achtet man auf Geruch, Art der Flamme und den Aschenrückstand. Das Garn wird nicht in die Flamme hineingehalten, sondern von oben her langsam der Flamme genähert. Mit Hilfe der Brennprobe kann man die großen Rohstoffgruppen und die Synthetics untereinander unterscheiden.

3. Die Einzelfaseruntersuchung dient vor allem der Feststellung von Fasermischungen mit Hilfe der Stapelprobe, der Netzprobe und der Schuppenprobe. Bei der Saugprobe nutzt man die verschiedenartige Feuchtigkeitsaufnahme der einzelnen Rohstoffe, bei der Reißprobe den Unterschied zwischen Naß- und Trockenfestigkeit und bei der Neocarminprobe zur Trennung der Chemiefasern auf Zellulosebasis die verschiedene Anfärbbarkeit als Unterscheidungsmerkmal.

Welche Prüfmethode ist anzuwenden?

Die kursiv eingesetzten Prüfmethoden sind der Analysenrichtlinie entnommen.

	Baumwolle	Leinen	Viskose-Stapelfaser	Cupro	Acetatfaser	Viskose-Filament	Cupro Filament	Acetat endlos	Synthetics	Wolle	Naturseide
Baumwolle	—			*Ameisens./ Zinkchlorid*	*Aceton*	*Ameisens./ Zinkchlorid*	*Ameisens./ Zinkchlorid*	*Aceton*	*PA: 80% Ameisens.*	*Natrium-hypochlorit*	*Natrium-hypochlorit*
Leinen	Saug-, Stapelprobe	—			*Aceton*			*Aceton*	*PES: 75% Schwefels.*		
Viskose-Stapelfaser	Netzprobe	Netzprobe Stapelprobe	—		*Aceton*			*Aceton*	*PA: 80% Ameisens.*	*Natrium-hypochlorit*	*Natrium-hypochlorit*
Cupro	Netzprobe	Netzprobe	Neocarmin	—	*Aceton*			*Aceton*	*PA 80% Ameisens.*	*Natrium-hypochlorit*	*Natrium-hypochlorit*
Acetatfaser	Brennprobe Netzprobe	Brennprobe Netzprobe	Brennprobe Neocarmin	Brennprobe Neocarmin	—	*Aceton*	*Aceton*	—	*Aceton*	*Aceton*	
Viskose Filament	Stapelprobe Netzprobe	Stapelprobe Netzprobe	Stapelprobe	Stapelprobe Neocarmin	Brennprobe Stapelprobe Neocarmin	—		*Aceton*	*PA: 80% Ameisens.*	*Natrium-hypochlorit*	*Natrium-hypochlorit*
Cupro Filament	Stapelprobe Netzprobe	Stapelprobe Netzprobe	Neocarmin	Stapelprobe	Brennprobe Stapelprobe Neocarmin	Neocarmin Reißprobe	—	*Aceton*	*PA: 80% Ameisens.*	*Natrium-hypochlorit*	*Natrium-hypochlorit*
Acetat endlos	Stapelprobe Brennprobe Netzprobe	Stapelprobe Brennprobe Netzprobe	Brennprobe Neocarmin	Brennprobe Stapelprobe Neocarmin	Stapelprobe	Brennprobe Neocarmin Reißprobe	Brennprobe Neocarmin Reißprobe	—	*Aceton*	*Aceton*	
Synthetics	Brennprobe Netzprobe Reißprobe	Brennprobe Netzprobe	Brennprobe Reißprobe	Brennprobe Reißprobe	Brennprobe Reißprobe	Brennprobe Reißprobe	Brennprobe Reißprobe	Brennprobe Reißprobe	—	*Natrium-hypochlorit*	*Natrium-hypochlorit*
Wolle	Brennprobe Stapelprobe Schuppen-probe	Brennprobe Schuppen-probe	Brennprobe Schuppen-probe	Brennprobe Schuppen-probe	Brennprobe Schuppen-probe	Brennprobe Schuppen-probe Stapelprobe	Brennprobe Schuppen-probe Stapelprobe	Brennprobe Schuppen-probe Stapelprobe	Brennprobe Schuppen-probe	—	*75% Schwefels.*
Naturseide	Brennprobe Stapelprobe	Brennprobe Stapelprobe	Brennprobe Stapelprobe	Brennprobe Stapelprobe	Brennprobe Stapelprobe	Brennprobe	Brennprobe	Brennprobe	Brennprobe	Schuppen-probe Stapelprobe	—

Garne, Zwirne und Effektmaterialien

Die Garnsortierung

Garne, Gewebe und Gewirke kann man durch **Handelsnamen** oder durch exakte Daten kennzeichnen. Bei Geweben gehören die **Bodenfeine,** die auf der Zahl und der Stärke der verwendeten Garne auf einer bestimmten Fläche beruht, bei Gewirken die Art der Maschenbildung (Ketten- oder Kulierware), die Art der Verarbeitung (einfädig, mehrfädig, plattiert) sowie die Maschinenfeinheit zu den exakten Daten. Sowohl bei Geweben als auch bei Maschenwaren ist die präzise Kennzeichnung der verwendeten Garne zur Bestimmung notwendig.
Die Kennzeichnung der Garne nach ihrer **Stärke** nennt man die **Garnsortierung.** Dabei unterscheidet man die **Numerierung** und die **Titrierung,** die beide auf dem Verhältnis von Länge und Gewicht des Garnes aufbauen, sich aber durch die Beziehungsgröße unterscheiden.
Die Garnsortierung wird also durch Zahlen ausgedrückt, die aus dem Verhältnis zwischen Fadenlänge und Gewicht gewonnen werden. Die Garnsortierung ist eine „Funktion" aus Länge und Gewicht. Beim **Längensystem,** der Numerierung, wird von einem gleichbleibenden **Gewicht** ausgegangen, beim **Gewichtssystem** (Titrierung) von einer gleichbleibenden **Länge.**

Das Längensystem (Numerierung)

Die Feinheit des Garnes wird bestimmt durch die Anzahl der Längeneinheiten je Gewichtseinheit.

$$\text{Garn-Nummer} = \frac{\text{Länge}}{\text{Gewichtseinheit}}$$

Daraus ergibt sich, daß das Garn um so feiner ist, je höher die Nummer ist. Grobe Garne werden demnach mit niedrigen Nummern bezeichnet. Insgesamt gibt es etwa 20 verschiedene Numerierungssysteme, die zum Teil noch angewandt werden, zum Teil nur noch historische Bedeutung haben.

Seit 1941 ist in Deutschland die metrische Nummer (Nm) verbindlich eingeführt. Sie ist jetzt ersetzt durch das allgemein verbindliche System tex.

a) Die metrische Nummer

Die metrische Nummer (Nm – sprich: Nummer metrisch) baut auf der Garnlänge in Metern und auf dem Gewicht des Garnes in Gramm auf und bezieht sich stets auf eine Garnlänge, die dem Gewicht von 1 g entspricht. Bei einem Garn Nm 34 wiegen also 34 m 1 g.

$$\text{Nm} = \frac{\text{Länge in Metern}}{\text{Gewicht in Gramm}}$$

b) Die englische Baumwollnummer

Trotz der bequemeren metrischen Nummer ist die englische Baumwollnummer (Ne_B – sprich: Nummer englisch Baumwolle) vor allem in der Baumwollweberei noch vielfach in Gebrauch. Ihr liegen traditionelle englische Maß- und Gewichtseinheiten zugrunde; sie gibt die Länge eines Garnes in hanks (768,1 m) je 1 englisches Pfund (lb=453,59 g) an. Ein gleiches Garn hat eine höhere Nm als Ne_B.

$$\text{Ne}_\text{B} = \frac{\text{Länge in hanks (768,1 m)}}{\text{Gewicht in Pfund (lbs = 453,59 g)}}$$

oder

$$\text{Ne}_\text{B} = \frac{\text{Länge in Metern} \times 453{,}59}{\text{Gewicht in Gramm} \times 768{,}10}$$

Als Faustregel für die Umrechnung von Ne_B in Nm kann man sich merken, daß Nm etwa gleich $\text{Ne}_\text{B} + \frac{2}{3}$ ist. Nm 28 = Ne_B 16; Ne_B 20 = Nm 34. Bei handelsüblich aufgemachten Garnen und Nähfäden ist heute noch die englische Baumwollnummer gemeint (zum Beispiel Perlgarn Nr. 3, Nr. 5, Nr. 8). Der Käuferkreis hat sich nun einmal eine bestimmte Vorstellung von einem „Handfaden Nr. 12" und einem „40er Maschinenfaden" gemacht und ist wohl kaum auf ein anderes Bezeichnungssystem umzugewöhnen. Die Bezeichnung „Ne_B", das heißt die Erwähnung des Wortes Baumwolle, ist deswegen notwendig, weil es noch eine englische Leinennummer (Ne_L) und mehrere englische Wollnummern gibt. Ist ohne weiteres klar ersichtlich, daß es sich **nur** um ein Baumwollgarn handeln kann, kann allerdings auf das „B" in der Kurzbezeichnung verzichtet werden und die Nummer „Ne" geschrieben werden. Die Länge in „hanks" (so viel wie Strang, Gebinde) ergibt sich aus der Multiplikation von 1 Yard = 0,9144 m mit 840. Genau genommen gibt die englische Baumwollnummer an, wieviele Stränge mit je 840 Yards 1 engl. Pfund wiegen.

Das Gewichtssystem oder die Titrierung

Beim Gewichtssystem wird im Gegensatz zum Längensystem die Feinheit des Garnes bestimmt durch die Anzahl der Gewichtseinheiten auf eine festgelegte Längeneinheit. Ein Faden ist deshalb um so feiner, je niedriger der Titer lautet.

$$\text{Titer} = \frac{\text{Gewicht in Gramm mal festgelegte Länge}}{\text{Länge in Metern}}$$

a) Der internationale Seidentiter

Für endlose Fäden (Natur- und Chemiefasern, Synthetics) mit ihrer hohen Feinheit wird immer noch überwiegend der internationale Seidentiter (Legaltiter, Turiner Titer, Titer Denier Td – sprich: Titer Denje) angewandt. Er beruht auf einer Stranglänge von 9000 m.

$$\text{Titer Denier (Td)} = \frac{\text{Gewicht in Gramm} \times 9000}{\text{Länge in Metern}}$$

Denier (den.) ist ein altes französisches Münzgewicht (1 den. = 0,05 g). Ursprünglich wurde die Naturseide zu Gebinden von 450 m gehaspelt, und es ergab sich das Verhältnis von 450 m zu 0,05 g.

b) Das neue System „tex"

Zunächst war von amerikanischer Seite geplant, einen auf 10000 m bezogenen und damit dem metrischen System angepaßten Titer als „Grex" international verbindlich einzuführen. Die bis kurz vor dem Zweiten Weltkrieg in der deutschen und internationalen Baumwollspinnerei und Weberei allgemein übliche englische Baumwollnummer, die in der Leinenindustrie verwendete englische Leinennummer (Ne_L) und die in der Kammgarnindustrie verwendete englische Kammgarnnummer (Ne_K) passen nicht in das metrische Maß- und Gewichtssystem. In Deutschland wurde zunächst die metrische Nummer eingeführt, die die englischen Einheiten verdrängte, jedoch konnte sich die metrische Nummer nicht in allen Ländern durchsetzen.

Der internationale und der deutsche Spinnerverband haben deshalb, einer Empfehlung der ISO (International Organisation for Standardisation) folgend, ihre Mitglieder aufgefordert, stufenweise mit der Einführung des Systems „tex" zu beginnen. „tex" gibt das Gewicht in Gramm je 1000 m des betreffenden Garnes an. Ein Garn Nm 10 erhält die Bezeichnung 100 tex, ein Garn Nm 100 die Bezeichnung 10 tex.

$$\text{tex} = \frac{\text{Gewicht in Gramm} \times 1000}{\text{Länge in Metern}}$$

Die Beziehungen zwischen Nm und tex sind demnach:

$$\text{tex} = \frac{1\,000}{\text{Nm}} \qquad \text{Nm} = \frac{1\,000}{\text{tex}} \qquad \text{tex} = \frac{590}{\text{Ne}_B}$$

Einige Feingarn-Nummern seien zum Vergleich angeführt:

Nm	tex-Rundwert	Nm	tex-Rundwert
10	100	34	30
16	64	40	25
20	50	50	20
24	42	60	17
28	36	70	14

Da bei der Umrechnung der handelsüblichen Nm-Werte auf die „tex"-Titrierung Zahlen mit Dezimalstellen entstehen, sind Auf- und Abrundungen festgelegt worden. Diese liegen fast ausnahmslos innerhalb einer Toleranz von $\pm 3\%$.

Die Beziehungen zwischen dtex und den. sind folgende:

$$\text{den} = \frac{g}{9000\ \text{m}}; \quad \text{dtex} = \frac{g}{10\,000}; \quad \text{dtex} = \frac{10}{9}\ \text{den}; \quad \text{den} = \frac{9}{10}\ \text{dtex}.$$

Beispiele:

20 den : 0,9 = 22,2 (rd. 22) dtex
40 den : 0,9 = 44,4 (rd. 44) dtex
150 den : 0,9 = 167 dtex
210 den : 0,9 = 235 dtex
520 den : 0,9 = 578 dtex

Für die Ermittlung von Zwirnfeinheiten ergibt sich nunmehr eine Vereinfachung. Beim Verzwirnen von Garnen mit gleichen oder verschiedenen Feinheiten brauchen für die Errechnung der Endzwirnnummer nur die „tex"-Werte zusammengezählt zu werden. Die Bezeichnung eines Zwirnes aus zwei Garnen 20 tex lautet demnach (ohne Berücksichtigung der Einzwirnung) 20 tex × 2 = 40 tex.

Die in der Industrievereinigung Chemiefasern zusammengeschlossenen deutschen Fasererzeuger haben mit Wirkung vom 1. Oktober 1967 die Bezeichnung der Feinheit von Endlosgarnen, Spinnfasern und Spinnkabeln von der Angabe des Titers in Denier auf das „tex"-System umgestellt. Für Chemie-Endlosgarne und -spinnfasern wird die Feinheit mit einem Dezimalteil von tex, nämlich **„decitex"** (dtex = $^1/_{10}$ tex angegeben. Der Titer dtex bezeichnet demnach das Gewicht in Gramm von 10000 m Faser oder Garn und entspricht damit der früher in Vorschlag gebrachten „Grex"-

Titrierung. Für die Bezeichnung von Spinnkabeln wurde die Einheit „**kilotex**" (ktex) festgelegt, die das Gewicht in Gramm für 1 m Kabel ausweist.

Die Drehungsrichtung und die Anzahl der Drehungen

Zur eindeutigen Kennzeichnung der Garne und Zwirne sind noch zusätzliche Angaben nötig. Bei einfachen Garnen werden nur der Titer oder die Nummer angegeben, bei Zwirnen ist hinter der Nummer des einfachen Garnes die Anzahl der verzwirnten Einzelfäden und Vorzwirne anzugeben. Dies geschieht bei Längennumerierung (Nm, Ne) durch einen Schrägstrich (/), bei Gewichtsnumerierung (Td, tex) durch ein Malzeichen (×). Ein mehrfacher Zwirn kann also geschrieben werden Nm 20/2/3 oder 20 tex × 2 × 3 (gesprochen: Zwanziger zweifach dreifach).
Viele Gewebe erhalten ihren typischen Charakter durch Verarbeitung von Garnen oder Zwirnen mit verschiedener Drehungsrichtung. Die Drehungsrichtung bezeichnet man mit den Großbuchstaben S und Z. Z-gedreht sind alle Garne und Zwirne, deren Drehung bei senkrecht gehaltenem Faden dem Schrägstrich des Buchstaben Z parallel liegt (links gedreht), S-gedreht, wenn die Drehungsfurchung parallel zum Schrägstrich des Buchstabens S bei senkrecht gehaltenem Faden liegt. Die Anzahl der Drehungen gibt dem Garn den Charakter als Kettgarn, Schußgarn, Voilegarn, Kreppgarn und anderes mehr. Sie wird bei metrisch numerierten Garnen auf 1 m bezogen, bei englisch numerierten Garnen (Ne_B) auf 1 engl. Zoll (25,4 mm).

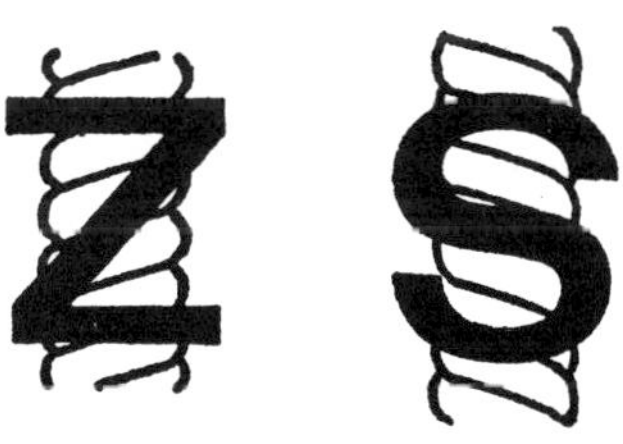

Abb. 151: Z-Draht (Rechtsdraht), S-Draht (Linksdraht).

Bei Chemiefasern kann die Anzahl der Einzelfasern in einem Garn in Klammern hinter der Gesamtnummer angegeben werden. Ein Garn Td 60 (30) hat also eine Feinheit, die 60 den entspricht und besteht aus 30 Einzelfasern mit je Td 2.

Das Wichtigste – kurz zusammengefaßt

1. Garne werden in ihrer Feinheit entweder durch eine Nummer nach dem Längensystem oder durch einen Titer nach dem Gewichtssystem gekennzeichnet. Bei der Numerierung wird von einem gleichbleibenden Gewicht ausgegangen; die Nummer gibt die Anzahl der Längeneinheiten auf dieses bestimmte Gewicht an. Bei der Titrierung liegt die Länge fest, die Zahlenangabe nennt das Gewicht für die entsprechende Länge. Bei der Numerierung ist ein Garn um so feiner, je höher die Nummer ist, bei der Titrierung um so gröber.

2. Vor Ablösung durch das neue System „tex" war in Deutschland die metrische Numerierung (Nm) verbindlich, die angibt wieviel Meter eines Garnes 1 g wiegen. Bei endlosen Fasern wird der Titer Denier (Internationaler Seidentiter) angewandt, der besagt, wieviel Gramm 9000 Meter des Garnes wiegen.

3. Allgemein soll künftig das Titrierungssystem „tex" international verwendet werden. Es gibt an, wieviel Gramm 1000 Meter des Gespinstes wiegen. decitex (dtex) bezieht sich auf 10000 m, kilotex (ktex) auf 1 m des Fasergutes.

4. Von großer Wichtigkeit für das textile Erzeugnis sind auch die Art der Zwirnung, die Drehungsrichtung und die Anzahl der Drehungen eines Garnes. Nach der Diagonale der Einschnürung, die die Drehung dem senkrecht gehaltenen Faden gibt, kennt man „S"- und „Z"-gedrehte Garne.

5. Nummernangaben auf handelsfertigen Garnen und Zwirnen nennen jeweils die Garnnummer, aus der der Zwirn entstanden ist. Demnach entspricht ein Untergarn 24/2 (Vierundzwanziger zweifach) in seiner Dicke etwa einem Obergarn 48/4. Die Zahlen nennen die ursprünglich weit verbreitete englische Baumwollnummer (Ne_B), die auf englischen Maßen und Gewichten aufbaut und zu unserem metrischen System nicht paßt.

Von der Faser zum Garn

Garne können hergestellt werden

1. auf **chemisch-technischem** Weg; hiermit sind die Technologien gemeint, die bei der Erzeugung der **Filamentgarne,** der Garne aus endlosen Chemiefasern, Synthetics und auch der Naturseide angewandt werden und die wir zum Teil bereits bei den einzelnen Rohstoffen kurz erwähnt haben. Ausführlich zu beschreiben haben wir aus dieser Gruppe die verschiedenen Texturierverfahren für endlose Synthetics. Darüber hinaus zählen zu dieser Technologie die Herstellung von **Papier- und Zellstoffgarnen,** die neuerdings durch Bearbeitung und Drehung so aufbereitet werden können, daß sie mit oder ohne eine Seele aus Viskosespinnfasern auf normalen Wirkmaschinen oder auf lizenzpflichtigen speziellen Papierrundstrickmaschinen verarbeitet werden können **(Pextil-Jersey).** Ihre Bedeutung ist aber gering. Außerdem gehört in diese Gruppe die Herstellung von **Gummifäden (Elastodien)** sowie die Erzeugung von Fäden und Garnen aus **Glas** und **Metall,** deren Kenntnis aber für den Textilkaufmann, an den sich dieses Buch in erster Linie wendet, keinen Vorteil bietet.

2. durch **mechanische Spinnverfahren,** mit Hilfe derer aus Stapelfasern Garne gebildet werden und die man gemeinhin dem Oberbegriff der **Spinnerei** zuordnet. Während sich jahrzehntelang der technische Fortschritt nach der Erfindung der Ringspinnmaschine um 1860 in Amerika innerhalb der Feinspinnerei in der Verbesserung der Maschinentechnik, wie Erhöhung des Faserverzugs in den Streckwerken, Beschleunigung der Liefergeschwindigkeiten, Erhöhung der Spindeldrehzahlen sowie in der Rationalisierung der Arbeitsabläufe mit möglichst wenig Unterbrechungen mit dem Endziel einer kontinuierlichen Vollautomatik auswirkte, wurden in den letzten zwanzig Jahren völlig neue Techniken entwickelt, deren Arbeitsweise sich auch auf das Erscheinungsbild und die Qualität der Fertigerzeugnisse auswirkt und die in wachsendem Umfang von der Industrie genutzt werden. Deshalb ist es notwendig, auch dem Textilkaufmann die Grundzüge moderner Spinnereimethoden in vereinfachter Form vorzustellen.

Klassische Spinnverfahren

Vorbereitende Arbeiten

Auch die modernen Spinnverfahren einschließlich der Ringspinnmaschine haben an dem Prinzip des Spinnvorgangs, bestehend aus **Reinigen** und **Ordnen** des Fasergutes, **Verstrecken** zu einem **Faserband** oder **Vorgarn**, schließlich **Fertigspinnen** durch **Endverzug, Drehung** und **Aufwinden**, nichts verändert. Auf die vorbereitenden Arbeiten haben wir am Beispiel der Baumwolle bereits genügend hingewiesen; sie haben großen Einfluß auf die Art und Gleichmäßigkeit des Faserbands oder Vorgarns, das die Fertigspinnmaschine zur Verarbeitung erhält. Um aus dem Faservlies ein zum Fertigspinnen geeignetes Vorgarn zu bilden, ist eine Verfeinerung, das heißt eine Verringerung der Zahl der Fasern im Querschnitt, und eine Verfestigung durch Erhöhung der Reibung der Einzelfasern aneinander notwendig. Dies kann geschehen

1. durch **Teilen** (Spalten) des Faserflors in schmale Längsstreifen mit anschließendem **Verdichten** der Fasern durch Zusammenwürgeln in Querrichtung oder **„Nitscheln"** in der Art, wie die Hausfrau aus einem flachen

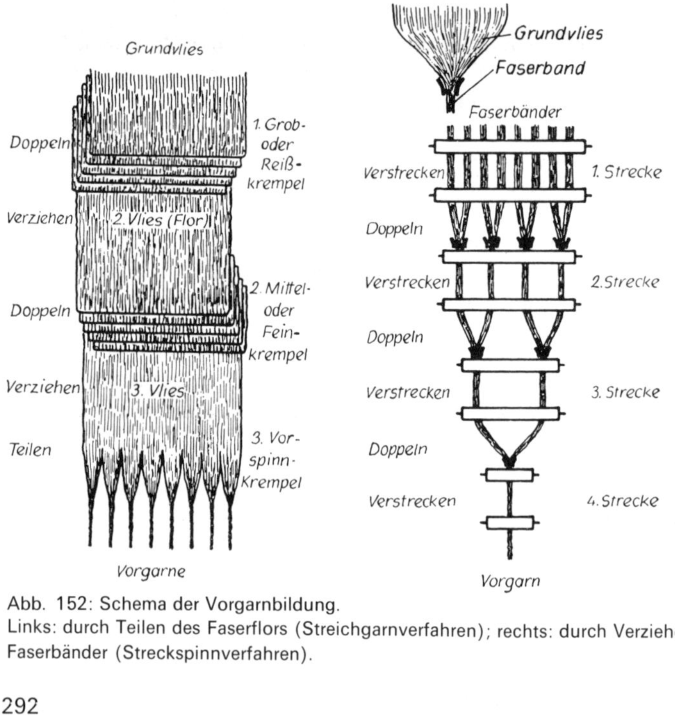

Abb. 152: Schema der Vorgarnbildung.
Links: durch Teilen des Faserflors (Streichgarnverfahren); rechts: durch Verziehen der Faserbänder (Streckspinnverfahren).

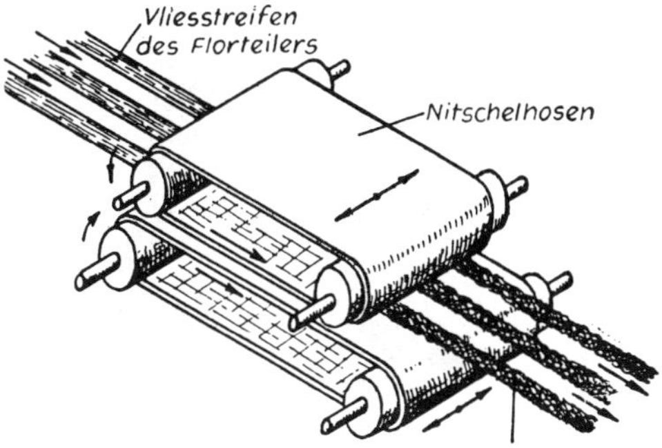

Abb. 153: Nitschelwerk

Teigfladen durch hin-und-herrollen entsprechend schmaler Bänder runde Nudeln formt. Diese Methode wird im **Streichgarnspinnverfahren** angewandt.

2. durch mehrmaliges, stufenweises Verziehen **(Verstrecken)** der Faserbänder unter gleichzeitigem **Verdrehen** (Drahtgebung) zum Vorgarn, wobei durch mehrmaliges Doppeln und Strecken eine zusätzliche Egalisierung erfolgt **(Streckspinnverfahren).**

Das Fertigspinnen schließlich hat die Aufgabe, die Vorgarnlunten auf die endgültige Garnnummer zu verziehen, die gewünschte Garndrehung zu vermitteln und schließlich das fertig gesponnene Garn auf möglichst große Garnträger (Spulen oder Cops) aufzuwinden.

Zur Erzeugung besonders hochwertiger, gleichmäßiger und fein ausspinnbarer Garne kann man durch **Kämmen** die kurzen Fasern bis zu einer bestimmbaren Höchstlänge aus dem Spinngut ausscheiden und zudem die parallele Lage der einzelnen Fasern zueinander nachhaltig verbessern. Gleichzeitig werden Fasernoppen, Nissen und pflanzliche Verunreinigungen beseitigt. Das in seinem Stapel sehr gleichmäßig gewordene, ausgekämmte und gereinigte Faserband heißt **Kammzug** und dient zur Herstellung von **Kammgarnen.** Die ausgeschiedenen Kurzfasern werden meist mit gleichwertigen kurzfaserigen Spinnstoffen zu gröberen Garnen und geringeren Qualitäten versponnen. Der Vorgang des Kämmens ähnelt im Prinzip sehr dem des **Hechelns** bei Flachs; die Abbildung dort veranschaulicht auch den Vorgang des Kämmens.

Die Technologie der Kammgarnspinnerei hat sprunghafte Fortschritte gemacht und einen hohen Stand erreicht. Vor 100 Jahren hat man für die Produktion von 100 to Kammgarn eine 15 mal grössere Fläche, 6 mal so viel Spindeln und 7 mal soviel Beschäftigte gebraucht wie heute. Ein Arbeitsplatz in einer Kammgarnspinnerei macht Investitionen im Wert von über 1 Mio DM erforderlich.

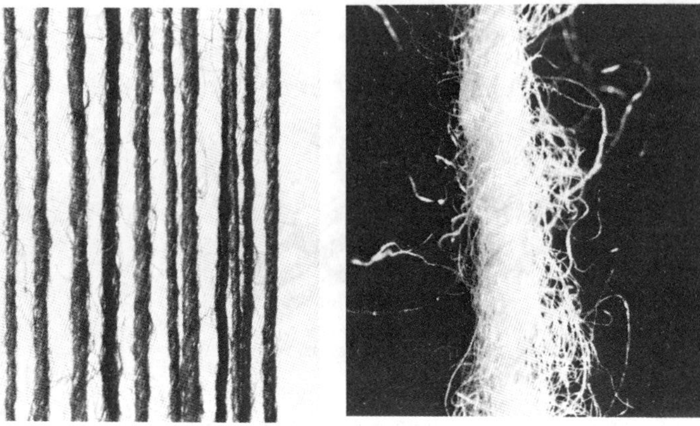

Abb. 154: Kammgarn (links) und Streichgarn (rechts).

Kammgarn und Streichgarn sind keine Qualitätsbegriffe, sondern Bezeichnungen für zwei verschiedene Spinnverfahren. – Kammgarn wird aus langen, parallel liegenden Fasern gesponnen, die kurzen werden ausgekämmt. Deshalb ist Kammgarn wesentlich gleichmäßiger und glatter. Kammgarnstoffe sind fein, leicht, glatt und gleichmäßig. Meist sieht man auf beiden Seiten der Ware deutlich Kette und Schuß. – Zu Streichgarn werden Fasern verschiedener Länge versponnen. Sie liegen nicht parallel, ihre Enden stehen ab. Streichgarngewebe erkennt man am fülligen Griff und am rustikalen Aussehen. Oft ist die Bindung unter einer Filz-, Flausch- oder Veloursdecke unsichtbar.

Eine Zwischenkategorie zwischen Streichgarnen und Kammgarnen bilden die sogen. **„untersponnenen Garne"**. Für diese Garne verwendet man sehr feine Wollen von 19–21 Micron (AA – A-Wollen), die normalerweise zu sehr feinen Garnen ab Nm 40 und feiner versponnen werden, aber verspinnt sie zu verhältnismäßig groben Garnen, etwa Nm 16/1 und 20/1. Dies geschieht einmal deswegen, weil in der Streichgarnspinnerei Kapazitäten für höhere Preislagen fehlen, zum anderen aus modischen Gründen: Der Trend zu mehr rustikalen Stoffen verlangt nach entsprechenden gröberem Material in einer Güte, die generell nur von sehr leistungsfähigen Spinnereien erreicht wird. Man verwendet diese Garne vor allem in der Tuchweberei für verhältnismäßig leichte Stoffe in Tuchbindung, aber auch für schwere Double-face-Mantelstoffe.

Die Mengen des in der Bundesrepublik verarbeiteten Kammgarns sind sehr groß. Zum Transport der jährlich erzeugten Menge wären 10000 Lastkraftwagen notwendig. Die 3,4 Mrd. Km Kammgarn würden 44 mal von der Erde zum Mars reichen. Je Kopf der Bevölkerung werden im Jahr für 300 DM Artikel aus Kammgarn gekauft.

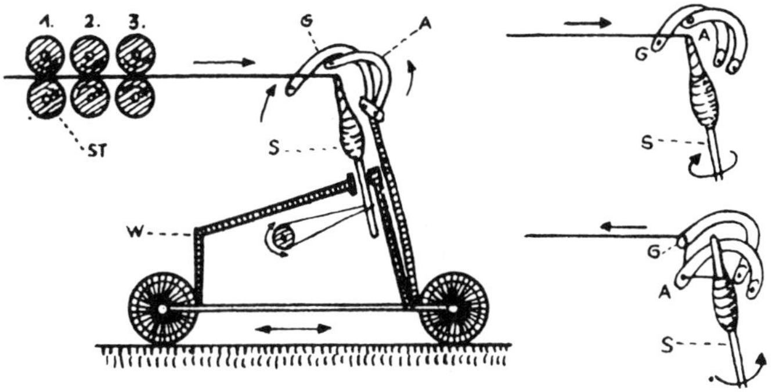

Abb. 155: Selfaktor (schematisch): St = Streckwerk, A = Aufwinder, G = Gegenwinder, S = Spindel mit Spule, W = Wagen. – Im Streckwerk läuft das 2. Walzenpaar schneller als das 1., und das 3. Walzenpaar schneller als das 2., wodurch das Vorgarn verzogen wird. Arbeitsweise des Selfaktors: 1. Ausfahrt des Wagens = Spinnen (Drehen des Fadens), 2. Einfahrt des Wagens = Aufwinden des Fadens.

Der Selfaktor

Der **Selfaktor** (die Wagenspinnmaschine), bei dem das Verstrecken des Vorgespinstes und das Verdrehen zum Garn, also der eigentliche Spinnprozeß, beim Ausfahren des Wagens erfolgt, dem in einem zweiten Arbeitsgang das Aufwinden des Garnes folgt, wird in der Baumwollspinnerei so gut wie nicht mehr und wenn, dann nur noch zur Erzeugung hochfeiner Garnspezialitäten verwendet. In der Kammgarnspinnerei hat der Selfaktor außer für besonders weiche Garne über Feinheiten von 100 dtex ebenfalls keine Bedeutung mehr, hingegen wird diese Spinnmaschine in der Streichgarnspinnerei und zur Herstellung von Garnen aus Leinen noch in größerem Umfang benötigt.

Die Ringspinnmaschine

Die **Ringspinnmaschine** vermag ohne Unterbrechung das Vorgarn zu verziehen, gleichzeitig die Spinndrehung zu erteilen und den fertigen Faden aufzuwinden, wobei gegenüber der außer in der Leinenspinnerei meist bei der Herstellung von Vorgarnen eingesetzten **Flügelspinnmaschine** durch Verringerung der vom Faden nachgeschleppten Gewichte (bei der Flügelspinnmaschine die Spule) die Fadenspannung verringert und dadurch die Möglichkeit höherer Spindelgeschwindigkeiten geschaffen wird. Die Fadenöse des Flügels der Flügelspinnmaschine wird bei der Ringspinnmaschine durch einen ringförmigen leichten Läufer ersetzt, der in einem

polierten Stahlring gleitet und vom Faden nachgeschleppt wird. Die den fertigen Faden aufnehmende, schnell rotierende Spindel bringt den zu spinnenden Faden selbst und diese auf einem Ring gleitend geführte Öse, durch die der Faden gezogen ist, in Rotation; das Fadenstück zwischen dem Ringläufer und der nach dem Streckwerk angeordneten Leitöse erhält die Spinndrehung. Ein Teil der Drehung läuft sogar durch die Leitöse hindurch bis zum vordersten Zylinder des Streckwerks.
Für grobe Abfallgarne werden **Dosenspinnmaschinen** verwendet, wobei ohne Verstreckung dem von der Krempel gelieferten Vorgarn durch einen umlaufenden Spinntopf Drehung erteilt wird. Der mit der Drehung versehene Faden wird aus dieser „Dose" einem ortsfesten Trichter zugeführt, in dem eine Spindel rotiert.

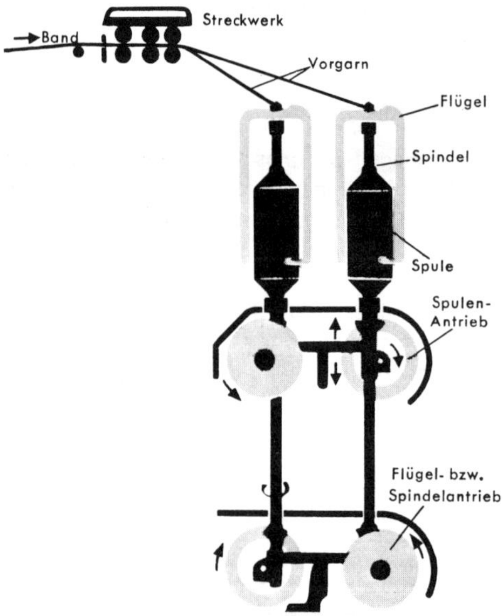

Abb. 156: Flügelspinnmaschine (Vorspinnmaschine) mit Streckwerk und Flyer. Je nach der angestrebten Feinheit des Garnes werden auf der Vorspinnmaschine in zwei oder drei Durchgängen die Faserbänder oder Lunten mit Hilfe von Streckwerken verfeinert und erhalten durch die umlaufenden Flügel eine leichte Drehung, um für die Weiterverarbeitung die erforderliche Festigkeit zu erhalten. Das Produkt der Vorspinnerei ist ein weich gedrehtes, weiter verzugsfähiges Vorgarn in bestimmter Feinheit.

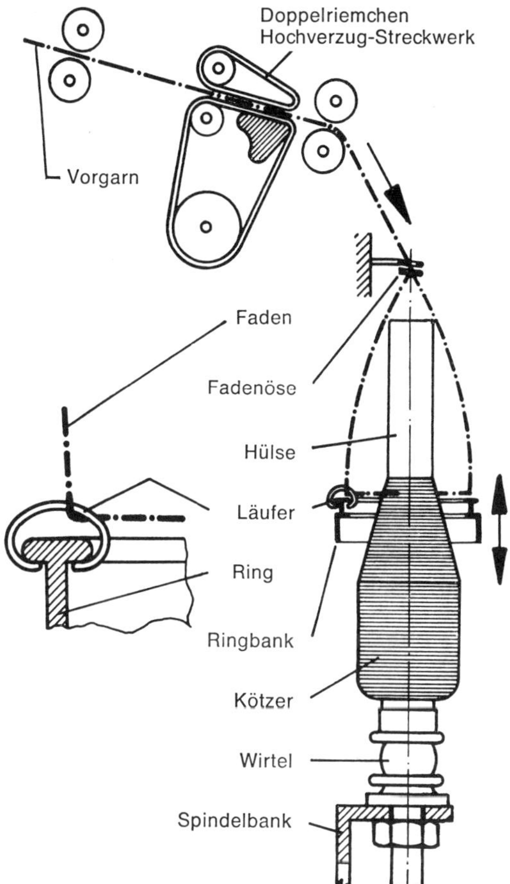

Abb. 157: Ringspindel. Der Ring mit dem Ringläufer ist links noch einmal vergrößert herausgezeichnet.

Kurzspinnverfahren

Chemiefasern werden auch unter Umgehung des Zustands der ungeordneten, flockenförmigen Spinnfasern und unter Einsparung der vorbereitenden Vorgänge in der Spinnerei direkt aus dem von den Chemiefaserwerken gelieferten **Spinnkabeln** in sogenannten **Kurzspinnverfahren** gesponnen. Man unterscheidet:

1. Das **Spinnband**- oder **Konverter-Verfahren**

Unter Konvertieren versteht man in der Fachsprache der Spinnerei das Umwandeln eines endlosen Spinnfaserkabels („tow") in ein verzugsfähiges, mechanisch verspinnbares kammzugähnliches Faserband („top"), das rein oder mit Wolle gemischt zu Kammgarnen versponnen werden kann und auch die Herstellung von **Hochbauschgarnen** gestattet. Die Stapelbildung erfolgt durch Quetschen, Schneiden oder Reißen der endlosen Kabel. Das *Reißen,* das ohne Bestimmung der Bruchstelle an jeder beliebigen Stelle oder an Bruchstellen erfolgen kann, die, an die gewünschte Stapellänge angepaßt, bestimmbar wird, ergibt ein der Wolle ähnliches Stapeldiagramm und führt zu einer mit einer Zunahme der Faserfestigkeit verbundenen Verringerung der Faserdehnung. Streckwerkspassagen sind überflüssig. Im **Turbostapler** ist der Reißzone eine Streckzone mit dazwischenliegender Heizvorrichtung zwecks Schrumpfung der Fasern vorgeschaltet. Nach der Reißzone folgt eine Verdichtungs- und Verzugszone und schließlich die Stauchkammer zur Kräuselung der Fasern. Bei der *Schneide*konvertierung erhält das Spinnband den hierfür typischen Schräg- oder Trapezschnitt; zur Nachbehandlung sind zwei oder drei Streckwerkspassagen erforderlich, um eine für die Kammgarnspinnerei optimale Faserlage hervorzurufen.

2. Das **Direktspinnverfahren**

Beim Direktspinnverfahren entsteht das fertige Gespinnst (also nicht ein kammzugartiges Vorgespinnst) aus dem Spinnkabel in einem einzigen Arbeitsgang durch Zerreißen, Verstrecken, Drahtgeben und Aufwinden unter Fortfall der Karde, der Streckwerke und der Vorspinnmaschinen. Ein Mischen mit anderen Faserstoffen ist nicht möglich.

Neue Herstellungsmethoden gesponnener Garne

Elementen-Spinnverfahren

Die neuartigen Technologien der Garnherstellung haben zum Ziel, die Bildung eines Fadens durch fortwährendes Aneinanderfügen von möglichst vollständig aufgelösten Faserbüscheln an die offenen Faserenden des fertigen Garns ohne Ring und ohne Läufer herbeizuführen. Die Auflösung der Vorgespinste in einzelne Elemente kann mechanisch, elektrostatisch, pneumatisch und hydraulisch erfolgen. Für alle diese Techniken verwendet man den treffenden Oberbegriff **Elementen-Spinnverfahren.**

Offen-End-Spinnverfahren (OE-Spinnen)

Diese wichtigste unter den neuen Spinnereitechnologien wird vielfach als die umwälzendste Erfindung seit der Konstruktion der Ringspinnmaschine bezeichnet; sie wird die Ringspinntechnik nicht ersetzen, aber zukunftsweisend ergänzen. Unter Umgehung verschiedener in der Ringspinnerei notwendiger Vorbereitungsmaschinen (Flyer) wird der Spinnmaschine ein Kardenband oder die Spinnkanne der zweiten Streckwerkspassage vorgelegt. Da das OE-Verfahren besonders hohe Reinheiten des zugeführten Fasermaterials erfordert, wird das Fasergut zunächst einer Öffnerwalze zugeführt, deren Zahnform dem zu verarbeitenden Material angepaßt werden kann und die das Fasergut in seine Einzelfasern zerlegt, Unreinigkeiten, wie Samen- und Schalenteilchen sowie feste Faserbatzen bei synthetischem Material beseitigt und auf diese Weise die Voraussetzungen für den störungsfreien Spinnprozeß schafft.
Die gereinigten Einzelfasern werden durch ein sich verjüngendes „Speiserohr" mit Hilfe strömender Luft dem Spinnrotor oder der Spinnturbine zugeführt. **Spinnrotoren** (Beispiel: **Rotospin**-Maschine) sind geschlossen; der für den Transport der Fasern benötigte Luftstrom wird durch eine außerhalb des Rotors liegende Saugeinheit erzeugt. **Spinnturbinen** weisen Löcher auf (Beispiel: **Elitex**), durch die die Luft herausgepumpt wird. Die Ausrichtung der Fasern im Rotor oder in der Turbine kann durch Spinnrillen gefördert werden, deren äußere Umdrehungsgeschwindigkeit höher ist als die der eintretenden Fasern. Die aus Rotor oder Turbine austretenden Fasern legen sich an das offene Ende des fertigen Fadens an. Bei Maschinenstillstand müssen Turbinen manuell gereinigt werden, während beim Rotor der Luftstrom nicht unterbrochen wird und Restfasern absaugt. Wegen des geringeren Anfalls an Dickstellen sind OE-Garne gleichmäßiger und sauberer als Garne von der Ringspinnmaschine, aber um etwa 20%

Ringspinnvorgang **Offenendspinnvorgang**

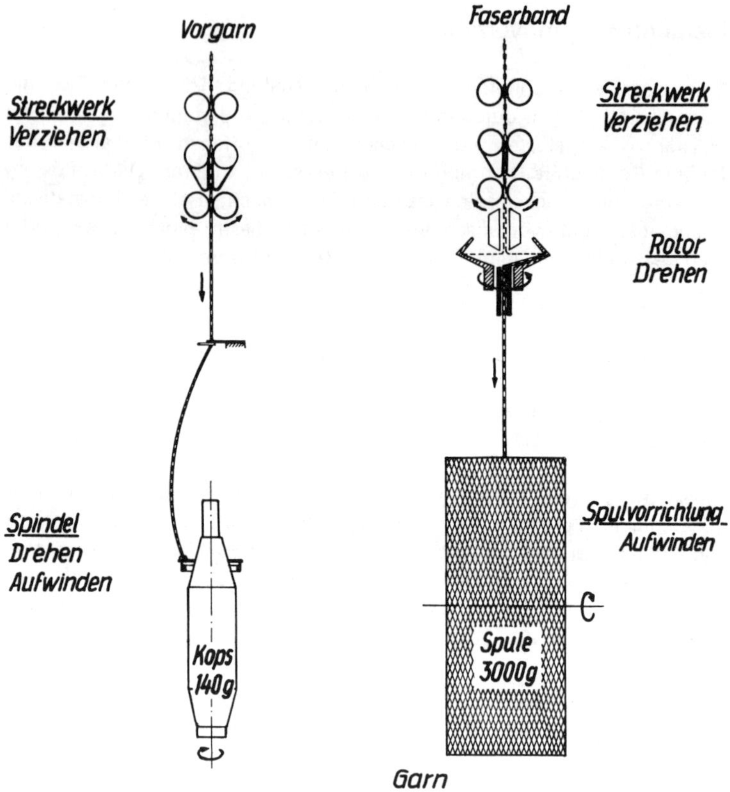

Abb. 158: Gegenüberstellung des Ringspinnens (links) und des OE-Turbinenspinnens (rechts) in Schemazeichnung (nach E. Kirschner).

weniger reißfest. Sie eignen sich daher auch vornehmlich als Schußmaterial. Eine Fortentwicklung der Offen-end-Spinnmaschinen, die verschiedentlich bereits als „neue Generation von Rotorspinnmaschinen" bezeichnet worden ist, mit dem Namen **Spincomat** ist mit vollautomatischer Rotor-Reinigung und vollautomatischem Knoter ausgestattet. Sie eignet sich besonders zum Spinnen mittelfeiner Garne von Nm 30 bis Nm 50. Damit erweitert sich das Angebot von Garnen, die auf Rotorspinnmaschinen gesponnen worden sind, auf über 60% (vorher: ca. 30–40%) der Garne, die überhaupt hergestellt werden.

Im Hinblick auf die unterschiedliche Garnkonstruktion haben OE-Garne auch einen anderen Charakter; da die Fasern nicht in gleichem Maße parallel ausgerichtet sind wie bei Garnen von der Ringspinnmaschine, eignet sich das Verfahren nicht für hochqualitative gekämmte Fasern, wohl aber können kürzere Fasern und bestimmte für Ringspinnmaschinen ungeeignete Fasermischungen versponnen werden. Grobgarne sind im Langstapelbereich aus Chemiespinnfasern von Nm 1–5, Feingarne im Kurzstapelbereich aus Baumwolle von Nm 10–130, mit Schwerpunkt bis Nm 30 wirtschaftlich herstellbar. Da OE-Garne konstruktionsbedingt eine stärker strukturierte Oberfläche, geringeren Glanz, stumpferen Griff und größeres Volumen aufweisen, aber einen etwas härteren Griff haben, weil die Garndrehung zwischen 15 und 25% höher sein muß, bot das Verfahren zunächst Schwierigkeiten bei der Herstellung auch von Wollstreichgarnen. Die meisten Garne können für viele Verwendungszwecke von den großen Garnträgern weg direkt ohne Umspulvorgang weiterverarbeitet werden.

Die mit dem OE-Verfahren mögliche durchgehende Automatisierung des gesamten Spinnprozesses hat nach Umstellung von Ringspinnereien mit gleicher Kapazität bereits zur Einsparung von Zweidrittel der benötigten Arbeitskräfte geführt. Von den Webern werden die langen, knotenfreien Lauflängen, die große Gleichmäßigkeit und die hohe Dehnfähigkeit von OE-Garnen als verarbeitungstechnisch günstig gelobt.
Unter den Variationsmöglichkeiten der Offen-End-Spinnerei ist (1980) das Rotorspinnverfahren das zunächst einzige praktikable und wirtschaftlich nutzbare. Da bei der raschen Entwicklung des technischen Fortschritts auch in der Spinnerei nicht auszuschließen ist, daß auch andere Offen-End-Verfahren Bedeutung erlangen werden, deren Erzeugnisse vielleicht eine anders geartete Garnstruktur, andere Garneigenschaften aufweisen, hat sich der Technische Ausschuß des Industrieverbandes Garne dafür ausgesprochen, die im Rotorspinnverfahren gewonnenen Garne nicht mehr als „Offen-End-Garne" zu bezeichnen, sondern nur noch die genauere Bezeichnung **„OE-Rotor"** oder nur **„Rotor"** zu verwenden.

Rotofil-Verfahren

Das für DuPont geschützte Rotofil-Vorfahren verwendet Reißspinnkabel oder Chemiespinnfaser-Vorgarne, die von einer Ansaugdüse erfaßt und mit Hilfe von Druckluft, Gas oder Dampf zu einer „Dralldüse" transportiert werden. An dieser Dralldüse erhält das sehr schnell (1000 m/min) durchlaufende Faserbändchen durch das seitlich (tangential) aufprallende Strömungsmittel einen Falschdraht, der anschließend wieder teilweise beseitigt wird. Die Rotofilgarne bestehen aus einem Kern parallel liegender Fasern, die straffer oder lockerer von einzelnen Fasern oder Faserenden, die aus dem Faserverband selbst stammen, umwickelt sind und zusammengehalten werden. Die Garne zeichnen sich durch hohe Festigkeit und große Gleichmäßigkeit aus und werden zunächst für batistartige Feingewebe und Gewebe mit dem Warenzeichen **Nandel** verwendet. Die 70–90 den feinen Rotofilgarne aus Acrylfasern eignen sich auch für Maschenwaren, deren Qualität bis zum Endprodukt überwacht werden kann.

Bobtex-Verfahren

Unter den neuen Technologien, die der Herstellung bestimmter textiler Fäden unter Verwendung von Stapelfasern dienen, ist das kanadische Bobtex-Verfahren dasjenige, das sich von der landläufigen Vorstellung eines Spinnprozesses am weitesten entfernt. Es ist vor allem von der technischen Idee her zu beachten und sicherlich auch zukunftsreich. Basis ist eine Heterofilfaser, also eine Bikomponentenfaser des C/C-Typs, mit einem preiswerten Polymer in der Mitte als Kern und einem Mantel eines thermoplastischen Polymers, in den während des chemischen Ausspinnprozesses in noch plastischem Zustand Stapelfasern unter Preßdruck seitlich zugegeben und eingelagert werden. Es ergeben sich fasergarnähnliche, gespinstartige Endlosgarne, wobei die Stapelfasern, die den synthetischen Kern umhüllen und die „textile" Aussenschicht bilden, einen Anteil von 20–40% haben. Die sehr variablen Erzeugnisse sind wegen der billigen Rohmaterialien, des rationellen Herstellungsprozesses und der geringen Lohnkostenbelastung recht preiswert, jedoch sind die Garne mit Nm 3–34 recht grob, die Herstellung mit Lizenzgebühren belastet und die Möglichkeiten der Weiterverarbeitung in der Textilindustrie (1981) noch weitgehend ungeklärt.

Das Wichtigste – kurz zusammengefaßt

1. Garne können auf chemisch-technischem Weg aus endlosen Natur- und Chemiefasern sowie aus Papier, Zellstoff, Gummi, Glas oder Metall, und auf mechanischem Weg aus Stapelfasern durch die verschiedenen Methoden der Spinnerei hergestellt werden.

2. Der Spinnvorgang besteht aus Reinigen und Ordnen, Verstrecken und Fertigspinnen des Faserguts. Das Fertigspinnen, bei dem das Garn die vorgesehene Stärke und Drehung erhält und auf transportable Spulen oder Cops aufgewunden werden kann, erfolgt im Rahmen der klassischen Spinnereitechnologie entweder auf dem Wagenspinner (Selfaktor) in

zwei Stufen (Verstrecken und Verdrehen; sodann Aufwinden) oder kontinuierlich in ununterbrochenem Arbeitsgang auf der Ringspinnmaschine. Der Selfaktor wird nur mehr für Spezialzwecke (Leinen-, Streichgarnspinnerei), die Ringspinnmaschine mit der Möglichkeit der Erzeugung sehr feiner und gleichmäßiger Garne universell eingesetzt.

3. Der Kämmvorgang bei Wolle und Baumwolle ähnelt technisch dem Hecheln bei Flachs, dient zum optimalen Parallellegen der Fasern und zum Aussondern von Verunreinigungen und kurzen Fasern. Kammgarne sind besonders hochwertig, gleichmäßig und fein ausspinnbar.

4. Chemie-Stapelfasern können unter Umgehung der üblichen Vorbereitungsarbeiten der Spinnerei direkt aus den von den Chemiefaserwerken gelieferten endlosen Spinnkabeln in Kurzspinnverfahren versponnen werden. Das Konverterverfahren läßt auch Zumischung anderer Fasern zu und eignet sich zur Herstellung von Hochbauschgarnen (Turbostapler), das Direktspinnverfahren gestattet kontinuierliche Verarbeitung, aber keine Beimischung.

5. Das Offen-End-Spinnverfahren verzichtet auf Läufer und Ring und lagert die gereinigten, völlig in Einzelfasern aufgelösten Faserstoffe mit Hilfe einer Luftströmung durch einen Rotor oder eine Turbine mit hohen Umdrehungsgeschwindigkeiten direkt an die offenen Enden des fertigen Fadens an. Es ergeben sich sehr gleichmäßige, saubere Garne mit einer etwas stärker strukturierten Oberfläche, die etwas härter gedreht sein müssen. OE-Garne sind voluminöser, haben einen stumpferen Griff und geringeren Glanz; sie sind gegenüber ringgesponnenen Garnen um etwa 20% weniger fest. Das Verfahren eignet sich nicht für hochfeine (gekämmte) Garne, wohl aber auch für grobe Garne aus kurzstapeligem Material. – Die Garne nach dem zunächst einzig üblichen OE-Rotorverfahren werden korrekt als „OE-Rotor-" oder „Rotor"-Garne bezeichnet.

6. Beim Rotofilverfahren ergeben sich Garne von großer Gleichmäßigkeit mit einem Kern aus parallel liegenden Fasern, die von einzelnen Faserenden aus diesem Kern umwickelt und gebündelt sind. Das für DuPont geschützte Verfahren verwendet Acrylfasern für qualitätskontrollierte batistartige Gewebe und feine Gewirke mit dem Markennamen Nandel.

7. Beim Bobtex-Verfahren werden während des chemischen Ausspinnens des Filaments in den thermoplastischen Mantel einer Heterofilfaser Spinnfasern eingelagert, die die endlose Seele einhüllen. Mit dieser Methode wurde ein völlig neuer Weg beschritten.

Arten der Garne und Zwirne

Glatte Garne

Sämtliche Textilien bestehen aus natürlichen oder aus vom Menschen erfundenen Fasern, die durch Spinnen zu Garnen verbunden, durch Walken verfilzt oder durch moderne Verfahren der Herstellung von „non woven fabrics" mit Hilfe von Bindemitteln zu einem Flächengebilde zusammengefügt werden. Das Spinnen besteht im wesentlichen darin, daß durch Drehung um eine Achse kurze Fasern zu einem langen, zusammenhängenden Fasergebilde, dem Garn, zusammengefügt werden. Garne mit geringer Drehung und meist mit größerer Dicke werden vorzugsweise als **Schußgarne,** Garne mit höherer Drehung und größerer Feinheit als **Kettgarne** verwendet. Ob ein Garn als grob oder als fein bezeichnet wird, ist je nach dem Rohstoff verschieden; Garnstärken, die bei Baumwolle z. B. als Grobgarn bezeichnet werden würden, gelten bei Wolle als fein oder zumindest als mittelfein.

Je nach Art des Fasermaterials und der Feinheit des herzustellenden Garnes müssen beim Spinnen mehr oder weniger Fasern neben- und aneinander gefügt und durch Drehung befestigt werden. Sind die Fasern verhältnismäßig lang und liegen sie möglichst parallel im Garn, so zeigt das Garn eine im wesentlichen glatte Oberfläche. Die Garnoberfläche wird faserig und unruhig, wenn im Garn kürzere Fasern wirr durcheinanderliegen.

Zu den Garnen mit **glatter Oberfläche** zählen zunächst alle aus **endlosem Material.** Jeder Faden, der aus einem, mehreren oder vielen Einzelfäden besteht (monofil oder multifil), ist glatt und macht einen geschlossenen Eindruck. Ein aus Spinnfasern mechanisch hergestelltes Garn ist wegen der herausstehenden Faserenden rauh und offen. Zwischen den einzelnen, miteinander verschlungenen Fasern befindet sich Luft: das ganze textile Gebilde wird füllig. Baumwollgarne haben wir bereits auf den Seiten 47f., Leinengarne auf Seite 64 und Naturseidengarne auf den Seiten 159ff. dargestellt.

Zu Garnen mit glatter Oberfläche aus Spinnfasern zählen alle nach dem **Kammgarnverfahren** hergestellten Erzeugnisse; das Kammgarnverfahren wird bei allen Spinnfasern mit wolligem Charakter angewandt; ebenso die Garne aus gekämmter Baumwolle sowie „gasierte", deren abstehende Faserenden abgebrannt worden sind.

Glatter Garncharakter kann auch durch die Nachbehandlung hervorgerufen werden. **Eisengarn** ist ein steifes, glänzendes Baumwollgarn, das mit

verschiedenen Mitteln appretiert und auf Lüstriermaschinen geglättet worden ist.
Ein scharf gedrehter Baumwollzwirn, der durch Gasieren von seinen abstehenden Faserenden befreit wurde, heißt **Genappe.** Garn aus langstapeliger Baumwolle, das gasiert, mercerisiert und sodann gezwirnt wurde, bezeichnete man früher als **Flor,** heute hat sich dafür die Bezeichnung **Fil d'Ecosse** eingebürgert. **Sartel,** eine Bezeichnung, die häufig im Zusammenhang mit Fil d'Ecosse vorkommt, ist kein Gattungsbegriff, sondern eine Markenbezeichnung für ein französisches Garn aus besonders, langstapeliger, supergekämmter Baumwolle mit starker Zwirnung in Spezialausführung für Strickwaren.
Im Gegensatz zu den Kammgarnen, bei denen die kürzeren Fasern durch Auskämmen beseitigt wurden, handelt es sich bei den **Streichgarnen** um rauhere Garne mit kurzen Fasern. Es gibt kaum einen Faserstoff, der sich nicht zu Streichgarn verarbeiten ließe, bei kaum einem anderen Garnmaterial sind die Qualitätsunterschiede größer als bei diesem.
In der Baumwollspinnerei unterscheidet man zwischen **Watergarnen,** den auf der Ringspinnmaschine gesponnenen Kettgarnen mit stärkerer Drehung, den **Mediogarnen,** mit mittlerer Drehung, für Kette und Schuß zu verwenden, und dem **Mulegarn,** einem Schußgarn mit niedriger Drehung.
Abfallgarne, Fancygarne, Imitatgarne sind wenig wertvolle, füllige Garne aus Baumwollabfällen. Sie entsprechen etwa den geringwertigen Streichgarnen im Bereich der Wollspinnerei. **Gekämmte** Baumwollgarne sind sehr hochwertige, gleichmäßige Baumwollgarne ohne Kurzfasern, **supergekämmte** besonders sorgfältig bearbeitete. Unter den Dreizylindergarnen werden die besonders sorgfältig bearbeiteten Qualitäten als **kardierte** Garne bezeichnet. Wegen der Verschiedenheit der Garnbezeichnungen in der Spinnerei der einzelnen Rohstoffe diene folgende Tabelle als Vergleichsmaßstab:

Baumwollspinnerei	Leinenspinnerei	Wollspinnerei	Seidenspinnerei
gekämmte Garne	Kettgarne	Kammgarne	Florettgarne (Schappe)
kardierte Garne	Flachsgarne	—	—
Zweizylindergarne	Werggarne	Streichgarne	Bourette

Als Zwischengruppe zwischen den Garnen aus Spinnfasern und aus endlosem Material können die Erzeugnisse der Florettspinnerei angesehen werden, die verhältnismäßig lange Stücke ursprünglich endlosen Materials verarbeitet **(Langfaser-Spinnverfahren).** Hierher gehören auch **Spun-Nylon** und **Spun-Reyon,** Garne aus langen Chemiefaserstücken, die man in der Florettspinnerei verarbeitet hat und deren Aussehen, Griff und Verwendungsmöglichkeiten der Schappe ähnlich sind. Der in der Schweiz auch für Viskosespinnfasern gebräuchliche Ausdruck Spun-Reyon ist nach TKG in der Zukunft nicht korrekt. In diese Gruppe sind auch die neuen **„Filamentgarne mit Faseroptik"** vor allem aus modifizierten Polyesterfasern einzureihen.

Filamentgarne und Faseroptik

Filamentgarne mit Faseroptik sind also Garne aus endlosen Synthetics, vor allem aus Polyester, die es gestatten, Gewebe mit ausgezeichneter Formstabilität und mit relativ hohem Gewebevolumen bei niedrigen Flächengewichten zu konstruieren. Die guten Trageeigenschaften bleiben voll erhalten. Sie bieten wegen der guten Laufeigenschaften und der geringen Anfälligkeit gegen Faserflug auch Vorteile bei der Verarbeitung gegenüber ähnlichen Spinnfasergarnen. Die Faseroptik ist zunächst einmal das Ergebnis der Modifizierung der endlosen Chemiefasern. Bei Erhaltung des feinen Titers werden Griff, Warenbild, Struktur und Volumen von Fasergarnen imitiert und die Anfärbbarkeit verbessert. Dies kann durch Texturieren von Profilfasern (z. B. Dacron 2-4-2, Trevira 6-6-0, **Trevira Jet Set** als Mischung von Filamenten mit verschiedenem Profil) oder durch **Verwirbelung** etwa nach dem Taslan-Verfahren geschehen. Die Verwirbelung, die auch das Ziel hat, durch einen **Schutzdrall** (eine zusätzliche Drehung) die einzelnen Filamente im Gebrauch und während der Produktion vor Beschädigungen zu schützen und bereits gebrochene Kapillarfasern daran zu hindern, aufzuschieben und Flusen zu bilden, ist ein Texturierverfahren ohne Verdrehungstendenz.
Es wurden bereits Verfahren entwickelt, die es gestatten, die Verwirbelung bereits in den Streckprozeß oder in die Texturierung mit einzubeziehen. Bei der Herstellung von Spezial-Teppichgarnen wird der Prozeß des Verwirbelns auch „Intermingeln" genannt. Ein **Intermingled-Garn** erhält durch Zumischung auch relativ geringer Mengen andersartiger Filamente wesentlich veränderte Eigenschaften. Die verschiedenen Einzelfilamente werden durch Luft oder Dampf unter relativ hohem Druck so miteinander verwirbelt, daß eine recht innige Mischung der verschiedenen Komponenten des Garns entsteht.
Die Bezeichnung **„Unruhiges Garn"** hingegen wird für diejenigen neuartigen Mischungen von Faserstoffen verwendet, bei denen sich um einen festen Kern herum ein loser Mantel abstehender Fasern bildet. In diese Gruppe einzureihen sind Bobtex, Novacore, Pontella und andere Composit-Garne und -Zwirne. Oberbegriff für alle Filamentgarne mit Faseroptik ist der international übliche Ausdruck „Spunlike-Garn". Ein nicht zu unterschät-

zender Vorteil der meisten dieser Garne ist die Verbesserung der färberischen Eigenschaften. Auch dunkle Farben können gut ohne den gefürchteten Speckglanz der dunkel gefärbten Filamentgarne erzielt werden. Werden, wie bei Pontella, Polyesterfasern mit verschiedenartiger Anfärbbarkeit verwendet, kann in der Stückfärberei ein Melange-Effekt erzielt werden. Bei den meisten Garnen dieser Art werden Luftdurchlässigkeit, Wärmeaustausch, Feuchtigkeitstransport und Hautverträglichkeit verbessert.

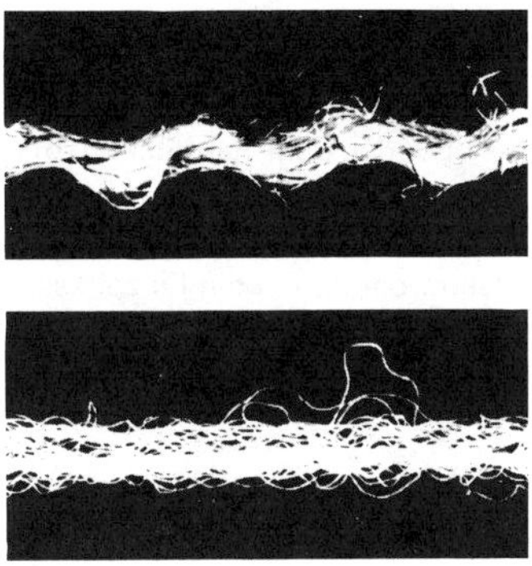

Abb. 159: Pontella. Vergleich eines sogenannten „Unruhigen Garns" aus Filamenten (Pontella, unten) mit einem gesponnenen Spinnfasergarn (oben), stark vergrößert.

Siro-Spinnzwirne

Ein neuartiges Verfahren, das auf Forschungen des Internationalen Wollsektretariates beruht und das zunächst vor allem bei Kammgarnen aus reiner Schurwolle eingesetzt wird, erlaubt es, Spinnen und Zwirnen in einem Arbeitsgang durchzuführen. Nicht nur die Rationalisierung in der Produktion war das Ziel, das mit dem neuen Verfahren angestrebt wurde. Es ermöglicht auch, hochfeine Kammgarne, die sich sogar für reinwollene Hemden und Blusen eignen, herzustellen; der Siro-Zwirn ist auch glatter und runder als herkömmliche Kammgarne und -zwirne. Gleichmäßigkeit des Fadens, Reißfestigkeit und Dehnung sind mit den Werten normaler Zwirne vergleichbar.
Das Sirospun-Garn bzw. der Sirozwirn wird auf der Ringspinnmaschine aus zwei getrennt verzogenen Vorgarnen hergestellt. Dabei erhalten sowohl die Einzelgarne als auch der komplette Zwirn ihre spezielle Drehung. Die technischen Vorteile liegen in erhöhter Produktionsleistung je Stunde, Verringerung der Fadenbrücke und in der Einsparung weiterer Verarbeitungsvorgänge. Nach dem Spinnzwirnen braucht nur noch gedämpft und gespult zu werden. Die produktionstechnischen Vorteile sind umso höher, je feiner das Erzeugnis ist. Das Verfahren ist geschützt. Es ist auch möglich, elastische Zwirne nach diesem Verfahren, das weltweit angewandt wird, herzustellen.

Effektgarne

Durch Effektgarne kann die Gewebemusterung auch ohne Farbe wirksam unterstützt werden. Meist handelt es sich um Zwirne, die sich nach ihrer Art in sieben Gruppen einteilen lassen.

1. Garne mit Titerschwankungen

Die Garne mit Titerschwankungen folgen entweder dem natürlichen Bild des Leinens und werden dann durch unregelmäßiges Spinnen von Stapelfasern hergestellt, oder man nimmt die Unregelmäßigkeiten der Wildseiden zum Vorbild und erzeugt endlose Chemiefasern, bei denen die Einzelfasern bereits einen unregelmäßigen Querschnitt aufweisen, also abwechselnd dünner oder dicker erzeugt werden. Zu dieser Gruppe gehört auch die Spezial-Teppichgarntype Trevira flammé.

2. Flammengarne

Flammengarne sind deutlicher unregelmäßig als die Garne mit Titerschwankungen und unterstützen ihre unregelmäßige Struktur häufig durch Farbwirkung. Man kann bei ihrer Herstellung schon auf das Krempelband Noppen aufbringen. Diese werden beim Krempeln leicht angerissen und erhalten auf diese Weise ihre längliche, flammenartige Form. Bei den **Einspeisflammen** oder **Abrißflammen** werden dochtige Garne beim Zwirnungsvorgang eingespeist, von zwei der den Zwirn bildenden feinen Garnen stückweise erfaßt, abgerissen und dann umzwirnt.

3. Knoten- oder Noppeneffekte

Die Noppen- oder Knotengarne erhalten ihren Effekt entweder durch Einstreuen der Noppen während des Spinnprozesses oder durch die Kombination verschieden hart gedrehter Garne beim Zwirnen. Stoffe mit kurzen, harten Noppen heißen Noppé, mit insgesamt körnigem Griff und unregelmäßig verstreuten Noppen **Boutonné** und mit harten, länglich (schwänzchenförmig) auslaufenden Queue de Cochon. – Knoten-, Noppen- und Raupeneffekte entstehen auch dadurch, daß beim Zwirnen der Grundfaden periodisch angehalten wird. Der Effektfaden häuft sich dann in bestimmten Abständen auf dem Vorzwirn an und wird bei nochmaligem Zwirnen durch einen dritten, gegenläufigen Faden fixiert.

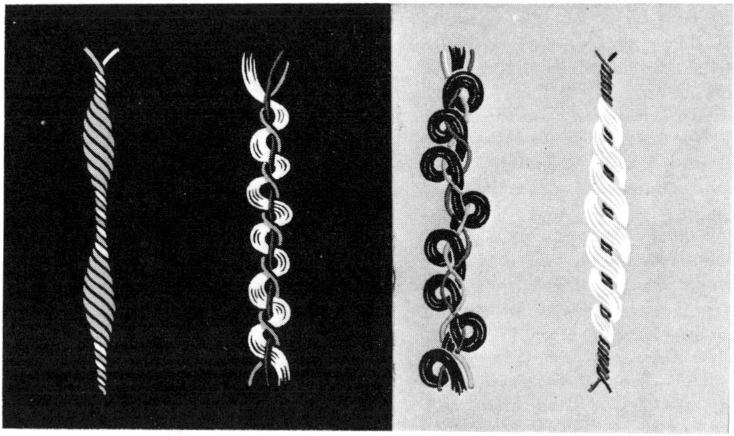

Abb. 160: Verschiedene Effektzwirne. 1. Knotenzwirn, 2. Bouclézwirn, 3. Schlingenzwirn (Loopzwirn), 4. Flammenzwirn.

4. Schlingeneffekte

Hierher gehören vor allem die Bouclé- und Loopzwirne. Bouclézwirne sind Effektzwirne mit gekräuseltem Aussehen, die Knoten, Schleifen oder Locken bilden. Loopzwirne zeigen deutliche, große Schlingen; der Ausdruck kommt vom „Looping", einer Figur der Kunstfliegerei. Als **Frisé** bezeichnet man bouclé-ähnliche, aber sehr feine Schlingenzwirne. **Frottézwirne** enthalten Schlingen und Knötchen abwechselnd. – Die Schlingeneffekte entstehen dadurch, daß beim Zwirnen der Effektfaden schneller zugeliefert wird und der Fadenüberschuß bei scharfer Drehung die Schlingen bildet.

5. Kräuselzwirne

Zu den Kräuselzwirnen zählen Umspinnungszwirne, bei denen ein Garn um ein anderes herumgezwirnt wird, und Effektzwirne, die durch das Verzwirnen zweier sehr hart gedrehter Garne mit geringer Zwirndrehung in Gegenrichtung ein wellenförmiges Aussehen erhalten **(Crewel)**. Beim **Ondé** handelt es sich um ähnliche Zwirne mit korkenzieherartigen Windungen.

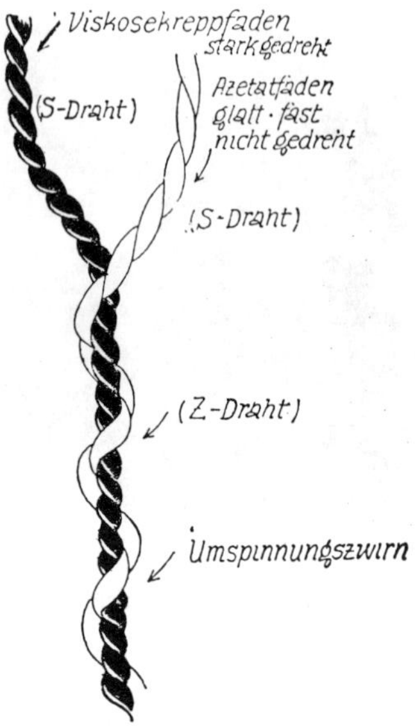

Abb. 161:
Umspinnungszwirn.

6. Materialbedingte Effektgarne

Mit besonderen Fasermischungen und neuartigen Aufbereitungsmethoden bekannter Rohstoffe lassen sich eine Reihe von Effekten erzielen, die lückenlos aufzuzählen schon deswegen unmöglich ist, da in jedem Jahr neue Garne hinzukommen und oft nur eine Saison lang Bedeutung behalten.
Coxlan ist ein französisches Effektmaterial aus Schurwolle im Charakter von Wolle mit Seide, das vor allem für feine Strickwaren verwendet wird.
Raphia ist ein italienisches Effektmaterial aus Viskosefilament und Synthetics in Bändchenform für modische Strickwaren im Bastcharakter. Die Strickwaren müssen stets liegend (also niemals hängend) getrocknet werden, damit sich die Gestricke nicht verziehen.

7. Core-spun-Garne

Umspinnungszwirne waren schon früher bekannt; die Technik wurde, entsprechend Abb. 160 zur Herstellung von Zwirnen mit verschiedenem Material eingesetzt; nach dem Weben war es im Hinblick auf die verschiedene chemische Verhaltensweise möglich, eine Komponente mustermäßig zu entfernen (Ausbrenner). Ganz besondere Bedeutung haben die Umspinnungszwirne erlangt, nach dem sich die rücksprungkräftig dehnfähigen

Texturgarne und Elasthan auf breiter Ebene durchgesetzt hatten. Die elastischen Filamente bilden den Kern des Umspinnungszwirnes, das zweite Fasermaterial hüllt den elastischen Kern ein (Abb. 161 S. 303).
Das Core-spun-Verfahren dient also ebenso zur Herstellung unelastischer **Kombinationsgarne** (Umspinnungszwirne) wie zur Erzeugung elastischer **Stretch-core-Garne.** Technisch ist zu unterscheiden zwischen einer Umwicklung eines Seelenfadens aus thermisch verformbaren, unausgeschrumpften Chemieendlosgarnen (z.B. **Stellanyl, Lismeran**), eines Kerns aus Elastomeren (klassisches Verfahren für die Umspinnung von Gummifäden) oder aus texturierten Synthetics mit einem *fertigen Garn;* dann haben wir einen Umspinnungs„zwirn" vor uns. **(„covered yarn").** Oder aber: Die Seele wird mit einem *Faserflor* **umsponnen,** also nicht um„wunden"; in beiden Fällen liegt der Kernfaden ohne zusätzliche Drehung im Garn. Bei den Stretch-core-Garnen erfolgt das Umspinnen oder Umwinden in gestrecktem Zustand.
Je nachdem, ob ein elastischer Kern oder ein „harter Kern" (z.B. aus Polyamid, Polyester oder Polyacryl) vorhanden ist und je nach Wahl des Umspinnungsmaterials lassen sich die verschiedensten Effekte und Verwendungsmöglichkeiten erzielen. Man kann die Elastizität der Elastomere mit den Eigenschaften der den Mantel bildenden Fasern kombinieren, um das Garn den Eigenschaften der später im Gewebe oder Gewirk zusammen verwendeten Materialien anzupassen oder die Scheuerfestigkeit der Elastomere zu erhöhen; man kann unelastische Polyesterkerne vor Nadelhitze oder zu hoher Dehnung schützen, oder bei Kombination zweier unelastischer Chemiefäden beide Materialeffekte zur Wirkung gelangen lassen. Die hygienischen Eigenschaften werden durch Umspinnung mit Wolle oder Baumwolle verbessert, die Kombination harter Polyamidseelen mit Baumwolle ergibt sehr strapazierfähige, wasserdichte Gewebe für Planen. – Das Färben von Erzeugnissen der Core-spun-Technik ist je nach verwendeten Fasern nicht unproblematisch; Stückfärbungen werden bevorzugt. – **Umwindungsgarne,** vor allem mit einem Kern aus Schaumstoff-Schnittfäden **(Aerolen, Ceolon)** werden nicht in die Gruppe der Core-spun-Garne eingeordnet.
Eine völlig neue Technik, spinnfaserähnliche **(„spun-like") Compositgarne** bzw. -Zwirne herzustellen, erlaubt das 1980 voll entwickelte **Novacore-Verfahren.** Es handelt sich um Zwirne aus zwei Garnen in variabler Falschdraht-Drehung, wobei jedes Garn aus einem Kern aus (Polyester- oder Polyamid-) Filamentgarn und einem Mantel aus 100% Naturfaser (Wolle, Baumwolle, Ramie, Leinen) zusammengesetzt ist. Technisch möglich ist auch ein Mantel aus Chemie-Spinnfaser oder Metall- und Mineralfasern.

Das Compositgarn wird in der Novacore-Maschine in einem Arbeitsgang hergestellt; ihr werden zwei Faserspinnbänder und zwei glatte oder texturierte Filamentgarne zugeführt. Jedes Spinnband wird für sich verstreckt

und sodann mit einem Filamentgarn in einem System variabler Falschdrahtdrehung verbunden.
Der entscheidende Fortschritt dieser neuen Technologie liegt in der erheblichen Einsparung teurer Spinnfasern bei gleichem Verwendungszweck der Compositgarne gegenüber Garnen aus reiner Spinnfaser. Denn die Mantelfasern sind so fest mit den Filament-Kernen verbunden, daß bei hoher Abriebfestigkeit der Kern nicht durchscheint. Novacore-Wollstoffe, z. B. Gabardine oder Popeline, halten durchaus dem Vergleich mit feinen Stoffen aus reiner Wolle stand. Dabei finden sich im Wollkammgarn-Querschnitt bis zu 45 Fasern, während es bei Novacore möglich ist, nur 20 oder sogar nur 15 Fasern einzuarbeiten.
Champalex ist ein geschütztes Verfahren der Verspinnung und Ausrüstung bei elastischer Web- und Wirkware aus sehr feinen Lycra-Fäden, die mit Nylon, Orlon, Naturseide, Wolle, Baumwolle oder Viskose umzwirnt sind.
Lascor, ein deutsches Erzeugnis von Gerrit, gehört in die gleiche Kategorie.
Corlastic ist ebenfalls ein Umspinnzwirn mit Elasthan-Seele und Baumwoll(Flor-)Mantel. Besondere Anwendungsbereiche der Kombination Wolle oder Baumwolle mit Elasthan ergeben sich auf dem Strumpfmarkt; Socken aus diesem Material sitzen faltenfrei, geben angenehmes Tragegefühl und haben lange Lebensdauer. Das Größensortiment, das der Handel unterhalten und die Industrie produzieren muß, wird wesentlich verringert. Man hat hierfür auch den Ausdruck **„kernelastisch"** geprägt. Dehnfähigkeit bedeutet aber auch, daß das Garn „arbeitet", bei jeder Bewegung des Fußes zum Beispiel, und „arbeiten" heißt in diesem Zusammenhang auch „scheuern". Deshalb mischt man die Wollgarne als Mantelmaterial gerne mit Perlon, Orlon oder Dralon, um die Gebrauchstüchtigkeit zu erhöhen. Bei dem relativ hohen Preis der Strumpfwaren aus Core-spun-Garnen wird vom Verbraucher auch hohe Haltbarkeit erwartet. Der Wollanteil bei den Mischgarnen für die Umspinnung schwankt von 70% (wegen der Festigkeit) bis 30% (wegen des Feuchtigkeitstransportes und des Tragegefühls als Untergrenze).
Cotton-in ist eine Schutzmarke für qualitätsüberwachte Unterwäsche aus einem Core-spun-Garn mit einem Kern aus spezialtexturiertem Polyamid (15%) und einem Baumwoll-Umspinnungszwirn (85%), geschützt für Rhône-Poulenc. Die Fertigerzeugnisse zeigen hervorragende Elastizität bei guter Haltbarkeit und Formbeständigkeit; sie bleiben auch nach der Wäsche weich.
Die zweite wichtige Gattung der Core-spun-Garne mit Elastomer ist die Kombination mit elastischen Falschdrahtgarnen, also texturierten Synthetics der Helanca-Art. Das Elasthan gibt dem Material Geschmeidigkeit, Tragekomfort und höhere Elastizität, das Helancamaterial umgibt schützend die Elasthan-Seele und erhöht die Strapazierfähigkeit. **Hecospan** kombiniert Dorlastan mit Helanca, **Spanbil** Lycra mit Helanca.
Die Umspinnungszwirne sind aber auch auf dem Nähmittelsektor heimisch

geworden. Ein englischer Umspinnungszwirn, **Polyfil**, enthält einen festen Terylenekern, der von einer Baumwollfaser umsponnen wird. Der Baumwollüberzug schützt den Faden vor hoher Nadelhitze und hoher Dehnung. Der Faden kann ohne Veränderung der Maschineneinstellung anstelle von Baumwollfäden verarbeitet werden. Wichtig sind solche Nähfäden zum Nähen dichter Stoffe aus Synthetics und Permanent-Preß-Materialien. Das ähnlich konstruierte **Codur**-Garn ist speziell auf Permanent-Preß abgestimmt. Es gibt sogar schon Nähfäden mit einer Seele aus Nomex, die immer dann Verwendung finden, wenn sich aufgrund der Art des zu verarbeitenden Nähgutes die Nadeln sehr stark erhitzen.

Garne aus Fasermischungen

Noch Mitte der Sechziger Jahre genügte es, auf die Mischungsmöglichkeiten im Rahmen der einzelnen Fasertypen hinzuweisen. Wolliges paßte eben zur Wolle, baumwollähnliches zur Baumwolle. Durch die Schaffung verschiedener Abwandlungen und Erscheinungsformen synthetischer Fasern und Fäden wurde eine Fülle von Faserkombinationen geschaffen, für die hier zur Darstellung des Variationsreichtums nur einzelne herausgegriffen werden können, da die Abwandlungen sich mindestens jede Saison im Hinblick auf die Schwerpunkte der Mode doch ändern und fast täglich neue Variationen für bestimmte Spezialzwecke auf den Markt kommen.

Allein für eine Kleiderstoffsaison gab es für **Dralon** Kammgarne mit 20% Mohair für sportliche Strickwaren, flauschige Strickgarne aus 70% Dralon, 20% Angora, 10% Merino-Schurwolle, die den Strickwaren eine Oberfläche mit Angora-Sticheleffekten verliehen; es gab Flammengarne aus 55% Dralon mit 45% Schurwolle, es gab lüsterartig glänzende Effektgarne aus Dralon-glänzend/Schurwolle. Als weiteres Beispiel für den Variationsreichtum, der offenbar gerade den Acrylfasern innewohnt, sollen einige Mischungen mit der Faser Acrilan dienen: **Joy**, ein Hochbausch-Kammgarn aus Melangen, 80% Acrilan und 20% Schurwolle; Acrilan/Leinen 80/20; Acrilan/Polynosic 55/45; Acrilan/Schurwolle 70/30 und Acrilan Baumwolle 70/30 sind weitere Beispiele des Wandlungsreichtums. Für Strümpfe gibt es Acrilan Hochbausch/Nylon 80/20 und Acrilan/Schurwolle/Nylon Hochbauschmischung 60/20/20 und noch vieles andere mehr. Für die Polyestergarnmischungen sei nur auf Kombinationen Schapira mit Trevira/Wolle-Flammengarn 70/30 oder Schapira mit Kaninhaar/Trevira/Wolle hingewiesen. Unter den Mischungen mehrerer Synthetics sind außer den **DD-Garnen** (Diolen/Dralon) insbesondere solche zu erwähnen, die besondere färberische Ziele im Auge haben (Beispiel: **Umbralan-Garne**

von Adolff, die auf Polyamidbasis oder texturierten Endlosgarnen in der Stückfärbung einen Space-dyed-Effekt ergeben).
Leider gibt es eine Reihe von Fasermischungen mit Markencharakter, die den Markenwirrwarr auf dem Faser- und Garn-Sektor noch vervielfachen und die alle aufzuzählen ein eigenes Buch füllen würde. Hier zu erwähnen sind die Entwicklungen des **Syntric**-Verbundes, der Neuschöpfungen durch Fasermodifizierung und Spinntechnik zum Ziel hat. Um modischen Entwicklungen zu folgen, werden die Garne abgewandelt durch Feinheit des Titers, Faserlänge, Kräuselung, Faserquerschnitt und Faseroberfläche, Farbe und Farbaffinität, Glanz und Reflexion des Garns – kurz, mit praktisch allen Mitteln, die zur Neuentwicklung von Garnen zu Gebote stehen. Ein Beispiel hieraus ist **Linel** aus 80% Dolan spinngefärbt und 20% Leinen. Fasermischungen mit Markencharakter sind auch **Sympa-fresh** als geschütztes Zeichen für Leibwäsche aus einer reinweißen, glänzenden, kochbaren Spezial-Diolen-Faser mit 1,7 dtex mit Baumwolle, **Lancofil** aus der Schweiz für flockegemischte Wolle/Baumwolle (leichte und gut wärmende Damenunterwäsche), **Cargill** als weiches Schurwoll- und Mischgarn für Strickwaren, **Elastolan** für stark bauschige, nach geschütztem Spinnverfahren gesponnene Garne für Maschenwaren aus Schurwolle mit geringem Synthetic-Anteil. **Viralen** von Adolff besteht zu je einem Drittel aus Baumwolle, Viskose und Acrylfaser und wird für leichte, warme, waschmaschinen- und kochfeste Unterwäsche verwendet. **Cora** ist ein Zwirn aus Orlon und Ramie, auch mit Spinnflammen für Strickwaren.
Colcoton ist ein Warenzeichen für Qualitätsgarne verschiedener Art. Die ersten Erzeugnisse waren hochwertige gekämmte, gasierte und mercerisierte Baumwollgarne für Maschenware, dann folgten Einfachgarne und Zwirne aus 50% Baumwolle und 50% Merinowolle in der Flocke gemischt, wobei die Merinowolle auf die langstapelige Baumwolle abgestimmt werden mußte. Erzeugnisse daraus sind schrumpf- und filzfest, ungefärbt bis 60 °C waschbar und sehr strapazierfähig.
Der Mode entsprechend wurden in den letzten Jahren auch Spezialgarne durch gemeinsame Verarbeitung endloser Chemiefäden entwickelt, zum Teil in Kombination von texturiertem mit untexturiertem Material **(Demitexturé)**. Als Beispiele seien genannt: Rhoacron verzwirnt 20% Nylon und 80% Acetat, die Bauschigkeit entsteht in der Ausrüstung durch das stärker schrumpfende Nylon. **Raycelon** ist ein feines, kreppartiges Kombinationsgarn aus Viskosefilament und dem Polyamid 6 Evlan.

Garne und Zwirne mit Farbmusterung

Melangen

Zwei oder mehrere verschiedenfarbige Flocken werden zu einem Garn versponnen. Das Spinngut wird also als Einzelfaser gefärbt und gut gemischt. Als **Naturmelangen** oder **Sortierungsfarben** bezeichnet man Garne, bei denen man von Natur aus verschiedenfarbige Einzelfasern, die in einem dem gewünschten Farbcharakter entsprechenden Verhältnis farbig gemischt und sortiert wurden, gemeinsam verspinnt. Kamelhaar und Alpaka und sogar Schafwolle eignen sich zur Bildung von Naturmelangen. Ein typisches klassisches Melangegarn ist **Marengo**, eine Mischung aus etwa 95% schwarzen und 5% weißen Fasern.

Vigoureux

Vigoureux ist nur aus Wolle und aus Mischungen aus Wolle mit Synthetics oder Chemiefasern üblich und gibt einen der Melangetönung ähnlichen Farbeffekt; die Einzelfarben sind aber bei Vigoureux kaum mehr zu erkennen und weniger klar zu sehen als bei Melange. Es entsteht eine ziemlich einheitliche Mischfarbe. Mit dem französischen Ausdruck Vigoureux (sprich: Wiguröh) bezeichnet man ein Kammgarn, das im Kammzug, also im noch unversponnenen Zustand, streifenweise **bedruckt** worden ist.

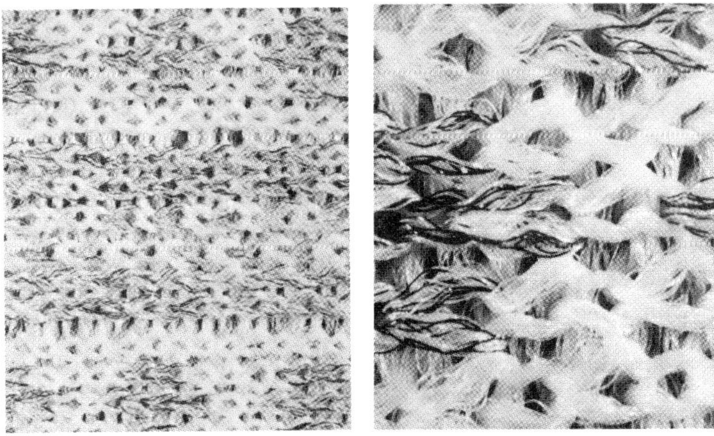

Abb. 162: Die Mikrofotos zeigen deutlich die Mischung schwarzer und weißer Kapillarfäden in einem Garn (Maßstäbe – links: 7:1; rechts: 20:1) (Diolen-loft-Melange).

Mouliné

Bei Mouliné als Bezeichnung für eine Farbmusterung (der gleiche Ausdruck wird auch für weiche Zwirnung ganz allgemein verwendet) handelt es sich stets um einen Zwirn, nicht um ein Garn. Zwei oder mehrere verschiedenfarbige Garne werden zu einem Zwirn vereinigt, der dann den Geweben ein gesprenkeltes Farbbild gibt. Man kann zur Erzielung der gleichen Wirkung auch zwei Garne aus verschiedenen Rohstoffen mit verschiedenem färberischen Verhalten miteinander verzwirnen (zum Beispiel Wolle mit Acetat-Spinnfaser) und nachträglich so einfärben, daß jeder der beiden Rohstoffe eine andere Farbe erhält.

Jaspé

Bei Jaspé werden zwei verschiedenfarbige **Vorgarne** zusammen versponnen (also nicht verzwirnt); es ergibt sich ein eigenartiger Farbeffekt, der manchmal (billiger) durch Mouliné imitiert wird. Echtes Jaspé ist recht selten und auch meist hochwertig, denn die Garne müssen vom Weber in den einzelnen Farbstellungen vorausdisponiert werden, während bei Mouliné nachträglich Umdispositionen meist unschwer möglich sind. Das höhere Risiko beim Jaspé wird nur dann übernommen, wenn der Jaspéeffekt dem Gewebe einen besondere Reiz verleiht und wenn die Güte der Qualität den Einsatz eines doch nicht billigen Effektmaterials gestattet.

Partienweise Färbung und Differential-Dyeing

Große Bedeutung insbesondere im Bereich der Teppichgarne haben in den letzten Jahren die Methoden erlangt, mit deren Hilfe Teilfärbungen von Garnen zur Erzielung von Mehrfarbeffekten auf dem gleichen Garn möglich sind. Diese Teilfärbungen des Garns wirken sich auf dem fertigen Erzeugnis als unregelmäßige Farbmusterung aus. Die **partienweise Garnfärbung** darf nicht verwechselt werden mit **Differential-Dyeing.** Mit dieser Sammelbezeichnung erfaßt man Mehrfarbmusterungen (Ton-in-Ton-Effekte oder Additionsfärbungen) durch Einsatz von Fasermaterial mit *verschiedener Farbaffinität,* wobei bei Polyamiden die besten Erfolge mit Copolymerisaten erzielt werden, bei Wollgarnen ein Teil des Fasermaterials in seiner Farbaufnahme durch Beizen vor dem Färben verändert wird. Auch die Bi-Pol-Färbeverfahren zählen im Grunde zu Differential-Dyeing. Hierbei werden in der Stückfärbung von Tuftingteppichen aus Polyamid- und Polypropylenfasern die Polspitzen anders angefärbt als der Polgrund. Hierher gehört auch das **Maifoss-Verfahren,** ein einbadiges Verfahren der Wollfärberei zur Erzielung von Zweifarbeffekten mit Hilfe ausgewählter Metallkomplexfarbstoffe unter Ausnutzung oder Steigerung

der Eigenschaft der Wollhaare, sich unter bestimmten Bedingungen an Spitze und Wurzelenden verschieden anzufärben. Die dem Oberbegriff des Differential-Dyeing zuzurechnende Methode, Mehrfarbeffekte bei Geweben und Maschenwaren in einbadiger Stückfärberei dadurch zu erzielen, daß Chemiefasern mit verschiedener Farbaffinität gemeinsam verarbeitet werden, trägt auch den Namen **Cross dyeing.** Man verarbeitet z.B. zwei Acrylfasertypen, von denen die eine sauer die andere basisch anfärbt. Im Farbbad sind saure und basische Farbstoffe enthalten, die selektiv auf die Fasern aufziehen und so eine Kontrastfärbung ermöglichen. Auch das **Multi-Krome-Verfahren** gehört in diese Gruppe. Es handelt sich hierbei um die Behandlung eines Teils der zu verspinnenden Wolle mit Chromsalzen zur Veränderung der Farbaffinität (Geigy) als Vorbereitung von Differential-Dyeing-Färbungen von Teppichgarnen.
Der für eine amerikanische Firma geschützte Ausdruck **Space-dyeing** ist gleichwohl zum Oberbegriff für alle partieenweisen Färbeverfahren geworden und damit zum Gegensatz von Differential-Dyeing. In die so bezeichnete Gruppe fallen die Verfahren des stufenweisen Eintauchens von Garnsträngen ins Färbebad **(Dip-dyeing)** ebenso wie stellenweises Abbinden des Garnstrangs und vollständiges Eintauchen ins Färbebad **(Clip-dyeing)** und Spezialverfahren des Kettdrucks. Bei **Astro-dyeing** erfolgt das örtliche Anfärben der Garne durch Injektionsapparate; es können bis zu vier verschiedene Farblösungen injiziert werden. Zu diesem Prinzip der mehrfarbigen partieenweisen Einfärbung der Garne gehört auch die **Spectral-Färbung.** Auf dem Garn entstehen verschiedenfarbige Abschnitte von 5–60 mm; der Eindruck des verarbeiteten Materials erinnert oft an Mouliné, kann aber sehr viel stärker abgewandelt werden und bunter sein. Da die Verfahren der partieenweisen Färbung eine Farbmusterung von Fertigartikeln ohne Einsatz von Rouleaux- oder Filmdruckmaschinen gestatten, dringen Garne dieser Art auch bei Maschenwaren und Modegeweben vor.

Das Wichtigste – kurz zusammengefaßt

1. Kettgarne sind stets höher gedreht als Schußgarne. Besonders glatte Garne werden nach dem Kammgarnverfahren in der Wollspinnerei gewonnen; ihnen entsprechen die Kettgarne in der Leinenspinnerei, die gekämmten Garne in der Baumwollspinnerei und die Schappegarne in der Seidenspinnerei. Genappe und Fil d'Ecosse sind mercerisierte und darum waschfest glänzende Baumwollgarne mit hoher Drehung, deren abstehende Fäserchen durch Gasieren entfernt wurden.
2. Bei Streichgarnen sind die Fasern kürzer, ungleichmäßiger lang und liegen ungeordneter durcheinander. Dem Streichgarn entspricht in der Baumwollspinnerei das Zweizylindergarn, in der Leinenspinnerei das

Werggarn und in der Seidenspinnerei Bourette. Qualitativ liegen zwischen diesen Gruppen kardiertes und normales Dreizylindergarn in der Baumwollspinnerei und Flachsgarn aus Leinen.

3. Filamentgarne mit Faseroptik entstehen durch Modifizierung endloser Chemiefaser-Filamente, vor allem Polyester; Stoffe daraus imitieren Griff, Warenbild, Struktur und Volumen von Geweben aus Fasergarnen. Sie haben jedoch den Vorteil ausgezeichneter Formstabilität und besonders guter Anfärbbarkeit. Intermingled-Garne wurden speziell für Tufting-Teppiche entwickelt und stellen eine besonders innige Mischung verschiedener texturierter Chemiefasern dar. Als Unruhiges Garn bezeichnet man jene Erzeugnisse, bei denen um einen Kern aus endlosen Synthetics ein loser Mantel abstehender Spinnfasern gebildet wird, z. B. Bobtex, Novacore, Pontella und andere „Composit"-Garne. Spunlike-Garn ist der international gebräuchliche Ausdruck für alle Garne, bei denen mit Hilfe endloser Synthetics die Optik und die Verhaltensweise von Spinnfasergarnen imitiert werden.
4. Siro-Spinnzwirne sind hochfeine glatte und runde Zwirne aus Vorgarnen aus reiner Schurwolle, die in einem Arbeitsgang auf der Ringspinnmaschine hergestellt werden.
5. Zu den Effektgarnen zählen Garne mit Titerschwankungen, die das Bild der Leinengarne oder der Wildseiden zu imitieren versuchen. Deutlicheren Flammencharakter haben die Flammengarne, die auch zusätzlich farbgemustert sein können. Knoten- und Noppeneffekte werden durch die Kombination verschieden gedrehter Garne zum Zwirn oder durch Einlagerung von Faserknötchen und Nöppchen während des Spinnprozesses hervorgerufen, während Bouclé- und Loopeffekte mit Schlingenbildung dadurch entstehen, daß beim Verzwirnen mit einem Kernfaden der Schlingenfaden ruckweise zugeführt wird. Kräuselzwirne (Ondé, Crewel) entstehen durch das Verzwirnen verschieden gedrehter Garne und haben ein welliges oder gewundenes Aussehen.
6. Zu den Fäden mit Farbmusterungen gehören Melangen aus verschiedenfarbiger Flocke, die gemeinsam zum Garn versponnen wurde, und Vigoureux, bei dem bedrucktes Kammgarn ausgesponnen wurde, mit gleichmäßiger Vielfarbmusterung, wie sie bei Melangen üblich ist. Moulinézwirne bestehen aus mehreren verschiedenfarbigen Garnen, während bei Jaspé verschiedenfarbige Vorgarne zu einem Garn mit besonders typischer Musterung ausgesponnen wurden.
7. Garnfärbungen entstehen auch im Differential-Dyeing-Verfahren unter Einsatz von Fasermischungen mit verschiedener Farbaffinität oder durch Bi-Pol-Färbeverfahren (Wolle: Maifoss-Verfahren) mit unterschiedlicher Anfärbung der Polspitzen im Teppich bzw. der Wollfaserenden. Partienweise Färbung von Garnen (Space-dyeing) ist möglich durch stufenweises Eintauchen von Garnen, Färben von stellenweise abgebundenen Garnsträngen oder Einspritzen von verschiedenen Farben

durch Injektionsapparate in Kreuzspulen (Astro-dyeing, Spectral-Färbung). Es ergeben sich moulinéartige, aber kräftiger-farbige Effekte.

8. Core-spun-Garne sind Umspinnungszwirne. Der Ausdruck wird besonders häufig gebraucht für Zwirne mit einer Seele (Kern) aus Elastomeren und einem Mantel aus unelastischem Material (z.B. Wolle mit Chemiefasern, Baumwolle), wobei der Kern die Elastizität, das Umspinnungsmaterial die übrigen Eigenschaften des Garnes vermittelt. Beispiele: Champalex, Lascor, Corlastic. Core-spun-Garne mit Elastomer-Seele und Helanca als Umspinnungsmaterial sind angenehm dehnfähig und sehr strapazierfähig, aber teuer. Beispiele: Hecospan, Spanbil.
9. Die Vielfalt der Mischungsmöglichkeiten der verschiedensten Fasern miteinander wird die Entwicklung der Zukunft mehr kennzeichnen als die Schaffung neuer Fasertypen. Ziel der verschiedenen Fasermischungen kann sein, besondere Gebrauchseigenschaften zu erreichen, die färberischen Möglichkeiten zu erweitern, neue Modeeinfälle zu verwirklichen oder bestimmte Effekte auf technisch einfacherem oder preisgünstigerem Wege zu erhalten. Das verdeutlicht, wie sinnvoll die Pflegekennzeichnung für den Verbraucher ist und in Zukunft sein wird.

Texturierte Garne

Die texturierten Garne leiten wohl (zusammen mit den synthetischen Fasern) eine neue Epoche des textilen Schaffens ein. Unter „texturieren" versteht man die Behandlung von endlosen Chemiefasern mit Spezialverfahren oft unter Ausnutzung der thermoplastischen Eigenschaften zur Erzielung von erheblicher Bauschkraft, Elastizität und Deckfähigkeit und zur Erhöhung der Wärmehaltung und der Feuchtigkeitsaufnahme, kurz: zur Verbesserung der „textilen" Eigenschaften. Der Glanz wird durch das Texturieren abgemildert, die Neigung zur Pillingbildung weitgehend beseitigt. Das älteste Verfahren dieser Art basiert auf einer französisch-amerikanischen Erfindung aus dem Jahre 1931, die von der Heberlein & Co. AG, Wattwil, zur Produktionsreife weiterentwickelt wurde; die nach diesem Verfahren hergestellten Garne und Zwirne sind seit 1936 unter der Bezeichnung „Helanca" geschützt. Ursprünglich für Viskosefilamente, später für Acetat bestimmt, hat sich das Verfahren vor allem auf der Rohstoffbasis der Synthetics weiteste Verbreitung sichern können.
Mit Texturieren erreicht man in einer Fertigungsstufe, was in der klassischen Spinnerei mehrere Fertigungsstufen erforderte; die ursprünglich glatten Fäden werden völlig, aber recht verschiedenartig verändert. Allen Texturierverfahren gemeinsam ist die kräuselartige Verformung der endlosen Kapillarfäden, die einhergeht mit einer Vergrößerung des Porenvolumens, wo-

durch Feuchtigkeits- und Schweißtransport verbessert und infolge der eingeschlossenen Luft das Wärmerückhaltvermögen erhöht wird. Die Dehnfähigkeit und das Rücksprungvermögen läßt sich durch verschiedene Verfahren dem jeweiligen Verwendungszweck anpassen. Texturiert werden können Fasern unter Ausnutzung einer strukturellen Uneinheitlichkeit im Faseraufbau, Stoffe und im engeren Sinne Filament- und Fasergarne.
Bei den meisten Texturierverfahren stehen **Volumen** und **Elastizität** in einem gewissen Abhängigkeitsverhältnis zueinander; wird besonders hohes Volumen gewünscht, muß auf hohe Elastizität verzichtet werden und umgekehrt. Bei allen Texturierverfahren wird gegenüber dem Ursprungsgarn aus den Synthetics mit verhältnismäßig glatter Oberfläche durch das Kräuseln der Fasern der **Lufteinschluß** wesentlich erhöht und damit das Tragegefühl der Fertigerzeugnisse günstig verändert. Auch das Oberflächenbild wirkt nicht mehr glatt-glänzend und „kalt", sondern angenehm-textil und mehr oder weniger gebrochen-matt. Die Pflegevorteile der Synthetics allerdings sind erhalten geblieben.
Als Texturierung im engeren Sinne versteht man die **mechanische** Bearbeitung der Garne unter Hitze, Druck und verschiedenen Methoden der Verformung. Zur Texturierung im Allgemeinen und im erweiterten Sinne zählt auch die **Chemietexturierung,** die vorderhand hauptsächlich bei Acrylfasern vorkommt und deshalb dort behandelt wurde (Orlon-Sayelle); es ergeben sich Zweikomponentenfasern (Ungleichmäßigkeiten in der inneren Faserstruktur, auch **Bikomponentenfasern** genannt). Eine weitere Gruppe der **Spinnfaserbauschgarne** entsteht durch **Mischung** schrumpfbarer und kaum schrumpfbarer Fasern gleichen Typs **(Differential-Schrumpfverfahren).** Auch diese Methode ist vorderhand im wesentlichen auf die Acrylfasern beschränkt und dort dargestellt worden. Häufig wird auch das **Rhiaknotverfahren** unter die Texturiermethoden eingereiht. Hier handelt es sich aber eigentlich um ein aus einem Umspinnungszwirn gebildetes Effektmaterial nach einem Spezial-Zwirnverfahren, wobei ein Grund- und ein Schlingenfaden so verbunden werden, daß ein höheres Volumen und ein rohseidenartiges Bild entsteht.

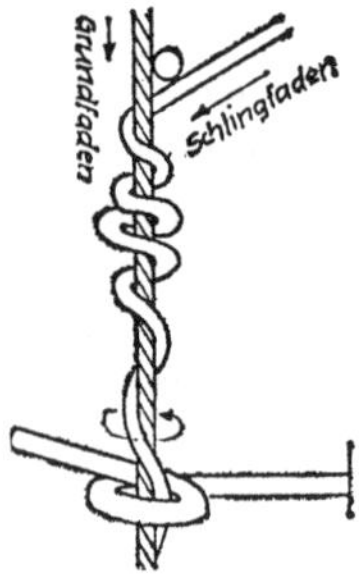

Abb. 163: Das Rhiaknotverfahren: Grund- und Schlingenfaden werden unter Drehungsgebung verbunden.

Einteilung der Kräuselgarntypen

Nach ihren Eigenschaften und deren Kombination (Dehnung, Elastizität, Volumen und Bauschcharakter) teilt man die Erzeugnisse der verschiedenen Texturierverfahren wie folgt ein:

1. **HE-Garne (Stretch-Garne): H**och**e**lastische, sehr dehnfähige Kräuselgarne mit einer Kräuseldehnung von 150–300% und einer Kräuselkontraktion von 65–70% sowie hochelastische glatte Garne mit starker Verdrehungsneigung. Hierher gehören vor allem die Echtdraht-(Helanca), die Falschdrahtgarne sowie die nach dem Trennzwirn- oder nach dem Kantenzieh-Verfahren hergestellten Texturgarne.

2. **Set-Garne**: Voluminöse Kräuselgarne mit verminderter Elastizität und Dehnfähigkeit; bei diesen Garnen ist die Dehnfähigkeit auf 35–45%, die Kräuselkontraktion auf 20–25% reduziert; diese Garne werden nach den modifizierten Torsionskräuselverfahren durch Nachfixieren mit geringer Spannung hergestellt.

3. **Bauschgarne**: Gebauschte, sehr voluminöse Kräuselgarne mit normaler Elastizität und einer je nach Verfahren unterschiedlichen Kräuseldehnung. Erzeugnisse dieser Art entstehen im Düsenblasverfahren, im Stauchkammer-, Strickfixier- und Zahnradkräuselverfahren. Diese Garne zeigen keinerlei Verdrehungstendenz. Als Oberbegriff für die **Texturier-Verfahren ohne Verdrehungstendenz** wird auch der Ausdruck **Verwirbelung** verwendet.

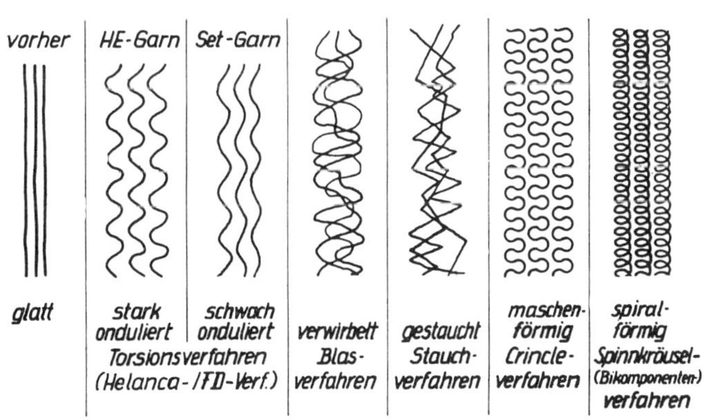

Abb. 164: Schematische Darstellung der bei den Texturierverfahren entstehenden Kräuselungsformen.

Torsionsbauschung

Torsionsbauschung oder Torsionskräuselung wird als Oberbegriff für alle Verfahren verwendet, bei denen eine elastische Kräuselung durch Drallgebung mit gleichzeitiger Thermofixierung erfolgt. Nur die torsionsgebauschten Texturgarne – deren Anteil an der Herstellung aller texturierten Synthetics mit etwa 70% mit Abstand der größte ist – zeigen auch als stabilisiertes Garn eine Verdrehungstendenz als Folge der spiraligen Kräuselung. Das Helancaprinzip Hochdrehen-Fixieren-Rückdrehen ist heute nach verschiedenen Verwendungszwecken und Herstellungsmethoden abgewandelt worden. Während das sogen. **klassische Verfahren** („Echtdraht-Verfahren") die Vorgänge Hochdrehen auf 2000 bis 3500 Touren je m, Fixieren unter Dampfeinwirkung und Rückdrehen über den ursprünglichen Nullpunkt hinaus in einzelnen Arbeitsgängen hintereinander abwickelt und daran das Zusammenzwirnen eines S- und Z-gedrehten Garnes zum Ausgleich der unterschiedlichen Verdrehungstendenz mit dem Vorteil leichterer Verarbeitbarkeit anschließt, verbindet das heute beherrschende **Falschdrahtverfahren** diese Einzelvorgänge zu einem rationellen, kontinuierlichen, also ununterbrochenen Arbeitsgang.
Beim Falschdrahtverfahren wird das glatte Material z. B. mit S-Dehnung hochgezwirnt. Gleichzeitig durchläuft es das beheizte Fixieraggregat. Mit Hilfe einer sinnreichen Vorrichtung, dem „Drehröhrchen", wird das weiterlaufende Garn an der Stelle der Drehungsumkehr festgehalten und in Gegenrichtung gezwirnt. Das Drehröhrchen (die „Falschdrahtspindel") rotiert sehr schnell in entgegengesetzter Drehrichtung. Wesentlich dabei ist, daß die Zuführungswalzen etwas schneller laufen als die Abzugswalzen,

Abb. 165: Das Falschdraht-Verfahren, eine Zusammenstellung der einzelnen Phasen.

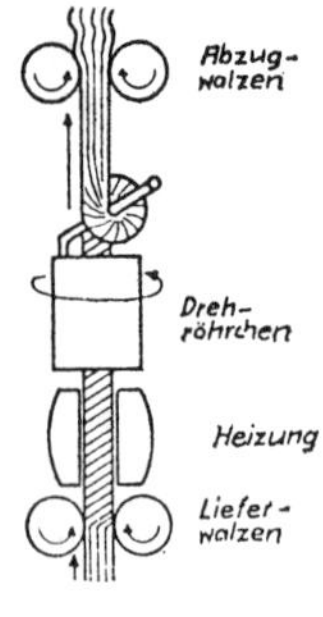

Abb. 166: Detailzeichnung der Garnbehandlung beim Falschdrahtverfahren. Das Drehröhrchen als Falschdrahtspindel bewirkt die Drehungsumkehr.

so daß dazwischen auch eine Stauchung eintritt. Wenn das Garn frei wird und aufgespult werden kann, drehen sich die beiden gegensätzlichen Drehrichtungen wieder auf.
Für bestimmte Verwendungszecke kann ein Einzelfaden verarbeitet werden (z. B. für Feingewebe, die durch Helanca einen weicheren Griff erhalten). In der Regel werden aber ein S- und Z-gedrehter Faden miteinander leicht verzwirnt, wodurch sich Spannungen ausgleichen und das Material leichter verarbeitbar wird. Die Einzelfäden im fertigen Garn liegen nicht mehr parallel und gestreckt beieinander, sondern wirr, die Einzelkapillaren zeigen kleine Schlingen und Schlaufen.
Das Falschdrahtverfahren eignet sich für Polyamide, Polyester und für Acrylfasern, darüber hinaus für alle übrigen thermoplastischen Fasern, aber auch für nicht thermoplastische Chemiefasern wie Acetat. Wird besonders hohe Elastizität bei geringerer Bauschkraft angestrebt, bevorzugt man Polyamid. Für Garne mit guter Bauschkraft und reduzierter Dehnfähigkeit liegen die Polyesterfasern an erster Stelle; ist schließlich besonders hohe Bauschkraft bezweckt, wählt man gerne Acryl-Stapelfasern.

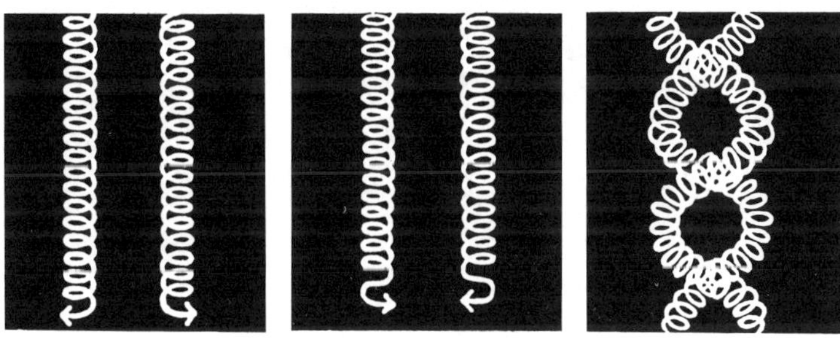

Abb. 167: Entstehung des Helanca-Garnes in schematischer Darstellung. Die einzelnen Chemiefaserfilamente werden hochgedreht, das hochgedrehte Material entweder heißem Wasserdampf ausgesetzt oder durch elektrisch aufgeheizte Elemente geführt. Dadurch wird die Überdrehung dauerhaft fixiert. Anschließend wird das fixierte Garn zurückgedreht.

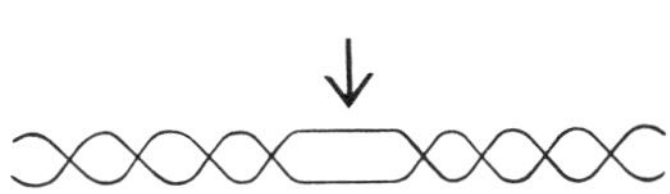

Abb. 168: Prinzip des Falschdrahtverfahrens bei Helanca. Um den Vorgang Hochdrehen-Fixieren-Rückdrehen kontinuierlich (fortlaufend) durchführen zu können, wird bei hohen Durchlaufgeschwindigkeiten das Garn an dem mit Pfeil bezeichneten Punkt festgehalten. Später heben sich dann die beiden Drehrichtungen auf.

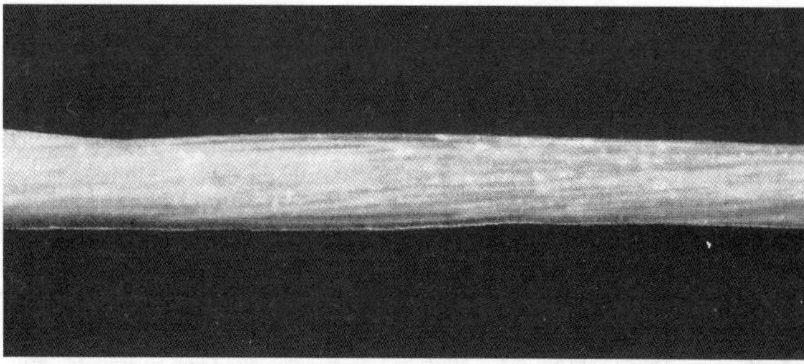

Abb. 169: Faden aus Synthetics vor dem Texturieren nach dem Falschdraht-Verfahren.

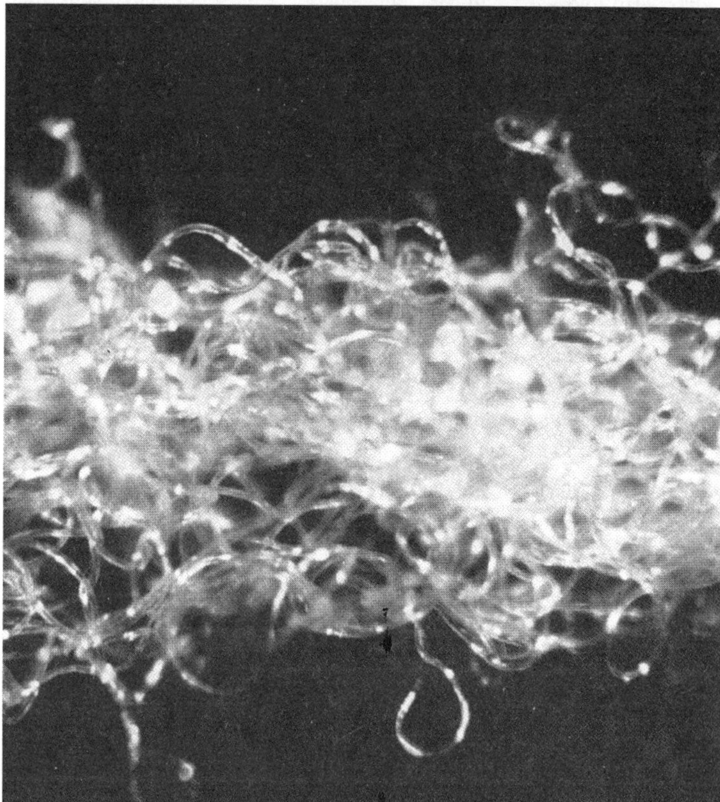

Abb. 170: Falschdrahtzwirn. Die Schlingenbildung ist deutlich zu erkennen.

Set-Garne

Durch die Stabilisierung reduziert man die Dehnfähigkeit und fördert die Fülligkeit von Chemiefaserfilamenten, die durch das Flaschdraht-, manchmal auch durch das Stauchkammerverfahren gebauscht wurden und elastisch geworden sind. Sowohl Dehnfähigkeit als auch die Schrumpffähigkeit wären für die Weiterverarbeitung nicht gut, denn vielfach werden Maschinen verwendet, die ursprünglich für die Verarbeitung von Wolle konstruiert worden sind. Besondere Schwierigkeiten treten bei Maschenwaren auf (fully fashioned!). Durch nachträgliche Hitzebehandlung bei niedriger Spannung erzielt man Garne mit einer Restdehnung von etwa 15%. Thermisch beständige Garne dieser Art werden häufig mit dem Beinamen „set" bezeichnet (engl. „setting"=Erstarren), wie **Helanca set. Trevira 2000** gehört ebenso in diese Kategorie wie das selbständige Markenzeichen **Schapira** 100% Trevira. **Diolen loft** ist die neue und jetzt gültige Bezeichnung für stabilisiertes Polyester-Falschdrahtgarn, das früher unter dem Namen Diolen Helanca set auf dem Markt war. Ähnliche Erzeugnisse aus England hießen früher **Crimplene.** – Es gibt auch stabilisierte Falschdrahtgarne aus Polyamiden (z. B. **Softalon** und die Garne aus Nylon-Profilfasern für **Neva'bel** und **Neva'tricon**).

Trennzwirnverfahren

Beim Trennzwirnverfahren werden zwei Fäden auf eine Strecke von etwa 3 m, die eine beheizte Fixierzone und eine Kühlzone enthält, mit etwa 60% der beim Falschdrahtverfahren üblichen Drehung miteinander verdrallt und damit verzwirnt, in fixiertem Zustand voneinander getrennt und durch Walzenpaare nach verschiedenen Seiten abgezogen. Trennzwirngarne aus

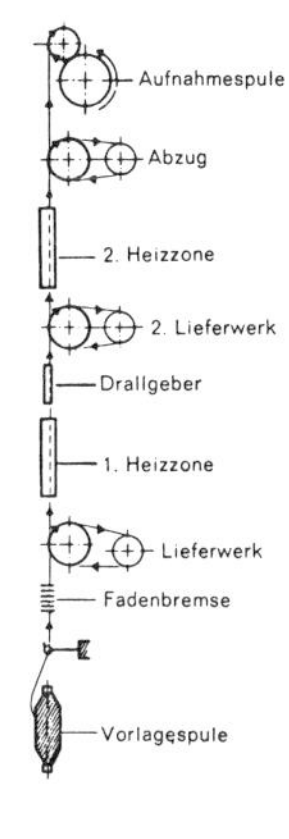

Abb. 171: Zur Verringerung der Elastizität und zur Erhöhung des Bauschvermögens erfolgt bei den stabilisierten FD-Garnen eine Nachfixierung in der 2. Heizzone, wobei das 2. Lieferwerk für eine nur schwache Spannung sorgt.

Polyamid eignen sich für Feinstrumpfwaren, aus Polyester für feine Maschenwaren. Das von jeher auf Monofile beschränkte Verfahren wird kaum mehr angewandt.

Stauchkammerverfahren

Auch die Stauchgarne wurden unter Ausnutzung ihrer thermoplastischen Eigenschaft in ihrer Form verändert, wobei die Form dauerhaft fixiert wird. Im Gegensatz zum Falschdrahtverfahren wird auf ein Hochdrehen verzichtet und auf diese Weise eine spätere Verdrehungstendenz vermieden. Endlose Synthetics oder Stapelfasergarne werden durch Transportwalzen in eine geheizte Stauchkammer eingeführt und in ihr zickzack-förmig gefaltet. Durch den Druck der Preßwalzen oder eines Kolbens kann die Form der Kräuselbogen variiert werden (low-bulk=wenig gebauscht; high-bulk =stark gebauscht). Die durch die Preßwalzen entstandenen Spannungen werden in der Kammer gelöst, wodurch sich die Kräuselung ergibt. Bei Erhaltung von Festigkeit, Haltbarkeit und raschem Trocknungsvermögen wird ein wolliger Griff, hohe Fülligkeit und Elastizität sowie eine verbesserte Feuchtigkeits- und Farbaufnahmefähigkeit hervorgerufen. Das Stauchkammerverfahren ist zum Texturieren grober Teppichfasern besonders geeignet.

Bani-lon (im Ausland: Ban-lon) ist besonders bekannt geworden. Banilon ist meist Acryl (Orlon), und wird bis zum Endprodukt qualitätskontrolliert. Bani-lon allerdings schützt auch Stauchkammergarne aus Nylon, Perlon, Rilsan und Polyesterfasern.

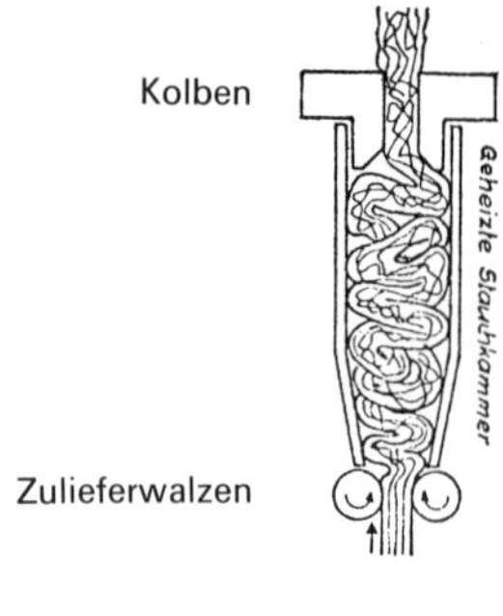

Abb. 172: Das Stauchkammerverfahren. Das Material wird in eine geheizte Kammer geführt, dort gestaucht und fixiert.

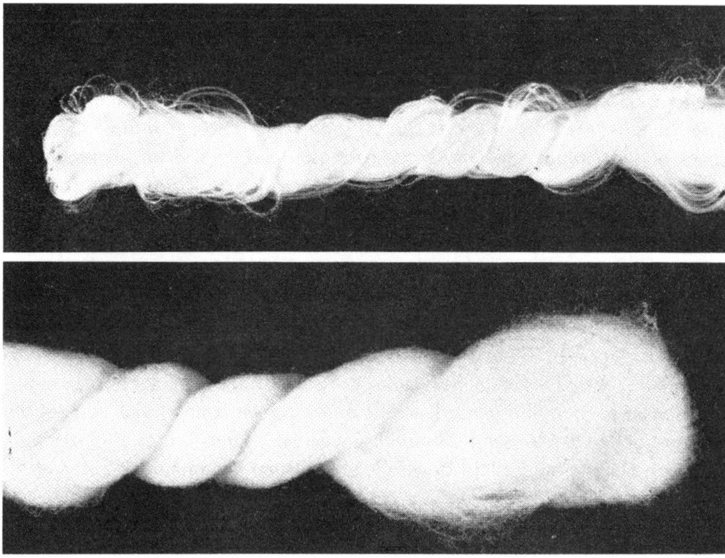

Abb. 173: Bani-lon vor und nach der Bearbeitung. Der glatte Strang (oben); 70 den Nylongarn entspricht in seinem Gewicht genau dem texturierten Strang (unten).

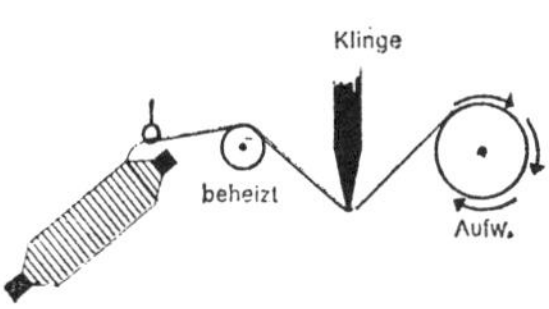

Abb. 174: Klingen-Texturierung. Durch Erhitzen und über eine Klinge ziehen, tritt Stauchung des Materials an der zur Klinge liegenden Seite ein, die andere Seite bleibt normal orientiert.

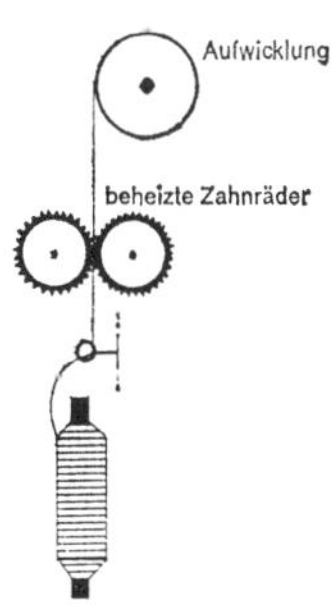

Abb. 175: Zahnrad-Texturierung. Man leitet den Faden durch beheizte Zahnräder, die ihm eine bogenförmige Gestalt geben.

Klingentexturierung (Kantenziehverfahren)

Die Klingentexturierung eignet sich nur für endlose, meist monofile Synthetics und erreicht durch einseitige Beanspruchung durch Ziehen über eine meist geheizte Kante einen sehr gleichmäßigen Bauscheffekt mit deutlicher Schlingenbildung. Die Garne sind sehr weich und haben nicht die geringste Verdrehungstendenz. Beim Ziehen über die Kante tritt auf der einen Seite eine Stauchung durch einseitige Deformation der Kapillarfadenquerschnitte, verbunden mit einer gestörten Ordnung der Molekülketten, ein, während die andere normal bleibt. Das Prinzip ist leicht zu begreifen: zum Ringeln von Zierbändern an Geschenkpaketen braucht man das Band auch nur einseitig über eine Schere zu ziehen. In Amerika ist das Verfahren sehr weit verbreitet, vor allem zur Herstellung von Garnen für Trikotagen und Strümpfe. Das bekannteste Erzeugnis ist **Agilon,** nach dem auch manchmal das Verfahren benannt wird. Das Verfahren hat allerdings viel von seiner ursprünglichen Bedeutung eingebüßt, weil die Garne teurer sind als torsionsgebauschte, aber nicht deren gleichmäßigen Warenausfall aufweisen.

Zahnrad-Texturierung

Sehr einfach zu begreifen ist das Prinzip der Zahnrad-Texturierung: der synthetische Faden wird bereits bei der Herstellung der Synthesefaser durch zwei beheizte Zahnräder geführt und erhält dadurch eine grobe, flache, aber sehr dauerhafte Zickzack-förmige Kräuselung. Das Verfahren hat nur noch wenig Bedeutung. Bekanntestes Erzeugnis: **Pinlon**, ein Grobfasergarn für Teppiche. Bei einer Verformung der Monofile um etwa 60° genügt die Kräuselung für die Herstellung von Kräuselborsten.

Luftdruck-Texturierung (Blastexturierung)

Bei der Luftdrucktexturierung entsteht weder eine plastische Verformung noch eine Verdrehungstendenz. Es ist somit das einzige Verfahren, das eine deutliche, stabile Bauschigkeit hervorruft, die auch der normalen Beanspruchung im Webstuhl widersteht, aber überhaupt keine über die Substanzeigenschaft der Faser hinausgehende Elastizität. Insbesondere bei gemeinsamer Behandlung verschiedener Chemiefaserfilamente spricht man bei der Texturierung mit Luftdruck auch von **„Blaskräuselung"** oder **Verwirbelung.**

Ein aus vielen Einzelfäden (Kapillaren) bestehender, multifiler Faden oder ein gesponnenes Garn wird durch Preßluft (**Air-Jet**, Taslan) oder Wasserdampf **(Steam-Jet)** scharf angeblasen und erhält dadurch Kräuselung und Schlingen. Zahlreiche Variationsmöglichkeiten, insbesondere durch ver-

schieden schnelles Zuführen und Abziehen gestatten die Herstellung von Garnen verschiedenen Aussehens, z. B. bouclé- oder chenille-artig. Man kann auch verschiedene Partien gleichzeitig behandeln, wobei eine Partie gleichmäßig zugeführt und abgezogen wird und wie in einem Core-spun-Garn den Kernfaden abgibt, während eine zweite Partie schneller zugeführt als abgezogen wird und auf diese Weise stärker bauscht. Möglich ist auch die Kombination von Blastexturierung und Spinnstreck-Texturierung in einem Arbeitsgang.
Die Behandlung mit Heißluft oder Dampf ist auf Polyamid beschränkt, da die Verschlingung nach dem Erkalten aufgezogen wird und ein Bauschgarn aus deformierten verschlungenen Einzelfäden entsteht, dessen neben- und durcheinanderliegende Schlingen sich nicht gegenseitig abbinden. Bei diesem Verfahren können hohe Verarbeitungsgeschwindigkeiten angewandt werden. Ein Beispiel für Kombinationsgarne aus verschiedenartigen Chemiefaserfilamenten, die zum Zwecke unterschiedlichen färberischen Verhaltens der beiden Komponenten durch Verwirbelung mittels Blastexturierung zusammengeführt und vereinigt werden, ist Jaspé **Lilion-Wistel,** eine Kombination aus Nylon und Polyester.
Blaskräuselung in Kaltluft erzeugt die Kräuselung auf rein mechanischem Weg durch Verschlingung der Einzelfäden bei gleichzeitiger Verkürzung und stellt die einzige Texturiermethode für nicht thermofixierbare Fasern, vor allem Viskose, dar. Das Verfahren hat steigende Bedeutung und wachsende Anwendungsbereiche.
Bekanntestes Erzeugnis ist **Taslan,** nachdem das Verfahren zum Teil auch benannt wird. Weitere Erzeugnisse, die durch das Luftdüsenbauschen angenehm griffig, undurchsichtig und voluminös geworden sind, sind **Rhodelia** aus Acetat und **Nydelia** aus Nylon. Mit Hilfe der Luftdüsenbauschung lassen sich auch „Filamentgarne mit Faseroptik" (z. B. Diolen GV) sowie Teppichgarne aus Polyamiden (Perlon-**Lustralan** mit Nach-

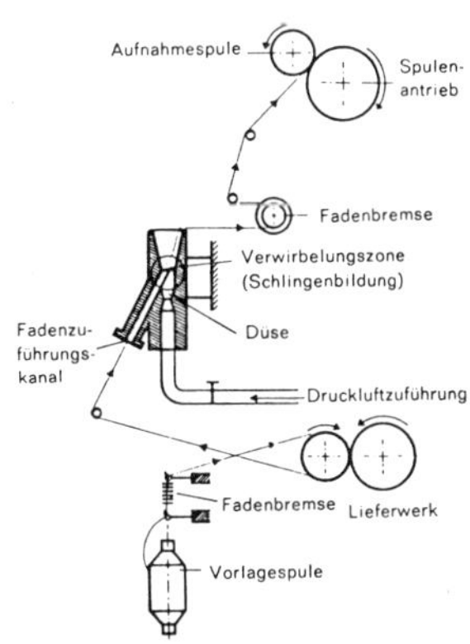

Abb. 176: Die Filamentgarne werden durch eine turbulente Strömung in einer Düse mit Preßluft („Air-Jet", Taslan) oder überhitztem Dampf (Steam-Jet) verwirbelt und miteinander verschlungen.

behandlung zur Verankerung der Schlingenbildung oder DuPont BMC mit „wilder" Kräuselstruktur durch Verwirbeln mit gleichzeitiger Fixierung durch Dampf) erzeugen.

Strick-Fixier-Texturierung

Normales Garn, bevorzugt aus Polyamiden, wird zunächst auf Rundstrickmaschinen zu einem Schlauch verstrickt und dann fixiert. Die Thermofixierung der Schläuche sorgt dafür, die beim Stricken des Garnes erzeugte Bogenform dauerhaft zu erhalten. Sodann wird der Schlauch auf Spezialmaschinen wieder aufgezogen; das Garn sieht dann so gewellt aus, wie eine festverstrickte Wolle, die zum Zwecke nochmaliger Verarbeitung wieder getrennt worden ist. Verarbeitet sehen die Garne bouclé-artig aus; sie sind sehr elastisch. Das Material ist bei der Verarbeitung sehr empfindlich; die Spulen müssen in Behältnissen untergebracht werden, die während der Verarbeitung absolut gleiche Luftfeuchtigkeit garantieren. Man bezeichnet das Verfahren auch als **Crinkle**-Verfahren oder **Knit-de-knit,** das Material als **Crinkled-Krepp.** Bevorzugte Verwendung für Strumpfdoppelränder, als Crinkle Effektgarn oder Crinkle-Jaspé auch für Strickwaren. Wichtige Erzeugnisse sind **Trevira frisée** und das Polyamid **Antron crincle** (PA 6.6). Kombination mit Space dyeing für Teppichgarne ist möglich. Da die Verarbeitung von Polyester eine Fixierung des Schlauchs unter Spannung notwendig macht, weil sonst wegen der hohen verbleibenden Dehnung Verarbeitungsschwierigkeiten entstehen, eignet sich das Knit-de-knit-Verfahren hauptsächlich für Polyamide. Wegen des bouclé-artigen Bildes dieser Garne ist ihr Ersatz in erheblichem Umfang eine Frage der Mode.

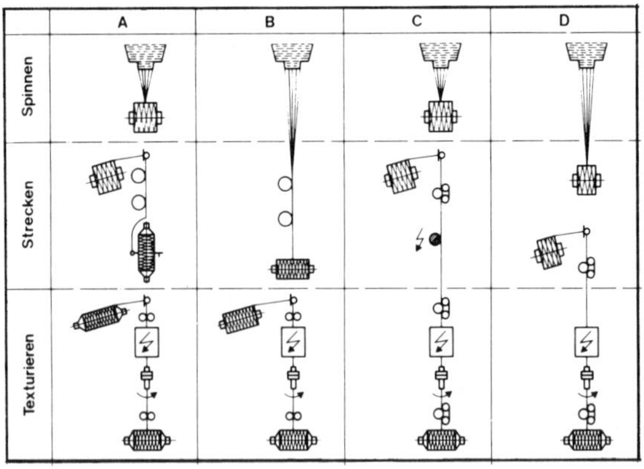

Spinnen – Strecken – Texturieren

A = Konventionelles Verfahren

B = Spinnstrecken und Texturieren

C = Sequential-Strecktexturierung

D = Simultan-Strecktexturierung

Abb. 177: Die verschiedenen Möglichkeiten des Ablaufs von Spinnen, Strecken und Texturieren bei Chemiefaserfilamenten.

Strecktexturierung

Die modernen Verfahren, die Charakteristik der synthetischen Fasern unabhängig von ihrer chemischen Zusammensetzung zu variieren, bemühen sich, besonders bei Polyesterfasern und in eingeschränktem Umfang auch bei Polyamiden, zwei der drei Prozesse Spinnen, Verstrecken und Texturieren zusammenzufassen. Während die klassische Methode, Spinnen und

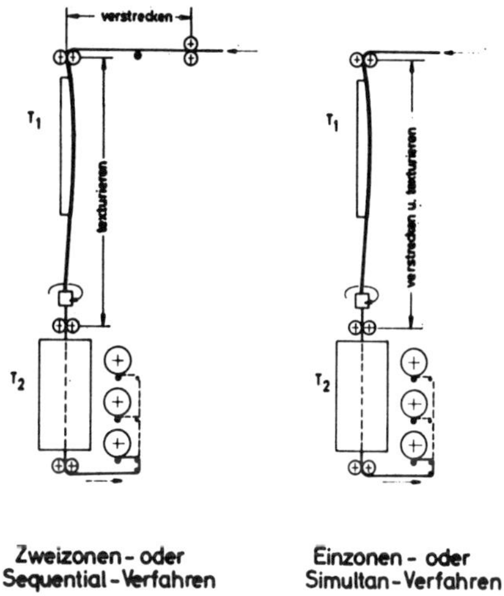

Abb. 178: Oben: Unterschied zwischen dem Sequential- und dem Simultanverfahren beim Strecktexturieren nach dem Falschdrahtprinzip. Links: Sequentialverfahren. Dem Texturierfeld wird ein Streckfeld derart vorgeschaltet, daß das Auslaufwerk für das Streckfeld gleichzeitig das Einlaufwerk für das Texturierfeld ist. – Rechts: Simultanverfahren. Die Verstreckung findet im Texturierfeld statt, wobei das Ausmaß des Verstreckens durch die Geschwindigkeitsdifferenz zwischen Einlauf- und Auslaufwerk vorgegeben wird. Die Verstreckung setzt demnach schon am Anfang des Heizfeldes ein. T1: Heizschiene; T2 Heizung für Dehnungsreduzierung.

Verstrecken im Zusammenhang vorzunehmen, wenig Variationsmöglichkeiten schuf, erweist sich der moderne Weg, Verstrecken und Texturieren zusammenzufassen, als besonders erfolgreich. Hierfür bieten die erwähnten **vororientierten Fasern,** bei denen bereits im schmelzflüssigen Faden die erwähnte molekulare Teil-Orientierung erfolgt ist, besondere Vorteile.
Unter den Strecktexturierverfahren nach dem **Falschdrahtprinzip** ist zu unterscheiden zwischen dem **Sequential**- oder **Zweizonenverfahren**

und dem **Simultan- oder Einzonenverfahren.** Beim Sequentialverfahren (auch Consecutiv- oder Out-Draw-Verfahren genannt) erfolgt das Verstrecken in einem eigenen vorgeschalteten Feld, während beim Simultanverfahren (oder Draw-Verfahren) das Verstrecken während des Texturierens in der Falschzwirnzone geschieht. Beim Sequentialverfahren können sowohl schnell- als auch konventionell gesponnene Garne eingesetzt werden; deswegen dominiert dieses Verfahren bei der Strecktexturierung von Polyamiden. Da man beim Schnellspinnen von einer Spinnflüssigkeit

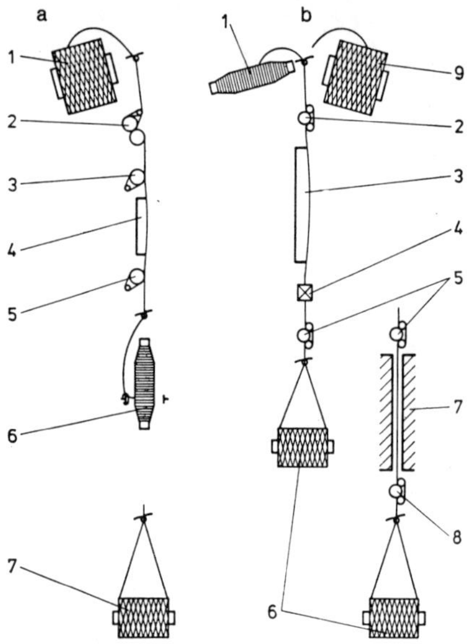

Abb. 179: Unterschied zwischen Streckzwirnen und Strecktexturieren. Links: Streckzwirnen für Polyestergarne; 1. Kops für den von der Spinnerei gelieferten Faden; 2. Lieferrolle; 3. Einlaufgalette (geheizt); 4. Heizschiene; 5. Auslaufgalette; 6. Ringzwirneinrichtung; alternativ: 7. Kreuzspuleinrichtung. Die Vorverstreckung findet bei etwa 75–90 °C kurz vor dem Ablaufpunkt der sich drehenden Einlaufgalette (3) statt, die wesentlich geringere Nachverstreckung auf der Heizschiene (4) bei höherer Temperatur (140–180 °C). Dadurch wird gleichzeitig eine stark kristalline Struktur und eine Thermofixierung (zur Verringerung des Restschrumpfs) erzielt. – Rechts: Strecktexturierung simultan: 1. Streckkops; 9. Spinnspule; 2. Einlaufwerk; 3. Heizer; 4. Falschdrahtspindel; 5. Auslaufwerk; 6. Kreuzspuleinrichtung; 7. bei Setgarnen: Heizer für Dehnungsreduzierung; 8. Auslaufwerk. Die Heizung im Texturierwerk dient gleichzeitig bei einer (recht hohen) Temperatur von 180–215 °C als Streckelement; der Faden befindet sich bereits vor dem Streckpunkt in gedrehtem Zustand und wird gleichmäßig über seinen Querschnitt durchwärmt.

ausgehen muß, die insbesondere hinsichtlich des Polymerisationsgrades sehr einheitlich sein muß, um Fadenbrüche unmittelbar nach der Spinndüse zu vermeiden, stellt die Kombination Schnellspinnverfahren/Strecktexturierung eine Qualitätsverbesserung dar.

Das Simultanverfahren hat bei Polyester gegenüber dem Sequentialverfahren beträchtliche Vorzüge. Weil Texturieren und Verstrecken im gleichen Erwärmungsstadium erfolgen, wirkt auch das Verdrehen des Texturiervorgangs wie ein Strecken, und die zum Strecken notwendige Fadenspannung läßt sich durch die Dichte der Drehung reduzieren. Es ergibt sich auch eine Verformung der Einzelkapillaren, denn der Faden befindet sich bereits vor dem Verstreckungspunkt in verdrehtem Zustand. Diese Verformung äußert sich im fertigen Garn als ein gewisser Glitzereffekt und als rauherer Griff. Aus dem gleichen Grund werden die äußeren Filamente des Garnes stärker verstreckt – sie sind ja auch stärker verdreht – als die Filamente der Kernzone, wodurch sich eine bessere Anfärbbarkeit, aber auch eine leicht verringerte Reißfestigkeit ergibt.

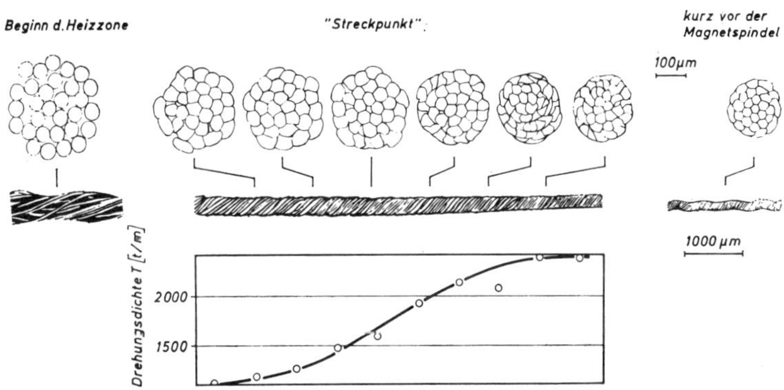

Abb. 180: Querschnitte, Längsansicht und Verlauf der Drehungsdichte beim Simultan-Strecktexturier-Verfahren bei unverstrecktem Garn. Zu Beginn der Heizzone sind die Fäden locker gepackt und rund; im Streckpunkt und zur Spindel hin werden die einzelnen Fasern mit zunehmender Drehungsdichte stärker deformiert.

Strecktexturierte Falschdrahtgarne unterscheiden sich von Garnen konventioneller Herstellung somit durch höhere Gleichmäßigkeit in der Anfärbung und in den Kräuseleigenschaften, durch die stärkere Kräuselung und die geringere Kringelneigung. Die Querschnittsverformung ist beim Simultanverfahren ausgeprägt.

Keinerlei Probleme ergeben sich bei der Verbindung des Stauchkammerverfahrens mit der Strecktexturierung; dies ist besonders vorteilhaft bei der Erzeugung grober Teppichgarne, weil die Strecktexturierung knotenfreie

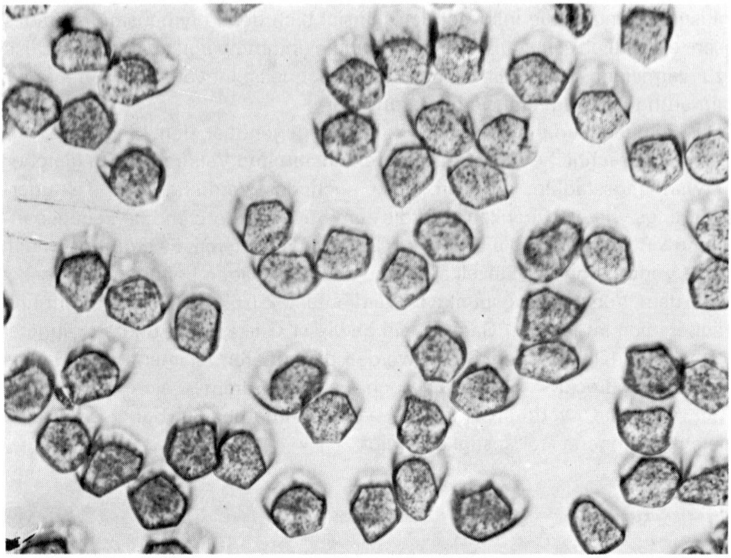

Abb. 181 und 182: Beispiel für die anderartige Querschnittsverformung durch die Strecktexturierung bei Polyester. Oben: Vestan normal texturiert; unten: gleiches Material strecktexturiert.

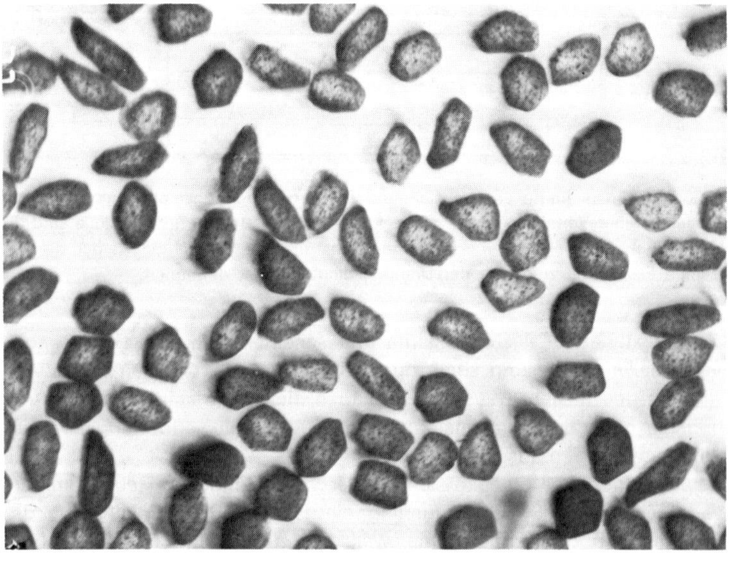

Großraumspulen mit hoher Gleichmäßigkeit des Kräuselgarnes zuläßt. Auch die Herstellung texturierter Polyestergarne auf Kettbäumen für die Kettenwirkerei ist möglich. Die Vorteile der Strecktexturierung sind also zunächst noch hauptsächlich technischer Natur und dienen der Erleichterung der Verarbeitung und der Gestaltung kontinuierlicher Arbeitsabläufe. In Entwicklung sind aber auch strecktexturierte Garne, die auf herkömmliche Texturiermethoden ganz verzichten und den Texturiereffekt im Zusammenhang mit dem chemischen Spinnprozeß durch Einblasen von Luft und die Schaffung von Hohlkammern in der Faser erreichen (Beispiele: **Lilion STH, Wistel STS**).

Stofftexturierung

Bislang war nur vom Texturieren von Garnen die Rede. Daneben gibt es aber auch die **Spinntexturierung,** d.h. Texturierverfahren für **Fasern,** wozu die Mischung wenig und starkkrumpfender Spinnfasern ebenso zählt wie die Texturierung von **Spinnkabeln,** die die strukturelle Inhomogenität der Fasern ausnutzt (Chemietexturierung; vgl. Zweikomponentenfasern, z.B. Orlon Sayelle). Dies nur als Hinweis.
Zweifellos stellt die Erfindung der Stofftexturierung durch Bancroft **(Bandura)** einen wesentlichen Fortschritt der Textiltechnologie dar. Der im Grunde einfache Prozeß des Stauchens ganzer fertiger Stoffe oder Gewirke ist nicht an einen bestimmten Rohstoff gebunden; er eignet sich besonders für Mischungen mit Synthetics, aber auch für reine Schurwolle, er erfordert allerdings recht komplizierte Maschinen. Die Stoffe und Ge-

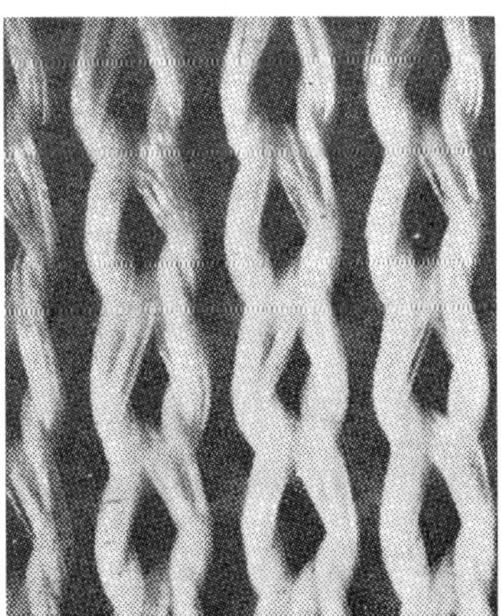

Abb. 183 und 184: Gewirk vor (links) und nach der Bandura-Texturierung (rechts).

wirke – meist preiswerte Qualitäten – werden auf einer Spezialmaschine, dem „Micrex-Microcreper", unter Einwirkung von Hitze und Stauchdruck texturiert. Dabei können verschiedene Oberflächenbilder entstehen, wie Kräusel-, Borkenkrepp- und Phantasieeffekte. Der Stoff wird dichter und erhält dauerhafte Elastizität.

Das Wichtigste – kurz zusammengefaßt

1. Als Texturieren bezeichnet man chemische oder mechanische Vorgänge, die die Eigenschaften synthetischer Fasern oder Fäden unter Ausnutzung von deren Thermoplastizität (Verformbarkeit bei Wärme) nachhaltig verändern. Die Garne werden elastisch, füllig, bauschig; Lufteinschluß, Wärmeleitfähigkeit, Griff und Warenbild werden günstig verändert.

2. Folgende Arten werden unterschieden:

   a) Chemische Verfahren:
   Zweikomponentenfasern, bei denen vor dem Spinnen eine nicht schrumpfende und eine schrumpfende Faserkomponente zusammengeführt werden. – Hochbauschgarne mit wolligem Charakter. Beispiel: Orlon Sayelle. – Bikomponentenfasern Typ S/S.

   b) Spinntexturierung: Differential-Schrumpfverfahren:
   Fasern mit verschiedener Schrumpffähigkeit werden miteinander versponnen (Spinnfaserbauschgarne). Beim Schrumpfvorgang werden die nicht schrumpffähigen Faseranteile gekräuselt. – Hochbauschgarne mit wolligem Charakter. – Beispiel: Dralon HB.

   c) Mechanische Verfahren:

      c1) Falschdrahtverfahren – Torsionsbauschung
      Hochdrehen – Fixieren – Rückdrehen. Mäßig gekräuselte, hochelastische Garne. – Beispiel: Helanca, Dralon Ultrapan. – Stabilisierte Falschdrahtgarne mit reduzierter Dehnfähigkeit: Schapira, Diolen loft. – Trennzwirnverfahren für Stretchgarne für die Feinstrumpfindustrie.

      c2) Stauchkammerverfahren
      Hochkräuseln ohne Drehung in der beheizten Stauchkammer. Hochbauschgarne mit wolligem Charakter. Beispiel: Bani-lon.

      c3) Klingentexturierung
      Endlose Synthetics werden einseitig über beheizte Klingen gezogen. Weiche, gleichmäßig gebauschte Garne ohne Verdrehungstendenz. Beispiel: Agilon.

c4) Luftdrucktexturierung
Vorwiegend endlose Garne werden durch Preßluft gekräuselt. Angenehm griffig, undurchsichtig, voluminös. – Beispiel: Taslan, Diolen GV.

c5) Zahnrad-Texturierung
Synthetics werden zwischen zwei geheizten Zahnrädern in dauerhafte Zackenkräuselung gepreßt. – Beispiel: Pinlon.

c6) Strick-Fixier-Texturierung
Synthetische Endlosfäden werden verstrickt, fixiert und wieder aufgetrennt. Beispiel: Crinkled-Krepp, Trevira frisée, Softalon bouclé.

3. Unter dem Begriff der Strecktexturierung werden die modernen Formen der Zusammenfassung von Verstrecken und Texturieren in einem in sich abgeschlossenen Arbeitsgang gegenüber der klassischen Kombination Spinnen und Verstrecken verstanden. Beim Sequentialverfahren erfolgt das Verstrecken in einem vorgeschalteten Feld, es eignet sich für konventionell oder schnellgesponnene (vororientierte) Fasern und für Polyamide. Das Simultanverfahren wird vor allem bei Polyester angewandt und bewirkt gleichzeitig eine Verformung der Einzelkapillaren, die sich als Glitzereffekt und rauherer Griff äußert, die Anfärbbarkeit wird verbessert.

4. Nach dem Bandura-Verfahren sind auch gewebte und gewirkte Stoffe als Ganzes texturierbar. Die gestauchten Stoffe werden dichter und dauerhaft elastisch.

Glanzeffekte

Die Möglichkeit zur Erzielung glanzreicher Effekte bei Textilien sind sehr zahlreich. Sie beginnen mit der Verwendung und dem geschickten Einsatz natürlicher Fasern mit entsprechendem Glanzreichtum, z. B. Glanzwollen, Mohair, Naturseide, mercerisiertes Baumwollgarn. Stärkere Glanzeffekte erlauben Glanzviskose und Glanzmodalfasern, wie Moussbryl, Velbryl und Jaryl, sowie Acetat-Kristallgarn. Besondere Glanzeffekte werden durch farblose Glitzergarne und durch metallglänzende Effektgarne, die es auch in beliebigen Farben neben Gold und Silber gibt, erreicht.

Farblose Glitzergarne

In der Weberei und Wirkerei verwendet man für den sogenannten **„Sparkling-Effekt"** Perlon oder Nylon mit unrundem Querschnitt. Durch die andersartige Lichtbrechung wird insbesondere bei Kunstlicht ein Glitzereffekt erreicht. Der Verwendung von **Cellophan-Bändchen,** z. B. mit perlmuttähnlichem „Irisé"-Glanz, sind wegen der Schwierigkeit der web- und wirktechnischen Verarbeitung Grenzen gesetzt. Sie werden im Ausland, vor allem in Frankreich, zu perlmuttähnlich schillernden Seidensamten mit liegendem oder stehendem Flor verarbeitet.
Besonders bewährt haben sich glasklare Polyesterfilme. **Mylar** ist das eingetragene Warenzeichen für einen glasklaren, unbehandelten Polyesterfilm, der wie ein Cellophanbändchen aussieht und der als unbehandeltes, einfaches Effektmaterial auch als **Crigalle** bezeichnet wird. **Lurex-M** ist ebenfalls eine transparente Folie, besteht aber im Gegensatz zu Crigalle aus zwei Folien, die miteinander verklebt sind. Dadurch wird die Dehnfähigkeit herabgesetzt und die Verarbeitbarkeit verbessert, aber auch der Preis erhöht. Lurex-M ist vor allem zum Verzwirnen mit anderen Textilrohstoffen geeignet und hilft, Spannschüsse zu vermeiden.

Metallglänzende Effektgarne

Ursprünglich wurden für die sehr wertvollen Brokate und Lamé-Gewebe „echte" leonische Gespinste verwendet, die goldene, silberne oder galvanisch vergoldete und versilberte Metallfäden als Runddrähte, Flachdrähte (Lahn) oder schraubenförmig gewundene Schraubendrähte ergaben. Diese echten Metallfolien hatten den großen Nachteil des Oxydierens, sie veränderten recht rasch unter Einwirkung von Luftsauerstoff ihren Glanzcharakter und dunkelten nach. Außerdem waren sie sehr schwer zu verarbeiten und scheuerten.
Effektfolien mit Aluminiumseele sind seit längerem unter dem Namen **Lurex Standard** bekannt. Eine Aluminiumfolie wird beidseitig mit Acetatfolien so beklebt, daß diese die Aluminiumfolie einhüllen. Nur die Farbe

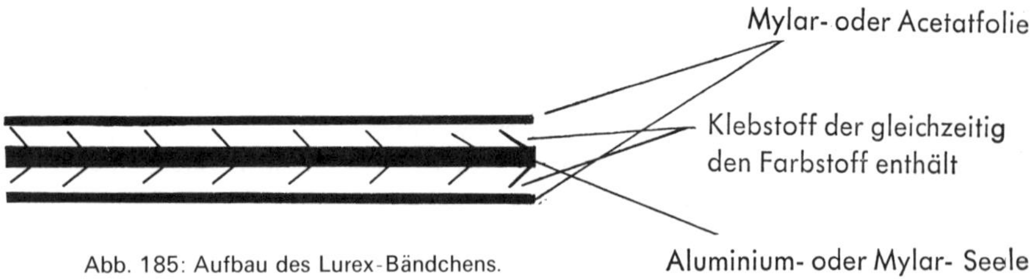

Abb. 185: Aufbau des Lurex-Bändchens.

Silber stammt von der Aluminiumfolie, die übrigen Farben werden durch die Farbe des Klebstoffs, der die drei Folien dauerhaft miteinander verbindet, gebildet, während die Aluminiumfolie lediglich für den Glanz sorgt. Solange Glanzfolien mit Metallcharakter nur zusammen mit Naturseide oder Acetat in Geweben verarbeitet wurden, genügte die geringe Wärmebeständigkeit der abdeckenden Acetatfolien durchaus. Der Mode entsprechend wurden aber glanzreiche Effektmaterialien immer zahlreicher auch zusammen mit Baumwolle, Wolle und Synthetics eingesetzt, und nunmehr entsprang aus der Begrenzung der Waschbarkeit der Acetatfolie auf 80 Grad Celsius das Bedürfnis nach wärmebeständigeren Folien.

Deshalb wurde die Aluminiumfolie auf beiden Seiten durch einen Mylarfilm, der ja aus dem weit hitzebeständigeren Polyester besteht, geschützt **(Lurex MF).** Wiederum ist der Farbstoff in der Klebemasse der Träger der Farben Gold und der bunten Farben. Mit der Mylarabdeckung wurde die Waschbarkeit auf 180 Grad Celsius erhöht und damit auch die nötige Bügelfestigkeit gesichert.

Bedor ist eine mit Gold oder anderen Farben **gefärbte** Aluminiumfolie, die durch zwei Hostaphanfilme umhüllt ist (ähnlich Mylar). Die Gefahr des Ausbleichens ist etwas größer als bei Lurex MF, der Preis liegt etwas niedriger.

Wie Lurex gibt es auch das französische **Rexor** in verschiedenen Ausführungen: als Polyester-Monofilm, clear und metallisiert, beidseitig mit einem klaren oder gefärbten Kunstharzfilm überzogen. Mit Viskosefilament verzwirnt ergibt sich der vor allem für Strickwaren geeignete Spezialzwirn **Torsade.**

Lamé ist nicht mehr nur ein Gattungsbegriff, sondern auch ein preiswertes Effektmaterial mit Aluminiumseele zwischen plastischen Bändchen, auch Mylar, aus Amerika. **Effektfolien mit Mylarseele,** die demnach kein Aluminium enthalten, zeichnen sich durch brillante Farbwirkung aus und sind sehr weich; sie werden deshalb gern in der Wirkerei verwendet. Sie sind allerdings stärker dehnbar als die Folien mit Aluminium; diese eignen sich daher allein als Kettmaterial.

Lurex-MM hat eine silbern metallisierte Mylarseele, wiederum mit Hilfe eines farblosen oder gefärbten Klebstoffs mit zwei schützenden Mylarfolien verbunden. Sowohl Lurex MF als auch Lurex MM sind erheblich dehnfähiger als das alte Lurex Standard (MM 150%, MF 120% gegenüber 25% bei Standard).

Lurex MF empfiehlt sich für alle Stückfärbungen, die hohen Färbetemperaturen ausgesetzt sind, sowie für alle anderen Textilien, die nach dem Webvorgang heiß und naß behandelt werden, durch die Appretur gehen oder mercerisiert werden. Zur gemeinsamen Verarbeitung mit Baumwolle kann nur diese Folie verwendet werden. **Chromeflex** ist etwas billiger als die Lurex-Mylar-Type. Es handelt sich um ein amerikanisches Erzeugnis, das in Italien in Lizenz hergestellt wird und auf einem transparenten

Mylarfilm aufbaut. Seinen Farbwert erhält es durch einen Schutzlack. Da die Lackschicht beim Web- oder Wirkvorgang, bei der Ausrüstung und auch beim Gebrauch unter Umständen Beschädigungen erhalten kann, besteht die Gefahr, daß beim nachträglichen Waschen des Fertigerzeugnisses stellenweise die Farb- oder Glanzwirkung verlorengeht.
Die gleiche französische Firma, die Rexor herstellt, bringt auch **Metlon** auf den Markt, ein robustes metallisches Garn von hoher Reißfestigkeit mit Aluminiumseele und beidseitiger Verklebung mit Polyesterfilm; der Farbstoff ist im Kleber, das Garn ist für Stückfärbung geeignet. **Inoxor,** ein preiswertes Garn mit Aluminiumfolie als Seele, geschützt mit beidseitig aufgeklebtem Viskose-Film, ist nur für stuhlfertige Ware geeignet, die keinem weiteren Produktionsprozeß mehr unterliegt. **Bouclargent** von Sildorex ist ein rundes, nicht oxydierendes Metalleffektgarn mit Cupro-Seele in über 30 Farben. **Nigel** ist ein reines Nylon-Bändchen mit metallschimmernder oder perlmutterartiger Wirkung, aber transparent. Es kann wie Nylon gefärbt oder bedruckt werden und dient vor allem zur Erzielung von Transparent-Effekten bei Geweben, Maschenwaren und auch bei Strümpfen, die auch bedruckt werden können.

Das Wichtigste – kurz zusammengefaßt

1. Echte Metallgarne werden als Effektmaterial kaum mehr benutzt, weil sie dazu neigen, durch Oxydieren ihren Glanz zu verlieren und nachzudunkeln. „Lamé" ist als (nicht geschützter) Ausdruck für metallglänzende Effektfolien nicht unbedingt ein Qualitätszeichen. Nicht oxydierende Metallfolien werden vor allem in Frankreich verarbeitet.

2. Glasklare Glitzereffekte entstehen entweder durch Perlon oder Nylon mit unrundem Querschnitt (Sparkling-Effekt) oder durch Polyesterfolien (Mylar), die aussehen wie z. B. Cellophan.

3. Gold- und Silbereffekte entstehen durch bändchenartige Folien, die ihre metallische Wirkung durch eine Aluminium- oder eine metallisierte Mylarseele erhalten, durch Mylar- oder wenig hitzebeständige Acetatfolien oder durch Lacküberzug geschützt werden. Die Farben außer Silber stammen bei den Lurextypen aus dem Klebstoff.

Übersicht über die texturierten Garne

Markenname oder reg. Warenzeichen	Verfahren										Rohstoff							Bemerkungen
	Eigenverfahren	Klassisch	Falschdraht	Stabilisiertes FD	Luftdruck	Stauchkammer	Klingenzieh-	Zahnrad	Strick-Fixier	Chemie	Acetat	Triacetat	Polyamid	Polyester	Acryl	Polyolefine	Vinylchlorid	
Agilon							×						×					
Airloft	×										×		×					Teppichgarn
Airvel	×														×			
Antron				×									×					modifizierter Querschnitt
Antron Bouclé									×				×					modifizierter Querschnitt
Arnel-Jet				×								×						
Astralene				×										×				
Astralon			×										×					
Bani-Ion						×							×	×	×	×		
Berwicete			×								×							
Berwilastic			×										×					
Berwilon			×								×		×					Acetat und Polyamid verzwirnt
Bilacetta			×								×							
Bilacryl			×												×			
Bilrêve			×											×				
Blue „C“				×									×					
Borgosil			×								×							Acetat mit Nylon verzwirnt
Borgosilon			×								×		×					
Brilon			×										×					

Markenname oder reg. Warenzeichen	Verfahren										Rohstoff							Bemerkungen
	Eigenverfahren	Klassisch	Falschdraht	Stabilisiertes FD	Luftdruck	Stauchkammer	Klingenzieh-	Zahnrad	Strick-Fixier	Chemie	Acetat	Triacetat	Polyamid	Polyester	Acryl	Polyolefine	Vinylchlorid	
Bri-Nylon	×		×						×				×					
Bucaleni	×													×				
Bucaroni									×				×	×	×			nachfolgende Heißfixierung
Cadon			×										×					trilobaler Querschnitt
Camelon			×								×		×					
Cantrece										×			×					
Chatilan			×								×							
Chavalor						×									×			Acetat und Nylon verzwirnt
Chavasol			×								×		×					
Creslan			×												×			
Crimplene				×										×				
Crinkle									×				×	×				Zwei Typen mit verschiedenem Profil
Crysal	×													×				
Dederon-dedolan			×										×					
Dederon-dedotex						×							×					
Dederon-silastik		×	×										×					
Dederon-textur LT					×								×					
Delfin	×													×				extrem leichte Stoffgewichte
Diolen loft				×										×				
Dolcetta			×								×							
Dralon ultrapan			×												×			

Markenname oder reg. Warenzeichen	Verfahren										Rohstoff							Bemerkungen
	Eigenverfahren	Klassisch	Falschdraht	Stabilisiertes FD	Luftdruck	Stauchkammer	Klingenzieh-	Zahnrad	Strick-Fixier	Chemie	Acetat	Triacetat	Polyamid	Polyester	Acryl	Polyolefine	Vinylchlorid	
Enkaloft	×												×					
Estrella			×								×							
Filanca		×	×										×					in Italien anstelle Helanca
Fioraceta			×								×							
Flixor			×										×					
Fluflene			×								×	×	×	×	×	×		
Fluflon				×							×	×	×	×	×	×		
Forlan			×										×					
Fortrel			×											×				
Gerrit texturé	×												×	×				für Effektgarne
Gertex	×															×		
Grisuten textur			×										×					
Gro-low			×		×				×				×	×				
Hazel			×										×	×		×		monofil
Heconda			×								×							
Helanca		×	×										×	×	×			
Helanca-set				×									×	×	×			

Markenname oder reg. Warenzeichen	Verfahren: Eigenverfahren	Klassisch	Falschdraht	Stabilisiertes FD	Luftdruck	Stauchkammer	Klingenzieh-	Zahnrad	Strick-Fixier	Chemie	Rohstoff: Acetat	Triacetat	Polyamid	Polyester	Acryl	Polyolefine	Vinylchlorid	Bemerkungen
Kipao			×								×		×					Acetat mit Nylon verzwirnt
Krepplon			×								×							
Livolon			×										×					
Lustralon	×												×					für Teppiche
Madison			×								×							
Matlon			×										×	×				
Miralon								×			×		×	×				z. T. triobaler Querschnitt
Mousse Rhovyl			×														×	
Neva'bel				×									×					trilobaler Querschnitt (Fertigartikel)
Nevaflor						×							×					für Teppiche (Fertigartikel)
Neva'tricon				×									×					trilobaler Querschnitt
Nydelia					×								×					(fertige Wirkware)
Nyltest-Bouclé									×				×					
Nyltest-Silky	×												×					trilobaler Querschnitt
Ondenyl				×									×					modifizierter Querschnitt
Palypa				×										×				
Pinlon								×					×					

Markenname oder reg. Warenzeichen	Verfahren										Rohstoff							Bemerkungen
	Eigenverfahren	Klassisch	Falschdraht	Stabilisiertes FD	Luftdruck	Stauchkammer	Klingenzieh-	Zahnrad	Strick-Fixier	Chemie	Acetat	Triacetat	Polyamid	Polyester	Acryl	Polyolefine	Vinylchlorid	
Pymlan			×								×		×					Acetat mit Nylon verzwirnt
Rhodelia					×						×							
Rhodialone	×										×		×					25% Nylon. Schwere Garne
Schapira				×										×				Trevira
Schaptal				×										×				Tergal
Setilon			×								×		×					verzwirnt
Silustra	×												×					variationsreich von „wollig" bis „seidig"
Softalon				×					×	×			×					auch mit modifiziertem Querschnitt
Souflette					×							×						
Stellanyl	×										×		×					verzwirnt
Stella-tex			×										×					
Stevetex	×												×	×		×		
Suprapan				×											×			Acetat mit Nylon verzwirnt
Sybiola	×										×		×					
Taslan					×						×	×	×	×	×	×		
Terifull				×											×			
Tersuisse				×								×	×	×				
Tessacryl			×												×			

Markenname oder reg. Warenzeichen	Verfahren										Rohstoff							Bemerkungen
	Eigenverfahren	Klassisch	Falschdraht	Stabilisiertes FD	Luftdruck	Stauchkammer	Klingenzieh-	Zahnrad	Strick-Fixier	Chemie	Acetat	Triacetat	Polyamid	Polyester	Acryl	Polyolefine	Vinylchlorid	
Tessilen			×											×				
Tessilon			×										×					nur Garn; fertig: Bani-Ion
Textralized						×							×	×	×	×		
Textura						×							×	×		×		
Tissabel			×								×		×					Acetat mit Rilsan verzwirnt
Tissabryl				×							×		×					Brillant-Acetat mit Sparkling-Nylon
Torsalon	×												×					Acetat mit Rilsan
Trevira 2000			×											×				
Trevira Frisée									×					×				
Ultrapan			×												×			
Ultrason			×										×					ultraschallbehandelt
Volubil			×								×		×					Acetat und Nylon verzwirnt
Vonnel										×					×			
Zyrlan									×				×					

Die Zusammenstellung erhebt keinen Anspruch auf Vollständigkeit; die Liste könnte ohne Mühe auf den doppelten Umfang erweitert werden. Vollständigkeit ist schon deswegen nicht möglich, da fast jeden Monat von den Texturierern neue Marken geschaffen werden und schwer abzuschätzen ist, welche Fabrikate, insbesondere aus den USA, Japan und den Ostblockstaaten, in den nächsten Jahren auf dem deutschen Markt heimisch werden.

Textilkennzeichnungsgesetz

in der Fassung
der Bekanntmachung vom 25. August 1972
(BGBl. I S. 1545)

Der Bundestag hat das folgende Gesetz beschlossen:

§ 1

(1) Textilerzeugnisse dürfen gewerbsmäßig nur

1. in den Verkehr gebracht oder zur Abgabe an letzte Verbraucher feilgehalten,
2. eingeführt (§ 4 Abs. 2 Nr. 4 des Außenwirtschaftsgesetzes) oder sonst in den Geltungsbereich dieses Gesetzes verbracht

werden, wenn sie mit einer Angabe über Art und Gewichtsanteil der verwendeten textilen Rohstoffe (Rohstoffgehaltsangabe) versehen sind, die den in den §§ 3 bis 10 bezeichneten Anforderungen entspricht.

(2) Muster, Proben, Abbildungen oder Beschreibungen von Textilerzeugnissen sowie Kataloge oder Prospekte mit derartigen Abbildungen oder Beschreibungen dürfen gewerbsmäßig letzten Verbrauchern zur Entgegennahme oder beim Aufsuchen von Bestellungen auf Textilerzeugnisse nur gezeigt oder überlassen werden, wenn sie mit einer Rohstoffgehaltsangabe für die angebotenen Textilerzeugnisse versehen sind, die den in den §§ 3 bis 10 bezeichneten Anforderungen entspricht.

(3) Die Absätze 1 und 2 sind auf die Tätigkeit von Genossenschaften auch dann anzuwenden, wenn sie nicht gewerbsmäßig betrieben wird.

§ 2

(1) Textilerzeugnisse sind

1. zu mindestens achtzig vom Hundert ihres Gewichtes aus textilen Rohstoffen hergestellte
   a) Waren;
   b) Bezugstoffe auf Möbeln, Möbelteilen und Schirmen;
   c) Teile von Matratzen und Campingartikeln;
   d) der Wärmehaltung dienende Futterstoffe von Schuhen und Handschuhen;
2. mehrschichtige Fußbodenbeläge, deren dem gewöhnlichen Gebrauch ausgesetzte Oberschicht (Nutzschicht) die Voraussetzungen nach Nummer 1 erfüllt.
3. in anderen Waren eingearbeitete, aus textilen Rohstoffen bestehende Teile, die mit Angaben über die Art der verwendeten textilen Rohstoffe versehen sind.

(2) Textile Rohstoffe sind Fasern einschließlich Haare, die sich verspinnen oder zu textilen Flächengebilden verarbeiten lassen.

(3) Inverkehrbringen ist jedes Überlassen an andere

§ 3

(1) In der Rohstoffgehaltsangabe sind die in Anlage 1 festgelegten Bezeichnungen zu verwenden. Für Fasern, die in Anlage 1 nicht aufgeführt sind, ist eine Bezeichnung entsprechend dem Rohstoff, aus dem sie sich zusammensetzen, zu verwenden.

(2) Der Bundesminister für Wirtschaft und Finanzen wird ermächtigt, durch Rechtsverordnung mit Zustimmung des Bundesrates, Bezeichnungen für Fasern in Anlage 1 neu aufzunehmen oder zu streichen, wenn dies zur Erfüllung von Richtlinien der Europäischen Wirtschaftsgemeinschaft erforderlich ist und der Anpassung an die technische Entwicklung oder dem Schutz des Verbrauchers dient.

(3) Die in Absatz 1 und nach Absatz 2 vorgeschriebenen Bezeichnungen dürfen, auch in Wortverbindungen oder als Eigenschaftswort, für andere Fasern nicht verwendet werden. Insbesondere darf die Bezeichnung „Seide" nicht zur Angabe der Form oder besonderen Aufmachung von textilen Rohstoffen als Endlosfasern verwendet werden.

§ 4

(1) Für ein Wollerzeugnis darf die Bezeichnung „Schurwolle" verwendet werden, wenn es ausschließlich aus einer Faser besteht, die niemals in einem Fertigerzeugnis enthalten war und die weder einem anderen als dem zur Herstellung des Erzeugnisses erforderlichen Spinn- oder Filzprozeß unterlegen hat noch einer faserschädigenden Behandlung oder Benutzung ausgesetzt wurde.

(2) Die Bezeichnung „Schurwolle" darf für die in einem Fasergemisch enthaltene Wolle verwendet werden, wenn

1. die gesamte in dem Gemisch enthaltene Wolle den Voraussetzungen des Absatzes 1 entspricht,
2. der Anteil dieser Wolle am Gewicht des Gemisches mindestens fünfundzwanzig vom Hundert beträgt und
3. die Wolle im Falle eines mechanisch nicht trennbaren Gemisches mit einer einzigen anderen Faser gemischt ist.

In diesem Falle sind die Gewichtsanteile aller verwendeten textilen Rohstoffe in Vom-Hundert-Sätzen anzugeben.

§ 5

(1) Die Gewichtsanteile der verwendeten textilen Rohstoffe sind in Vom-Hundert-Sätzen des Nettotextilgewichts anzugeben, und zwar bei Textilerzeugnissen aus mehreren Fasern in absteigender Reihenfolge ihres Gewichtsanteils.

(2) Statt der Angabe aller Gewichtsanteile in Vom-Hundert-Sätzen genügt bei einem Textilerzeugnis, das aus mehreren Fasern besteht, von denen

1. eine fünfundachtzig vom Hundert des Gewichts erreicht, die Bezeichnung dieser Faser unter der Angabe ihres Gewichtsanteils in vom Hundert oder unter der Angabe „85% Mindestgehalt";
2. keine fünfundachtzig vom Hundert des Gewichts erreicht, neben jeder vorherrschenden Faser, deren Gewichtsanteil in vom Hundert anzugeben ist, die Aufzählung der weiteren Fasern in absteigender Reihenfolge ihres Gewichtsanteils ohne Angabe der Vom-Hundert-Sätze.

(3) Als „sonstige Fasern" dürfen textile Rohstoffe bezeichnet werden, deren jeweilige Gewichtsanteile unter zehn vom Hundert liegen; der Gesamtgewichtsanteil der als „sonstige Fasern" bezeichneten Rohstoffe ist anzugeben. Falls die Bezeichnung eines textilen Rohstoffs angegeben wird, dessen Anteil unter zehn vom Hundert liegt, sind die Gewichtsanteile aller verwendeten textilen Rohstoffe in Vom-Hundert-Sätzen anzugeben.

(4) Statt der Angabe des Gewichtsanteils mit hundert vom Hundert kann der Bezeichnung des Rohstoffes der Zusatz „rein" oder „ganz" hinzugefügt werden; die Verwendung ähnlicher Zusätze ist ausgeschlossen.

(5) Erzeugnisse mit einer Kette aus reiner Baumwolle und einem Schuß aus reinem Leinen, bei denen der Anteil des Leinens nicht weniger als vierzig vom Hundert des Gesamtgewichts des entschlichteten Gewebes ausmacht, können als „Halbleinen" bezeichnet werden, wobei die Angabe „Kette reine Baumwolle – Schuß reines Leinen" hinzugefügt werden muß.

(6) Die Bezeichnungen „Textilreste" oder „Erzeugnis unbestimmter Zusammensetzung" dürfen für Textilerzeugnisse verwendet werden, deren Rohstoffgehalt nur mit Schwierigkeiten bestimmt werden kann.

§ 6

(1) Nettotextilgewicht ist das Gesamtgewicht der zur Herstellung eines Textilerzeugnisses, im Falle des § 8 Abs. 1 der einzelnen Teile, verwendeten textilen Rohstoffe, vermindert um das darin enthaltene Gewicht von

1. ausschließlich der Verzierung dienenden sichtbaren und mechanisch trennbaren Fasern, sofern deren Anteil am Gesamtgewicht der textilen Rohstoffe sieben vom Hundert nicht übersteigt,
2. Versteifungen, Verstärkungen, Einlage- und Füllstoffen, Verbindungsfäden, Nähmitteln, Webkanten, Etiketten, Marken, Bordüren sowie Verzierungen, die nicht Bestandteile des Erzeugnisses sind; ferner Bezügen und ähnlichen Teilen von Knöpfen, Schnallen, Schmuckbesatz und sonstigem Zubehör, eingearbeiteten Gummifäden und Bändern und, vorbehaltlich des § 8 Abs. 1 Satz 2, Futterstoffen,
3. Bindeketten und -schüssen für Decken, Binde- und Füllketten und Binde- und Füllschüssen für Fußbodenbeläge und Möbelbezugsstoffe sowie für handgefertigte Teppiche,
4. Grundschichten von Samten und Plüschen und mehrschichtigen Fußbodenbelägen, sofern sie nicht den gleichen Textilfasergehalt wie der Flor haben,
5. Fettstoffen, Bindemitteln, Beschwerungen und sonstigen Mitteln textiler Ausrüstung sowie Färbe- und Druckhilfsmitteln.

(2) Das Nettotextilgewicht ist unter Anwendung der in Anlage 2 vorgesehenen Feuchtigkeitszuschläge auf die Trockenmasse einer Faser zu berechnen. Das gleiche gilt sinngemäß für die Berechnung des Gewichts nach § 2 Abs. 1 § 8 Abs. 1 Satz 2. Der Bundesminister für Wirtschaft und Finanzen wird ermächtigt, durch Rechtsverordnung mit Zustimmung des Bundesrates Feuchtigkeitszuschläge zur Berechnung des Nettotextilgewichts in Anlage 2 neu aufzunehmen oder zu streichen, wenn dies zur Erfüllung von Richtlinien der Europäischen Wirtschaftsgemeinschaft erforderlich ist und der Anpassung an die technische Entwicklung oder der Vereinheitlichung und Verbesserung der Messung dient.

§ 7

(1) Bei Angaben der Gewichtsanteile sind die im Verlauf des Herstellungsprozesses eintretenden Veränderungen im Gewicht der verwendeten textilen Rohstoffe im Rahmen der hierfür bekannten Erfahrungswerte zu berücksichtigen. Bei einem zur Abgabe an den letzten Verbraucher bestimmten Textilerzeugnis ist eine ausreichende Berücksichtigung im Sinne des Satzes 1 anzunehmen, wenn die Abweichungen der angegebenen von den tatsächlichen Gewichtsanteilen nicht mehr als drei vom Hundert betragen.

(2) Der Bundesminister für Wirtschaft und Finanzen wird ermächtigt, durch Rechtsverordnung mit Zustimmung des Bundesrates die Angabe eines Vom-Hundert-Satzes zu bestimmen, in welchen Fällen über Absatz 1 Satz 2 hinaus eine ausreichende Berücksichtigung im Sinne des Absatzes 1 Satz 1 anzunehmen ist, sofern dies zur Erfüllung von Richtlinien der Europäischen Wirtschaftsgemeinschaft erforderlich ist sowie dem Schutz des Verbrauchers oder der Vereinfachung oder sonstigen Verbesserung der Messung dient.

(3) Ein Anteil bis zu zwei vom Hundert an Fasern, die in der Rohstoffgehaltsangabe nicht genannt sind, ist zulässig, wenn dies herstellungstechnisch bedingt und nicht Ergebnis einer systematischen Hinzufügung ist. Bei im Streichverfahren hergestellten Textilerzeugnissen beträgt dieser Satz fünf vom Hundert. Erzeugnissen, deren Rohstoffgehaltsangabe die Bezeichnung „Schurwolle" enthält, beträgt dieser Satz 0,3 vom Hundert, auch wenn sie im Streichverfahren hergestellt worden sind.

§ 8

(1) Bei Textilerzeugnissen, die aus mehreren Teilen unterschiedlichen Rohstoffgehalts zusammengesetzt sind, ist der Rohstoffgehalt der einzelnen Teile jeweils gesondert anzugeben. Angaben über Teile, deren Anteil am Gesamtgewicht des Textilerzeugnisses weniger als dreißig vom Hundert beträgt, können unterbleiben; jedoch ist der Rohstoffgehalt von Hauptfutterstoffen auch anzugeben, wenn deren Anteil am Gesamtgewicht des Textilerzeugnisses weniger als dreißig vom Hundert beträgt. Die Rohstoffgehaltsangabe muß erkennen lassen, auf welche Teile sie sich bezieht.

(2) Bilden mehrere Textilerzeugnisse ihrer Bestimmung nach eine Einheit, so braucht nur eines von ihnen mit einer Rohstoffgehaltsangabe versehen zu werden. Weisen diese Textilerzeugnisse unterschiedlichen Rohstoffgehalt auf, so gilt Absatz 1 Satz 1 und 3 sinngemäß.

§ 9

(1) Die Rohstoffgehaltsangabe muß leicht lesbar sein und ein einheitliches Schriftbild aufweisen. Die nach Absatz 3 oder nach §§ 3 bis 5 und 8 vorgeschriebenen oder zugelassenen Angaben dürfen auch in anderen Sprachen hinzugefügt werden.

(2) Andere als nach Absatz 3 oder nach den §§ 3 bis 5 und 8 vorgeschriebene oder zugelassene Angaben müssen von der Rohstoffgehaltsangabe deutlich abgesetzt sein. Die Verwendung von Marken und Unternehmensbezeichnungen ist auch unmittelbar bei der Rohstoffgehaltsangabe zulässig. Enthält die Marke oder die Unternehmensbezeichnung eine der durch § 3 Abs. 1 oder nach § 3 Abs. 2 vorgeschriebenen oder nach § 4 oder § 5 zugelassenen Bezeichnungen oder Angaben, auch in Wortverbindungen oder als Eigenschaftswort, oder damit verwechselbare Bezeichnungen, so darf dieses Zeichen nur unmittelbar bei der Rohstoffgehaltsangabe mitverwendet werden. Die Rohstoffgehaltsangabe muß auch neben den in den Sätzen 2 und 3 zugelassenen Zeichen leicht lesbar und deutlich sichtbar sein. Die Vorschriften des Rechts gegen den unlauteren Wettbewerb und des Warenzeichenrechts bleiben unberührt.

(3) Bei Samten, Plüschen und mehrschichtigen Fußbodenbelägen ist anzugeben, daß sich die Rohstoffgehaltsangabe nur auf die Nutzschicht bezieht, es sei denn, daß alle Schichten den gleichen Rohstoffgehalt haben.

§ 10

(1) Die Rohstoffgehaltsangabe muß im Falle des § 1 Abs. 1 in deutlich erkennbarer Weise eingewebt oder an dem Textilerzeugnis angebracht sein. Bei Textilerzeugnissen, die in für die Abgabe an Verbraucher bestimmten Verpackungen letzten Verbrauchern gegenüber feilgehalten werden, kann die Rohstoffgehaltsangabe auf der Verpackung angebracht werden.

(2) Bei Textilerzeugnissen, die zum Zwecke ihrer gewerbsmäßigen Bearbeitung, Verarbeitung oder Weiterveräußerung in den Verkehr gebracht, zur Erfüllung eines Auftrags des Bundes, eines Landes oder einer sonstigen juristischen Person des öffentlichen Rechts geliefert, eingeführt oder sonst in den Geltungsbereich dieses Gesetzes verbracht werden, können Art und Gewichtsanteil der verwendeten textilen Rohstoffe im Lieferschein, in der Rechnung oder in anderen Handelsdokumenten angegeben werden. Die Verwendung von Abkürzungen ist nicht zulässig. Verschlüsselungen dürfen verwendet werden, wenn ihre Bedeutung in demselben Dokument erläutert wird.

§ 11

(1) Dieses Gesetz ist nicht anzuwenden

1. auf Textilerzeugnisse, die anläßlich einer Bearbeitung durch Heimarbeiter oder sonstige im Lohnauftrag arbeitende Gewerbetreibende diesen Personen oder von ihnen ihren Auftraggebern übergeben werden, und
2. auf Textilerzeugnisse und zu deren Herstellung bestimmte Vorerzeugnisse, die
   a) ausgeführt (§ 4 Abs. 2 Nr. 3 des Außenwirtschaftsgesetzes) oder sonst aus dem Geltungsbereich dieses Gesetzes verbracht werden,
   b) zum Zwecke der Durchfuhr (§ 4 Abs. 2 Nr. 5 des Außenwirtschaftsgesetzes) in den Geltungsbereich dieses Gesetzes verbracht werden,

c) zur Lagerung in Freihäfen, Zollgutlagern oder Zollaufschublagern eingeführt werden,

d) zur Veredlung unter zollamtlicher Überwachung und Wiederausfuhr eingeführt oder sonst in den Geltungsbereich dieses Gesetzes verbracht werden.

(2) Die in Anlage 3 aufgeführten Textilerzeugnisse brauchen nicht mit einer Rohstoffgehaltsangabe versehen zu werden; auch bei den zu ihrer Herstellung bestimmten Vorerzeugnissen brauchen Art und Gewichtsanteil der verwendeten textilen Rohstoffe nicht angegeben zu werden. Wird bei diesen Erzeugnissen jedoch eine Angabe über die Art der verwendeten textilen Rohstoffe gemacht oder werden Marken oder Unternehmensbezeichnungen verwendet, die einer der durch § 3 Absatz 1 oder nach § 3 Abs. 2 vorgeschriebenen oder nach §§ 4 oder 5 zugelassenen Bezeichnungen oder Angaben, auch in Wortverbindungen oder als Eigenschaftswort, oder damit verwechselbare Bezeichnungen enthalten, so müssen die Erzeugnisse nach den Bestimmungen dieses Gesetzes gekennzeichnet werden.

(3) Die in Anlage 4 aufgeführten Textilerzeugnisse dürfen zur Abgabe an letzte Verbraucher feilgehalten werden, ohne mit einer Rohstoffgehaltsangabe versehen zu sein, wenn der Rohstoffgehalt bei der Abgabe auf andere Weise kenntlich gemacht wird. Werden diese Erzeugnisse an letzte Verbraucher gesandt, so genügt es, wenn Muster, Proben, Abbildungen oder Beschreibungen von Textilerzeugnissen sowie Kataloge oder Prospekte mit derartigen Abbildungen oder Beschreibungen, die zur Entgegennahme oder beim Aufsuchen von Bestellungen gezeigt werden, mit einer Rohstoffgehaltsangabe versehen sind.

(4) Der Bundesminister für Wirtschaft und Finanzen wird ermächtigt, durch Rechtsverordnung mit Zustimmung des Bundesrates in den Anlagen 3 und 4 Arten und Gruppen von Textilerzeugnissen aufzunehmen oder zu streichen, sofern dies zur Erfüllung von Richtlinien der Europäischen Wirtschaftsgemeinschaft erforderlich ist sowie dem Schutze des Verbrauchers und der Vereinfachung des Warenverkehrs entspricht.

§ 12

Unterlagen über Tatsachen, auf deren Kenntnis die Rohstoffgehaltsangabe beruht, sind zwei Jahre lang aufzubewahren. Die Frist beginnt mit Ablauf des Kalenderjahres, in welchem das letzte der Erzeugnisse, auf die sich die Unterlagen beziehen, von deren Besitzer in den Verkehr gebracht worden ist.

§ 13

Der Bundesminister für Wirtschaft und Finanzen wird ermächtigt, durch Rechtsverordnung mit Zustimmung des Bundesrates

1. Verfahren der Probeentnahme und der quantitativen Analyse von Textilfasergemischen festzulegen, sofern dies zur Erfüllung von Richtlinien der Europäischen Wirtschaftsgemeinschaft erforderlich ist und der Vereinfachung oder der sonstigen Verbesserung der Nachprüfung der Rohstoffgehaltsangaben dient;
2. zu bestimmen, in welchem Umfange Fettstoffe, Bindemittel, Beschwerungen und sonstige Mittel textiler Ausrüstung sowie Färbe- und Druckhilfsmittel in Textilerzeugnissen enthalten sein dürfen, sofern dies zur Erfüllung von Richtlinien der Europäischen Wirtschaftsgemeinschaft erforderlich ist und dem Schutz des Verbrauchers dient.
3. die Anpassungen dieses Gesetzes vorzunehmen, die bei Inkrafttreten des Vertrages über den Beitritt des Königreichs Dänemark, Irland, des Königreichs Norwegen und des Vereinigten Königreichs Großbritannien und Nordirlands zur Europäischen Wirtschaftsgemeinschaft und zur Europäischen Atomgemeinschaft aufgrund der Artikel 29 und 30 der diesem Vertrag beigefügten Akte nach Abschnitt X Nr. 11 ihres Anhangs I und Abschnitt VIII Nr. 1 ihres Anhangs II erforderlich werden.

§ 14

(1) Ordnungswidrig handelt, wer vorsätzlich oder fahrlässig

1. entgegen § 1 Abs. 1 Textilerzeugnisse,
   a) die nicht mit einer Rohstoffgehaltsangabe versehen sind oder
   b) die mit einer unrichtigen oder unvollständigen Rohstoffgehaltsangabe versehen sind,

   in den Verkehr bringt, zur Abgabe an letzte Verbraucher feilhält, einführt oder sonst in den Geltungsbereich dieses Gesetzes verbringt,
2. entgegen § 1 Abs. 2 Muster, Proben, Abbildungen oder Beschreibungen von Textilerzeugnissen oder Kataloge oder Prospekte mit derartigen Abbildungen oder Beschreibungen,
   a) die nicht mit einer Rohstoffgehaltsangabe der mit ihnen angebotenen Textilerzeugnisse versehen sind, oder
   b) die mit einer unrichtigen oder unvollständigen Rohstoffgehaltsangabe der mit ihnen angebotenen Textilerzeugnisse versehen sind,

   letzten Verbrauchern zur Entgegennahme oder beim Aufsuchen von Bestellungen auf Textilerzeugnisse zeigt oder überläßt,
3. entgegen § 3 Abs. 3 eine der durch § 3 Abs. 1 oder durch Rechtsverordnung nach § 3 Abs. 2 vorgeschriebenen Bezeichnungen, auch in Wortverbindungen oder als Eigenschaftswort, für eine andere Faser verwendet oder
4. entgegen § 11 Unterlagen nicht aufbewahrt.

(2) Die Ordnungswidrigkeit kann mit einer Geldbuße bis zu zehntausend Deutsche Mark geahndet werden.

§ 15

§ 1 Abs. 1 Nr. 2 steht der Abfertigung durch die Zolldienststellen nicht entgegen. Die Zolldienststellen sind befugt, Verstöße gegen die Vorschriften dieses Gesetzes, die sie bei der Abfertigung feststellen, den zuständigen Verwaltungsbehörden mitzuteilen.

§ 16

Dieses Gesetz gilt nach Maßgabe des § 13 Abs. 1 des Dritten Überleitungsgesetzes vom 4. Januar 1952 (Bundesgesetzbl. I S. 1) auch im Land Berlin. Rechtsverordnungen, die aufgrund dieses Gesetzes erlassen werden, gelten im Land Berlin nach Maßgabe des § 14 des Dritten Überleitungsgesetzes.

§ 17

Dieses Gesetz tritt am 1. September 1972 in Kraft.

1. „Wolle"
für Fasern vom Fell des Schafes (Ovis aries).
2. „Alpaka", „Lama", „Kamel",
„Kaschmir", „Mohair", „Angora(-kanin)",
„Vikunja", „Yak", „Guanako", mit oder ohne zusätzliche Bezeichnung
„Wolle" oder „Haar"
für Haare nachstehender Tiere:
Alpaka, Lama, Kamel, Kaschmirziege, Mohair, Angorakanin, Vikunja, Yak, Guanako.
3. „Haar" mit oder ohne Angabe der Tiergattung (z. B. „Rinderhaar", „Hausziegenhaar", „Roßhaar")
für Haare von verschiedenen Tieren, soweit diese nicht unter den Nummern 1 und 2 genannt sind.
4. „Seide"
für Fasern, die ausschließlich aus Kokons seidenspinnender Insekten gewonnen werden.
5. „Baumwolle"
für Fasern aus den Samen der Baumwollpflanze (Gossypium).
6. „Kapok"
für Fasern aus dem Fruchtinneren des Kapok (Ceiba pentandra).
7. „Flachs" oder „Leinen"
für Bastfasern aus den Stengeln des Flachses (Linum usitatissimum).
8. „Hanf"
für Bastfasern aus den Stengeln des Hanfes (Cannabis sativa).
9. „Jute"
für Bastfasern aus den Stengeln des Corchorus olitorius und Corchorus capsularis.
10. „Manila"
für Fasern aus den Blattscheiden der Musa textilis.
11. „Alfa"
für Fasern aus den Blättern der Stipa tenacissima.
12. „Kokos"
für Fasern aus der Frucht der Cocos nucifera.
13. „Ginster"
für Bastfasern aus den Stengeln des Cytisus scoparius oder des Spartium junceum.
14. „Kenaf"
für Bastfasern aus den Stengeln des Hibiscus cannabinus.
15. „Ramie"
für Fasern aus dem Bast der Boehmeria nivea und der Boehmeria tenacissima.
16. „Sisal"
für Fasern aus den Blättern der Agave sisalana.
17. „Acetat"
für Fasern aus Zellulose-Acetat mit weniger als 92 v. H. jedoch mindestens 74 v. H. acetylierter Hydroxylgruppen.
18. „Alginat"
für Fasern aus den Metallsalzen der Alginsäure.
19. „Cupro"
für regenerierte Zellulosefasern nach dem Kupfer-Ammoniak-Verfahren.
20. „Modal"
für regenerierte Zellulosefasern, hergestellt durch Verfahren, die eine hohe Festigkeit und einen hohen Elastizitätsmodul in nassem Zustand verleihen. Diese Fasern müssen in feuchtem Zustand eine Zugfestigkeit von 22,5 g/tex aufweisen, wobei unter dieser Belastung die Dehnung nicht höher als 15 v. H. sein darf.
21. „Regenerierte Proteinfaser"
für Fasern aus regeneriertem und durch chemische Agenzien stabilisiertem Eiweiß.
22. „Triacetat"
für aus Zellulose-Acetat hergestellte Fasern, bei der mindestens 92 v. H. der Hydroxylgruppen acetyliert sind.

23. „Viskose"
für bei Endlosfasern und Spinnfasern nach dem Viskoseverfahren hergestellte regenerierte Zellulosefasern. Bis zum 29. Juli 1976 kann diese Faser bei Endlosfasern auch als „Reyon" und bei Spinnfasern als „Reyonfaser" bezeichnet werden, und zwar auch mit dem Zusatz „Viskose".

24. „Polyacryl"
für Fasern aus linearen Makromolekülen, deren Kette aus mindestens 85 Gewichtsprozent Acrylnitril aufgebaut wird.

25. „Polychlorid"
für Fasern aus linearen Makromolekülen, deren Kette aus mehr als 50 Gewichtsprozent chloriertem Olefin (z. B. Vinylchlorid, Vinylidenchlorid) aufgebaut wird.

26. „Fluorfaser"
für Fasern aus linearen Makromolekülen, die aus aliphatischen Fluor-Kohlenstoff-Monomeren gewonnen werden.

27. „Modacryl"
für Fasern aus linearen Makromolekülen, deren Kette aus mehr als 50 und weniger als 85 Gewichtsprozent Acrylnitril aufgebaut wird.

28. „Polyamid"
für Fasern aus linearen Makromolekülen, deren Kette eine Wiederholung der funktionellen Amidgruppe aufweist.

29. „Polyester"
für Fasern aus linearen Makromolekülen, deren Kette zu mindestens 85 Gewichtsprozent aus dem Ester eines Diols mit Terephtalsäure besteht.

30. „Polyäthylen"
für Fasern aus gesättigten linearen Makromolekülen nicht substituierter aliphatischer Kohlenwasserstoffe.

31. „Polypropylen"
für Fasern aus linearen gesättigten aliphatischen Kohlenwasserstoffen, in denen jeder zweite Kohlenstoff eine Methylgruppe in isotaktischer Anordnung trägt, ohne weitere Substitution.

32. „Polyharnstoff"
für Fasern aus linearen Makromolekülen, deren Kette eine Wiederkehr der funktionellen Harnstoffgruppen aufweist.

33. „Polyurethan"
für Fasern aus linearen Makromolekülen, deren Kette eine Wiederkehr der funktionellen Urethangruppen aufweist.

34. „Vinylal"
für Fasern aus linearen Makromolekülen, deren Kette aus Polyvinylalkohol mit variablem Acetalisierungsgrad aufgebaut wird.

35. „Trivinyl"
für Fasern aus drei verschiedenen Vinylmonomeren, die sich aus Acrylnitril, aus einem chlorierten Vinylmonomer und aus einem dritten Vinylmonomer zusammensetzt, von denen keines 50 v. H. der Gewichtsanteile ausweist.

36. „Elastodien"
für elastische Fasern, die aus natürlichem oder synthetischem Polyisopren bestehen, entweder aus einem oder mehreren polymerisierten Dienen, mit oder ohne einem oder mehreren Vinylmonomeren, und die, unter Einwirkung einer Zugkraft um die dreifache ursprüngliche Länge gedehnt, nach Entlastung sofort wieder nahezu in ihre Ausgangslage zurückkehren.

37. „Elasthan"
für elastische Fasern, die aus mindestens 85 Gewichtsprozent von segmentiertem Polyurethan bestehen, und die, unter Einwirkung einer Zugkraft um die dreifache ursprüngliche Länge gedehnt, nach Entlastung sofort wieder nahezu in ihre Ausgangslage zurückkehren.

38. „Glasfaser"
für Fasern aus Glas.

39. „Metall" („metallisch", „metallisiert"),
„Asbest", „Papier" mit oder ohne Zusatz „Faser" oder
„Garn" als Beispiel für Fasern aus verschiedenen und neuartigen Stoffen, die vorstehend nicht aufgeführt sind.

Feuchtigkeitszuschläge, die zur Berechnung des Gewichts der in einem Textilerzeugnis enthaltenen Fasern verwendet werden müssen*)

Nummer der Faser in Anl. 1	Faserart	Vom Hundert-Satz
1—2	Wolle und Haare:	
	gekämmte Fasern	18,25
	gekrempelte Fasern	17,00
3	Haare:	
	gekämmte Fasern	18,25
	gekrempelte Fasern	17,00
	Schweif- und Mähnenhaare:	
	gekämmte Fasern	16,00
	gekrempelte Fasern	15,00
4	Seide	11,00
5	Baumwolle:	
	übliche Fasern	8,50
	merzerisierte Fasern	10,50
6	Kapok	10,90
7	Flachs oder Leinen	12,90
8	Hanf	12,00
9	Jute	17,00
10	Manila	14,00
11	Alfa	14,00
12	Kokos	13,00
13	Ginster	14,00
14	Kenaf	17,00
15	Ramie (entfettete Fasern)	8,50
16	Sisal	14,00
17	Acetat	9,00
18	Alginat	20,00
19	Cupro	13,00
20	Modal	13,00
21	Regenerierte Proteinfaser	17,00
22	Triacetat	7,00
23	Viskose	13,00
24	Polyacryl	2,00
25	Polychlorid	2,00
26	Fluorfaser	0,00
27	Modacryl	2,00
28	Polyamid (6.6):	
	Spinnfaser	6,25
	Endlosfaser	5,75
	Polyamid 6:	
	Spinnfaser	6,25
	Endlosfaser	5,75
	Polyamid 11:	
	Spinnfaser	3,50
	Endlosfaser	3,50
29	Polyester:	
	Spinnfaser	1,50
	Endlosfaser	3,00
30	Polyäthylen	1,50
31	Polypropylen	2,00
32	Polyharnstoff	2,00
33	Polyurethan:	
	Spinnfaser	3,50
	Endlosfaser	3,00
34	Vinylal	5,00
35	Trivinyl	3,00
36	Elastodien	1,00
37	Elasthan	1,50
38	Glasfaser:	
	(Endlosfaser von mehr als 5 Mikrometer Durchmesser)	2,00
	(Endlosfaser von höchstens 5 Mikrometer Durchmesser)	3,00
39	Metallfaser	2,00
	Metallisierte Faser	2,00
	Asbestfaser	2,00
	Papiergarn	13,75

*) Anmerkung des Verfassers: Diese Feuchtigkeitszuschläge folgen nicht mehr, wie in der ursprünglichen Fassung des Gesetzes, DIN 54 201, woraus sich Schwierigkeiten mit den Sätzen, die in den kartellierten Konditionen der Kammgarnspinner und der Baumwollspinner festgelegt sind, ergeben hatten.

Bezeichnung der Textilfasern

gem. Anlage 1 des neuen TKG (deutsch) bzw. gem. den entsprechenden Fassungen der EG-Richtlinie vom 26.7.1971 (mit endgültigem EDV-Schlüsselsystem gem. § 10 (2) des neuen TKG)

Lfd. Nr.	EDV-Schlüssel	Deutsch	Französisch	Holländisch	Italienisch	Englisch (1)
1	WO	Wolle	laine	wol	lana	wool
2	WP	Alpaka	alpago	alpaca	alpaca	alpaca
	WL	Lama	lama	lama	lama	lama
	WK	Kamel	chameau	kameel	cammello	camel
	WS	Kaschmir	cachemire	kasjmier	kashmir	kashmir
	WM	Mohair	mohair	mohair	mohair	mohair
	WA	Angora (-kanin)	angora	angora	angora	angora
	WG	Vikunja	vigogne	vigogne	vigogna	vicuna
	WY	Yak	yack	jak	yack	yak
	WU	Guanako	guanaco	guanaco	guanaco	guanaco
	m. od. ohne Bezeichnung	„Wolle" o. „Haar"	„laine" o. „poil"	„wol" o. „haar"	„lana" o. „pelo"	
	*) WB	Biber	castor	bever	castoro	beaver
	*) WT	Otter	loutre	otter	lontra	otter
3	**) HA	Haar	poil	haar	pelo	hair
4	SE	Seide	soie	zijde	seta	silk
5	CO	Baumwolle	coton	katoen	cotone	cotton
6	KP	Kapok	capoc	kapok	kapok	kapok
7	LI	Flachs bzw. Leinen	lin	vlas of linnen	lino	flax
8	CA	Hanf	chanvre	hennep	canapa	true hemp
9	JU	Jute	jute	jute	juta	jute
10	AB	Manila	abaca	abaca	abaca	abaca (Manila hemp)
11	AL	Alfa	alfa	alfa	alfa	alfa
12	CC	Kokos	coco	kokos	cocco	coir (coconut)
13	GI	Ginster	genêt	brem	ginestra	broom
14	KE	Kenaf	kenaf	kenaf	kenaf	kenaf (hibiscus hemp)
15	RA	Ramie	ramie	ramee	ramié	ramie
16.1.	SI	Sisal	sisal	sisal	sisal	sisal
16.2.	*) SN	Sunn	sunn	sunn	sunn	sun
16.3.	*) HE	Henequen	henequen	henequen	henequen	henequen
16.4.	*) MG	Maguey	maguey	maguey	maguey	maguey
17	AC	Acetat	acétate	acetaat	acetato	acetate

Lfd. Nr.	EDV-Schlüssel	Deutsch	Französisch	Holländisch	Italienisch	Englisch (1)
18	AG	Alginat	alginate	alginaat	alginica	alginate
19	CU	Cupro	cupro	cupro	cupro	cupro
20	MD	Modal	modal	modal	modal	modal
21	PR	Regenerierte Proteinfaser	proteinique	proteine	proteica	protein
22	TA	Triacetat	triacétate	triacetaat	triacetato	triacetate
23	VI	Viskose	viscose	viscose	viscosa	viscose
24	PC	Polyacryl	acrylique	acryl	acrilica	acrylic
25	CL	Polychlorid	chlorofibre	chloorvezel	clorofibra	chlorofibre
26	FL	Fluorfaser	fluorofibre	fluorvezel	fluorofibra	fluorofibre
27	MA	Modacryl	modacrylique	modacryl	modacrilica	modacrylic
28	PA	Polyamid	polyamide	polyamide	poliammidica	nylon
29	PL	Polyester	polyester	polyester	poliestere	polyester
30	PE	Polyäthylen	polyéthylène	polyetheen	polietilenica	polyethylene
31	PP	Polypropylen	polypropylène	polypropeen	polipropilenica	polypropylene
32	PB	Polyharnstoff	polycarbamide	polycarbamide	poliureica	polycarbamide
33	PU	Polyurethan	polyuréthane	polyurethaan	poliuretanica	polyurethane
34	VY	Vinylal	vinylal	vinylal	vinilal	vinylal
35	TV	Trivinyl	trivinyl	trivinyl	trivinilica	trivinyl
36	EL	Elastodien	élastodiène	elastodieen	gomma	elastodiene
37	EA	Elasthan	élasthanne	polyurethaan-elastomeer	elastan	elastene
38	GL	Glasfaser	verre textile	glasvezel	vetro tessile	glass fibre
39	ME	Metall	métal	metaal	metallo	metal
		metallisch	métallique		metallica	metallic
		metallisiert	metallisé		metallizata	metallised
	AS	Asbest	amiante	asbest	amianto	asbestos
	PI	Papier	papier	papier	carta tessile	paper

(1) Die englischen Bezeichnungen sind nur vorläufige Übersetzungen bis zur Herausgabe des englischen Gesetzes.
(Die mit einem *) gekennzeichneten Faserbezeichnungen sollen aufgrund der Beitrittsverhandlungen mit England später durch Rechtsverordnung noch in den Faserkatalog aufgenommen werden.)

**) mit oder ohne Angabe der Tiergattung, z. B. ‚Roßhaar'.

Sonstige Bezeichnungen gemäß den Bestimmungen des neuen TKG

WV	‚Schurwolle' gem. § 4 TKG	laine vierge laine de tonte	scheerwol	lana virgine lana di tosa	fleece wool virgin wool
AF	‚Sonstige Fasern' gem. § 5 (3) TKG	autres fibres	andere vezels	altre fibre	other fibres
anstelle von ‚100%' auch	rein, ganz gem. § 5 (4) TKG	pur, tont	zuiver, puur	puro, tutto	
HL	‚Halbleinen' gem. § 5 (5) TKG	métis	halflinnen	misto lino	cotton-linen union
TR	‚Textilreste' o. ‚Erzeugnisse unbekannter Zusammensetzung' gem. § 5 (6) TKG	‚residus textiles' ou ‚composition non déterminée'	‚textielresten' of ‚onbepaalde samenstelling'	‚residui tessili' o ‚composizione non determinata'	‚textile residues' or ‚unspecified composition'

Verzeichnisse und Übersichten

Tabellenverzeichnis

Bildquellenverzeichnis

Fotos und Zeichnungen

Charlotte Brüderlin, Gütermann AG, Heberlein & Co., Farbwerke Hoechst, Photo Holtmann, Industrievereinigung Chemiefaser, Institut der Deutschen Baumwollindustrie, Internationales Wollsekretariat, Vereinigte Glanzstoff-Fabriken AG, Atelier Deutscher Fachverlag GmbH – nach Angaben des Verfassers –, Deutsche Rhodiaceta, alle übrigen Abbildungen: Verlagsarchiv.

Kurze Inhaltsübersicht von Stoffe, Teil II

Stoff und Moden

Register

Fett gesetzte Seitenzahlen geben an, daß die grundsätzliche Erläuterung des Stichwortes auf dieser Seite zu finden ist – die auf den Seiten 334 bis 339 aufgeführten Markennamen für texturierte Garne erscheinen im Register nur, wenn sie noch an anderer Stelle erwähnt sind